"十三五"国家重点出版物出版规划项目

面向可持续发展的土建类工程教育丛书

21 世纪高等教育建筑环境与能源应用工程系列教材

工业通风

主　编　樊越胜

参　编　高　然　尹海国

　　　　王　欢　党义荣

机械工业出版社

本书吸取了国内外同类教材的优点，依据教学要求，结合新技术、新发展、新规范、新需求，系统介绍了工业通风的原理、设计和计算方法，强化了工业通风系统设计的概念和方法，将工业建筑的热湿处理（"余热"和"余湿"的控制措施）、通风设计中的工程问题纳入其中，并将建筑通风能源利用的优化、通风性能的量化、室内外尘源强度及空气污染物的迁移规律、局部排风罩的性能评价、典型场所局部排风罩及节能设计等融入相关章节。为了方便教学，书中还附有课程设计。

本书可作为高等院校建筑环境与能源应用工程、安全工程等专业教材，也可供暖通空调工程技术人员参考。

本书配有 ppt 电子课件，免费提供给选用本书作为教材的授课教师，需要者请登录机械工业出版社教育服务网（www.cmpedu.com）注册下载。

图书在版编目（CIP）数据

工业通风/樊越胜主编. —北京：机械工业出版社，2020.9（2024.7重印）
"十三五"国家重点出版物出版规划项目　面向可持续发展的土建类工程教育丛书　21 世纪高等教育建筑环境与能源应用工程系列教材
ISBN 978-7-111-66154-2

Ⅰ.①工…　Ⅱ.①樊…　Ⅲ.①通风除尘—高等学校—教材
Ⅳ.①TU834

中国版本图书馆 CIP 数据核字（2020）第 130800 号

机械工业出版社（北京市百万庄大街 22 号　邮政编码 100037）
策划编辑：刘　涛　责任编辑：刘　涛　高凤春
责任校对：张　征　封面设计：马精明
责任印制：李　昂
北京捷迅佳彩印刷有限公司印刷
2024 年 7 月第 1 版第 5 次印刷
184mm×260mm·18.75 印张·508 千字
标准书号：ISBN 978-7-111-66154-2
定价：58.00 元

电话服务　　　　　　　　　　　网络服务
客服电话：010-88361066　　　　机　工　官　网：www.cmpbook.com
　　　　　010-88379833　　　　机　工　官　博：weibo.com/cmp1952
　　　　　010-68326294　　　　金　书　网：www.golden-book.com
封底无防伪标均为盗版　　　　机工教育服务网：www.cmpedu.com

前　言

通风是一门古老的科学，自从人类开始穴居生活，通风就伴随人类走到现代。随着社会进步、科技发展，通风技术愈发显得重要，它与我们的生活息息相关。一方面，通风工程不断地改善居住建筑和生产车间的空气环境，保证室内人员的身体健康、身心愉悦和高效工作；另一方面，通风工程在工业特殊环境创建中，是保证生产正常进行、提高产品质量必不可少的一环。

通风工程可分为工业通风和空气调节。工业通风的主要内容是控制工业建筑环境中的污染物（粉尘、有害气体和高温、高湿），创造良好的生产环境，同时又不能污染大气环境。室内外环境的污染已经成为很大的社会问题。"矽肺"是长期吸入大量游离二氧化硅粉尘所引起的，以肺部广泛的结节性纤维化为主的疾病，仍然是目前我国较为常见和危害较为严重的职业疾病。"雾霾"在2013年成为年度关键词，雾霾中含有大量悬浮在空气中的细颗粒物（$PM_{2.5}$），对人们的身体健康危害巨大。大气环境中的PM_{10}和$PM_{2.5}$微粒浓度与城市患呼吸道疾病以及死亡的比率呈正相关关系。因此，从事工业通风科研、设计以及施工管理的相关人员责无旁贷。

本书重点讲述工业通风进、排风系统和净化技术，着重介绍工业有害物就地控制和粉尘的净化处理。考虑到节能的重要性，书中加入了排风罩的优化设计评价和工业车间通风的节能设计内容。考虑到计算流体力学在通风技术中的日益重要，在第9章增加了相关内容。

在编写本书过程中，编者力求基本理论和基本规律的阐述简明精练，并尽力做到理论联系实际，反映工业通风技术的最新发展。

本书由西安建筑科技大学樊越胜主编。第1章、第5章由樊越胜编写，第3章由樊越胜、尹海国编写，第2章、第7章由高然编写，第4章、第10章由尹海国编写，第6章由王欢编写，第8章由樊越胜、党义荣、王欢、编写，第9章由樊越胜、尹海国、高然编写。在编写过程中，田国记在排版方面，刘婷、张稼昕、牛兵兵、刘长周、韦淑炫和刘杰等同学在插图绘制中给予很大帮助，吕晨峰和何媛提供了工业除臭方面的相关内容，在此一并致谢。

尽管编写人员抱着认真负责的态度，但由于学识广度有限，书中难免存在不足之处，敬请读者不吝赐教。

编　者

目　录

第 1 章

工业有害物及其综合防治

工业建筑是进行工业生产的场所，其有别于民用建筑的地方就是在生产中可能会释放大量的工业有害物，包括余热、余湿以及各种有害的气体和粉尘。这些工业有害物一则会严重影响室内人员的身心健康和工作效率；二则会影响工业生产的正常进行和产品的质量控制；其次，易燃易爆型的工业有害物是工业生产中的极大隐患。易燃易爆的气体和粉尘在厂房内积聚到最小爆炸浓度以上时，遇明火就会爆炸，产生巨大的破坏。因此，消除建筑内的工业有害物是工业通风的重要工作。

本章将探讨工业建筑环境设计以及工业有害物控制的一些基本概念和方法。

1.1 工业有害物来源及危害

1.1.1 环境空气污染

建筑环境不但会影响建筑物内人员的身心健康和工作效率，而且与产品质量和成品率密切相关。构成建筑环境的要素就是空气，清洁干燥的空气由氮、氧、氩、二氧化碳、氖、氦、甲烷、氪、氢、氙、臭氧、一氧化二氮 12 种气体按一定的体积分数和质量分数组合而成，其中氮、氧和氩三种气体占总体积的 99.96%，氖、氦、氪、氢、氙等稀有气体也极为稳定，其他成分略有变化，空气中还存在一定量的水蒸气。清洁空气的构成见表 1-1。

表 1-1 清洁空气的构成

成 分	体积分数（%）	成 分	体积分数（%）	成 分	体积分数（%）
氮（N_2）	78.09	二氧化碳（CO_2）	0.03	氙（Xe）	$8×10^{-6}$
氧（O_2）	20.95	氖（Ne）	$1.8×10^{-3}$	氪（Kr）	$5×10^{-5}$
氩（Ar）	0.93	氦（He）	$5.24×10^{-4}$	臭氧（O_3）	$1.0×10^{-4}$

空气污染是指由能够改变空气自然特性的任何化学、物理或生物物质对室内或室外环境造成的污染。污染造成了不正常的空气组分，其中有二氧化硫、二氧化氮、臭氧、甲醛、苯、一氧化碳等。空气污染已被世界卫生组织（WHO）列为全球人员健康面临的十大威胁，也是最大的环境威胁。根据 WHO[1] 测算，2016 年世界上 92% 的人口生活在空气质量水平超过世界卫生组织限值的地区，室外环境和室内空气污染导致全球 700 万人死亡，占全球死亡总数的八分之一。就多数国家而言，与工作有关的健康问题造成的经济损失高达国内生产总值的 4%～6%，实行工作场所卫生计划可以协助将病假缺勤率减少 27%，公共卫生保健费用降低 26%。2015 年 9 月世界各国领导人在联合国峰会上，就可持续发展目标下制定了一项具体目标，旨在到 2030 年大幅减少空气污染导致的死亡和患病人数。

反观我国的情况，2018 年《中国生态环境状况公报》指出我国 338 个城市发生重度污染 1899 天次。严重污染 822 天次。以 $PM_{2.5}$ 为首要污染物的天数占重度及以上污染天数的 60.0%；以 PM_{10} 为首要污染物的占 37.2%；以 O_3 为首要污染物的占 3.6%；酸雨区面积约 53 万 km^2，占国土面积的 5.5%。图 1-1 所示为 2018 年我国 338 个城市的环境空气质量达标情况，整体的污染比较严重。

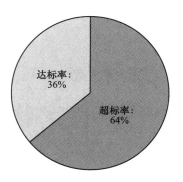

图 1-1　2018 年城市环境空气质量达标情况[2]

1.1.2　工业污染物来源及危害

1. 颗粒物的来源及对人体的危害

（1）颗粒物的来源及分类　颗粒物（particulate matter，PM）通常是指能在空气中保持悬浮状态的粒子，有固态颗粒物和液态颗粒物。本书中若无特指，颗粒物均指固态颗粒物，即粉尘。工业领域中释放的颗粒物主要来自于冶金、电力、建材、机械、轻工等工业部门的生产过程，具体为：

1）固体物料的机械粉碎、研磨、烘焙、干燥、煅烧，如各类矿料的破碎过程和各种粉料的研磨加工过程。

2）粉状物料的混合、筛分、包装和运输，如水泥、煤粉和面粉等的加工和运输过程。

3）物质的燃烧过程，如煤炭燃烧产生的烟尘。

4）物质被加热产生的蒸气在空气中的冷却和氧化，如冶炼过程产生的锌蒸气在空气中冷却后会凝结，氧化成氧化锌固体微粒，浮游在大气中的硫酸盐和硝酸盐微粒也都是通过工业烟气中 SO_2 和 NO_x 气体氧化转变形成的。

前两种颗粒物形成过程属于物料物理形态与尺度的变化而形成的，通常情况下粒子的尺度较大，多在 1μm 以上，称为粗粒子（coarse particles）。第三种属于物料化学反应过程产生的，燃烧残灰未进入气体中，粒子尺度较小，多为 0.06~1μm，称为烟；燃烧残灰进入气体中，粒子尺度较大，称为烟尘。第四种固态颗粒物由气态相变而成，属于微尺度的，多在 0.06μm 以下。后两种过程形成的粒子称为细微粒子（fine particles）。工业尘源的特点是产尘点多、产尘工艺集中和细粉尘多。

由固体或液体微粒分散并悬浮在气体介质中形成的胶体分散体系，称为气溶胶，又称气体分散体系。分散介质中的固态和液态微粒称为气溶胶粒子。当分散相为固态微粒时，通称为含尘气体；当分散相为液态微粒时，通称为雾。在大气中，将空气中的灰尘、硫酸、硝酸等颗粒物组成的气溶胶系统造成视觉障碍的叫作霾。雾霾是雾与霾的组合。

颗粒物的分类有多种，按照气溶胶粒子的来源及性质可分为：

1）灰尘（dust），指所有固态分散性微粒，直径小于 500μm，主要来源于工业排尘、建筑工地以及道路和料场扬尘等。粒径越大，其自由沉降速度就越大，较大的微粒在空气中悬浮一定时间后会沉降返回地面。根据沉降时间，通常将 10μm 以上的粒子称为"降尘"；而将 10μm 以下的粒子称为"飘尘"或可悬浮颗粒物。

2）烟（smoke），指所有凝聚性固态微粒，以及固态粒子和液态粒子因凝集作用而生成的微粒，通常为高温下生成的产物，如煤炭、汽油、天然气等燃烧产生的烟。粒径范围大致为 0.01~1.0μm，在空气中自由沉降很慢，具有极强的扩散能力。

3）雾（mist），指液态凝聚性微粒，如很小的水滴、油雾、漆雾和硫酸雾等，粒径为 0.10~10μm。

4）烟雾（smog），原指大气中形成的自然雾与工业排出烟气（如煤粉尘、SO_2 等）的混合体，如早期的伦敦烟雾；还有一种光化学烟雾，是由工厂和汽车尾气中的氮氧化物和碳氢化合物在太阳紫外线照射下形成的二次污染物，为一种浅蓝色的有毒烟雾，最早发现于洛杉矶，故又称为洛杉矶烟雾。

根据环境空气对人体的影响，颗粒物又分为：

1）总悬浮颗粒物（total suspended particle，TSP），指悬浮在空气中，空气动力学当量直径 ≤100μm 的颗粒物的总和。

2）可吸入颗粒物（PM_{10}），指悬浮在空气中，空气动力学当量直径 ≤10μm 的颗粒物的总和，在环境空气中停留时间很长，对人体健康和大气能见度影响很大。

3）细颗粒物（$PM_{2.5}$，fine particle），指悬浮在空气中，空气动力学当量直径 ≤2.5μm 的颗粒物的总和，与较粗的大气颗粒物相比，PM2.5 粒径小，面积大，活性强，易附带有毒、有害物质（例如重金属、微生物等），且在大气中的停留时间长、输送距离远，因而对人体健康和大气环境质量的影响更大。

4）可入肺颗粒物（$PM_{1.0}$），指悬浮在空气中，空气动力学当量直径 ≤1.0μm 的颗粒物的总和。

通常来说，粒径为 7~10μm 的颗粒物可进入鼻腔，4.7~7μm 的颗粒物可进入咽喉，该阶段是可逆的，可以咳出来；但 3.3~4.7μm 的颗粒物可进入气管和支气管，2.1~3.3μm 的颗粒物可进入中支气管，1.1~2.1μm 的颗粒物可进入支气管末端；1μm 以下的颗粒物可进入肺泡血液，对人体健康影响极大。

（2）颗粒物对人体的危害　工业污染物指的是工业生产过程中所排放的废气（SO_x）、废水（酸水、碱水）、废渣、粉尘、恶臭气味等的总称，通常含有多种有毒有害物质。其危害人体的途径通常有三种：一是通过呼吸道进入人体；二是经过皮肤进入人体；三是通过消化道进入人体。颗粒物的化学性质及尺度大小对人体健康有重要影响，颗粒物的密度、溶解度、荷电性、放射性及进入人体的数量等也与人体健康密切相关。

颗粒物的化学性质是危害人体最主要的因素，它决定了体内参与和干扰生化过程的程度和速度，从而决定了危害的性质和大小。颗粒物中的某些重金属元素对人体危害极大，毒性强的金属颗粒物进入人体后会导致中毒甚至死亡。例如，锰、镉会损坏人的神经和肾脏；镍可致癌；铅可损害大脑，导致人贫血；铬会引起鼻中溃疡和穿孔。同时这些重金属元素吸入肺部后，会导致中毒性肺炎，引起心肺功能不全。

除了重金属颗粒物会引起人体肺部病变外，有些非金属颗粒物吸入人体后也会引起肺部机能的退化，如含有游离二氧化硅成分的颗粒物在肺部沉积后引起纤维化病变，导致肺组织硬化而失去呼吸功能，称为"硅肺"病，又称"矽肺"病。

颗粒物的大小是另一个影响人体健康的重要因素。一方面细微颗粒物粒径小，在空气中悬浮时间长，增加了人体吸入的概率；粒径越小，进入人体呼吸系统的部位就越深，也越容易被溶解并被肺泡吸收。图 1-2 所示为人体呼吸系统图，人体呼吸时，吸入气体中所携带的大颗粒将被上呼吸道所阻留，小颗粒物进入支气管沉积，而微小颗粒物则会进入肺部的小肺泡囊并产生沉积。例如，细微颗粒

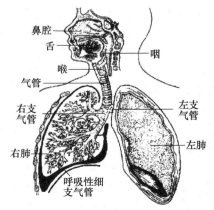

图 1-2　人体呼吸系统图

物（$PM_{2.5}$）就能够进入肺部组织，而 $PM_{1.0}$ 以下的粒子可进一步进入人体毛细血管，直接被血液和淋巴液输送至全身，对人体危害极大。另一方面，颗粒物粒径越小，吸附气体中有毒有害气体的能力也越强，其比表面积和化学活性都越大，也加剧了人体生理效应的发生与发展。例如，金属锌本身无毒，但加热后形成的烟状氧化物可与体内蛋白质作用而引起发烧，即引起所谓的"铸造热病"。

2. 污染气体和蒸气的来源及对人体的危害

在化工、金属冶炼、造纸、机械加工及织物漂白过程中均会产生大量的有毒、有害气体和各类蒸气，该类污染物既能通过呼吸系统进入人体内部危害健康，又能通过外部器官接触伤害人体。以下是几种常见的有毒、有害气体和蒸气：

（1）二氧化硫（SO_2）　二氧化硫是最常见、最简单、有刺激性的大气污染物之一，主要来自于含硫矿物燃料（如煤炭和石油）的燃烧，以及金属矿物的焙烧（如硫化钼焙烧成氧化钼的过程）、毛和丝的漂白、化学纸浆和制酸等生产过程。二氧化硫为无色、强刺激性气体，是一种活性毒物；溶于水，形成亚硫酸；在空气中氧化成三氧化硫，形成硫酸烟雾（酸雨的主要成分），硫酸烟雾的毒性较二氧化硫大 10 倍，对呼吸器官有强烈的腐蚀作用。

（2）氮氧化物（NO_x）　职业环境中接触的 NO_x 是几种气体的混合物，常称为硝烟（气）。在高温燃烧条件下，NO_x 主要以 NO 的形式存在，最初排放的 NO_x 中 NO 约占 95%。但是，NO 在大气中极易与空气中的氧发生反应，生成 NO_2，故大气中 NO_x 普遍以 NO_2 的形式存在。NO_2 是棕红色有刺激性臭味的气体，可引起急性哮喘病。人吸入 NO_2 1min 的最小致死浓度为 200mL/m^3，$1\sim3$mL/m^3 时就可闻到臭味。氮氧化物与空气中的水结合最终会转化成硝酸和硝酸盐，随着降水和降尘从空气中去除。硝酸是酸雨的成分之一，它与其他污染物在一定条件下能产生光化学烟雾污染。

（3）一氧化碳（CO）　一氧化碳为无色、无臭、无刺激性的气体，在血液中极易与血红蛋白结合而形成碳氧血红蛋白，使血红蛋白丧失携氧的能力，造成组织窒息，严重时死亡。古希腊和古罗马人用它来处决犯人。在标准状况下，CO 密度为 1.25g/L，和空气密度（标准状况下 1.293g/L）相差很小，两者混合极易发生煤气中毒。

一氧化碳是大气中分布最广和数量最多的污染物，是煤、石油等含碳物质不完全燃烧的产物。在冶金、化学、石墨电极制造以及家用煤气或煤炉、汽车尾气中均有一氧化碳存在。大气中的 CO 主要来源是内燃机排气，其次是锅炉中化石燃料的燃烧。

（4）苯（C_6H_6）　苯在常温下是甜味、可燃、有致癌毒性的无色透明液体，并带有强烈的芳香气味，挥发性极强，为一类致癌物。苯主要由含碳量高的物质不完全燃烧和以苯为原料和溶剂的生产过程产生。煤干馏得到的煤焦油中主要成分为苯，苯也存在于香烟中。

苯进入人体的途径主要是呼吸系统和皮肤表面的渗入，长期吸入可损害人的神经系统，急性中毒会产生神经痉挛甚至昏迷、死亡，对妇女影响尤甚。

（5）游离甲醛（free formaldehyde）　通俗讲就是在板材、家具、涂料、胶黏剂生产过程中，需要大量甲醛作为载体，但甲醛在高温生产线中大部分生成了胶，对人体已经没有危害，生产过程中有一小部分的甲醛没有参加反应，就变成了游离甲醛。游离甲醛会刺激人的眼睛、喉咙、胸腔等，长期吸入将导致人体部分组织遭到破坏，免疫力下降，被世界卫生组织确定为致癌和致畸形物质。

（6）总挥发性有机化合物（total volatile organic compounds，TVOC）　TVOC 会影响皮肤和黏膜，对人体产生急性损害，是一种重要的空气污染物。TVOC 的主要来源是燃料燃烧和交通运输，室内则主要来自燃煤和天然气等燃烧产物、吸烟、供暖和烹调等的烟雾，建筑和装饰材料中的胶合剂、涂料、油漆、板材、壁纸等，家具、家用电器，清洁剂和人体本身的排放等。

一般认为，TVOC 能引起机体免疫水平失调，影响中枢神经系统功能，出现头晕、头痛、嗜睡、无力、胸闷等自觉症状；还可能影响消化系统，出现食欲不振、恶心等，严重时可损伤肝脏和造血系统，出现变态反应等。

（7）汞蒸气（Hg）　汞蒸气来源于汞矿石的冶炼和用汞的生产过程，是一种剧毒物质。汞及汞的化合物主要以蒸气和粉尘形式经呼吸道侵入机体，也可经消化道、皮肤黏膜侵入。职业性汞中毒则主要是经过呼吸道吸入汞蒸气或汞化合物的气溶胶所致。汞的急性中毒表现在消化器官和肾脏，而慢性中毒会破坏中枢神经系统导致脑损伤，表现为易怒、记忆力衰退等，并伴随营养不良、贫血等。

液态汞在常温下极易蒸发形成汞蒸气。据测算，一支体温计泄漏的汞全部蒸发后，可使一间高 3m、面积 15m^2 的房间内空气汞的浓度达到 22.2mg/m^3，超过国家大气质量标准中汞最大允许浓度（0.01mg/m^3）的 2000 倍。

（8）铅（Pb）　铅在 400℃ 时可挥发为蒸气，在空气中遇冷会迅速氧化和凝聚成氧化铅微粒，冶金、蓄电池、印刷、颜料、油漆、釉料、焊锡等作业均可接触铅及其化合物。

铅属于三大重金属污染物之一，是一种严重危害人体健康的重金属元素，工业生产中主要以铅尘（烟）方式被吸入人体，多为慢性中毒，临床上有神经、消化、血液等系统的综合症状。神经系统主要表现为神经衰弱、多发性神经病和脑病。

（9）氟（F）　氟是一种淡黄色剧毒气体，是特种塑料、橡胶和冷冻机（氟氯烷）中的关键元素。氟化合物对人体有害，因吸入量不同，可以产生各种病症，例如厌食、恶心、腹痛、胃溃疡、抽筋出血甚至死亡。接触氟化物工作的人最严重和最危险的是脸部和皮肤接触氟和氟化物。

综上所述，工业污染物对人体的危害程度取决于下列因素：

（1）本身的物理、化学特性，即污染物毒性的大小　污染物进入人体组织发生化学或物理化学反应，引起某些器官发生暂时性或永久性病变，称为中毒。而毒性是指毒物导致机体损害的能力，毒性越大，危害越大。生产环境中通常都是多种有害物同时存在的，有些表现为单独作用，有些表现为相加作用或相乘作用，具体与污染物性质有关。

（2）污染物浓度的大小　即污染物在空气中的含量。

（3）污染物与人体的接触时间　污染物毒性作用可表示为

$$k = (c-a)t \tag{1-1}$$

式中　k——某种可观察到的毒性症状；

　　　t——污染物对机体作用时间；

　　　c——污染物浓度；

　　　a——某一最低浓度。

浓度越大，接触时间越长，进入人体的污染物总量就越大，对人体的毒性就越大。通常情况下，当污染物浓度低于某一最低浓度 a 时，或被人体的保护性反应所分解或可从人体中代谢排出，即使长时间作用也不至于对人体产生危害或危害甚微。

（4）车间的温湿度及作业人员的劳动强度、年龄、性别和体质情况等　车间内的温度高低和湿度大小会影响人体对污染物的吸收。潮湿环境会促进某些污染物的毒性发作；高温环境会使人体皮肤毛细血管扩张，出汗增加，血液循环及呼吸加快，从而增加污染物的吸收速度。劳动强度同样对污染物的吸收和危害有明显的影响。

不同人对污染物的吸收和反应具有明显的差异性。

3. 颗粒物、有害蒸气和气体对生产的影响

颗粒物的危害，对工业生产来说主要是降低产品质量、影响电子产品的稳定性、降低机器工作精度等。如集成电路、感光胶片、精密仪器和微型电机等，当颗粒物沉降附着在表面或转动部件上，会降低质量或加速磨损，导致使用寿命降低。特别是随着芯片集成化的提高，主流产品的线宽越来越小，目前已到 7nm，生产过程中对空气的洁净度要求越来越高。颗粒物还会影响精密加工的精度和喷漆的质量。

许多粉尘颗粒物，如煤粉、铝粉和谷物粉尘等具有可爆炸性，在一定浓度下可发生爆炸，造成重大事故和损失。

尘粒对光具有吸收、散射等作用，光强会减弱，因此当大气中颗粒物浓度较高时，能见度降低，农作物光照不足导致减产。当质量浓度为 0.115g/m³ 时，含尘气体是透明的，可通过 90% 的光线。随着浓度的增加，透明度会大大减弱。当工作面能见度过低时，易导致误操作，造成人员的意外伤亡。

污染蒸气和气体在工农业生产中，也具有很大的危害。如酸性气体对金属材料的腐蚀，以及使农作物产量下降、品质变坏。

4. 工业污染物对大气的污染

工业污染物对大气的污染经历了三个阶段：第一阶段是"粉尘型"，表现为工业生产中释放出的大量悬浮颗粒物；第二阶段是"煤烟型"，主要是燃煤引起的烟尘和 SO_2 的混合污染；第三阶段是石油替代煤成为主要燃料，同时汽车数量大幅增长，主要污染物是 SO_2、NO_x 与含有重金属的飘尘、硫酸烟雾以及光化学烟雾等共同作用的产物，属于"复合型"污染。

由于我国一直以来能源的结构是以煤为主（见表 1-2），2018 年煤炭消费量占能源消费总量的 59.0%，因此在工业化国家发生的大气污染三个阶段，在我国呈现出逐段或共存状态，燃煤过程中产生大量的烟尘、SO_2 和 NO_x 等。随着国家加大对环境保护的投入和政策力度的加大，我国的环境问题逐年得到改善。

表 1-2　中国能源发展"十三五"规划

能源种类	2010 年	2015 年	2020 年
煤炭	69.20%	64.00%	58%
石油	17.40%	18.10%	17%
天然气	4.00%	5.90%	10%
非化石能源	9.40%	12.00%	15%

注：本表摘自《能源发展"十三五"规划》。

1.1.3 环境空气质量标准（室外环境）

我国环境空气质量标准首次发布于 1982 年，2012 年版《环境空气质量标准》（GB 3095—2012）为第三次修订。新标准中将环境空气质量功能区分为两类：一类区为自然保护区、风景名胜区和其他需要特殊保护的地区；二类区为居住区、商业交通居民混合区、文化区、工业区和农村地区。一类区执行一级浓度限值标准；二类区执行二级浓度限值标准，具体要求见表 1-3。

同时《环境空气质量标准》中针对各地方环境污染的特点，基于当地环境保护的需要，对标准中未规定的污染物项目制定实施地方环境空气质量标准，表 1-4 所示为环境空气中部分污染物参考浓度限值。

表 1-3　环境空气污染物浓度限值

污染物名称	平均时间	浓度限值		浓度单位
		一级标准	二级标准	
环境空气污染物基本项目浓度限值				
二氧化硫（SO_2）	年平均	20	60	$\mu g/m^3$
	24h 平均	50	150	
	1h 平均	150	500	
二氧化氮（NO_2）	年平均	40	40	
	24h 平均	80	80	
	1h 平均	200	200	
一氧化碳（CO）	24h 平均	4	4	mg/m^3
	1h 平均	10	10	
臭氧（O_3）	日最大 8h 平均	100	160	$\mu g/m^2$
	1h 平均	160	200	
可吸入颗粒物（PM_{10}）	年平均	40	70	
	24h 平均	50	150	
细颗粒物（$PM_{2.5}$）	年平均	15	35	
	24h 平均	35	75	
环境空气污染物其他项目浓度限值				
总悬浮颗粒物（TSP）	年平均	80	200	$\mu g/m^3$
	24h 平均	120	300	
氮氧化物（NO_x）	年平均	50	50	
	24h 平均	100	100	
	1h 平均	250	250	
铅（Pb）	年平均	0.5	0.5	
	季平均	1	1	
苯并［a］芘（BaP）	年平均	0.001	0.001	
	24h 平均	0.0025	0.0025	

注：本表来源于《环境空气质量标准》（GB 3095—2012）。

表 1-4　环境空气中镉、汞、砷、六价铬和氟化物参考浓度限值

污染物名称	平均时间	浓度（通量）限值		浓度单位
		一级标准	二级标准	
镉（Cd）	年平均	0.005	0.005	$\mu g/m^3$
汞（Hg）	年平均	0.05	0.05	
砷（As）	年平均	0.006	0.006	
六价铬［Cr(Ⅵ)］	年平均	0.000025	0.000025	
氟化物（F）	1h 平均	20[①]	20[①]	
	24h 平均	7[①]	7[①]	
	月平均	1.8[②]	3.0[③]	$\mu g/(dm^2 \cdot d)$
	植物生长季平均	1.2[②]	2.0[③]	

注：本表来源于《环境空气质量标准》（GB 3095—2012）。

① 适用于城市地区。

② 适用于牧业区和以牧业区为主的半农半牧区、蚕桑区。

③ 适用于农业和林业区。

环境空气质量的评定采用空气质量指数（Air Quality Index，AQI），根据 AQI 大小分为六级。空气质量分指数及对应的污染物项目浓度限值见表 1-5。空气质量指数及相关信息见表 1-6，污染指数分类与美国国家环境保护局（EPA）的相同。

表 1-5　空气质量分指数及对应的污染物项目浓度限值

空气质量分指数（IAQI）	污染物项目浓度限值									
	二氧化硫 24h 平均	二氧化硫 1h 平均①	二氧化氮 24h 平均	二氧化氮 1h 平均①	可吸入颗粒物 24h 平均	细颗粒物 24h 平均	臭氧 1h 平均	臭氧 8h 滑动平均	一氧化碳 24h 平均	一氧化碳 1h 平均①
	μg/m³								mg/m³	
0	0	0	0	0	0	0	0	0	0	0
50	50	150	40	100	50	35	160	100	2	5
100	150	500	80	200	150	75	200	160	4	10
150	475	650	180	700	250	115	300	2150	14	35
200	800	800	280	1200	350	150	400	265	24	60
300	1600	②	565	2340	420	250	800	800	36	90
400	2100	②	750	3090	500	350	1000	③	48	120
500	2620	②	940	3840	600	500	1200	③	60	150

注：本表来源于《环境空气质量指数（AQI）技术规定（试行）》（HJ 633—2012）。

① 二氧化硫、二氧化氮和一氧化碳的 1 小时平均浓度限值仅用于实时报，在日报中需使用相应污染物的 24h 平均浓度值。

② 二氧化硫 1h 平均浓度值高于 800μg/m³ 的，不再进行其空气质量分指数计算，二氧化硫空气质量分指数按 24h 平均浓度计算的分指数报告。

③ 臭氧 8h 平均浓度值高于 800μg/m³ 的，不再进行其空气质量分指数计算，臭氧空气质量分指数按 1h 平均浓度计算的分指数报告。

表 1-6　空气质量指数及相关信息

空气质量指数（AQI）	空气质量指数级别	空气质量指数类别及表示颜色		对健康影响情况	建议采取的措施
0~50	一级	优	绿色	空气质量令人满意，基本无空气污染	各类人群可正常活动
51~100	二级	良	黄色	空气质量可接受，但某些污染物可能对极少数异常敏感人群健康有较弱影响	极少数异常敏感人群应减少户外活动
101~150	三级	轻度污染	橙色	易感人群症状有轻度加剧，健康人群出现刺激症状	儿童、老年人及心脏病、呼吸系统疾病患者应减少长时间、高强度的户外锻炼
151~200	四级	中度污染	红色	进一步加剧易感人群症状，可能对健康人群心脏、呼吸系统有影响	儿童、老年人及心脏病、呼吸系统疾病患者避免长时间、高强度的户外锻炼，一般人群适量减少户外运动
201~300	五级	重度污染	紫色	心脏病和肺病患者症状显著加剧，运动耐受力降低，健康人群普遍出现症状	儿童、老年人和心脏病、肺病患者应停留在室内，停止户外运动，一般人群减少户外运动
>300	六级	严重污染	褐红色	健康人群运动耐受力降低，有明显强烈症状，提前出现某些疾病	儿童、老年人和病人应留在室内，避免体力消耗，一般人群避免户外活动

注：本表来源于《环境空气质量指数（AQI）技术规定（执行）》（HJ 633—2012）。

1.2　工业建筑环境设计标准

工业建筑的环境设计主要有热环境、声环境、光环境和空气品质环境。

1.2.1　满足工作人员舒适性及健康的环境设计标准

人的冷热感觉除与周围空气的温度、相对湿度、空气流速和周围物体的表面温度等环境因素有关外，还与人体的新陈代谢率等内在因素有关。

人体达到热平衡即感觉到舒适，而人体体温的控制有两大机理：一是通过控制体内新陈代谢率调节体内能量的产生量；二是通过改变皮肤表面的血液循环来控制人体的散热量。人的活动强度越大，新陈代谢率越高，则人体的散热量就越大。正常情况下，人体依靠自身的调节机能可维持自身得热和散热的平衡，使人体体温基本稳定在 36.5~37℃。

人体的散热主要通过皮肤与外界的对流、辐射以及表面汗液蒸发进行，而呼吸和排泄所占比例较少。

对流换热取决于周围空气的温度和速度。空气温度低于体温，进行对流散热，温差越大、空气流速越大，则人体的对流散热就越强烈；空气温度高于体温，人体不能散热，反而得热，空气流速越高，得热也越高。

辐射换热取决于人周围物体的表面温度。当周围物体的表面温度高于人体表面温度时，人体得到辐射热；否则，人体散失辐射热。

蒸发散热主要取决于空气的相对湿度和流速。当空气和周围物体表面的温度高于人体表面温度时，人体已经不能通过对流和辐射形式进行散热。此时，就要依靠蒸发散热的形式来维持人体的热平衡。空气的相对湿度越低（即空气中水蒸气分压力越低）、气流速度越大，人体汗液的蒸发量就越大，蒸发导致的人体散热量就越大。否则蒸发散热量就越小，人会感到闷热。

由此可见，舒适且健康的空气环境，除了要满足一定的卫生标准外，还需满足一定的空气温度、空气湿度和空气流动速度。在生产车间中，除必须控制和排除生产中大量散放的工业有害物（粉尘、有害气体和蒸气、余热及余湿）外，还需使室内空气保持适当的流动速度。工程设计时，需参考国家职业卫生标准（GBZ）中工作场所有害因素职业接触限值的要求，该标准有两部分内容：一为化学有害因素（GBZ 2.1）；二为物理因素（GBZ 2.2）。

《工作场所有害因素职业接触限值　第 1 部分：化学有害因素》（GBZ 2.1—2019）制定了有害物职业接触限值（occupational exposure limits，OELs），该值是指劳动者在职业活动中长期反复接触某种或多种职业性有害因素，不会引起绝大多数接触者不良健康效应的容许接触水平。化学有害因素的职业接触限值包括时间加权平均容许浓度、短时间接触容许浓度和最高容许浓度三类。

时间加权平均容许浓度（PC-TWA）是指以时间为权数规定的 8h 工作日、40h 工作周的平均容许接触浓度。

短时间接触容许浓度（PC-STEL）是指在遵守 PC-TWA 前提下容许劳动者短时间（15min）接触的浓度。

最高容许浓度（MAC）是指在一个工作日内、任何时间、工作地点的化学有害因素均不应超过的浓度。

各类有害物质的容许浓度见附录 A~附录 C。

对有 MAC 要求的化学有害因素，一个工作日内，在任何时间和任何工作地点，最高接触浓度不得超过其相应的 MAC 值；对同时规定有 PC-TWA 和 PC-STEL 的有害物质，实际测得的当日时间加权平均接触浓度不得超过该因素对应的 PC-TWA 值，同时一个工作日期间任何时间段的接触浓度不得超过其对应的 PC-STEL 值；对仅制定有 PC-TWA 值而没有 PC-STEL 的有害物质，实际测得的当日 C_{TWA} 浓度值不得超过其对应的 PC-TWA 值，同时，劳动者接触水平瞬时超出 PC-TWA 值 3 倍的接触每次不得超过 15min，一个工作日期间不得超过 4 次，相继间隔不短于 1h，且在任何情况下都不能超过 PC-TWA 值的 5 倍。

工业场所多出现高温作业，高温作业指工作场所有生产性热源，其散热量大于 23W/(m³·h) 或 84kJ/(m³·h) 的车间；或当室外实际出现本地区夏季通风室外计算温度时，工作场所的气温高于室外 2℃ 或以上的作业（含夏季通风室外计算温度≥30℃ 地区的露天作业，不含矿井下作业）。

高温作业场所综合温度不应超过表 1-7 规定的限值，综合温度计算可采用下式：

$$t_z = 0.7t_{wet} + 0.3t_g \tag{1-2}$$

式中　t_z——空气综合温度（℃）；

t_{wet}——空气湿球温度（℃）；

t_g——有热辐射源存在时，为空气黑球温度；否则，为空气干球温度（℃）。

表 1-7　高温作业场所综合温度上限值

体力劳动强度指数 （按 GBZ/T 189.10 体力劳动强度分级）	夏季通风室外计算温度分区（干球温度）	
	<30℃ 地区	≥30℃ 地区
≤15	30	32
15~20	30	31
20~25	29	30
>25	28	29

注：表中数据摘自《工业企业设计卫生标准》（GBZ 1—2010）。

车间内设置系统式局部送风时，工作地点的温度和平均风速应符合表 1-8 所示的规定。

表 1-8　工作地点的温度和平均风速

热辐射强度 /（W/m²）	冬季		夏季	
	温度/℃	风速/（m/s）	温度/℃	风速/（m/s）
350~700	20~25	1~2	26~31	1.5~3
701~1400	20~25	1~3	26~30	2~4
1401~2100	18~22	2~3	25~29	3~5
2101~2800	18~22	3~4	24~28	4~6

注：1. 本表摘自《工业企业设计卫生标准》（GBZ 1—2010）。

2. 轻强度作业时，温度宜采用表中较高值，风速宜采用较低值；重强度作业时，温度宜采用较低值，风速宜采用较高值；中强度作业时，其数据可按插入法确定。

3. 对于夏热冬冷或冬暖地区，表中夏季工作地点的温度可提高 2℃。

4. 当局部送风系统的空气需要冷却或加热处理时，其室外计算参数，夏季采用通风室外计算温度及相对湿度；冬季应采用采暖室外计算温度。

工艺上以湿度为主要控制参数的空气调节车间，除工艺有特殊要求或已有规定者外，不同湿度条件下的空气温度应符合表 1-9 所示的规定。

表 1-9　空气调节厂房内不同湿度下的温度要求（上限值）

相对湿度（%）	<55	<65	<75	<85	≥85
温度/℃	30	29	28	27	26

注：本表摘自《工业企业设计卫生标准》（GBZ 1—2010）。

冬季寒冷环境工作地点的采暖温度应符合表 1-10 所示的要求。

表 1-10　冬季工作地点的采暖温度（干球温度）

体力劳动强度级别	采暖温度/℃
Ⅰ	≥18
Ⅱ	≥16
Ⅲ	≥14
Ⅳ	≥12

注：1. 本表摘自《工业企业设计卫生标准》（GBZ 1—2010）。
　　2. 体力劳动强度分级见《工作场所有害因素职业接触限值：第 2 部分　物理因素》（GBZ 2.2—2019），其中Ⅰ为轻强度劳动，Ⅱ为中等强度劳动，Ⅲ为重强度劳动，Ⅳ为极重强度劳动。
　　3. 当作业地点劳动者人均占用较大面积（50～100m²）、劳动强度Ⅰ级时，其冬季工作地点采暖温度可低至 10℃，Ⅱ级时可低至 7℃，Ⅲ级时可低至 5℃。
　　4. 当室内散热量<23W/m³ 时，风速不宜>0.3m/s；当室内散热量≥23W/m³ 时，风速不宜>0.5m/s。

对于某些设置在大车间内的封闭式车间，其微小气候的设计宜满足表 1-11 所示的要求。

表 1-11　封闭式车间微小气候设计要求

参　数	冬　季	夏　季
温度/℃	20～24	25～28
风速/（m/s）	≤0.2	≤0.3
相对湿度/（%）	30～60	40～60

注：1. 过度季节微小气候计算参数取冬季、夏季插值。
　　2. 本表摘自《工业企业设计卫生标准》（GBZ 1—2010）。

高温、强辐射作业，应根据工艺、供水和室内微小气候等条件设置有效的隔热措施，如水幕、隔热水箱或隔热屏等。工作人员经常停留或靠近的高温地面或高温壁板，其表面平均温度不应超过 40℃，瞬间最高温度也不宜超过 60℃。设置热风采暖时，应防止强烈气流直接对人产生不良影响，送风的最高温度不得超过 70℃，送风宜避免直接面向人，室内气流一般应为 0.1～0.3m/s。

1.2.2　满足产品生产的作业环境

车间内部的环境除了需要满足上述以工作人员保护为目的的健康和卫生条件以外，还需要满足产品生产所需要的复杂环境。各个工艺有不同的气象条件要求和空气洁净度等要求，需要与工艺人员充分沟通，在厂房通风系统设计中加以考虑。如随着数字化、智能化技术深刻地改变着制造业的生产模式和产业形态，加上新材料、新能源等技术的重大突破，在高新技术产品的加工生产过程中，如何满足加工的精密化、产品的微型化、高纯度（高质量）、高可靠性的需求等问题，对生产环境中的洁净等级提出了更高的要求。另外，随着现代生物医学的发展，对洁净室中细菌数目、微生物污染的控制要求也不断提高，以保证医疗医药、生物研究、食品生产等行业不受微生物污染或感染。工业洁净技术和生物洁净技术必将随着科学技术的发展和工业产品的日新月异而快速发展，成为现代工业生产和科学实验活动不可缺少的重要技术标志之一。

1.3 污染物浓度及工业排放标准

1.3.1 污染物浓度

将单位体积空气中的污染物含量称为污染物浓度。污染气体或蒸气的浓度通常用质量浓度和体积浓度表示。质量浓度是指每立方米空气中所含污染气体或蒸气的质量，通常以 mg/m^3 表示。由于质量浓度受测试温度和压力的影响，是一个随测试温度和压力变化而变化的量，故引入体积浓度的概念。体积浓度是指每立方米空气中所含污染气体或蒸气的体积，通常以 mL/m^3 表示，也用百万分率符号 ppm 表示，即 $1mL/m^3 = 1ppm$，代表了空气中某种污染物的体积浓度为百万分之一。

在标准状态下，质量浓度和体积浓度的换算关系为

$$Y = \frac{M}{22.4}C \tag{1-3}$$

式中　　Y——污染气体的质量浓度（mg/m^3）；

M——污染气体的摩尔质量（g/mol）；

C——污染气体的体积浓度（ppm 或 mL/m^3）。

【例 1-1】　在标准状态下，300ppm 的 CO_2 相对应的质量浓度为多少？

【解】　CO_2 的摩尔质量为 $M = 44g/mol$，则

$$Y = \frac{M}{22.4}C = \left(\frac{44}{22.4} \times 300\right) mg/m^3 = 589.29 mg/m^3$$

粉尘在空气中的含量通常用质量浓度和数量浓度来表示。数量浓度是指每立方米空气中所含固态颗粒物的颗粒数，主要用于洁净环境，而质量浓度通常用于一般的通风除尘技术中。

1.3.2 大气污染物排放标准

通过空气净化设备排放到大气中的污染物浓度通常称为排空浓度，其要满足大气污染物排放标准的要求。大气污染物排放标准是为了控制污染物的排放量，使空气质量达到环境质量标准，从而对排入大气中的污染物数量或浓度所规定的限制标准。排放标准是经有关部门审批和颁布的具有法律约束力的标准。除国家颁布的标准外，各地、各部门和各企业还可根据当地的大气环境容量、污染源的分布和地区特点，在一定经济水平条件下实现排放标准的可行性，制定适用于本地区、本部门和本企业的排放标准。应用国家排放标准时，首先应查询是否有地方标准和行业标准等，按环保标准制定原则，地方标准要严于国家标准，以便正确选用适合的排放标准。

从 1974 年开始，我国实行的《工业"三废"排放试行标准》中规定了二氧化硫、一氧化碳、硫化氢等 13 种有害物质的排放标准。而《大气污染物综合排放标准》（GB 16297—1996）规定了 33 种大气污染物的排放限值，同时规定了标准执行中的各种要求。该标准适用于现有污染源大气污染物的排放管理，以及建设项目的环境影响评价、设计、环境保护设施竣工验收及其投产后的大气污染物排放管理。GB 16297—1996 中规定的最高允许排放速率，现有污染源分一、

二、三级；新污染源分为二、三级。需按照污染源所在的环境空气质量功能区类别执行相应级别的排放速率标准，即：位于一类区的污染源执行一级标准（一类区内禁止新建、扩建污染源；现有污染源改建可执行现有污染源的一级标准）；二类区的污染源执行二级标准；三类区的污染源执行三级标准。

在我国现有国家大气污染物排放标准体系中，按照综合性排放标准与行业性排放标准不交叉执行的原则，锅炉执行《锅炉大气污染物排放标准》（GB 13271—2014）、工业炉窑执行《工业炉窑大气污染物排放标准》（GB 9078—1996）、火电厂执行《火电厂大气污染物排放标准》（GB 13223—2011）、炼焦炉执行《炼焦化学工业污染物排放标准》（GB 16171—2012）、水泥厂执行《水泥工业大气污染物排放标准》（GB 4915—2013）、恶臭物质排放执行《恶臭污染物排放标准》（GB 14554—93）、制药工业执行《制药工业大气污染物排放标准》（GB 37823—2019）、VOCs 等执行《挥发性有机物无组织排放控制标准》（GB 37822—2019）等。

综合大气污染物排放标准见附录 D 和附录 E。

1.4　工业有害物在车间内的传播机制

以颗粒物为例讨论工业有害物在车间内的传播机制。颗粒物在车间内的传播过程可称为尘化过程，包括一次尘化过程和二次尘化过程。

一次尘化过程是指使尘粒由静止状态进入悬浮状态的尘化过程，引起一次尘化作用的气流称为一次尘化气流。常见的一次尘化作用有：

1. 剪切压缩造成的尘化作用

物料筛分时，振动筛做上下往复运动，疏松的物料会不断受到挤压，将物料间隙内的空气猛烈地挤压出来。高速喷出的气流在剪切压缩的作用下会携带尘粒从物料中逸出，如图 1-3 所示。

2. 诱导空气造成的尘化作用

由于空气为黏性流体，物料在空气中高速运动时，会带动周围空气随其一起流动，这部分空气称为诱导空气，如图 1-4 所示。诱导空气又会携带周围更加细小的尘粒随着运动而产生尘化作用。图 1-5 所示为砂轮机的工作过程，金属物在打磨过程中会甩出大量的金属屑产生诱导气流，使磨削下来的细小颗粒物随其逸散。

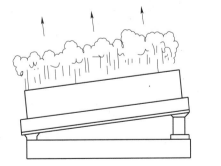

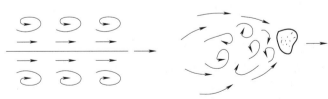

图 1-3　剪切气流造成的尘化　　　　　　　　图 1-4　惯性诱导气流造成的尘化

3. 综合性的尘化作用

综合性的尘化作用是指由于剪切和压缩作用共同造成的尘化过程。图 1-6 所示为粉料从高处的下落过程。粉料在下落过程中由于诱导空气的作用，会产生物料飞扬；其次，在物料落至地面时，由于气流和颗粒物的剪切作用，被物料挤压产生的高速气流也会形成大量的物料飞散。

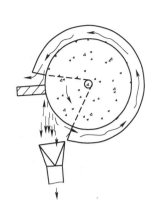

图 1-5　惯性气流产生的诱导

图 1-6　综合性尘化作用

4. 热气流上升造成的尘化作用

在许多工业场合会存在大量的热产尘设备，设备表面的空气在被加热上升过程中会携带颗粒物一起运动造成颗粒物的扩散。

一次尘化作用通常只能造成局部的污染。直径为 $10\mu m$、密度 $2700kg/m^3$ 的尘粒以 $10m/s$ 的速度水平方向射出，尘粒所受到的力主要有重力、惯性力、分子扩散力和气流力（气流带动尘粒运动的力）。通过理论计算发现：尘粒在重力作用下自由降落，其最大降落速度仅为 $0.008m/s$；尘粒受布朗运动的空气分子撞击而产生的扩散运动，在 $1s$ 内的运动距离只有 $1.2\times10^{-8}m$。尘粒在水平方向以某一初速度运动时，受到空气阻力影响，做减速运动，尘粒运动的速度为

$$v = v_0 e^{-t/\tau} \tag{1-4}$$

尘粒在时间 t 内运动的距离为

$$S = \int_0^t v\mathrm{d}t = \int_0^t v_0 e^{-t/\tau}\mathrm{d}t = \tau v_0(1 - e^{-t/\tau}) \tag{1-5}$$

其中，$\tau = \dfrac{d_p^2 \rho_p}{18\mu}$ 为松弛时间，表示微粒从某一初始稳定状态变化到某一终止状态所需要的时间，即颗粒速度降到或升到初始速度的 $1/e$ 或 36.8% 时所需要的时间。

式中　d_p——尘粒直径（m）；

ρ_p——尘粒密度（kg/m³）；

μ——空气的动力黏度（Pa·s）。

根据上述公式计算可得到：该尘粒在水平方向运动的最大距离只有 $8\times10^{-3}m$，而仅仅经过 $0.01s$，尘粒的速度就迅速降到 $5\times10^{-5}m/s$，很快就失去动能。

上述计算表明：粒子在重力、分子扩散力和惯性力下不可能在车间中传播。颗粒物不具有独立运动的能力，而是随着车间内的通风气流（通常速度为 $0.2\sim0.3m/s$）迅速弥散到车间各个角落。将这种处于悬浮状态的颗粒物进一步扩散污染到整个环境空间的过程称为二次尘化作用，引起二次尘化作用的气流称为二

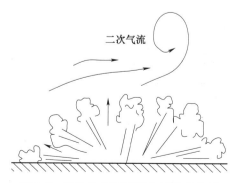

图 1-7　二次尘化气流对尘扩散的作用

次尘化气流，如图 1-7 所示。二次尘化气流主要有车间内的自然风气流、机械通风气流、惯性物诱导气流和冷热气流对流等。

1.5　工业有害物的综合防治措施

大量工程实践证明：在多数情况下，单独采用通风方式防治工业污染物是不经济的，而且效果会打折扣，必须采用综合性的防治措施。

1. 倡导清洁生产，改革工艺操作和设备，减少污染物产生

生产工艺的改革能有效减少污染物的产生或抑制污染物的扩散。如，采用湿法作业代替干法作业能大大减少颗粒态污染物的产生；用无毒的原料替换有毒或剧毒原料等。工艺设计时，尽可能采用自动化、机械化、密闭化作业，避免污染物与人体的直接接触。

2. 采用局部通风措施就地捕集

当污染物的释放不可避免时，采用局部通风的方式就地捕集、控制污染物。尽可能采用密闭方式，以最小的风量获得最好的效果。如果密闭方式影响生产工艺，则尽量使局部排风系统靠近污染物源。减少排风量是控制通风系统经济性的关键。

3. 采用全面通风的方式稀释污染物浓度

当采用局部通风方式室内卫生标准仍无法达标；或车间内污染源数量多、布置散、阵发性产生时，需要采用全面通风的方式辅助完成污染物的控制。

验收通风系统的效果时，有两项指标需要满足：车间环境空气中污染物浓度低于卫生标准的要求；通风排气中的污染物浓度达到排风标准的要求。

4. 加强个人防护措施

由于技术的限制和经济性的制约等原因，某些工作地点无法达到卫生标准的要求时，需要对操作工人进行个人防护措施，如佩戴防毒口罩等，穿戴按工种要求配备的防护服装和用具等。

5. 建立严格检查管理制度

良好的通风系统，除了需要良好的设计和施工外，还需要一个良好的运行管理规章制度。定期对设备进行维护和检修，定时检测环境空气中污染物的浓度，定期对操作人员进行体检，以便及时发现问题，采取措施进行整改。

按照国家相关规定：对不能达标排放的企业，以及对长期达不到卫生标准要求的作业场所或车间，严重危害到工人身体健康而又拒绝采用防护措施的企业，可勒令停止生产进行环保整改。

习　　题

1. 请叙述粉尘颗粒物、有害蒸气和气体以及余热余湿对人体的危害。
2. 请查找资料并描述粉尘颗粒物、有害蒸气和气体以及余热余湿对生产工艺的危害。
3. 请阐释污染物在车间内的传播机理。
4. 如何根据车间空气中污染物的最高容许浓度来判断污染物的相对毒性大小？
5. 试叙述制定车间卫生标准的意义和相关内容。
6. 工业企业设计卫生标准对车间空气环境中工业污染物做了哪些规定？
7. 经测定，正常生产中车间空气中汞蒸气的质量浓度为 0.015mg/m^3，试问相应的体积浓度是多少？并判断车间内汞蒸气的卫生标准是否达标？

8. 试叙述制定排放标准的意义和最新的排放标准内容。

参 考 文 献

［1］ 世界卫生组织. 世卫组织公布关于空气污染暴露与健康影响的国家估算［R/OL］.（2016-9-27）. https：//www. who. int/zh/news-room/detail/.

［2］ 中华人民共和国生态环境部. 2018 中国生态环境状况公报［R/OL］.（2019-05-29）. http：//www. mee. gov. cn/home /jrtt_ 1 /201905/t20190529_ 704841. shtml.

［3］ 张殿印，张学义. 除尘技术手册［M］. 北京：冶金工业出版社，2002.

［4］ 中华人民共和国环境保护部. 环境空气质量标准：GB 3095—2012［S］. 北京：中国环境科学出版社，2012.

［5］ 中华人民共和国环境保护部. 环境空气质量指数（AQI）技术规定（试行）：HJ 633—2012［S］. 北京：中国环境科学出版社，2012.

［6］ 中华人民共和国国家卫生健康委员会. 工作场所有害因素职业接触限值：第 1 部分　化学有害因素：GBZ 2.1—2019［S］. 北京：中国标准出版社，2019.

［7］ 中华人民共和国国家卫生健康委员会. 工作场所有害因素职业接触限值：第 2 部分　物理因素：GBZ 2.2—2007［S］. 北京：中国标准出版社，2019.

［8］ 卫生部职业卫生标准专业委员会. 工业企业设计卫生标准：GBZ 1—2010［S］. 北京：人民卫生出版社，2010.

［9］ 国家环境保护局科技标准司. 大气污染物综合排放标准：GB 16297—1996［S］. 北京：中国标准出版社，1996.

［10］ 孙一坚，沈恒根. 工业通风［M］. 4 版. 北京：中国建筑工业出版社，2010.

［11］ 生命时报. 社会热点国外多项研究综合呼吸系统的冷知识［R/OL］.（2014-04-04）. https：//health. qq. com/a/20140404/ 013226. htm.

第 2 章

全面通风

通风是控制室内污染物的有效手段，具有多种分类方式。如果按照作用动力可分为自然通风、机械通风和混合通风（多元通风）三大类。自然通风是指利用室外风力造成的风压和室内外空气温度差所造成的热压引起空气流动达到通风换气作用的一种换气方式，在本章 2.4 节有详细介绍；机械通风是指利用风机、风扇或气泵等提供动力引起空气流动的通风方式；混合通风是机械通风和自然通风共同作用。相比机械通风，自然通风不需要专门的动力，是一种比较经济的通风方法。

按照房间内空气运动的方向，通风可分为进风和排风。排风指的是在局部地点或整个车间把不符合卫生标准的污染空气经过收集、处理达到排放标准排到室外；而进风则是把新鲜空气或经过净化符合卫生标准的空气送入室内。

按照作用范围，通风还可以分为全面通风和局部通风，如作用于整体建筑空间时称为全面通风；作用于局部区域的通风方式称为局部通风。

2.1 全面通风的基本原理

全面通风是对整个房间进行通风换气以改善室内的空气环境，用清洁空气稀释（冲淡）室内含有有害物的空气，同时不断把污染空气排至室外，保证室内空气中污染物的浓度不超过卫生标准规定的最高容许浓度。

全面通风系统和局部通风系统如图 2-1 和图 2-2 所示。全面通风和局部通风的对比见表 2-1。

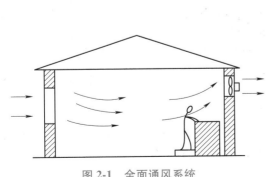

图 2-1　全面通风系统

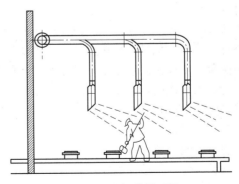

图 2-2　局部送风系统

设计时应优先考虑局部通风，如果由于生产条件的限制或污染源不固定等原因，不能采用局部通风，或者局部通风后室内有害物浓度仍超过卫生标准，才采用全面通风。

表 2-1　全面通风和局部通风的对比

对比项目	全 面 通 风	局 部 通 风
原理	稀释	就地排除有害物或送入新鲜空气
针对对象	"面、体"	"点"
污染物走向	扩散整个空间	污染物直排或新鲜空气定点送
控制因素	风量	风速
所需风量	较大	较小
设备费	较低	较高
运行费	较高	较低
使用场所	污染物毒性小、浓度低	污染物毒性大、浓度高
	污染物分布广泛	污染物分布面积小
	污染物进入空间速度慢且均匀	污染物进入空间速度快且无规律
	作业人员呼吸带离污染物较远	作业人员呼吸带离污染物较近

2.2　全面通风量的设计计算

本节所分析的全面通风换气量是指车间内连续均匀地散发有害物，在合理的气流组织下，将有害物浓度稀释到卫生标准规定的最高容许浓度以下所必需的通风量。

2.2.1　有害物散发量的计算

正确计算单位时间进入室内空气的有害物（余热、余湿、有害气体和蒸气，以及粉尘等）数量是合理确定全面通风量的基础。

1. 生产设备发热量

生产车间主要散热设备散热量有：①工业炉窑及其热设备的散热量；②高温原材料、半成品和成品冷却时的散热量；③蒸汽锤锻的散热量；④电炉、电动机的散热量；⑤内燃机等动力设备的散热量；⑥燃料燃烧时的散热量。

为使设计安全可靠，应分别计算车间的最小得热量和最大得热量。把最小得热量作为车间冬季计算热量；把最大得热量作为车间夏季计算热量。即在冬季，采用热负荷最小班次的工艺设备散热量，不经常的散热量不予考虑，经常而不稳定的散热量按小时平均值计算。在夏季，采用热负荷最大班次的工艺设备散热量，经常而不稳定的散热量按最大值计算，白班不经常的较大散热量也应考虑。

2. 散湿量

生产车间的散湿量是指进入空气中水蒸气的量，主要有：①暴露水平面或潮湿表面散发的水蒸气量；②生产过程中散发的水蒸气量；③原材料、半成品或成品散发的水蒸气量。

3. 有害气体或蒸气的散发量

生产车间内有害气体和蒸气来源主要有：①燃烧过程产生的有害气体，如工业炉窑燃烧产物中的硫氧化物、氮氧化物、HF、CO 等；②从生产设备或管道不严密处渗漏出来，进入室内的有害气体；③工业槽面散发的有害气体；④容器中化学物品自由面的蒸发；⑤喷涂过程中散入室内的有害气体或蒸气，如油漆过程中散发的苯蒸气；⑥生产工艺过程中化学反应产生的有害气体，如铸件浇筑时产生的 CO、电解铝时产生的 HF 等。

由于生产过程繁杂，工业有害物的散发情况复杂，当用理论公式无法得到准确数据时，须通过现场测试和调查研究，参考经验数据。

2.2.2　全面通风换气量的计算

全面通风换气量可分为室内存在有害物发散源、室内存在热源、室内存在蒸汽源三种情况进行计算。

1. 室内存在有害物发散源

（1）排放模型及微分方程　室内有害物排放模型如图 2-3 所示。

对于体积为 V_f 的房间进行全面通风时，污染物源每秒钟散发出的有害物量为 x，室内有害物浓度为 y，现采用全面通风稀释室内空气中的污染物，那么在任何一个微小的时间间隔 $d\tau$ 内，室内得到的污染物量（包括送风空气带入的污染物量和有害物

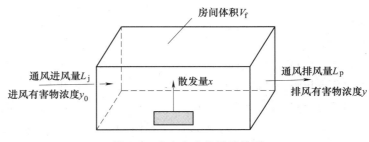

图 2-3　室内有害物排放模型

源散发的污染物量）与从室内排出的污染物量之差，应等于整个房间增加或减少的污染物量，即

$$L_j y_0 d\tau + x d\tau - L_p y d\tau = V_f dy \tag{2-1}$$

式中　L_j——全面通风进风量（m^3/s）；

　　　　y_0——送风空气中污染物浓度（g/m^3）；

　　　　x——污染物散发量（g/s）；

　　　　L_p——全面通风排风量（m^3/s）；

　　　　y——在某一时刻室内空气中污染物浓度（g/m^3）；

　　　　V_f——房间体积（m^3）；

　　　　$d\tau$——某一段无限小的时间间隔（s）；

　　　　dy——在 $d\tau$ 时间内房间内污染物浓度增量（g/m^3）。

式（2-1）为全面通风的基本微分方程式，它表示在任何瞬间，房间空气中有害物浓度 y 与全面通风量 L 的关系。

假设污染物在室内均匀散发；送风气流和室内空气的混合在瞬间完成；且送排风气流的温度相差不大时 $L_p = L_j = L$，式（2-1）可以简化为

$$L y_0 d\tau + x d\tau - L y d\tau = V_f dy \tag{2-2}$$

（2）微分方程式的求解　对式（2-2）进行变换，有

$$\frac{d\tau}{V_f} = \frac{dy}{L y_0 + x - L y}$$

$$\frac{d\tau}{V_f} = -\frac{1}{L} \frac{d(L y_0 + x - L y)}{L y_0 + x - L y}$$

如果在时间 τ 内，室内空气中污染物浓度从 y_1 变化到 y_2，那么

$$\int_0^\tau \frac{\mathrm{d}\tau}{V_f} = -\frac{1}{L}\int_{y_1}^{y_2}\frac{\mathrm{d}(Ly_0 + x - Ly)}{Ly_0 + x - Ly}$$

$$\frac{\tau L}{V_f} = \ln\frac{Ly_1 - x - Ly_0}{Ly_2 - x - Ly_0}$$

$$\exp\left(\frac{\tau L}{V_f}\right) = \frac{Ly_1 - x - Ly_0}{Ly_2 - x - Ly_0} \tag{2-3}$$

当 $\frac{\tau L}{V_f} < 1$ 时，级数 $\exp\left(\frac{\tau L}{V_f}\right)$ 收敛，式（2-3）可以用级数展开的近似方法求解，如近似取级数的前两项，则得

$$\frac{Ly_1 - x - Ly_0}{Ly_2 - x - Ly_0} = 1 + \frac{\tau L}{V_f}$$

$$L = \frac{x}{y_2 - y_0} - \frac{V_f}{\tau} \cdot \frac{y_2 - y_1}{y_2 - y_0} \tag{2-4}$$

用式（2-4）可以求得在时间 τ 内，房间空气中有害物浓度降至要求的 y_2 值所需的全面通风量，全面通风量 L 和时间 τ 有关，式（2-4）为不稳定状态下全面通风量计算公式。

对式（2-4）进行变换，可求得当全面通风量 L 一定时，任意时刻室内污染物的浓度 y_2。

$$y_2 = y_1\exp\left(-\frac{\tau L}{V_f}\right) + \left(\frac{x}{L} + y_0\right)\left[1 - \exp\left(-\frac{\tau L}{V_f}\right)\right] \tag{2-5}$$

若室内空气中初始污染物浓度 $y_1 = 0$，式（2-5）可写成

$$y_2 = \left(\frac{x}{L} + y_0\right)\left[1 - \exp\left(-\frac{\tau L}{V_f}\right)\right] \tag{2-6}$$

当通风时间 $\tau \to \infty$ 时，$\exp\left(-\frac{\tau L}{V_f}\right) \to 0$，室内污染物浓度趋于稳定，其值为

$$y_2 = y_0 + \frac{x}{L} \tag{2-7}$$

实际上，室内污染物浓度趋于稳定并无严格要求 $\tau \to \infty$，例如，当 $\frac{\tau L}{V_f} \geqslant 3$ 时，$\exp(-3) = 0.0497 \ll 1$，可近似认为 y_2 已趋于稳定。

由式（2-5）和式（2-6）画出室内污染物浓度 y_2 随通风时间 τ 变化的曲线，如图2-4所示。

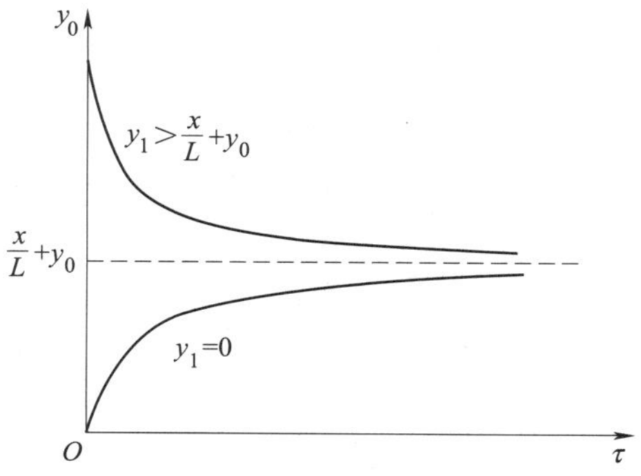

从上述分析可知，室内有害物浓度随时间按指数规律增加或减少，增减快慢取决于 $\frac{L}{V_f}$。

（3）排除有害物的全面通风量计算式　在实际计算中，最高容许浓度通常是给定的，重要的是确定通风量，根据式（2-7），稳定状态下所需的全面通风量按下式计算：

$$L = \frac{x}{y_2 - y_0} \tag{2-8}$$

图 2-4　有害物浓度随时间的变化曲线

由于室内有害物分布和通风气流实际上不可能完全均匀，混合过程不可能在瞬间完成，有时即便室内的有害物平均浓度符合卫生标准，有害物源附近空气中的有害物浓度仍远未达到卫

生标准。因此，实际所需的通风量比按式（2-8）计算所得的数值大。为此引入一个安全系数 K，式（2-8）变为

$$L = \frac{Kx}{y_2 - y_0} \qquad (2-9)$$

式中　L——全面通风体积流量（m^3/s）；

　　　x——室内有害物的散发量（g/s）；

　　　y_2——室内空气中有害物质的最高容许浓度（g/m^3）；

　　　y_0——进入空气的有害物质浓度（g/m^3）；

　　　K——安全系数；

取用 K 值要综合考虑多方面的因素，如有害物的浓度、有害物源的分布情况、通风气流组织等。对于一般的通风房间，取 $K = 3 \sim 10$；对于生产车间的全面通风，取 $K \geq 6$；只有精心设计的小型实验室，才能取 $K = 1$。

2. 室内存在热源

如果车间产生的有害物是余热，则消除余热所需的全面通风量计算式

$$G_2 = \frac{Q}{c(t_p - t_0)} \qquad (2-10)$$

式中　G_2——消除余热所需的全面通风质量流量（kg/s）；

　　　c——空气的比热容 [kJ/（kg·℃）]，取 $c = 1.01$kJ/（kg·℃）；

　　　Q——室内余热量（kJ/s）；

　　　t_p——排出的空气温度（℃），可按室内设计温度给出；

　　　t_0——进入的空气温度（℃），可按室外设计温度给出。

3. 室内存在蒸汽源

如果车间产生的有害物是余湿，则消除余湿所需的全面通风量计算式

$$G_3 = \frac{W}{d_p - d_0} \qquad (2-11)$$

式中　G_3——消除余湿所需的全面通风换气量（kg/s）；

　　　W——余湿量（kg/s）；

　　　d_p——排出空气的含湿量 [kg/kg（干空气）]；

　　　d_0——进入空气的含湿量 [kg/kg（干空气）]。

在使用以上公式时应当注意：

1）当室内同时存在有害物源、热源和蒸汽源时，应分别计算后取最大值为通风量。

2）当有数种溶剂（苯及其同系物，醇类或醋酸类）的蒸气，或有数种刺激性气体（三氧化二硫，或氟化氢及其盐类等）同时散发时，由于它们对人体有相同的危害作用，全面通风量按稀释各有害物至容许浓度所需的通风量总和计算。

3）当车间内同时散发数种其他有害物时，针对人体受伤害性质不同，全面通风量应按消除各种有害物所需的最大通风量计算。

4）当散发有害物数量不能确定时，全面通风量可按换气次数确定。换气次数 n 是指通风量 $L(m^3/h)$ 与通风房间体积 $V_f(m^3)$ 的比值，即 $n = L/V_f$（次/h）。工业企业生活间和办公室通常也按换气次数确定所需的全面通风量。

2.2.3　风量平衡及通风节能措施

房间通风时，除需要满足房间质量平衡外，还需满足房间热平衡和湿平衡。

1. 风量平衡

对于通风房间，不论采用哪种通风方式，单位时间进入室内的空气质量总是和同一时间内从此房间排走的空气质量相等，也就是通风房间的空气质量总要保持平衡，称为风量平衡。空气平衡的数学表达式为

$$G_{zj} + G_{jj} = G_{zp} + G_{jp} \tag{2-12}$$

式中　　G_{zj}——自然进风量（kg/s）；

　　　　G_{jj}——机械进风量（kg/s）；

　　　　G_{zp}——自然排风量（kg/s）；

　　　　G_{jp}——机械排风量（kg/s）。

若 $G_{jj} = G_{jp}$，此时室内压力等于室外大气压力，即室内外压差为零，用于无特殊要求的车间。

若 $G_{jj} > G_{jp}$，此时室内压力升高并大于室外压力，房间处于正压状态。室内一部分空气会通过房间的窗户、门洞或不严密的缝隙流到室外，这部分空气称为无组织排风。这种状态适合对清洁度要求比较高的房间，以保持房间正压，免受室外空气影响。

若 $G_{jj} < G_{jp}$，此时室内空气压力小于室外大气压力，室内处于负压状态。室外空气会渗入室内，这部分空气称为无组织进风。这种状态适合产生有害物的房间，保持房间负压，以免污染室外或邻室空气。工程设计中，房间负压不能过大，以避免引起表 2-2 所示的不良后果，在冬季更应该注意这个问题。

表 2-2　室内负压引起的影响

负压/Pa	风速/（m/s）	危害
2.45~4.9	2~2.9	操作者有吹风感
2.45~12.25	2~4.5	自然通风的抽力下降
4.9~12.25	2.9~4.5	燃烧炉出现逆火
7.35~12.25	3.5~6.4	轴流式排风扇工作困难
12.25~49	4.5~9	大门难以启闭
12.25~61.25	6.4~10	局部排风系统能力下降

为了保证车间排风系统在冬季能正常工作，防止室外大量冷空气直接进入室内，对于机械排风量大的房间，必须设置送风系统，生产车间的无组织进风量以不超过一次换气为宜。

2. 热平衡

要使通风房间的温度达到设计要求并保持不变，必须使房间的总得热量 $\sum Q_d$ 等于总失热量 $\sum Q_s$，就是保持房间的热量平衡，即热平衡。

当 $\sum Q_s < \sum Q_d$ 时，说明房间内热量过剩，空气温度将升高，需送冷风消除余热；当 $\sum Q_s > \sum Q_d$ 时，说明房间内热量不足，房间空气温度将降低，此时需采取措施补充热量。

对于生产车间来说，随着工艺厂房的设备、产品及通风方式的不同，车间得热量、失热量差别较大。车间总失热量包括通过围护结构、低于室温的生产材料及排风系统等损失热量；车间总得热量包括通过高于室温的生产设备、产品、采暖设备散发的热量，以及机械进风、自然进风、再循环空气带入室内的热量。

故热平衡表达式为

$$\Sigma Q_{s} = \Sigma Q_{d} \tag{2-13}$$

$$\Sigma Q_{h} + c L_{jp} t_{jp} \rho_{n} + c L_{zp} t_{zp} \rho_{p} = \Sigma Q_{f} + c L_{jj} t_{jj} \rho_{jj} + c L_{zj} t_{w} \rho_{w} + c L_{hx} \rho_{n} (t_{s} - t_{n}) \tag{2-14}$$

式中　L_{jp}——房间机械排风量（m^3/s）；

　　　L_{zp}——房间自然排风量（m^3/s）；

　　　t_{jp}——机械排风温度（℃）；

　　　t_{zp}——自然排风温度（℃）；

　　　ΣQ_{h}——围护结构、材料吸热的总失热量（kW）；

　　　ΣQ_{f}——生产设备、产品及供暖设备的总放热量（kW）；

　　　ρ_{p}——自然排风密度（kg/m^3）；

　　　L_{jj}——机械进风量（m^3/s）；

　　　L_{zj}——自然进风量（m^3/s）；

　　　L_{hx}——再循环空气量（m^3/s）；

　　　ρ_{n}——室内空气密度（kg/m^3）；

　　　ρ_{jj}——机械进风密度（kg/m^3）；

　　　ρ_{w}——室外空气密度（kg/m^3）；

　　　t_{n}——室内排出空气温度（℃）；

　　　t_{w}——室外空气计算温度（℃）。在冬季，对于局部排风及稀释污染气体的全面通风，采用冬季供暖室外计算温度。对于消除余热、余湿及稀释低毒性污染物质的全面通风，采用冬季通风室外计算温度。冬季通风室外计算温度是指历年最冷月平均温度的平均值。

　　　t_{jj}——机械进风温度（℃）；

　　　t_{s}——再循环送风温度（℃）；

　　　c——空气的质量比热，取 c 值为 $1.01kJ/(kg \cdot ℃)$。

3. 通风节能措施

在保证室内卫生和工艺要求的前提下，为了降低通风系统的运行能耗，提高经济效益，进行车间通风系统设计时，可采取以下节能措施：

1）在集中供暖地区，设有局部排风的建筑，因风量平衡需要送风时，应首先考虑自然补风（包括利用相邻房间的清洁空气）的可能性。所谓自然补风是指利用该建筑的无组织渗透风量来补偿局部排风量。如果该建筑的冷风渗透量能满足排风要求，则可不设机械进风装置。

从热平衡观点看，由于在供暖设计计算中已考虑了渗透风量所需的耗热量，所以用渗透风量补偿局部排风量不会影响室内温度。只有当局部排风量大于计算渗透风量时，才会导致渗透风量的增加，从而影响室内温度。

2）当相邻房间未设有组织进风装置时，可取其冷风渗透量的 50% 作为自然补风。

3）对于每班运行时间不足 2h 的局部排风系统，经过风量和热平衡计算，对室温没有很大影响时，可不设机械送风系统。

4）设计局部排风系统时（特别是局部排风量大的车间）要有全局观点，不能片面追求大风量，应改进局部排风罩的设计，在保证效果的前提下，尽量减少局部排风量，以减小车间的进风量和排风热损失，这一点在严寒地区特别重要。

5）机械进风系统在冬季应采用较高的送风温度。直接吹向工作地点的空气温度，不应低于人体表面温度（34℃左右），最好为 37～50℃，这样，可避免工人有吹冷风的感觉。

6) 根据卫生标准规定，有下列情况的不应采用循环气体：含有难闻气体以及含危险浓度致病细菌或病毒的房间；空气中含有毒物质的场所；经除尘系统净化后排风中含尘浓度仍大于工作区允许浓度的30%。

7) 将室外空气直接送到局部排风罩或其附近，补充局部排风系统排除的风量。

8) 为充分利用排风余热，节约能源，在有可能的条件下设置热回收装置。

【例 2-1】　图 2-5 所示的车间内，生产设备总散热量 $Q_1 = 400kW$，围护结构失热量 $Q_2 = 450kW$，上部天窗排风量 $L_{zp} = 2.1m^3/s$，局部排风量 $L_{jp} = 4.2m^3/s$，自然进风量 $L_{zj} = 1.4m^3/s$，室内工作区温度 $t_n = 19.0℃$，室外空气温度 $t_w = -12.0℃$，车间内温度梯度为 $0.3℃/m$，上部天窗中心高 $H = 10.0m$。试计算：机械进风量 G_{jj}、机械送风温度 t_j、加热机械进风所需的热量 Q_3。

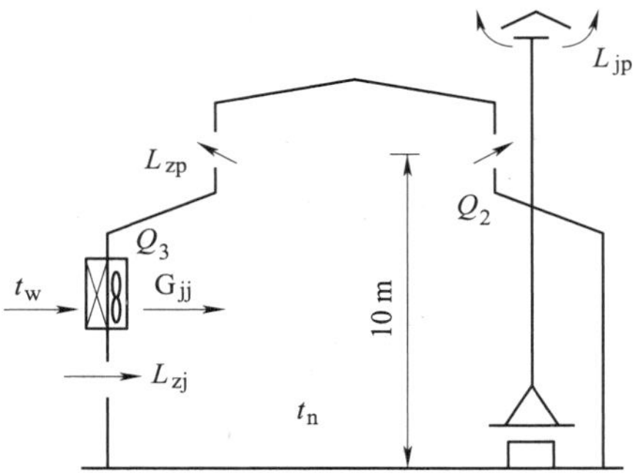

【解】　列出空气平衡的方程式

$$G_{zj} + G_{jj} = G_{zp} + G_{jp}$$

$$L_{zj}\rho_{-12℃} + G_{jj} = L_{zp}\rho_{zp} + L_{jp}\rho_{jp}$$

确定上部天窗排风温度

$$t_p = t_n + 0.3(H-2) = 19℃ + 0.3 \times (10-2)℃ = 21.4℃$$

确定相应温度的空气密度

$$\rho_{-12℃} = 1.35kg/m^3; \rho_{19℃} \approx 1.21kg/m^3; \rho_{21.4℃} \approx 1.20kg/m^3$$

确定机械进风量

$$G_{jj} = L_{zp}\rho_{21.4℃} + L_{jp}\rho_{19℃} - L_{zj}\rho_{-12℃}$$

$$= (2.1 \times 1.2 + 4.2 \times 1.2 - 1.4 \times 1.35)kg/s = 5.67kg/s$$

列出热平衡方程式

$$Q_1 + G_{jj}ct_j + L_{zj}\rho_{-12℃}ct_w = Q_2 + L_{zp}\rho_{21.4℃}ct_p + L_{jp}\rho_{19℃}ct_n$$

代入数字得

$400kW + 5.67kg/s \times 1.01kJ/(kg \cdot ℃) \times t_j + 1.4m^3/s \times 1.35kg/m^3 \times 1.01kJ/(kg \cdot ℃) \times (-12℃)$

$= 450kW + 2.1m^3/s \times 1.2kg/m^3 \times 1.01kJ/(kg \cdot ℃) \times 21.4℃ + 4.2m^3/s \times 1.2kg/m^3 \times$

$1.01kJ/(kg \cdot ℃) \times 19℃$

解上式得机械进风温度

$$t_j = 39.1℃$$

加热机械进风所必需的热量

$$Q_3 = G_{jj}c(t_j - t_w) = [5.67 \times 1.01 \times (39.1 + 12)]kW = 292.6kW$$

图 2-5　例 2-1 示意图

2.3　全面通风的气流组织设计

2.3.1　气流组织的概念及分类

所谓气流组织，是指科学地组织送入房间的空气，使其通过在室内合理地流动和分布，实现特定的速度场、温度场及浓度场分布等。尽管气流组织有多种分类方法，概括而言，按"机械力"与"热浮力"的作用方向全面通风分为置换通风及混合通风两大类。

1. 置换通风

　　置换通风（见图 2-6）分两类：一类是借助室内热源的热羽流形成近似活塞流进行室内空气的置换，这类形式的出口风速低，送风温差小，所以需要的送风量和送风面积较大，它的末端装置体积相对来说也较大，置换通风散流器按照安装位置可以分为嵌入地板式散流器、贴壁式散流器等；另一类常见于工艺用的洁净空间通风，如单向流（"层流"）洁净室，这类形式送风风

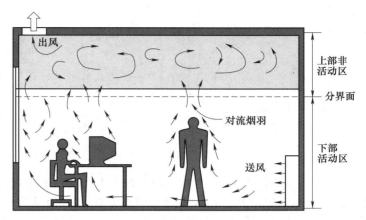

图 2-6　置换通风示意图

速较大，风量也很大，借助送风的动量进行置换，常采用顶送下回或侧送侧回的形式，送风口一般为结合高效过滤器的孔板送风口。在实际应用中，一般将前者称为热置换通风，后者称为活塞通风或单向流（层流）通风。

　　置换通风特别适用于下列条件的建筑物：

　　1）室内通风以排除余热为主，且单位面积的冷负荷 q 不宜超过 $120W/m^3$。

　　2）污染物的温度比周围环境温度高，密度比周围空气小。

　　3）送风温度比周围环境的空气温度低。

　　4）地面至平顶的高度大于 3m 的高大空间。

　　5）室内气流没有强烈的扰动。

　　6）对室内温湿度参数的控制精度无严格要求。

　　7）对室内空气品质有要求。

　　8）房间较小，但需要的送风量很大。

2. 混合通风

混合通风大致可分为上送上回、上送下回、下送上回、中间送上下回等形式。

1）上送上回：送风口布置在车间上部，自上而下送风，气流通过工作地点后再返回至上部，经排风口排出，途中可能受污染，有较多涡流区，如图 2-7 所示。

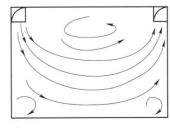　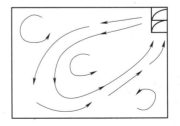

a) 异侧上送上回　　　　　　　　　　b) 同侧上送上回

图 2-7　上送上回通风方式

　　2）上送下回：新鲜空气由车间上部的送风口送入，通过工作地点从车间下部的排风口排出，气流线路较为通畅且以纵向运动为主，涡流区较少，如图 2-8 所示。这种气流组织方式可用于无热源存在的车间。

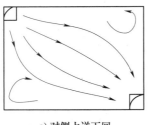

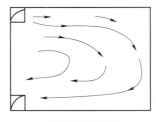
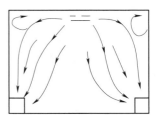

a) 对侧上送下回　　　　　　　b) 同侧上送下回　　　　　　　c) 中间上送下回

图 2-8　上送下回通风方式

3）下送上回：从车间下部的送风口送入新鲜空气直接在操作区散开，然后流向车间上部，经排风口排出，如图 2-9 所示。这种气流组织方式多用于散发有害气体或余热的车间，下送上回的气流与车间内对流气流的流动趋势相符合，也与热压诱导的有害气体自下而上的趋势相一致。新鲜空气可沿最短路线迅速到达工作地点，途中受污染机会少，工人能直接接触到新鲜空气。

4）中间送上下回：从车间中部送入新鲜空气，然后流经车间上、下部，经排风口排出，一般应用于厂房较高的情况下，如图 2-10 所示。

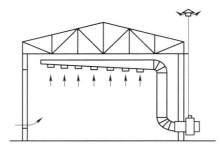

图 2-9　下送上回通风方式

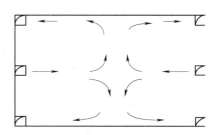

图 2-10　中间送上下回通风方式

下列情况的建筑，可采用混合通风的方式：

1）有害物以排除余热为主，对室内空气品质没有严格要求。

2）室内平顶高度低于 2.3m 左右。

3）层高较低需要冷却的房间，如办公室，可考虑采用混合通风和冷吊顶。

4）内部气流扰动强烈的房间。

3. 混合通风与置换通风的比较

混合通风和置换通风的比较见表 2-3。

表 2-3　混合通风和置换通风的比较

比较项目	混合通风	热羽流置换通风
目标	全室温湿度均匀	工作区舒适性
动力	流体动力控制	浮力控制
机理	气流强烈掺混	气流扩散浮力提升
措施 1	大温差高流速	小温差低流速
措施 2	上送下回	下侧送上回
措施 3	风口紊流大	送风紊流小
措施 4	风口掺混性好	风口扩散性好

（续）

比较项目	混合通风	热羽流置换通风
流态	回流区为紊流区	送风区为层流区
分布	上下均匀	温度/浓度分层
效果 1	消除全室负荷	消除工作区负荷
效果 2	空气质量接近于回风	空气质量接近于送风

区别于按照气流组织分类的置换通风及混合通风，如果按照对有害物的控制机理的不同，全面通风又可分为稀释通风、单向流通风和均匀流通风等。

（1）稀释通风　该方法是对整个房间（或车间）进行通风换气，不停地通入新鲜空气把车间的有害物浓度稀释到最高容许浓度之下。该方法所需的全面通风量较大，控制效果较差。

（2）单向流通风（见图 2-11）　它是有组织的气流单向运动，以控制有害物的扩散和转移。保证操作人员的呼吸区内，空气达到卫生标准的要求。这种方法的通风量较小、控制效果较好。要注意的是，应考虑并避免图 2-12 所示的气流短路（进风气流不经污染地直接排向室外）问题。

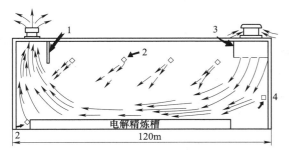

图 2-11　单向流通风示意图
1—屋顶排风机组　2—局部加压射流
3—屋顶送风小室　4—基本射流

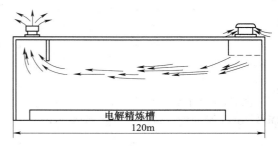

图 2-12　气流短路示意图

（3）均匀流通风　均匀流即速度和方向完全一致的宽大气流，用它进行通风的通风方式称为均匀流通风。其工作原理是利用送风气流构成的均匀流把室内的污染空气全都压出和置换，如图 2-13 所示。气流速度原则上控制在 0.20～0.50m/s。这种通风方法能有效地排除室内的污染空气，但对操作和管理水平

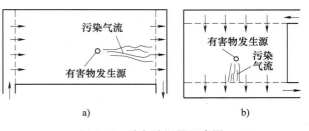

图 2-13　均匀流通风示意图

等要求较高，目前主要应用于汽车喷漆室、手术室、高级会议室等对气流、温度、湿度有严格控制要求的场合。

2.3.2　气流组织的设计

在不少情况下，尽管通风量相当大，但因气流组织不合理，仍不能全面且有效地把有害物稀释；在局部地点造成有害物质积聚，浓度增加。也就是说，衡量全面通风的效果，不仅要保证足

够的通风量，也要有合理的气流组织。在设计气流组织时，考虑的主要方面为：有害物源的分布，送、回风口的位置及其形式等。

1. 气流组织和有害物源的关系

全面通风气流组织设计的基本原则是：将新鲜空气送到作业地带或操作人员经常停留的工作地点，应避免将有害物吹向工作区；同时，有效地从有害物源附近或者有害物浓度最大的部位排走污染空气。

不同通风方案的气流组织如图 2-14 所示，"×"代表有害物源，"○"表示工作人员的位置，箭头表示进排风方向。方案 1 是将清洁空气先送到人员的工作位置，再经有害物源排至室外，这个方案中，人员工作地点空气新鲜，显然很合理。方案 2 的气流组织是不合理的，因为送风气流先经过有害物源，再到达工作人员的位置，人员吸入的空气比较浑浊。同理，方案 3 的气流组织设计也不合理。

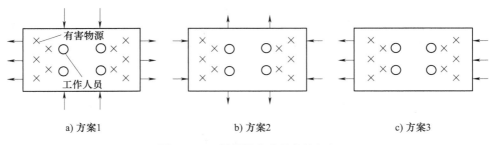

图 2-14　不同通风方案的气流组织

图 2-15 所示为几种不同的气流组织方式，其中 a、b、c 所示的气流组织方式通风效果差，而 d、e、f 所示的气流组织方式通风效果好。

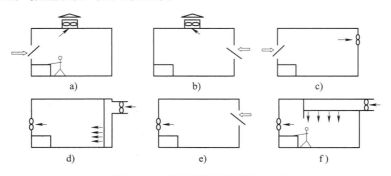

图 2-15　几种不同的气流组织方式

2. 送排风方式

1）送风口应接近人员操作的地点，或者送风要沿最短路线到达人员作业地带，保证送风先经过人员操作地点，后经过污染区排到室外。

2）排风口应尽可能靠近有害物源或者有害物浓度高的区域，把有害物迅速排至室外，必要时进行净化处理。

3）在整个房间中，应使进风气流均匀分布，尽量减少涡流区。

通风房间应当避免出现涡流区。有害物会在涡流区内不断积聚造成局部空气环境恶化。如果在涡流区积聚的是易燃、易爆的有害物，则在达到一定浓度时会引起燃烧或爆炸。

3. 对于同时散发有害气体和余热的车间

如车间内设有工业炉、加热的工业槽及浇注的铸模等设备，在热设备上方常形成上升气流。所以，一般采用下送上排方式。清洁的空气从房间下部送入，在工作区散开，带着有害气体或余热流至车间上部，最后经设在上部的排风口排出。这样的气流组织有以下特点：

1）新鲜空气能以最短的线路到达人员作业地带，避免在途中受污染。

2）工人首先接触新鲜空气。

3）符合热车间内有害气体、蒸气和热量的分布规律，即在一般情况下，上部的有害气体或蒸气浓度高，上部的空气温度也是高的。

密度较大的有害气体或蒸气并不一定沉积在车间底部，因为它们不是单独存在的，而是和空气混合在一起的，所以有害物在车间空间的分布不是由它们自身的密度决定的，而是由混合气体的密度决定的。在车间空气中，有害气体的浓度通常是很低的，一般在 $0.5g/m^3$ 以下，它引起空气密度变化很小。但是，当温度变化 1℃ 时，例如，由 15℃ 升至 16℃，空气密度由 $1.226kg/m^3$ 减少到 $1.222kg/m^3$，即空气密度变化达 $4g/m^3$。由此可见，只要室内空气温度分布稍不均匀，有害气体就会随室内空气一起运动。只有在室内没有对流气流时，密度较大的有害气体才会积聚在车间下部。另外，有些比较轻的挥发物（如汽油、醛等）由于蒸发吸热，使周围空气冷却，并随之一起下降。如果不问具体情况，只看到有害物密度大于空气密度的一方面，将会得出有害气体浓度分布的错误结论。

4. 机械送风系统的送风方式

根据供暖通风与空气调节设计有关规范的规定，机械送风系统的送风方式应符合下列要求：

1）放散热或同时放散热、湿和污染气体的生产厂房及辅助建筑物，当采用上部或上、下部同时全面排风时，宜送至作业地带。

2）放散粉尘或密度比空气大的气体或蒸气，而不同时放散热的生产厂房及辅助建筑物，当从下部地带排风时，宜送至上部地带。

3）当固定工作地点靠近污染物放散源，且不可能安装有效的局部排风装置时，应直接向工作地点送风。

5. 排风方式

采用全面通风消除余热、余湿或其他污染物质时，应分别从室内温度最高、含湿量或污染物浓度最大的区域排风，且排风量分配应符合下列要求：

1）当污染气体和蒸气密度比空气小，或在相反的情况下，但车间内有稳定的上升气流时，宜从房间上部地带排出所需风量的 2/3，从下部地带排出 1/3。

2）当污染气体和蒸气密度比空气大，车间内不会形成稳定的上升气流时，宜从房间上部地带排出所需风量的 1/3，从下部地带排出 2/3。

3）从房间上部排出风量不宜小于每小时一次换气量。从房间下部地带排出的风量，包括距地面 2.0m 以内的局部排风量。

4）当排出有爆炸危险的气体或蒸气时，其风口上缘距顶棚应小于 0.4m。

最后，应当指出，室内通风气流主要受送风口位置和形式的影响，排风口的影响是次要的。

2.4 自然通风

"背山面水，坐北朝南"（见图 2-16 和图 2-17）是古人的智慧，其中一部分运用了自然通风的原理。自然通风是指利用建筑物内外空气的密度差引起的热压或室外大气运动引起的风压来引进室外新鲜空气达到通风换气作用的一种通风方式。它不消耗机械动力，同时，在适宜的条件下又能获得巨大的通风换气量，是一种经济有效的通风方式。自然通风在一般的居住建筑、普通办公楼、工业厂房（尤其是高温车间）中有广泛的应用。

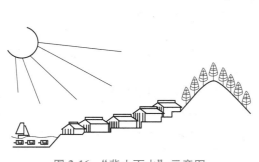

图 2-16 "背山面水"示意图

图 2-17 "坐北朝南"示意图

2.4.1 自然通风的作用原理

1. 风压作用下的自然通风

如果建筑外墙的窗孔两侧存在风压 Δp，空气就会流过该窗孔，空气流过窗孔时的流速为

$$v = \sqrt{\frac{2\Delta p}{\zeta \rho}} = \mu \sqrt{\frac{2\Delta p}{\rho}} \tag{2-15}$$

式中　μ——窗孔的流量系数，$\mu = \sqrt{\dfrac{1}{\zeta}}$，$\mu$ 值的大小与窗孔的构造有关，一般小于1；

　　　Δp——风压（也即空气流经窗孔所克服的阻力）（Pa）；

　　　v——空气流过窗孔时的流速（m/s）；

　　　ρ——通过窗孔空气的密度（kg/m³）；

　　　ζ——窗孔的局部阻力系数。

通过窗孔的空气量按下式计算：

$$Q = vF = \mu F \sqrt{\frac{2\Delta p}{\rho}} \tag{2-16}$$

式中　F——窗孔的面积（m²）；

　　　Q——空气体积换气量（m³/s）；

由于室外空气流动造成的建筑物各表面相对未扰动气流的静压力变化，即风的作用在建筑物表面所形成的空气静压力变化称为风压。

室外气流吹过建筑物时，气流会发生环绕，经过一段距离后才恢复平行流动。在建筑物附近的平均风速随建筑高度的增加而增加。迎风面的风速和风的湍流度对气流的流动状况和建筑物表面及周围的压力分布影响很大。

从图 2-18 可以看出，由于气流的撞击作用，在迎风面形成一个滞留区，该处的静压力高于大气压力，处于正压状态。一般情况下，风向和该平面的夹角大于30°时，会形成正压区。室外气流发生建筑绕流时，在建筑的顶部和后侧形成漩涡。屋顶上部的涡流区称为回流空腔，建筑物背风面的涡流区称为回旋气流区。根据流体力学原理，这两个区域的静压力均小于大气压力，形成负压区，统称为空气动力阴影区。空气动力阴影区覆盖着建筑物下风向各表面（如屋顶、两侧外墙和背风面外墙），并延伸一定距离，直至基本恢复平行流动的尾流。

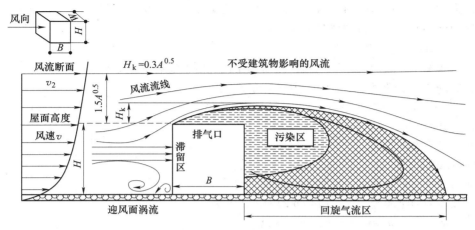

图 2-18　建筑物周围的气流流型

　　某一建筑周围的风压分布与建筑物的几何形状和室外的风向有关。建筑物在风力作用下的压力分布如图 2-19 所示。

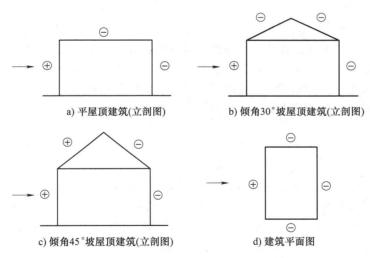

图 2-19　建筑物在风力作用下的压力分布

　　在建筑物四周由风力产生的空气静压力变化所附加的压力值可用下式计算：

$$\Delta p_{\mathrm{w}}=K\frac{v_{\mathrm{w}}^2}{2}\rho_0 \tag{2-17}$$

式中　Δp_{w}——风压（Pa）；

　　　　K——空气动力系数；

　　　　v_{w}——未受扰动来流的风速（m/s）；

　　　　ρ_0——室外空气密度（kg/m³）。

　　其中，空气动力系数 K 值主要与未受扰动来流的角度相关，在较复杂的情况下，需要通过风洞试验来确定不同位置的值。空气动力系数可正可负，K 为正时表示该处的压力比大气压力高

Δp_w；反之，K 为负时表示该处的压力比大气压力减少了 Δp_w。建筑在风压作用下，具有正值风压的一侧进风，在负值风压的一侧排风，这就是在风压作用下的自然通风。自然通风量与正压侧和负压侧的开口面积、风力大小有关。

2. 热压作用下的自然通风

某建筑物如图 2-20 所示，在外围护结构的不同高度上设有窗孔 a 和 b，两者的高差为 h，假设窗孔外的静压力分别为 p_a、p_b，窗孔内的静压力分别为 p'_a、p'_b，窗内、外的空气温度、密度分别为 t_n、ρ_n 和 t_w、ρ_w。由于 $t_n > t_w$，所以 $\rho_n < \rho_w$。

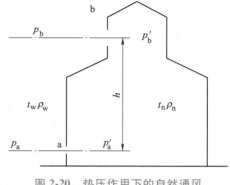

如果首先关闭窗孔 b，仅开启窗孔 a，不管最终窗孔 a 两侧的压差如何，由于空气的流动，p_a 将会等于 p'_a。当窗孔 a 的内外压差为零时，空气停止流动。

根据流体静力学原理，这时窗孔 b 的内外压差为

$$\Delta p_b = (p'_b - p_b) = (p'_a - gh\rho_n) - (p_a - gh\rho_w)$$
$$= (p'_a - p_a) + gh(\rho_w - \rho_n)$$
$$= \Delta p_a + gh(\rho_w - \rho_n)$$

图 2-20　热压作用下的自然通风

$$(2\text{-}18)$$

式中　Δp_a、Δp_b——分别为窗孔 a 和窗孔 b 的内外压差（Pa）；

　　　g——重力加速度（m/s^2）。

从式（2-18）可以看出，在窗孔 a 的内外压差为 0 时，只要 $\rho_w > \rho_n$（即 $t_n < t_w$），则 $\Delta p_b > 0$，因此，如果又开启窗孔 b，空气将从窗孔 b 流出，随着室内空气的向外流动，室内静压逐渐降低，$(p'_a - p_a)$ 由等于零变为小于零。这时室外空气就由窗孔 a 流入室内，一直到窗孔 a 的进风量等于窗孔 b 的排风量时，室内静压才保持稳定。由于窗孔 a 进风，$\Delta p_a < 0$；窗孔 b 排风，$\Delta p_b > 0$。

根据式（2-18），有

$$\Delta p_b + (-\Delta p_a) = gh(\rho_w - \rho_n) \qquad\qquad (2\text{-}19)$$

由式（2-19）可以看出，进风窗孔和排风窗孔两侧压差的绝对值之和与两窗孔的高度差 h 和室内外的空气密度差有关，称 $gh(\rho_w - \rho_n)$ 为热压。如果室内外没有空气温度差或者窗孔之间没有高差就不会产生热压作用下的自然通风。实际上，如果只有一个窗孔也仍然会形成自然通风，这时窗孔的上部排风、下部进风，相当于两个窗孔连在一起。

3. 余压的概念

为了便于今后的计算，把室内某一点的压力同室外同标高未受扰动的空气压力的差值称为该点的余压。仅有热压作用时，窗孔内外的压差即为窗孔内的余压。

余压为正，则窗孔排风；余压为负，则窗孔进风。

$$\Delta p'_x = p_{x,a} + gh'(\rho_w - \rho_n) \qquad\qquad (2\text{-}20)$$

式中　$\Delta p'_x$——某窗孔的余压（Pa）；

　　　$p_{x,a}$——窗孔 a 的余压（Pa）；

　　　h'——窗孔 a 和某窗孔的高差（m）。

从式（2-20）可以看出来，如果以窗孔 a 的中心平面作为一个基准面，任何窗孔的余压等于窗孔 a 的余压加上该窗孔与窗孔 a 的高差、重力加速度和室内外密度差三者的乘积。该窗孔和窗孔 a 的高差 h' 越大，则余压值越大。室内同一水平面上各点的静压都是相等的，因此某一窗孔的

余压也就是该窗孔中心平面上室内各点的余压。在热压作用下，余压沿房间高度的变化如图 2-21 所示。余压值从进风窗孔 a 的负压逐渐增大到排风窗孔 b 的正值，在 0—0 平面上，余压等于零，这个平面称为中和面。位于中和面的窗孔上是没有空气流动的。

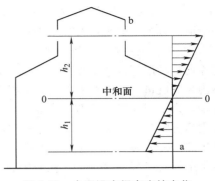

图 2-21 余压沿房间高度的变化

如果把中和面作为基准面，窗孔 a 的余压

$$p_{x,a}=p_{x,0}-gh_1(\rho_w-\rho_n)=-gh_1(\rho_w-\rho_n) \quad (2\text{-}21)$$

窗孔 b 的余压

$$p_{x,b}=p_{x,0}+gh_2(\rho_w-\rho_n)=gh_2(\rho_w-\rho_n) \quad (2\text{-}22)$$

式中　$p_{x,0}$——中和面的余压（Pa），$p_{x,0}=0\text{Pa}$；

h_1、h_2——分别为窗孔 a、b 至中和面的距离（m）。

式（2-21）和式（2-22）表明，某一窗孔余压的绝对值与中和面至该窗孔的距离有关，中和面以上的窗孔余压为正，中和面以下的窗孔余压为负。

对于多层和高层建筑，在热压作用下室外冷空气从下部门窗进入，被室内热源加热后由内门窗缝隙渗入走廊和楼梯间，在走廊和楼梯间形成上升气流，最后从房间上部的门窗渗出至室外。

4．热压风压联合作用下的自然通风

前面讨论的是在热压或风压单独作用下的自然通风，而实际上任何建筑物的自然通风，都是在热压、风压共同作用下实现的。热压和风压共同作用下的自然通风可以认为是它们的代数叠加。也就是说，某一建筑物受到风压和热压同时作用时，外围护结构内窗孔的内外压差就等于风压、热压单独作用时窗孔内外压差之和，也等于各窗孔的余压和室外风压之差。

对于图 2-22 所示的建筑，窗孔 a 的内外压差

$$\Delta p_a=p_{x,a}-K_a\frac{v_w^2}{2}\rho_w \quad (2\text{-}23)$$

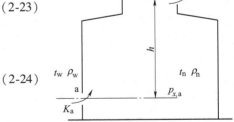

窗孔 b 的内外压差

$$\Delta p_b=p_{x,b}-K_b\frac{v_w^2}{2}\rho_w$$

$$(2\text{-}24)$$

$$=p_{x,a}+gh(\rho_w-\rho_n)-K_b\frac{v_w^2}{2}\rho_w$$

图 2-22 风压、热压同时作用下的自然通风

式中　$p_{x,a}$——窗孔 a 的余压（Pa）；

$p_{x,b}$——窗孔 b 的余压（Pa）；

K_a、K_b——分别为窗孔 a 和 b 的空气动力系数；

h——窗孔 a 和 b 之间的高差（m）。

室外风的风速和风向是经常变化的，不是一个可靠的稳定因素。为了保证自然通风的设计效果，在实际计算时通常仅考虑热压的作用，风压一般不予考虑。但是必须定性地考虑风压对自然通风的影响。

5．自然通风的常见形式及优缺点

（1）自然通风的常见形式

1）穿堂风（见图 2-23）：一般来说主要指房间的入口和出口相对，自然风能够直接从入口进入，通过整个房间后从出口穿出，如果进出口间有隔断，这种风就会被阻挡，通风效果大打折扣。一般来说，进出风口的距离应该是屋顶高度的 2.5～5 倍。

2）单面通风：当自然风的入口和出口在建筑的一个面的时候，这种通风称为单面通风。

3）被动风井通风：被动风井通风系统通常用于排除比较潮湿房间中的湿空气，也可用于改善房间室内空气质量。通过烟囱的气流被热压和风压共同驱动。为了减少阻力损失，通常采用垂直风井，弯头不超过两个，而且不应有超过45°的弯头。在每个排风的房间中都要一个独立的风井以防止交叉污染，必须给补充空气留有进口，风井的最后出口应该属于室外的负压区。

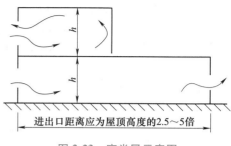

图 2-23　穿堂风示意图

（2）自然通风的优缺点

相比于机械通风，自然通风更经济，不需要专门的机房，不需要专门的维护。

但自然通风的通风量往往难以控制，可能导致室内空气质量达不到预期的要求和过量的热损失；在大而深的房间建筑中，自然通风难以保持新风的充分输入和平均分配；在噪声和污染比较严重的地区，自然通风不适用；自然通风风道需要较大空间，经常受建筑形式的限制；往往需要居住者自己调整风口，操作麻烦；目前的自然通风很少对进口空气进行过滤和净化。

2.4.2　自然通风的设计计算

工业厂房自然通风计算包括两类问题：一类是设计计算，即根据已确定的工艺条件（余热及其他有害物产生的数量及分布）和要求的工作区卫生条件（温度、有害物浓度等）计算必需的全面换气量，确定进排风窗孔位置和窗孔面积；另一类是校核计算，即在工艺、土建、窗孔位置和面积确定的情况下，计算能达到的最大自然通风量，校核工作区温度是否满足卫生标准的要求。

应当指出，影响厂房内部气流和温度分布的因素是很复杂的。对于这些因素的详细研究必须针对具体对象进行模拟试验，或者在类似的厂房进行实地观测。通常情况下，自然通风计算时，做如下假设：

1）空气流动过程是稳定的，即假设所有引起自然通风的因素不随时间变化。

2）整个车间内的空气温度可以看作都等于其平均温度 t_{pj}：

$$t_{pj} = \frac{t_{gz} + t_p}{2}$$

式中　t_{gz}、t_p——分别为工作区空气温度、上部窗孔的排气温度（℃）。

3）室内空气流动没有任何障碍。

4）不考虑局部气流影响，热射流及其他进气通风射流在到达排气孔前已经消散。

5）利用风力作用的空气动力系数，不考虑开窗面积大小对它的影响。

1. 自然通风设计计算

通常按下列步骤进行：

（1）计算全面换气量　排除车间余热量所需的全面换气量 G（kg/s），按式（2-10）计算：

$$G = \frac{Q}{c(t_p - t_0)}$$

（2）车间排风温度的计算　由于热车间的温度分布和气流分布比较复杂，不同研究者对此有不同的看法和解释，他们提出的计算方法也不同，目前常用的是温度梯度法和有效热量系数法及经验法。

1）温度梯度法。对散热较为均匀，高度不大于 15m，散热量不大于 $116W/m^3$ 的车间，上部排风温度 t_p 可按下式计算：

$$t_p = t_n + \alpha(h-2) \tag{2-25}$$

式中　α——温度梯度（℃/m），见表 2-4；

　　　h——排风天窗中心距地面高度（m）；

　　　t_n——工作区温度（℃），即指定工作地点所在地面 2m 以内的温度。

表 2-4　温度梯度 α 值　　　　　　　　（单位：℃/m）

室内散热量 /（W/m³）	厂房高度/m										
	5	6	7	8	9	10	11	12	13	14	15
12~23	1.0	0.9	0.8	0.7	0.6	0.5	0.4	0.4	0.4	0.3	0.2
24~47	1.2	1.2	0.9	0.8	0.7	0.6	0.5	0.5	0.5	0.4	0.4
48~70	1.5	1.5	1.2	1.1	0.9	0.8	0.8	0.8	0.8	0.8	0.5
71~93	—	1.5	1.5	1.3	1.2	1.2	1.2	1.2	1.1		0.9
94~116	—	—	—	1.5	1.5	1.5	1.5	1.5	1.5	1.4	1.3

2）有效热量系数法（m 值法）。在有强热源的车间内，空气温度沿高度方向的分布是比较复杂的。如图2-24所示，热源上部所形成的热射流，在上升过程中不断卷入周围的空气，热射流温度逐渐下降，当热射流到达屋顶时，并非全部由天窗排出，其中一部分又沿外墙向下回流而返回作业地带或在作业地带上部又重新被热射流卷入。返回作业地带的循环气流与从下部窗孔流入室内的室外空气混合后，一起进入室内工作区，工作区温度是这两股气流的混合温度。把车间总热量的一部分又带回到作业地带而影响作业地带的温度，这部分的热量称

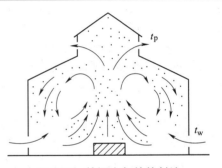

图 2-24　热源上部的热射流

为有效余热量。如果车间总余热量为 Q，则有效余热量为 mQ，即相当于直接散入工作区的热量，所以 m 值称为有效热量系数。根据整个车间的热平衡，消除车间余热所需的全面进风量为

$$L = \frac{Q}{c(t_p - t_w)\rho_w \beta} \tag{2-26}$$

根据作业地带的热平衡，消除工作区余热所需的全面进风量为

$$L' = \frac{mQ}{c(t_n - t_w)\rho_w \beta} \tag{2-27}$$

式中　ρ_w——室外空气密度（kg/m³）；

　　　t_p——车间上部排风温度（℃）；

　　　t_n——室内工作区温度（℃）；

　　　t_w——夏季通风室外计算温度（℃）；

　　　β——进风有效系数，如图 2-25 所示。

进风有效系数是考虑到室外空气能否直接进入室内工作

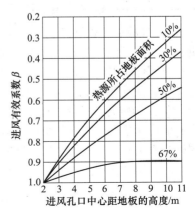

图 2-25　进风有效系数 β 值

区。当进风口高度小于等于2m时，$\beta=1.0$，当进风口高度大于2m时，$\beta<1.0$。这是考虑进风气流在进入工作区前已被加热，要通过增大进风量来保证工作区温度。

因为 $L'=L$，所以

$$\frac{Q}{c(t_\mathrm{p}-t_\mathrm{w})\rho_\mathrm{w}\beta}=\frac{mQ}{c(t_\mathrm{n}-t_\mathrm{w})\rho_\mathrm{w}\beta}$$

$$m=\frac{t_\mathrm{n}-t_\mathrm{w}}{t_\mathrm{p}-t_\mathrm{w}} \tag{2-28}$$

$$t_\mathrm{p}=t_\mathrm{w}+\frac{t_\mathrm{n}-t_\mathrm{w}}{m} \tag{2-29}$$

从式（2-29）可以看出，在相同的 t_p 下，m 值越大，也就是散入作业地带的有效余热量越大，工作地点的温度就越高。有效热量系数 m 的大小取决于热源的性质、热源分布和热源高度，同时还取决于建筑物的某些几何因素（如车间高度、窗孔尺寸及其高度）。

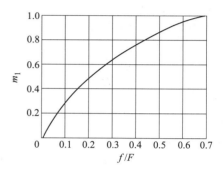

图 2-26　m_1 的计算图

有效热量系数 m 值一般可按下式确定：

$$m=m_1m_2m_3 \tag{2-30}$$

式中　m_1——根据热源占地面积 f 与车间地板面积 F 的比值确定的系数，如图 2-26 所示；

m_2——根据热源高度确定的系数，见表 2-5；

m_3——根据热源的辐射散热量 Q_f 与总散热量 Q 之比确定的系数，见表 2-6。

表 2-5　m_2 值

热源高度/m	≤2	4	6	8	10	12	≥14
m_2	1.0	0.85	0.75	0.65	0.60	0.55	0.5

表 2-6　m_3 值

Q_f/Q	≤0.4	0.5	0.55	0.60	0.65	0.7
m_3	1.0	1.07	1.12	1.18	2.30	1.45

3）经验法。根据科研、设计单位多年的研究、实践，对某些特定的车间可根据排风温度和夏季通风计算温度差的允许值确定，一般情况下，对大多数车间而言，要保证 $(t_\mathrm{n}-t_\mathrm{w})\le5℃$，$(t_\mathrm{p}-t_\mathrm{w})$ 不超过 $10\sim12℃$。

（3）确定窗孔的位置，分配各窗孔的进、排风量

（4）确定各窗孔内外压差和窗孔面积　在采用热压计算法时，即仅有热压作用时，先假定中和面位置或某一窗孔的余压，然后计算出其余窗孔的余压。在风压和热压同时作用的情况下，同样先假定某一窗孔的余压，然后计算其余窗孔的内外压差。

进风窗孔面积

$$F_\mathrm{a}=\frac{G_\mathrm{a}}{\mu_\mathrm{a}\sqrt{2\mid\Delta p_\mathrm{a}\mid\rho_\mathrm{w}}}=\frac{G_\mathrm{a}}{\mu_\mathrm{a}\sqrt{2h_1g(\rho_\mathrm{w}-\rho_\mathrm{np})\rho_\mathrm{w}}} \tag{2-31}$$

排风窗孔面积

$$F_b = \frac{G_b}{\mu_b \sqrt{2 \mid \Delta p_b \mid \rho_p}} = \frac{G_b}{\mu_b \sqrt{2 h_2 g (\rho_w - \rho_{np}) \rho_p}} \tag{2-32}$$

应当指出，开始假定的中和面位置不同，最后所计算出的进、排风窗孔面积也将有所不同。如中和面位置选择较低，则上部排风口（天窗）的内外压差较大，所需排风窗孔面积就较小。一般情况下，因天窗结构复杂，造价也高，天窗的大小对建筑结构影响较大，除采光要求外，希望尽量减少排风天窗的面积。所以，在自然通风计算中，中和面的位置不宜选择过高。

2. 自然通风校核计算

当进行校核计算时，可按已知的进、排风窗孔面积估算出中和面的位置，根据空气平衡原理：

$$\mu_a F_a \sqrt{2 g h_1 (\rho_w - \rho_{np}) \rho_w} = \mu_b F_b \sqrt{2 g h_2 (\rho_w - \rho_{np}) \rho_p} \tag{2-33}$$

如果进风窗和排风窗的结构形式相同，可近似认为 $\mu_a \approx \mu_b$，上式可简化为

$$\frac{h_1}{h_2} = \frac{F_b^2 \rho_p}{F_a^2 \rho_w} \tag{2-34}$$

以 $h_2 = H - h_1$ 代入式（2-34）后整理，得

$$h_1 = \frac{F_b^2 \rho_p}{F_a^2 \rho_w + F_b^2 \rho_p} H \tag{2-35}$$

同理可得

$$h_2 = \frac{H}{1 + \dfrac{F_b^2 \rho_p}{F_a^2 \rho_w}} \tag{2-36}$$

例 2-2 和例 2-3 分别为设计性计算和校核性计算的计算实例。

【例 2-2】 已知某一单跨热车间，如图 2-27 所示，车间总余热量 $Q = 300 \text{kJ/s}$，$m = 0.4$，进、排风窗均采用单层上悬窗（$\alpha = 45°$），$F_1 = F_3 = 10 \text{m}^2$，$\mu_1 = \mu_3 = 0.52$，$\mu_2 = 0.56$，窗孔中心高差 $H = 10 \text{m}$。夏季室外通风计算温度为 $t_w = 26℃$（$\rho_w = 1.181 \text{kg/m}^3$），要求室内作业地带温度 $t_n \leqslant t_w + 5℃$，无局部排风，试确定必需的排风天窗面积 F_2。

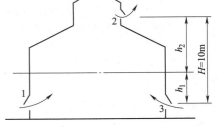

图 2-27 例 2-2 示意图

【解】 1）确定上部排风温度和室内平均温度。

设作业地带温度

$$t_n = t_w + 5℃ = 26℃ + 5℃ = 31℃$$

上部排风温度

$$t_p = t_w + \frac{t_n - t_w}{m} = 26℃ + \frac{31 - 26}{0.4}℃ = 38.5℃$$

密度

$$\rho_p = 1.133 \text{kg/m}^3$$

室内平均温度

$$t_{np} = (t_n + t_p)/2 = (31 + 38.5)℃/2 = 34.8℃$$

密度

$$\rho_{np} = 1.147 \text{kg/m}^3$$

2）热平衡所需的全面换气量。

$$G=\frac{Q}{c(t_p-t_j)}=\frac{300}{1.01\times(38.5-26)}kg/s=23.76kg/s$$

3）根据式（2-31），由进风面积 F_1、F_3 确定进风窗孔中心至中和面的高度

$$F_1+F_3=\frac{G}{\mu_1\sqrt{2gh_1(\rho_w-\rho_{np})\rho_w}}$$

$$20m^2=\frac{23.76kg/s}{0.52\times\sqrt{2\times9.8m/s\times h_1\times(1.181-1.147)kg/m^3\times1.181kg/m^3}}$$

求得 $h_1=6.63m$，因此，中和面到排风窗孔中心的高度为 $h_2=H-h_1=10m-6.63m=3.37m$

4）确定排风天窗的面积。

$$F_2=\frac{G}{\mu_2\sqrt{2gh_2(\rho_w-\rho_{np})\rho_p}}$$

$$=\frac{23.76}{0.56\times\sqrt{2\times9.8\times3.37\times(1.181-1.147)\times1.133}}m^2$$

$$=26.6m^2$$

【例 2-3】　已知某一单跨热车间，其总余热量 $Q=280kJ/s$，$m=0.4$，进、排风窗结构相同，$\mu_a\approx\mu_b=0.5$；进、排风窗口面积分别为 $F_a=30m^3$，$F_b=20m^3$，进、排风窗孔中心高差 $H=10m$。夏季室外通风计算温度为 $t_w=26℃$（$\rho_w=1.181kg/m^3$），无局部排风，试验算在热压作用下的自然通风量及作业地带的空气温度。

【解】　1）假定上部排风温度 $t_p'=36℃$（$\rho_p=1.142kg/m^3$）。

作业地带温度

$$t_n'=t_w+m(t_p'-t_w)=26℃+0.4\times(36-26)℃=30℃$$

室内平均温度

$$t_{np}'=(t_n'+t_p')/2=(30+36)℃/2=33℃（\rho_{np}=1.154kg/m^3）$$

2）根据式（2-35）估算进风窗孔中心至中和面的高度

$$h_1=\frac{10}{1+\frac{30^2\times1.181}{20^2\times1.142}}m=3m$$

则中和面至排风窗孔的高度

$$h_2=H-h_1=10m-3m=7m$$

3）热压作用下所形成的自然通风量。根据式（2-31）计算通过进风窗孔的进风量

$$G_a=F_1\mu_a\sqrt{2h_1g(\rho_w-\rho_{np})\rho_w}=[30\times0.5\times\sqrt{2\times3\times9.8\times(1.181-1.154)\times1.181}]kg/s=20.54kg/s$$

根据式（2-32）计算通过排风窗孔的排风量

$$G_b=F_b\mu_b\sqrt{2h_2g(\rho_w-\rho_{np})\rho_p}=[20\times0.5\times\sqrt{2\times7\times9.8\times(1.181-1.154)\times1.142}]kg/s=20.57kg/s$$

而热平衡所需的全面换气量为

$$G=\frac{Q}{c(t_p-t_j)}=\frac{280}{1.01\times(36-26)}kg/s=27.72kg/s$$

因为 $G_a\approx G_b<G$，说明假定条件不符合实际情况，所以应该调整假定条件。在这个例子中，应该适当提高假定温度，从而增大热压，使通风量增大。

4）重新假定上部排风温度 $t'_p = 38℃$ （$\rho_p = 1.135 kg/m^3$）。

作业地带温度

$$t'_n = t_w + m(t'_p - t_w) = 26℃ + 0.4 × (38-26)℃ = 30.8℃$$

室内平均温度

$$t'_{np} = (t'_n + t'_p)/2 = (30.8+38)℃/2 = 34.4℃ (\rho_{np} = 1.148 kg/m^3)$$

5）根据式（2-35）重新估算进风窗孔中心至中和面的高度

$$h_1 = \frac{10}{1 + \frac{30^2 × 1.181}{20^2 × 1.135}} m = 2.99 ≈ 3m$$

则中和面至排风窗孔的高度

$$h_2 = H - h_1 = 10m - 3m = 7m$$

6）热压作用下所形成的自然通风量。根据式（2-31）计算通过进风窗孔的进风量

$$G_a = F_a \mu_a \sqrt{2h_1 g(\rho_w - \rho_{np})\rho_w} = [30 × 0.5 × \sqrt{2 × 3 × 9.8 × (1.181-1.148) × 1.181}] kg/s = 22.71 kg/s$$

根据式（2-32）计算通过排风窗孔的排风量

$$G_b = F_b \mu_b \sqrt{2h_2 g(\rho_w - \rho_{np})\rho_p} = [20 × 0.5 × \sqrt{2 × 7 × 9.8 × (1.181-1.148 × 1.135)}] kg/s = 22.67 kg/s$$

而热平衡所需的全面换气量为

$$G = \frac{280}{1.01 × (38-26)} kg/s = 23.10 kg/s$$

因为 $G_a ≈ G_b ≈ G$，（如相差 10% 以内）说明假定条件基本符合实际情况，已经达到工程设计的精度要求。

7）验算上部排风温度及作业地带温度

$$t_p = t_w + \frac{Q}{cG_a} = 26℃ + \frac{280}{1.01 × 22.71}℃ = 38.2℃$$

$$t_n = t_w + m(t_p - t_w) = 26℃ + 0.4 × (38.2-26)℃ = 30.9℃ ≈ t'_n$$

验算结果与假定条件基本一致，热压作用下的自然通风量为 22.71kg/s，作业地带的空气温度为 30.9℃。

2.4.3　避风天窗及风帽

1. 避风天窗

由于风的作用，普通排风天窗迎风面窗孔会发生倒灌，为了避免倒灌现象，可以在天窗上增设挡风板，保证天窗在任何风向下都处于负压区以利于排风，这种天窗称为避风天窗。常见的避风天窗有以下几种：

（1）矩形天窗　矩形天窗的结构如图 2-28 所示，在过去应用比较多。这种天窗采光面积大，窗孔集中在车间中部，当热源集中在车间中部时，便于热气流迅速排出。其缺点是建筑结构复杂、造价高。

（2）下沉式天窗　下沉式天窗是将部分屋面下移，放在屋架的下弦上，利用屋架本身的高度（即上、下弦之间空间）形成天窗。它不像矩形天窗那样凸出在屋面之上，而是凹入屋盖里面。下沉式天窗又可分为纵向下沉式、横向下沉式和天井式三种，图 2-29 所示为纵向下沉式天窗。下沉式天窗比矩形天窗降低厂房高度 2~5m，节省了天窗架和挡风板，比较经济。其缺点是

天窗高度受屋架高度限制，清灰、排水比较困难。

（3）曲（折）线形天窗　曲（折）线形天窗是一种新型的轻型天窗，如图 2-30 所示。它的挡风板是按曲（折）线设计制作的，因此阻力要比垂直式挡风板的天窗小，排风能力大，具有构造简单、质量轻、施工方便、造价低等优点。

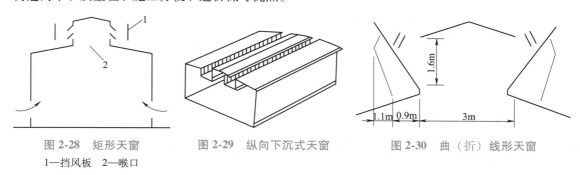

图 2-28　矩形天窗　　　　　　　图 2-29　纵向下沉式天窗　　　　　图 2-30　曲（折）线形天窗
1—挡风板　2—喉口

在计算避风天窗时只考虑热压的作用，在热压作用下天窗口的内外压差为

$$\Delta p_t = \xi \frac{v_t^2}{2} \rho_p \qquad (2-37)$$

式中　　Δp_t——天窗口的内外压差（Pa）；

　　　　v_t——天窗喉口处的空气流速（对下沉式天窗是指窗孔处的流速）（m/s）；

　　　　ρ_p——天窗排风温度下的空气密度（kg/m³）；

　　　　ξ——天窗的局部阻力系数。

仅有热压作用下，ξ 是一个常数，由试验求得。几种常见天窗的 ξ 值见表 2-7。

表 2-7　几种常见天窗的 ξ 值

型　号	尺　寸	ξ 值	备　注
矩形天窗	$H=1.82m$　$B=6m$　$L=18m$	5.38	无窗扇、有挡雨片
	$H=1.82m$　$B=9m$　$L=24m$	4.64	
	$H=3.0m$　$B=9m$　$L=30m$	5.68	
天井式天窗	$H=1.66m$　$l=6m$	4.24~4.13	无窗扇、有挡雨片
	$H=1.78m$　$l=12m$	3.83~3.57	
横向下沉式天窗	$H=2.5m$　$L=24m$	3.4~3.18	无窗扇、有挡雨片
	$H=4.0m$　$L=24m$	5.35	
折线形天窗	$B=3.0m$　$H=1.6m$	2.74	无窗扇、有挡雨片
	$B=4.2m$　$H=2.1m$	3.91	
	$B=6.0m$　$H=3.0m$	4.85	

注：B 为天窗喉口宽度，L 为厂房跨度，H 为天窗垂直口高度，l 为井长。

但是，试验研究发现，有风作用时，天窗的 ξ 值和无风时是不同的。在热压和风压的同时作用下，由于受室外气流的影响，ξ 值随 v_t/v_w 的减小而增大，因此，在最不利环境下，由于不利因素（ξ 值增大）有可能超过有利因素（室外风压），从而使有风作用时天窗的排风量会比无风时小。

局部阻力系数 ξ 反映天窗内外压差一定时，单位天窗的排风能力，ξ 值小，排风能力大。

　　但 ξ 值并不是衡量天窗性能的唯一指标，选择天窗时还应全面考虑天窗的避风性能、单位面积天窗的造价等多种因素。

　　2. 避风风帽

　　避风风帽安装在自然排风系统出口处。它是利用风力造成的负压，加强排风能力的一种装置，其结构如图 2-31 所示。它的特点是在普通风帽的外圈，增设一圈挡风圈，挡风圈的作用与避风天窗的挡风板是类似的，室外气流吹过风帽时，可以保证排出口基本上处于负压区内，因而可以增大系统的抽力。有些阻力较小的自然排风系统可以完全依靠风帽的负压克服系统阻力。图 2-32 所示是避风风帽用于自然排风系统的情况。如图 2-33 所示，有时避风风帽也可以安装在屋顶上，进行全面排风。

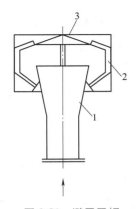

图 2-31　避风风帽

1—渐扩管　2—挡风圈　3—遮雨盖

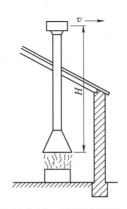

图 2-32　采用避风风帽的自然排风系统

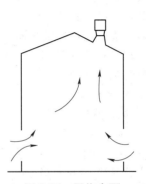

图 2-33　用作全面通风的避风风帽

　　3. 屋顶通风器

　　避风天窗虽然采取了各种措施保证排风口处于负压区，但由于风向不定，很难保证不倒灌。而且采用避风天窗使建筑结构复杂，安装也不方便。屋顶通风器（见2-34）克服了以上缺点。当室内温度大于室外空气温度时，在热压的作用下，车间内热气流通过喉口进入屋顶通风器，从排气口排出。另一方面由于室外风速的作用，在排气口处造成负压，把车间内有害气体抽出。

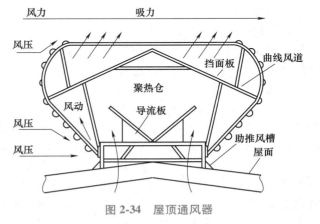

图 2-34　屋顶通风器

　　屋顶通风器是全避风型，无论风向怎样发生变化，都能达到良好的排风效果。其特点是：质量轻（采用镀锌钢板），施工方便（在工厂制造，运到现场组装），可以更换。

　　4. 无动力风帽

　　无动力风帽又称为球形通风器和旋流式通风器，是利用自然界的自然风速推动风机的涡轮旋转及室内外空气对流的原理，将任何平行方向的空气流动加速并转变为由下而上垂直的空气流动，以提高室内通风换气效果的一种装置，如图 2-35 所示。它不用电，无噪声，可长期运转。

图 2-35　无动力风帽

2.4.4　自然通风与工艺及建筑设计的配合

自然通风设计时，还应考虑气象条件、建筑平面规划、建筑结构形式、室内工艺设备布置、窗户形式与开窗面积、其他机械通风设备等许多因素。

1. 建筑总平面规划

1）建筑群的布局可以从平面和空间两方面考虑。一般建筑群的平面布局可分为并列式、错列式、斜列式及周边式等（见图 2-36），从通风角度讲，错列式和斜列式较并列式和周边式好。当用并列式布置时，建筑群内部流场因风向不同而有很大的变化。错列式和斜列式可使风从斜向导入建筑区内部。有时也可结合地形采取自由排列的方式。周边式很难将风导入，这种布置方式只适用于冬季寒冷地区。

2）为了保证建筑自然通风效果，建筑主要进风面一般应与夏季主导风向成 60°～90° 角，不宜小于 45°，同时，应避免大面积外墙和玻璃窗西晒。南方炎热地区的冷加工车间应以避免西晒为主。为了

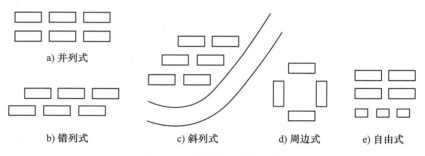

a) 并列式　　b) 错列式　　c) 斜列式　　d) 周边式　　e) 自由式

图 2-36　建筑群的平面布局

保证厂房有足够的进风窗孔，不宜将过多的附属建筑布置在厂房四周，特别是厂房的迎风面。

3）室外风吹过建筑时，迎风面的正压区和背风面的负压区都会延伸一定的距离，距离的大小与建筑物的形状和高度有关。在这个距离内，如果有其他较低矮的建筑物存在，就会受到高大建筑所形成的正压区或负压区的影响。为了保证较低矮的建筑物能正常进风和排风，各建筑物之间有关的尺寸应保持适当的比例。

2. 建筑结构形式的选择

1）建筑高度对自然通风有很大的影响。随着建筑高度的增加，室外风速随之变大。门窗两侧的风压差和风速的平方成正比，热压与建筑物的高度也成正比。因此，自然通风的风压作用和热压作用都随着建筑物高度的增加而增加。这对高层建筑物的室内通风是有利的。

2）如果迎风面和背风面的外墙开孔面积占外墙总面积的 1/4 以上，且建筑内部阻挡较少时，室外气流在车间内的衰减速度较小，能横贯整个车间，形成所谓的"穿堂风"。穿堂风的风速较大，有利于人体散热。在我国南方，冷加工车间和一般民用建筑广泛采用穿堂风，有些热车间也把穿堂风作为主要的降温措施，图 2-37 所示的开敞式厂房是应用穿堂风的主要建筑形式之一。应用穿堂风时，应将主要热源布置在夏季主导风向的下风侧。刮倒风时，车间的通风效果会急剧恶化。

3）如为多层车间，在工艺条件允许下热源尽量安置在上层，下层用于进风。如图 2-38 所示，某铝电解车间，为了降低工作区的温度，冲淡有害物的浓度，厂房采用双层结构。车间的主要放热设备电解槽布置在二层，电解槽两侧的地板上设置四排连续的进风格子板。室外新鲜空

气由侧窗和地板的送风格子板直接进入工作区。这种双层建筑自然通风量大，工作区温升小，能较好地改善车间中部（工作区）的劳动条件。

为了提高自然通风的降温效果，应尽量降低进风侧窗离地面的高度，一般不宜超过 1.2m，夏热地区可取 0.60～0.80m。进风窗尽量供用阻力系数小的立式中轴窗或对开窗，把气流直接导入工作区。对于集中供暖地区，冬季自然通风的进风窗应设置在 4m 以上，以便室外气流到达工作区前能和室内空气充分混合，以免影响工作区的温度分布。

利用天窗排风的生产厂房，符合下列条件之一者应采取避风天窗：

① 炎热地区，室内散热量大于 23W/m³ 时。

② 其他地区，室内散热量大于 35W/m³ 时。

③ 不允许气流倒灌时。

图 2-37　开敞式厂房的自然通风

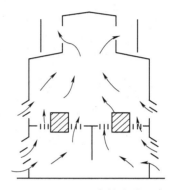

图 2-38　双层厂房的自然通风

4）为了增大进风面积，以自然通风为主的热车间应尽量避免采用单跨厂房。在多跨厂房中应将冷、热源跨间隔布置，尽量避免热跨相邻。在图 2-39 所示的多跨厂房中，中间跨为冷跨，利用冷跨进风，热跨工作区的降温效果好。

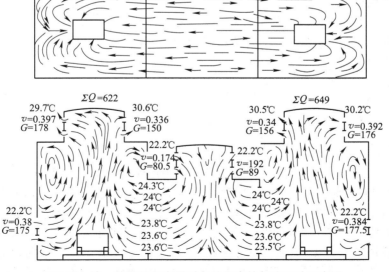

图 2-39　冷、热跨间隔布置时多跨厂房的气流运动示意图

注：v 的单位为 m/s，G 的单位为 kg/s，Q 的单位为 kJ/s，图 2-40 一样。

5）在图 2-40 中，三跨均为热跨，中间跨的热气流不能及时排出，以致三个车间的效果都不好，所以多跨厂房的冷热跨要配合好。

多跨厂房可利用相邻冷跨的天窗或外窗孔洞进风。但利用相邻跨进入空气时，空气中有害气体或粉尘浓度应小于其最大容许浓度的 30%。

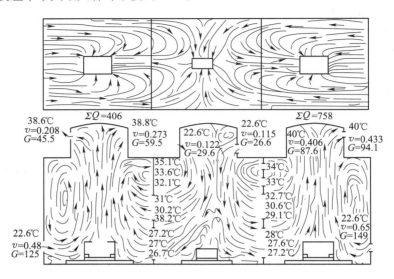

图 2-40　均为热跨的多跨厂房气流运动示意图

3. 工艺布置

以热压为主进行自然通风的厂房，应将散热设备尽量布置在天窗下方。

散热量大的热源（如加热炉、热料等）应尽量布置在厂房外面，夏季主导风向的下风侧。布置在室内的热源，应采取有效的隔热降温措施。

当热源靠近生产厂房一侧的外墙布置，而且外墙与热源之间无工作点时，应尽量将热源布置在该墙的两个进风口之间，如图 2-41 所示，这样可使工作区的温度降低。

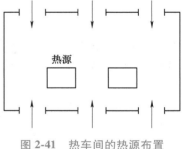

图 2-41　热车间的热源布置

2.5　置换通风

2.5.1　置换通风的原理及特性

置换通风（见图 2-42）是利用空气密度差在室内形成由下而上的通风气流，新鲜空气以极低的流速（$v<0.20\sim0.50\text{m/s}$）从置换通风器流出，通常送风温度要低于室内温度，送风的密度大于室内的空气密度，在重力作用下送风下沉到地面并蔓延到整个房间，在地板附近形成一层薄薄的冷空气层称为空气湖。空气湖中的新鲜空气受室内热源上升气流的卷吸作用、后续新风的推动作用及排风口的抽吸作用而缓缓上升，形成类似于活塞流的向上单向运动驱动房间的气流流向，工作区的污浊空气被后续新风所取代，室内污浊的空气被抬升到房间顶部并经设置在上部的排风口排出，置换通风出口风速约为 0.25m/s，随着高度的增加风速越来越低。

在某一标高平面上的浮升气流量（烟羽流量）正好等于送风量，该平面称为热分离层。在热分离层下部区域为单向流动区，在上部为混合区，室内空气温度分布和有害物浓度分布在这两个区域有明显的差异。下部单向流动区存在明显的垂直温度梯度和有害物浓度梯度，有害物浓度梯度与温度分布相似，在工作区其有害物浓度远低于上部的有害物浓度。而上部的湍流混合区温度场和有害物浓度场则比较均匀，接近排风的温度和浓度。

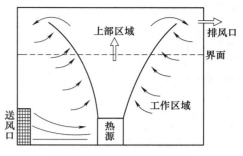

图 2-42　置换通风示意图

只要保证热分离层高度位于人员工作区以上，就能保证工作区优良的空气品质，使人员处于相对清洁、新鲜的空气环境中，而上部区域可以超过工作区的容许浓度；只需满足人员工作区的温湿度即可，而人员工作区上方的冷负荷可以不予考虑。

需要注意的是，由于房间在垂直方向上有温度梯度，即置换通风房间底部温度低、上部温度高，可能形成"脚寒头暖"的现象，这与人体的舒适性规律相悖，设计时应当注意控制离地面 0.1m（脚踝高度）至 1.1m 之间温差不能大于人体所容许的程度：人脚踝处的温度宜取 $19 \sim 21$℃；人坐着时，头部与足部的温差 $\Delta t \leqslant 2$℃；人站着时，头部与足部的温差 $\Delta t \leqslant 3$℃。

2.5.2　置换通风的设计

1. 送风温度的确定

送风温度由下式确定：

$$t_s = t_{1.1} - \Delta t_n \left(\frac{1-k}{c} - 1 \right) \tag{2-38}$$

式中　c——停留区温升系数，$c = \dfrac{\Delta t_n}{\Delta t} = \dfrac{t_{1.1} - t_{0.1}}{t_p - t_s}$；

　　　k——地面区温升系数，$k = \dfrac{\Delta t_{0.1}}{\Delta t} = \dfrac{t_{0.1} - t_s}{t_p - t_s}$。

式中 Δt 为送排风温度，见表 2-8。

2. 送风量的确定

根据置换通风热分层理论，界面上的烟羽流量与送风流量相等，即 $q_p = q_s$。

当热源的数量和发热量已知时，可用下式求得烟羽流量：

$$q_p = \left(3\pi^2 \frac{g\beta Q_s}{\rho c_p} \right)^{\frac{1}{3}} \left(\frac{6}{5}\alpha \right)^{\frac{4}{3}} Z_s^{\frac{5}{3}} \tag{2-39}$$

式中　Q_s——热源热量（W）；

　　　β——温度膨胀系数（1/K）；

　　　ρ——空气密度（kg/m³）；

　　　c_p——空气的比定压热容 [J/(kg·K)]；

　　　α——烟羽对流卷吸系数（由试验确定）；

　　　Z_s——分层高度，一般工业建筑中，人员多为站姿，分层高度为 1.8m。

3. 送排风温差的确定

置换通风房间内，在满足热舒适要求的条件下，送排风温差随房间高度的增高而变大，具体见表 2-8。

表 2-8　房间高度与送排风温差的关系

房间高度/m	送排风温差/℃
<3	5~8
3~6	8~10
6~9	10~12
>9	12~14

2.6　评价通风效果的指标

通风房间在不同场景下会形成不同的空气参数（风速、温度、湿度、污染物浓度）分布，对参数营造效果的合理评价对于建筑通风系统的设计优化至关重要。评价通风效果常用的指标有空气龄、通风效率（能量利用系数）、排污效率、温度效率、速度不均匀系数、温度不均匀系数等。

1. 空气龄

空气龄的概念最早于 20 世纪 80 年代由 Sandberg 提出。根据定义，空气龄是指空气进入房间的时间，如图 2-43 所示。在房间内污染源分布均匀且送风为全新风时，某点的空气龄越好，说明该点的空气越新鲜，空气质量就越好。它还反映了房间排除污染物的能力，平均空气龄小的房间，去除污染物的能力强。由于空气龄的物理意义明显，因此作为衡量空调房间空气新鲜程度与换气能力的重要指标而得到广泛的应用。

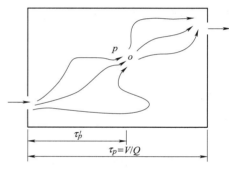

图 2-43　空气龄原理图

从统计角度来看，房间中某一点的空气由不同的空气微团组成，这些微团的年龄各不相同，因此所有微团的空气龄存在概率分布函数 $f(\tau)$ 和累计分布函数 $F(\tau)$：

$$\int_0^\infty f(\tau)\,\mathrm{d}\tau = 1$$

累计分布函数和概率分布函数之间的关系为

$$\int_0^\tau f(\tau)\,\mathrm{d}\tau = F(\tau)$$

某一点的空气龄 τ_p 是指该点所有微团的空气龄的平均值：

$$
\begin{aligned}
\tau_p &= \int_0^\infty \tau f(\tau)\,\mathrm{d}\tau \\
&= \int_0^\infty \tau F'(\tau)\,\mathrm{d}\tau = \int_0^\infty \tau \mathrm{d}F(\tau) = -\int_0^\infty \tau \mathrm{d}[1 - F(\tau)] \\
&= -\tau[1 - F(\tau)]\Big|_0^\infty + \int_0^\infty [1 - F(\tau)]\,\mathrm{d}\tau \\
&= \int_0^\infty [1 - F(\tau)]\,\mathrm{d}\tau
\end{aligned}
\tag{2-40}
$$

所谓空气龄的概率分布函数 $f(\tau)$，是指年龄为 τ 的空气微团在某点空气中所占比例。累计

分布函数 $F(\tau)$ 是指年龄比 τ 短的空气微团所占比例。

与空气龄类似的时间概念还有空气从当前位置到离开出口的残留时间 τ_{rl}，反映空气离开房间时的驻留时间 τ_r 等，如图 2-44 所示。对某一位置的空气微团，其空气龄、残留时间和驻留时间的关系为

$$\tau_p + \tau_{rl} = \tau_r \tag{2-41}$$

在理想活塞流通风条件下，驻留时间就等于房间的名义时间常数 τ_n：

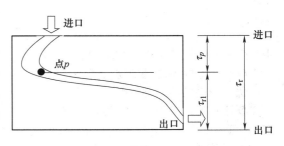

图 2-44 空气龄、残留时间、
驻留时间三者关系示意图

$$\tau_r = \tau_n = V/Q \tag{2-42}$$

式中　V——房间体积（m^3）；

Q——送入室内的新鲜空气量（m^3/h）。

在空气龄概念基础上，有学者进一步提出了换气效率指标，该指标定义为活塞流下房间平均空气龄与实际通风条件下房间平均空气龄的比值，衡量不同通风气流组织将新风输送到任意位置的有效性。换气效率越高，房间的通风效果越好。

2. 通风效率

通风效率为实际参与稀释风量与送入房间的风量之比，但实际上有多种定义。以室内新风为例，实际通风系统中，送入房间的风一部分有可能不经过工作区而直接排出室外，如房间送风口和回风口都设在顶棚上的情况，会发生送风短路情况，此时送风系统的新风效率低。对于一个有回风的机械送风系统，不考虑房间围护结构的渗风，总的送风量为 G_s，其中一次室外新风量为 G_n，没有达到工作区的送风比例为 S。不经过工作区的总新风量中回风比例为 R，不参与回风直接排出的新风量（浪费的风量）为 G_e。则：

总新风量为

$$G_s = G_n + RSG_s \tag{2-43}$$

没经过工作区的排出的新风量为

$$G_e = (1-R)SG_s \tag{2-44}$$

通风效率定义式为

$$E_v = \frac{G_n - G_e}{G_n} \tag{2-45}$$

综合式（2-43）～式（2-45）有

$$E_v = \frac{1-S}{1-RS} \tag{2-46}$$

式（2-46）以室内新风量为基准，在考虑回风循环使用和送风短路的情况下定义了通风效率。显然，S 越大，通风效率的值越低。如果 $R=0$，即回风不使用直接排出，通风效率为最低值 $(1-S)$，表明不被使用的新风量最大，通风损失最多，通风损失代表能量损失。对于理想活塞流，$S=0$，$E_v=1$，即 E_v 值的范围为 $(1-S)$～1。

3. 排污效率及温度效率

（1）排污效率　排污效率是反映通风系统对污染物排出能力的指标。排污效率除了与通风流场（换气效率）有关外，还与污染物的特点（如污染物的位置、密度等）有关。排污效率的数学表达式如下：

$$E_c = \frac{C_e - C_0}{C_z - C_0} \tag{2-47}$$

式中　C_e——排风口污染物浓度；

　　　C_z——室内平均污染物浓度；

　　　C_0——送风污染物浓度。

需要注意的是室内平均污染物浓度不是人们所受到的污染物浓度。对于高大空间（如高大厂房），可用工作区平均浓度代替室内平均污染物浓度。

（2）温度效率　如果把式（2-47）中的污染物浓度改成温度，则排污效率变成了温度效率，评价的是通风系统的排热能力：

$$E_T = \frac{T_e - T_0}{T_z - T_0} \tag{2-48}$$

式中　T_e——排风口温度（℃）；

　　　T_z——室内平均温度（℃）；

　　　T_0——送风温度（℃）。

一般情况下，排风口的污染物浓度和排风温度总是大于等于工作区平均污染物浓度和室内平均温度，所以排污效率和温度效率总是大于等于 1，而且其值越大通风效果越好。

如果送风气流进入房间后向排风口推动房间气流和污染物，即为置换通风活塞流，此时排风口的温度或污染物浓度将远大于其他送风方式下排风口的温度或污染物浓度，即此种情况下排污效率及温度效率最高。

4. 不均匀系数（湍流度）

评价气流组织营造的室内环境均匀性程度，经常使用不均匀系数指标，分为温度不均匀系数和速度不均匀系数。

（1）温度分布不均匀系数　在工作区域布置 n 个测点，测得各点的温度，则整个工作区的平均温度为

$$t_i' = \frac{\sum t_i}{n} \tag{2-49}$$

温度在工作区域内的均方根为

$$\sigma_t = \sqrt{\frac{1}{n} \sum_{i=1}^{n} (t_i - t_i')^2} \tag{2-50}$$

式中　t_i——各测点的温度（℃）；

　　　t_i'——所有测点的算数平均值（℃）；

温度的均方根与平均温度的比值即为温度不均匀系数，即

$$k_t = \frac{\sigma_t}{t_i'} \tag{2-51}$$

（2）速度分布不均匀系数　速度不均匀系数与温度不均匀系数的计算方法相同，在工作区域内布置 n 个测点，测得各点的速度，则整个工作区的平均速度为

$$v_i' = \frac{\sum v_i}{n} \tag{2-52}$$

速度在工作区域内的均方根为

$$\sigma_v = \sqrt{\frac{1}{n} \sum_{i=1}^{n} (v_i - v_i')^2} \tag{2-53}$$

式中　v_i——各测点的速度（m/s）；

　　　v_i'——所有测点的算数平均值（m/s）；

速度的均方根与平均速度的比值即为速度不均匀系数，即

$$k_v = \frac{\sigma_v}{v_i'} \tag{2-54}$$

不均匀系数较好地反映了气流组织营造的室内不同位置速度或温度的差异程度。不均匀系数越小，表明气流分布均匀性越好。该指标已在实际的通风气流组织设计中起到指导作用。

习　题

1. 确定全面通风风量时，有时采用分别稀释各污染物空气量之和，有时取其中的最大值，为什么？

2. 进行热平衡计算时，为什么计算稀释污染气体的全面通风耗热量时采用冬季采暖室外计算温度，而计算消除余热、余湿的全面通风耗热量时则采用冬季通风室外计算温度？

3. 通风设计如果不考虑风量平衡和热平衡，会出现什么现象？

4. 某车间工艺设备散发的硫酸蒸气量 $x = 30\text{mg/s}$，余热量 $Q = 186\text{kW}$。已知夏季的通风室外计算温度 $t_w = 32℃$，要求车间内污染蒸气浓度不超过卫生标准，车间内温度不超过 36℃。试计算该车间的全面通风量（因污染物分布不均匀，取安全系数 $K = 3$）。

5. 某车间同时散发 CO 和 SO_2 气体，$x_{CO} = 140\text{mg/s}$，$x_{SO_2} = 56\text{mg/s}$，试计算该车间所需的全面通风量。（由于污染物及通风空气分布不均匀，取安全系数 $K = 6$）。

6. 某车间布置如图 2-45 所示，已知生产设备散热且 $Q = 360\text{kW}$，围护结构失热量 $Q_b = 450\text{kW}$，上部天窗排风且 $L_{zp} = 2.64\text{m}^3/\text{s}$，局部排风量 $L_{jp} = 4.2\text{m}^3/\text{s}$，室内工作区温度 $t_n = 22℃$，室外空气温度 $t_w = -8℃$，机械进风温度 $t_j = 34℃$，车间内温度梯度 0.3℃/m，从地面到天窗中心线的距离为 10m，求机械进风量 L_{jj} 和自然进风量 L_{zj}。

7. 某车间通风系统布置如图 2-45 所示，已知机械进风量 $G_{jj} = 1.18\text{kg/s}$，局部排风量 $G_{jp} = 1.42\text{kg/s}$，机械进风温度 $t_{jj} = 18℃$，车间得热量 $Q_d = 20\text{kW}$，车间的失热量 $Q_s = 4.5(t_n - t_w)\text{kW}/℃$，室外空气温度 $t_w = 3℃$，开始时室内空气温度 $t_n = 18℃$，部分空气经侧墙上的窗孔 A 自然流入或流出。试问车间达到风量平衡、热平衡状态时：

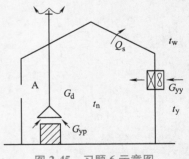

图 2-45　习题 6 示意图

1）窗孔 A 是进风还是排风？风量多大？

2）室内空气温度是多少？

8. 某车间生产设备散热量 $Q = 13.2\text{kJ/s}$，局部排风量 $G_{jp} = 0.78\text{kg/s}$，机械进风量 $G_{jj} = 0.56\text{kg/s}$，室外空气温度 $t_w = 26℃$，机械进风温度 $t_{jj} = 21℃$，室内工作区温度 $t_n = 25℃$，天窗排气温度 $t_p = 32℃$。试问用自然通风排除余热时，所需的自然进风量和自然排风量是多少？

9. 某办公室的体积为 120m³，利用自然通风系统每小时换气 2 次，室内无人时，空气中 CO_2 含量与室外相同，为 0.05%，工作人员每人呼出的 CO_2 量为 16.7g/h。求下列情况下室内最多可容纳的人数：

1）工作人员进入房间后的第一小时，空气中 CO_2 含量不超过 0.1%。

2）室内一直有人，CO_2 含量始终不超过 0.1%。

参 考 文 献

[1]　中华人民共和国住房和城乡建设部. 工业建筑供暖通风与空气调节设计规范：GB 50019—2015 [S]. 北京：中国计划出版社，2016.

［2］ 卫生部职业卫生标准专业委员会. 工业企业设计卫生标准：GBZ 1—2010［S］. 北京：人民卫生出版社，2010.

［3］ 中华人民共和国国家卫生健康委员会. 工作场所有害因素职业接触限值：第 1 部分　化学有害因素：GBZ 2.1—2019［S］. 北京：中国标准出版社，2019.

［4］ 陆耀庆. 实用供热空调设计手册［M］. 2 版. 北京：中国建筑工业出版社，2008.

［5］ 冶金工业部建设协调司，中国冶金建设协会. 钢铁企业采暖通风设计手册［M］. 北京：冶金工业出版社，1996.

［6］ 许居鹓，陆哲明，邝子强. 机械工业采暖通风与空调设计手册［M］. 上海：同济大学出版社，2007.

［7］ 孙一坚. 简明通风设计手册［M］. 北京：中国建筑工业出版社，1997.

［8］ 林太郎. 工厂通风［M］. 张本华，孙一坚，译. 北京：中国建筑工业出版社. 1986.

［9］ 魏润柏. 通风工程空气流动理论［M］. 北京：中国建筑工业出版社，1981.

［10］ 王汉青. 通风工程［M］. 2 版. 北京：机械工业出版社，2018.

［11］ 孙一坚，沈恒根. 工业通风［M］. 4 版. 北京：中国建筑工业出版社，2010.

［12］ 谭天祐，梁凤珍. 工业通风防尘技术［M］. 北京：中国建筑工业出版社，1984.

第 3 章
局部通风

3.1 概述

局部通风就是在污染物排放点就地控制或捕获有害物质，保护员工免受蒸汽、烟雾、灰尘或其他空气中污染物的影响。局部通风系统分为局部排风系统和局部送风系统。局部排风系统是用来捕集或排除工艺生产过程中释放的各类工业有害物的，通常由以下五部分组成（见图 3-1）：

1）进风口或排风罩：捕集污染物的装置。

2）管路：输送污染物的系统。

3）空气净化系统：对污染物进行净化处理，并非所有系统都有。

4）风机：提供动力。

5）排风口：将排风排放至安全的地方。

在工业有害物从有害物源逸散到工作场所之前，采用局部排风罩就地捕集是最有效的控制污染物扩散的方式。所谓局部排风罩，就是一个吸风口，但其结构有多种形式，按照工作原理可分为密闭罩（见图 3-2，enclosing）、接收罩（见图 3-3，receiving）和外部吸气罩（见图 3-4，capturing）。

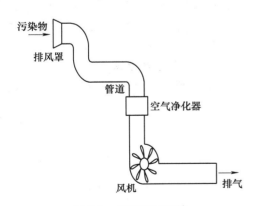

图 3-1 局部排风系统

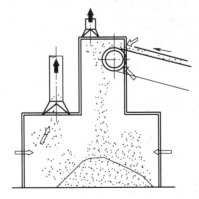

图 3-2 密闭罩

密闭罩是对工艺过程或产尘点进行完全密闭或半密闭的一种形式，又分为全密闭罩（full enclosure）、半密闭罩（partially enclosed hood）和柜式排风罩（通风柜，booth hood）。

接收罩是在污染源释放的路径上，设置排风罩以承接污染物，分为热源上部接收罩（canopy，伞形罩）和诱导射流接收罩（receiving hoods）。

外部吸气罩是在污染源一定距离处，设置外部吸气口以达到控制污染物扩散并加以收集的

图 3-3　热源上部接收罩

图 3-4　外部吸气罩

装置。根据其结构特点，分为上吸式（canopy hood）、侧吸式（sidedraft hood）、下吸式（downdraft hood）、槽边排风罩（rim exhaust）以及吹吸式排风罩（pull-push hood）等形式。

不论其结构形式如何，局部排风罩的首要功能是产生一个空气流场，该流场可有效控制工业污染物的扩散并将其输运到排风罩内。为了达到或优于国家卫生标准，规范工业通风排气罩的制作，国家相关部门组织专家编制了《工业通风排气罩》（08K106）标准图集，以供工业设计选用。

影响局部排风罩工作性能的因素除了其结构特征外（见图 3-5），还与污染物的特征有关，主要有污染物的惯性效应、浮力效应和尾流效应。各种有害气体、蒸气、烟气和直径小于 $20\mu m$ 的小粒子惯性很小，它们具有良好的气流跟随性，设计局部排风罩时，需考虑室内横向通风气流以及车辆引起的干扰气流等的影响。在多数场合下，污染物的浮力效应可以不考虑，细粉尘、烟气、各种有害蒸气和气体会悬浮于空气中，随着气流运动（除非工艺过程是在较高或较低的温度工况下运行，或者污染物的释放强度较大）。在进行通风系统设计时，务必要注意的是尾流效应。当气体产生绕流时，在绕流物体的后端会形成动力阴影区，污染物形成回流并在此区域内产生积聚现象。因此，在车间的通风系统设计时，不但要避免污染源位于尾流区域内，而且应避免工作人员的呼吸区处于尾流区域。

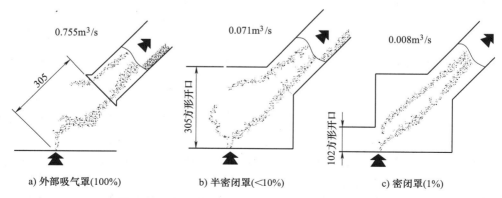

图 3-5　不同局部排风罩下污染物捕集所需的排风量

3.2 密闭罩

密闭罩是将工业污染源全部密闭在罩体内，并在罩体上设置排风口和工作孔，它只需较小风量就可有效控制罩体内污染物的扩散。当排风口排风时，罩内呈负压状态，罩内气流不受周围气流的干扰。密闭罩的缺点是影响工作人员对设备工作状况的观察及设备检修，因此，密闭罩的形式和结构不应妨碍工作人员的操作。同时，为了检修，密闭罩尽量做成可装配式的。

3.2.1 防尘密闭罩的形式

用于产尘设备的密闭罩称为防尘密闭罩。随工艺及配置的不同，防尘密闭罩形式多样，但按照它与工艺设备的配置关系，可大致分为以下三类：

（1）局部密闭罩　如图 3-6 所示，只将工艺设备放散有害物的部分加以密闭的排风罩称为局部密闭罩。局部密闭罩的容积小、排风量少、经济性好，产尘设备及传动装置留在罩外，便于观察和检修。该类罩适用于含尘气流速度低、连续扬尘和瞬间增压不大的扬尘点。

（2）整体密闭罩　如图 3-7 所示，将放散有害物的设备大部分或全部密闭的排风罩称为整体式密闭罩。整体式密闭罩只有传动部分留在罩外，适用于有振动或含尘气流速度高的设备。

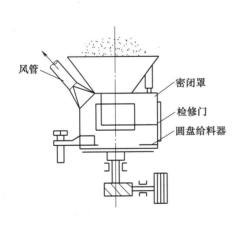

图 3-6　圆盘给料器密闭罩

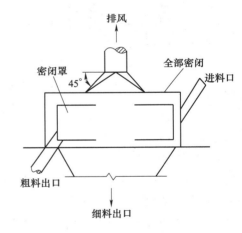

图 3-7　圆筒筛密闭罩

（3）大容积密闭罩　如图 3-8 所示，在较大范围内，将放散有害物的设备和有关工艺流程全部密闭的排气罩，称为大容积密闭罩，又称为大容积密闭小室。密闭小室容积大，工人可直接进入小室进行设备检修，适用于多点产尘、阵发性产尘、含尘气流速度高以及设备检修频繁的场合。缺点是占地面积大，材料消耗多。

密闭罩根据工艺设备的操作特点，又可分为固定式和移动式两种形式。图 3-9 所示为固定式密闭罩，用于小型振动落砂机；图 3-10 所示为移动式密闭罩，用于大型振动落砂机，在砂箱落砂前，电动机驱动将移动罩右移，起重机将大型砂箱安放在落砂机上，罩向左移动，使砂箱密闭在罩内，然后启动风机和落砂机。

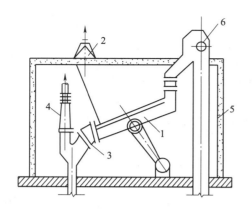

图 3-8　振动筛密闭小室

1—振动筛　2—小室排风口　3—卸料口
4—排风口　5—密闭小室　6—提升机

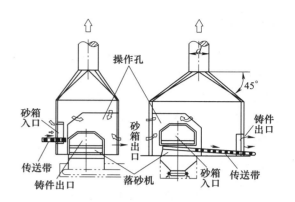

图 3-9　固定式密闭罩

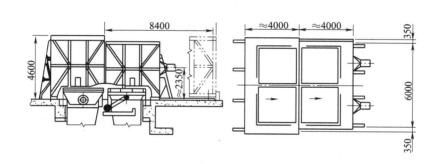

图 3-10　移动式密闭罩

3.2.2　排风口的设计

尘源密闭后，还需通过排风来消除罩内正压以防粉尘外逸，排风口应设置在罩内压力最高的部位，以利于消除正压。考虑到除尘系统的经济性，减小除尘器的负担，应避免将过多的物料式粉尘吸入通风系统中。排风口应尽量避开含尘气流浓度高的部位或物料飞溅区内，且排风口处的排风速度不宜过大。

密闭罩内形成正压的三种原因如下：

（1）机械设备的运动　图 3-7 所示的圆筒筛，在高速转动时，由于空气的黏滞性，空气会随着圆筒筛一起运动，形成一次尘化气流。当高速气流与罩壁发生碰撞时，将自身的动压转化为静压，在罩壁处形成正压区域。

（2）物料的运动　图 3-11 所示是带式运输机转落点密闭罩的工作情况。高速下落的物料会诱导周围的空气从上部罩口进入下部的传动带密闭罩，使罩内压力升高；同时物料下落时的飞溅也会形成罩内的正压。落差越大，罩内的正压就越大。当落差小于等于 1.0m 时，可按图 3-11a 所示的形式设置排风口；当落差大于 1.0m 时，可按图 3-11b 所示的形式设置排风口，同时设置宽大的缓冲箱体减弱飞溅的影响。

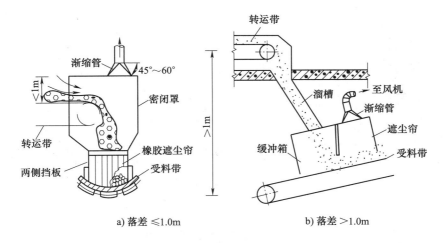

图 3-11　带式运输机转落点密闭罩

　　通常情况下，飞溅形成的局部气流速度较高，抽风的方式无法有效抑制这种局部高速气流，如图 3-12a 所示，同时这种方式也是不经济的。有效抑制飞溅气流形成粉尘外逸的方法是避免在飞溅区域内有孔口或缝隙存在，或者设置宽大的密闭罩以缓冲飞溅气流，使其在到达壁面时的速度大大减缓，如图 3-12b 所示。如果扩大排气罩有困难，可以在飞溅气流的方向上增加挡板，如图 3-12c 所示，形成双层密闭罩的形式，此时，物料在内层罩内降落，诱导和飞溅作用将少量含尘气流挤入内外层罩的中间，只要将这部分含尘气流抽走即可有效防止粉尘外逸，该方式可大大减少系统排风量和对有用物料的携带。

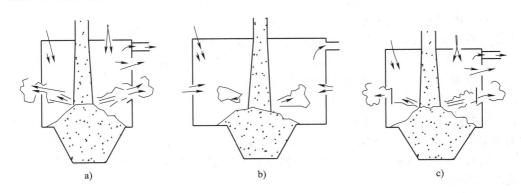

图 3-12　尘粒在密闭罩内的飞溅

　　（3）罩内外温差　图 3-13 所示为工业场所经常用到的斗式提升机。当提升机提升物料的高度较小而且为冷物料时，提升机的下部会形成正压，此时，应按图 3-13a 所示的方式，在提升机的下部设置排风口，消除该部分的正压。但是，当提升机输送热物料时，热物料加热提升机内的空气，提升机内会形成烟囱效应，热气流携带粉尘向上运动，在上部形成较高的正压空间。因此，物料温度为 50～150℃ 时，需要在提升机的上、下部同时设置排风口；当物料温度大于 150℃ 时，只需在上部设置排风口即可，如图 3-13b 所示。

　　排风口速度控制可按照下列数据进行设计[5]：

　　筛落的极细粉尘：$v = 0.40 \sim 0.60 \text{m/s}$。

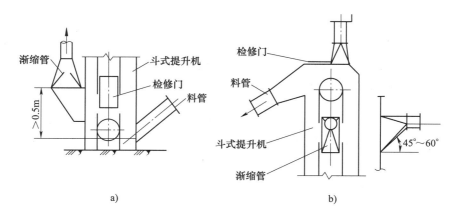

图 3-13　斗式提升机的密闭排风

粉碎或磨碎的细粉：$v<2.0\text{m/s}$。

粗颗粒物料：$v<3.0\text{m/s}$。

3.2.3　排风量的设计计算

根据质量平衡原理，密闭罩的排风量 G 可采用下式计算：

$$G=G_1+G_2+G_3+G_4+G_5-G_6 \tag{3-1}$$

式中　G_1——物料下落时带入罩内的诱导空气量（kg/s）；

$\quad\quad G_2$——从孔口或不严密缝隙处吸入的空气量（kg/s）；

$\quad\quad G_3$——因工艺需要鼓入罩内的空气量（kg/s）；

$\quad\quad G_4$——在生产过程中，因受热使空气膨胀或水分蒸发而增加的空气量（kg/s）；当工艺中发热量大、物料含水率高时需要考虑，如水泥厂的转筒式烘干机等；

$\quad\quad G_5$——被压实的物料容积排挤出的空气量（kg/s）；

$\quad\quad G_6$——从该设备排除的物料带走的空气量（kg/s）。

由于工艺复杂多变，上述各风量难以采用统一的公式进行计算。因此，工程设计中大多采用经验数据或经验公式来计算密闭罩的排风量，可参考各行业的暖通设计手册。但从理论公式可以看出，要减少密闭罩的排风量，应尽可能减小工作孔或缝隙的面积，并设法限制诱导空气随物料一起进入罩内。

实际设计中，也可采用下式计算密闭罩的排风量 L：

$$L=L_1+L_2 \tag{3-2}$$

式中　L_1——运动物料带入罩内的诱导空气量或工艺设备供给的空气量（m³/h）；

$\quad\quad L_2$——为保持罩内负压所需经孔口或不严密缝隙处吸入的空气量（m³/h）。

L_1 由工艺专业确定，工程设计时可参考行业设计手册；L_2 可根据罩内负压要求来计算。表 3-1 所示为部分设备的密闭罩中需要维持的负压推荐值。

密闭罩的排风量并非越大越好。当抽气量足以防止粉尘外逸时，再增大排风量就会造成更多的有用物料被吸走，不仅使物料损失增加，而且也增加了随后的除尘设备和风机的负荷及能耗。一般来说，排风罩内风速小于 $0.25\sim0.37\text{m/s}$ 的气流，不至于使静止的物料散发到空气中，而风速超过 $2.5\sim5.0\text{m/s}$ 时，物料就可能被气流带走[4]。

表 3-1　各种设备所需保持的最小负压值[4]

设　备		最小负压值/Pa	设　备		最小负压值/Pa
干碾机和混碾机		1.5~2.0	筛子	条筛	1.0~2.0
破碎机	颚式	1.0		多角转筛	1.0
	圆锥式	0.8~1.0		振动筛	1.0~1.5
	棍式	0.8~1.0	盘式加料器		0.8~1.0
	锤式	20~30	摆式加料器		1.0
磨机	笼磨机	60~70	储料槽		10~15
	球磨机	2.0	带式运输机转运点		2.0
	筒磨机	1.0~2.6	提升机		2.0
双轴搅拌机		1.0	螺旋运输机		1.0

3.3　通风柜

3.3.1　通风柜的结构形式

　　通风柜也称为柜式排风罩，其结构和密闭罩相似，由于工艺操作需要，罩子的一面需要全部敞开。根据工艺条件的不同，柜式排风罩的结构也稍有不同，图 3-14a 所示为小型通风柜，适用于化学实验室和小件产品的喷漆作业等场所；图 3-14b 所示为大型通风柜，适用于工业大件喷漆、电焊和粉料装袋等场所，工作人员可在通风柜内操作。

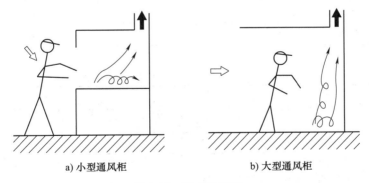

a) 小型通风柜　　　　　　　b) 大型通风柜

图 3-14　柜式排风罩

　　在寒冷地区，通风柜工作时的能源消耗较大。此时，可采用带送风形式的通风柜，如图 3-15 所示。70% 左右的排风量可直接由室外空气提供，其余 30% 左右的排风量由室内空气提供。在需要供冷、供热的房间内，这种系统形式可节约 60% 左右的能源。当通风柜内有可能释放毒性较大的物质时，也可以采用吹吸联合工作的通风柜，如图 3-16 所示，送风气流可以很好地起到隔断作用，但又不影响操作人员的工作。

3.3.2　通风柜排风量计算

　　通风柜的排风量可采用下式计算：

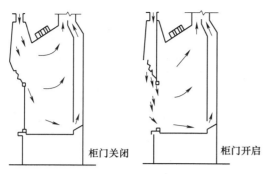

图 3-15 送风式通风柜

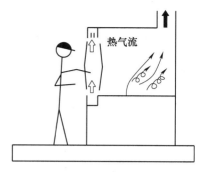

图 3-16 吹吸联合工作的通风柜

$$L = L_1 + vF\beta \tag{3-3}$$

式中 L_1——柜内污染气体发生量（m^3/s）；

$\quad F$——工作孔或缝隙的面积（m^2）；

$\quad v$——工作孔或缝隙的控制风速（m/s）；

$\quad \beta$——安全系数，取 $1.1 \sim 1.2$。

对化学实验室的通风柜，工作孔的控制风速可按照表3-2选取。对于特殊工艺的通风柜，可参照表3-3选取。

表 3-2 化学实验室通风柜的控制风速[5]

污染物性质	控制风速/（m/s）
无毒污染物	0.25～0.375
有毒或有危险的污染物	0.40～0.50
剧毒或少量放射性污染物	0.50～0.60

表 3-3 部分工艺条件下通风柜的控制风速[5]

序号	生产工艺	有害物名称	速度/（m/s）	序号	生产工艺	有害物名称	速度/（m/s）
一、金属热处理				二、金属电镀			
1	油槽淬火、回火	油蒸气、油分离产物（植物油为丙烯酮）、热	0.3	7	青铜化合物	氢氰酸蒸气	1.0～1.5
2	硝石槽内淬火 $t=400\sim700℃$	硝石、悬浮尘、热	0.3	8	脱脂： （1）汽油 （2）氰化烃 （3）电解	汽油、氰化烃化合物蒸气	0.3～0.5 0.5～0.7 0.3～0.6
3	盐槽淬火 $t=800\sim900℃$	盐、悬浮尘、热	0.5	9	镀铅	铅	1.5
4	熔铅 $t=400℃$	铅	1.5	10	酸洗： （1）硝酸 （2）盐酸	酸蒸气和硝酸酸蒸气（氰化氢）	0.7～1.0 0.5～0.7
5	碳氮共渗 $t=700℃$	氰化合物	1.5	11	镀铬	铬酸雾气和蒸气	1.0～1.5
二、金属电镀				12	氰氰镀锌	氢氰酸蒸气	1.0～1.5
6	镀铬	氢氰酸蒸气	1.0～1.5				

（续）

序号	生产工艺	有害物名称	速度 /（m/s）	序号	生产工艺	有害物名称	速度 /（m/s）
三、涂刷和溶解油漆				四、使用粉散材料的生产过程			
13	苯、二甲酯、甲苯	溶解蒸气	0.5~0.7	22	小零件金属喷镀	各种金属粉尘及其氧化物	1.0~1.5
14	煤油、松节油	溶解蒸气	0.5	23	水溶液蒸发	水蒸气	0.3
15	无甲酸戊酯、乙酸戊酯的漆		0.5	24	柜内化学试验工作	各种蒸气、气体允许浓度 >0.01mg/L <0.01mg/L	0.5 0.7~1.0
16	无甲酸戊酯、乙酸戊酯和甲烷的漆		0.7~1.0	25	焊接：（1）用铅或锡焊 （2）用锡和其他不含铅的金属合金	允许浓度 >0.01mg/L <0.01mg/L	0.5~0.7 0.3~0.6
17	喷漆	漆悬浮物和溶解蒸气	1~1.5				
四、使用粉散材料的生产过程				26	用汞的工作（1）不必加热的 （2）加热的	汞蒸气	0.7~1.0 1.0~1.25
18	装料	粉尘允许浓度： 10mg/m³ 以下 4mg/m³ 以下 小于 1mg/m³	0.7 0.7~1.0 1.0~1.5	27	有特殊有害物的工序（如放射性物质）	各种蒸气、气体和粉尘	2.0~3.0
19	手工筛分和混合筛分	粉尘允许浓度： 10mg/m³ 以下 4mg/m³ 以下 小于 1mg/m³	1.0 1.25 1.5				
20	称量和分装	粉尘允许浓度： 10mg/m³ 以下 小于 1mg/m³	0.7 0.7~1.0	28	小型制品的电焊（1）优质焊条 （2）裸焊条	金属氧化物	0.5~0.7 0.5
21	小件喷硅清理	硅酸盐	1.0~1.5				

3.3.3　通风柜排风口的形式

表 3-2 和表 3-3 中，通风柜的控制风速是指工作孔的平均速度值，但是，通风柜内的工艺热过程会直接影响工作孔上的速度均匀性，进而影响柜内有害物的控制。如果速度分布不均匀，污染气流会从吸入速度低的部位逸散到室内。图 3-17 和图 3-18 所示分别为冷过程通风柜采用上部排风和下部排风时气流的运动情况。上部排风时，工作孔上部的吸入速度可达控制风速的 150%，而下部仅为控制风速的 60%，污染物会从下部逸出。而采用下部排风时，工作孔的速度分布较为均匀。相反，当柜内工艺过程为热过程时，热气流上升，形成顶部正压，如果采用下部排风，则污染气体会从上部空间逸出，如图 3-19 所示，此时，须采用上部排风的形式。对于发热不稳定的柜内工艺过程，可上下同时设置排风口，如图 3-20 所示。随柜内发热量的变化，调节上、下排风口的风量，使工作孔的速度分布趋于均匀。

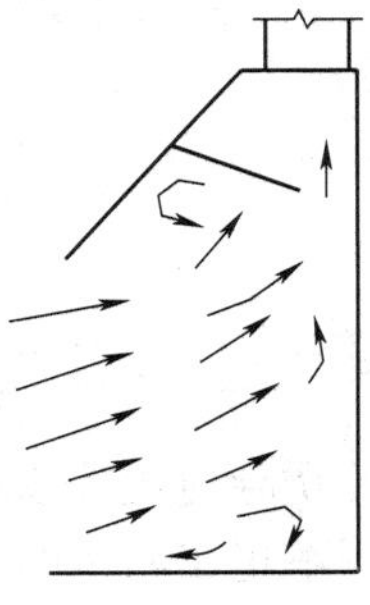

图 3-17　上部排风冷过程通风柜

图 3-18　下部排风
冷过程通风柜

图 3-19　下部吸气的
热过程通风柜

图 3-20　上下部同时排
风的热过程通风柜

3.4　接收罩

有些工艺过程或设备本身会产生或诱导大量的气流运动，进而带动污染物一起运动。此时，可将排风罩设置在污染气流前进的方向，直接接收污染气流，该类排风罩称为接收罩。接收罩可分为两种类型：一种是热源上部形成的热射流的接收罩，如图 3-21a 所示；另一种是粒状物料高速运动时，诱导形成射流的外部接收罩，如图 3-21b 所示。

接收罩与外部吸气罩的结构形式完全相同，但作用原理不同。接收罩罩口前的气流运动是生产过程本身造成的，接收罩只起到承接作用，其排风量取决于接收的污染空气量的大小，接收罩的断面尺寸应不小于罩口处污染气流的尺寸。

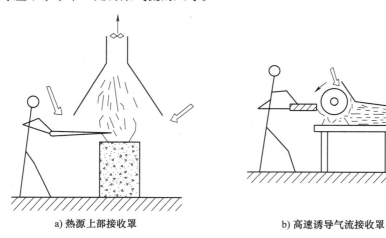

a) 热源上部接收罩　　　　　　　　　　b) 高速诱导气流接收罩

图 3-21　接收罩

3.4.1　诱导射流接收罩

诱导射流接收罩的结构设计应紧密结合工艺中运动部件或设备的实际情况进行，不但应充分了解甩出粉尘的轨迹，还不能影响工人的操作。图 3-22 所示为砂轮接收罩的几种形式。图 3-22a 所示的接收罩与砂轮分开，但应尽可能相互靠近，以最大限度地捕集砂轮甩出的粉尘和携带的气流。罩口面积应与甩出的气流扩散的断面相适应。这种接收罩排风量大，且砂轮后部仍会有部分微小粉尘扩散出去而得不到捕集。图 3-22b 所示为密闭形式的接收罩，排气量较小，但在工件的上部仍会有细微粉尘扩散，难以捕集。解决办法是在上部加设辅助罩，如图 3-22c 所示。

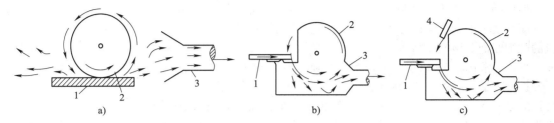

图 3-22　砂轮接收罩

1—工件　2—砂轮　3—接收罩　4—辅助罩

粒状物料高速运动时所诱导的空气量，影响因素较为复杂，设计计算中通常按经验公式确定。图 3-22b 所示的接收罩，排风量一般按砂轮直径与转速选取，见表 3-4。

表 3-4　砂轮接收罩排气量[4]　　　　　　　　　（单位：m³/h）

砂轮直径/mm	砂轮厚度/mm	圆周速度<33m/s 时		圆周速度>33m/s 时	
		密封良好①	密封不好	密封良好①	密封不好
127	25.4	374	374	374	663
127~254	38.1	374	510	663	850
254~355.6	50.8	510	850	850	1258
355.6~406.4	50.8	663	1037	1037	1496
406.4~508	76.2	850	1258	1258	1768
508~609.6	101.6	1037	1496	1496	2040
609.6~762	127.0	1496	2040	2040	2669
762~914.4	152.4	2040	2669	2669	3383

①　砂轮的外露面积不超过 25%。

3.4.2　热源上部接收式排风罩

在热生产过程中，污染源不但散发粉尘等污染物，同时散发大量热量，将周围空气加热。热空气在浮力作用下产生强烈的上升气流，即热羽流，其速度有时可达 2m/s 以上。此时，可将罩子设置在热羽流的流经线路上，来承接排风和收集有害污染物。图 3-23 给出了冷过程和热过程上部排风罩中气流流动形态的差别。图 3-23a 所示的冷过程是典型的外部顶吸罩，需由风机提供动力形成捕集速度；而图 3-23b 所示的热过程是由浮力形成的热射流（或热羽流）完成对有害物的捕集。

（1）热源上部的热射流（热气流）　热源上部的热射流，如图 3-24a 所示，主要有两种形式：一种是生产设备本身散发的热射流，如

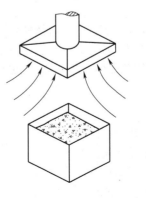
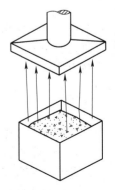

a) 冷过程　　　　b) 热过程

图 3-23　冷过程和热过程的上部排风罩

炼钢炉炉顶散发的热烟气；另一种是高温设备表面对流散热形成的热羽流。

热物体通过对流散热将热量传递给周围空气，空气受热上升，同时，在水平方向的负压力梯度驱使周围空气沿热源表面流向中心并使边界层厚度由外向内逐渐增大形成热射流。面热源在其表面轴线上的气流初速度为零，并随着流程的增大而逐渐加速到某一最大值，该处形成热羽流的收缩断面。该收缩断面一般在热源表面 $(1.0 \sim 2.0)B$（B 为热源水平投影的直径，单位为 m）处（通常在 $1.5B$ 以下）的位置，此阶段热羽流的扩展为非线性的，随后上升气流又会逐渐缓慢扩大，羽流的扩展变为线性，如图 3-24b 所示。可将其近似看作是从一个假想点源以一定角度扩散上升的气流，也称为虚拟极点修正法。虚拟极点修正法是把一个实际的面源或体热源羽流当成一个虚拟的纯点源浮羽流，虚拟点源浮羽流在虚拟原点处为零动量、零体积流量，但拥有和实际热源相同的浮力通量。虚拟原点距实际热源的垂直距离称为虚拟极点距，虚拟极点修正法的关键在于确定虚拟极点距的值，通常采用经验公式。美国工业卫生协会给出的研究结论为

$$h = 2B^{1.138} \tag{3-4}$$

式中　h——真实热源距虚拟极点的距离（m）；

　　　　B——热源的直径（m）。

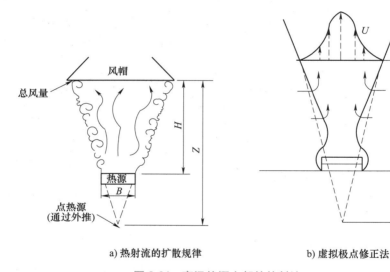

a) 热射流的扩散规律　　　　　b) 虚拟极点修正法

图 3-24　高温热源上部的热射流

热源上方的热羽流呈现不稳定的蘑菇状脉冲式流动，其扩散规律受多方面因素的影响，但大量研究表明，其变化规律大体一致。

在 $H/B = 0.90 \sim 7.4$ 的范围内，不同高度上热羽流的流量可按照下式计算：

$$L_z = 0.04 Q^{\frac{1}{3}} Z^{\frac{3}{2}} \tag{3-5}$$

$$Z = H + 1.26B \tag{3-6}$$

式中　L_z——不同高度上热羽流的流量（m^3/s）；

　　　　Q——热源的对流散热量（W/s）；

　　　　Z——虚拟点热源至罩口的距离（m）；

　　　　H——热源至计算断面距离（m）；

　　　　B——热源水平投影的直径或长边尺寸（m）。

热源的对流散热量可按下式计算：

$$Q = \alpha A \Delta t \tag{3-7}$$

式中　A——热源的对流放热面积（m^2）；

　　　Δt——热源表面与周围空气的温度差（℃）；

　　　α——表面传热系数 $[W/(m^2 \cdot ℃)]$，可按下式计算：

$$\alpha = K \Delta t^{\frac{1}{3}} \tag{3-8}$$

式中　K——系数，水平散热面 $K = 1.7$；垂直散热面 $K = 1.13$。

热羽流在某高度下的断面直径（m）可按下式计算：

$$D_z = 0.36H + B \tag{3-9}$$

当热羽流上升高度 $H \leqslant 1.5\sqrt{A_p}$ 时，因上升高度较小，卷入的周围空气量也较小，可以近似认为，在该范围内热射流的流量和横断面面积基本上保持不变。此范围内的热羽流流量可按照收缩断面上的流量进行计算。当热源的水平投影面积为圆形时，收缩断面的高度为

$$H_0 = 1.5 \left[\frac{\pi}{4} B^2 \right]^{\frac{1}{2}} = 1.33B \tag{3-10}$$

故，收缩断面上的热羽流流量为

$$L_0 = 0.04Q^{\frac{1}{3}} \left[(1.33 + 1.26)B \right]^{\frac{3}{2}} = 0.167Q^{\frac{1}{3}} B^{\frac{3}{2}} \tag{3-11}$$

当热羽流的上升高度 $H > 1.5\sqrt{A_p}$ 时，流量和横断面面积就显著增大，在不同高度上的热射流流量可按式（3-5）计算。

（2）热源上部接收罩排风量的计算　按照排风罩安装高度，热源上部接收罩分为两类：低悬罩，$H \leqslant 1.5\sqrt{A_p}$；高悬罩，$H > 1.5\sqrt{A_p}$。

由于低悬罩罩口通常位于收缩断面附近，罩口断面上的热羽流横断面面积一般小于或等于热源的平面尺寸。在横向气流影响较小的情况下，排风罩罩口的尺寸比热源尺寸扩大 150～200mm 即可；当横向气流干扰较大时，排风罩罩口的尺寸可按照下式计算：

圆形：

$$D_1 = d + 0.5H \tag{3-12}$$

矩形：

$$A_1 = a + 0.5H \tag{3-13}$$

$$B_1 = b + 0.5H \tag{3-14}$$

式中　H——排风罩安装高度（m）；

　　　D_1——罩口直径（m）；

　　　d——圆形热源直径（m）；

　A_1、B_1——矩形罩口尺寸（m）；

　a、b——矩形热源水平投影尺寸（m）。

高悬罩的罩口尺寸按下式计算：

$$D = D_z + 0.8H \tag{3-15}$$

设置热源上部接收罩需要热源提供足够的热浮力；另外，排风罩的排风量要大于热羽流的流量，否则会影响排风罩对污染物的捕集效率，如图 3-25 所示。

排风罩的排放量按下式计算：

$$L = L_z + v'A' \tag{3-16}$$

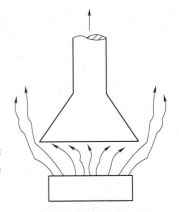

图 3-25　排风不足时的接收罩

式中　L——排风罩的排放量（m^3/s）；

　　　L_z——罩口断面上热羽流的流量（m^3/s），对于低悬罩，可采用收缩断面上热羽流的流量；

　　　A'——罩口的扩大面积（m^2），罩口面积减去热羽流的断面面积；

　　　v'——扩大面积上空气的吸入速度推荐值（m/s），一般为$v' = 0.5 \sim 0.75 m/s$。

低悬罩（近热源区段）的设计相对简单，不需要考虑湍流混合的负面效应和室内横向风的影响。在不影响工艺和人员操作的情况下，可尽量采用低悬罩形式。对于远离实际热源表面的高悬罩，由于易受到横向气流的干扰，设计时应尽可能降低其安装高度。在工艺条件允许下，可设置活动卷帘减少排风面积，如图 3-26 所示。设置在活动钢管上的柔性卷帘可上下移动，升降高度视工艺条件而定。

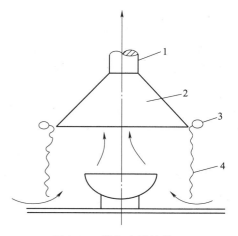

图 3-26　带卷帘的接收罩
1—风管　2—伞形罩　3—卷绕装置　4—卷帘

3.5　外部吸气罩

在某些工艺条件下，生产设备无法密闭，而且生产过程为冷过程（或污染物具有的初始动能较小），采用接收罩无法实现对污染物的良好控制，此时，可将排风罩设置在污染源附近，并通过机械排风的方式在污染源处形成向着罩口的气流流动，采用抽吸的原理将污染物吸入罩内。该类排风罩统称为外部吸气罩，如图 3-27 所示。外部吸气罩的设计方法主要有速度控制法和流量比法。

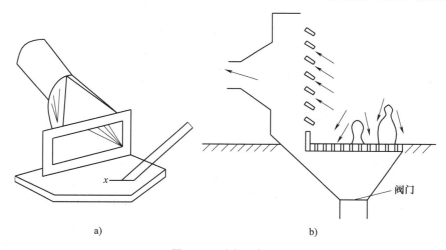

图 3-27　外部吸气罩

3.5.1　速度控制法

为保证污染物全部被吸入罩内，必须在控制点（距吸气口最远的污染物散发点）处形成适当的空气流动。控制点的空气流动速度 v_x 称为控制风速（也称为吸入速度），如图 3-28 所示。

要想了解控制点风速与外部吸气罩排风量间的关系，首先需要了解汇流的基本规律。

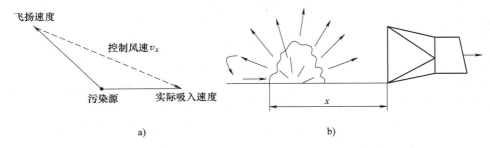

图 3-28 外部吸气罩的控制风速

1. 点汇吸气口气流的流动规律

吸气罩外部的气流流动是一个典型的汇流。按照流体力学，自由空间点汇吸气口的排风量 L 为

$$L = 4\pi r_1^2 v_1 = 4\pi r_2^2 v_2 \tag{3-17}$$

式中　v_1、v_2——点 1 和点 2 处的空气流速（m/s）；

　　　r_1、r_2——点 1 和点 2 至吸气口的距离（m）。

当吸气口设置在墙上时，吸气范围受到限制，为自由空间的一半，则排风量减小为

$$L = 2\pi r_1^2 v_1 = 2\pi r_2^2 v_2 \tag{3-18}$$

根据汇流流动规律可以看到，当排风量一定时，吸气口外某一点的空气流速与该点至吸气口距离的平方成反比，随吸气口吸气范围减小而增加。所以，在进行吸气罩设计时，罩口应尽量靠近污染源，并尽可能减少其吸气范围。

2. 前面无障碍时排风罩排风量的设计计算

（1）圆形排风罩　工程实际中应用的排风罩大多有一定开口面积，不能看作一个点，其罩口外的气流流动规律与点汇稍有不同。对实际出现的外部吸气罩，很多研究者对其进行了大量的试验研究。图 3-29a 和 b 分别为试验得到的四周无法兰边和四周有法兰边的圆形吸气口外的速度分布图。图中横坐标为无因次距离 x/d（x 为某一点距吸气口的距离，单位为 m；d 为吸气口的直径，单位为 m），等速面的速度值以吸气口流速的百分数表示。

根据图中试验数据，可得到相应条件下外部排风罩罩口速度变化规律。

四周无法兰边的圆形吸气口：

$$\frac{v_0}{v_x} = \frac{10x^2 + F}{F} \tag{3-19}$$

四周有法兰边的圆形吸气口：

$$\frac{v_0}{v_x} = 0.75\left(\frac{10x^2 + F}{F}\right) \tag{3-20}$$

式中　v_0——罩口的速度（m/s）；

　　　v_x——距罩口 x 处的控制风速（m/s）；

　　　x——控制点距罩口的距离（m）；

　　　F——排风罩罩口的面积（m^2）。

式（3-19）和式（3-20）的适用范围为 $x \leqslant 1.5d$ 的场合，当 $x > 1.5d$ 时，实际的速度衰减要比计算值大。

前面无障碍四周无边和有边的圆形吸气口的排风量可分别按下列公式计算：

四周无边:

$$L = v_0 F = (10x^2 + F)v_x \tag{3-21}$$

四周有边:

$$L = v_0 F = 0.75(10x^2 + F)v_x \tag{3-22}$$

很明显,在罩口设置法兰边,可阻挡四周无效气流,在同样条件下,排风量可减少25%,有明显节能效果。一般情况下,法兰边宽度为150~200mm。研究结果表明,法兰边宽度可近似取罩口宽度的一半,更大的法兰边宽度对罩口的速度场分布没有明显的影响。

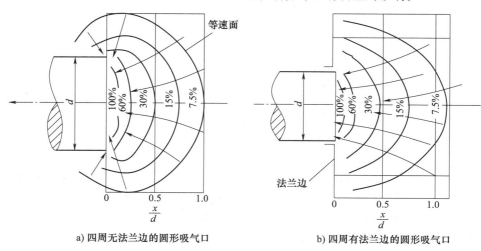

a) 四周无法兰边的圆形吸气口 b) 四周有法兰边的圆形吸气口

图 3-29 排风口的速度分布图

(2)方形或矩形排风罩 研究者发现,对具有不同长宽比的矩形排风罩,其排风口外的速度衰减会随 b/a 的增大而增大(a 是罩口的长边尺寸,b 是罩口的短边尺寸)。图 3-30 所示为根据气流流谱得出的计算图,根据 x/b,由该图可求得 v_x/v_0,进而计算出罩口排风量。其使用可举例说明如下。

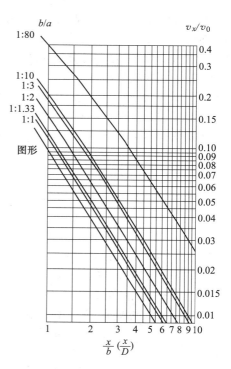

【例 3-1】 一个四周无边的矩形排风罩,尺寸为 300mm×600mm,要求在罩口外 900mm 处形成 $v_x = 0.25\text{m/s}$ 的控制风速,计算该排风罩的排风量。

【解】 根据 $b/a = 300/600 = 1/2$ 和 $x/b = 900/300 = 3.0$,由图 3-30 可查到:

$$v_x/v_0 = 0.037$$

故罩口上的平均风速为

$$v_0 = \frac{v_x}{0.037} = \frac{0.25}{0.037}\text{m/s} = 6.76\text{m/s}$$

罩口排风量

$$L = 3600v_0 F = (3600 \times 6.76 \times 0.3 \times 0.6)\text{m}^3/\text{h} = 4380\text{m}^3/\text{h}$$

图 3-30 排风罩计算图

（3）设在工作台上的侧吸罩　图 3-31 所示是一种放置在工作台上的侧吸罩，可将其看作一个假想大排风罩的一半考虑，其排风量按下式计算：

$$L = \frac{1}{2}(10x^2 + 2F)v_x = (5x^2 + F)v_x \tag{3-23}$$

式（3-23）仅适用于 $x < 2.4\sqrt{F}$ 的场合。

【例 3-2】　焊接工作台上有一侧吸罩，如图 3-32 所示。已知：罩口尺寸为 300mm×600mm，焊接点至罩口的最大距离为 0.6m，控制点吸入速度应不小于 0.5m/s。试计算该排风罩的风量。

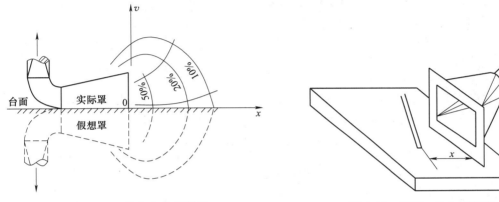

图 3-31　工作台上的侧吸罩　　　　　图 3-32　焊接工作台侧吸罩

【解】　将该排风罩看成是一个 600mm×600mm 的假想罩。
解法 1：

$$b/a = 600/600 = 1.0$$
$$x/b = 600/600 = 1.0$$

由图 3-30 可查得：

$$v_x/v_0 = 0.12$$

罩口平均风速为

$$v_0 = \frac{v_x}{0.12} = \frac{0.5}{0.12} \text{m/s} = 4.17 \text{m/s}$$

该侧吸罩的实际排风量为

$$L = 3600 v_0 F = (3600 \times 4.17 \times 0.3 \times 0.6) \text{m}^3/\text{h} = 2702.16 \text{m}^3/\text{h}$$

解法 2：因为 $x = 0.6\text{m} < 2.4 \times \sqrt{(0.3 \times 0.6)} \text{m} = 1.02\text{m}$，所以可采用公式

$$L = (5x^2 + F)v_x = [(5 \times 0.6^2 + 0.3 \times 0.6) \times 0.5] \text{m}^3/\text{s} = 0.99 \text{m}^3/\text{s} = 3564 \text{m}^3/\text{h}$$

可以看到两种计算方法得到的结果是存在一定的差异的。

（4）条缝型　对于宽长比 $b/a \le 0.2$ 的条缝型排风口，相关资料多采用下列公式进行计算：

自由悬挂无法兰边

$$L = 3.7 l x v_x \tag{3-24}$$

自由悬挂有法兰边或无法兰边但设置在工作台上：

$$L = 2.8 l x v_x \qquad (3-25)$$

式（3-24）、式（3-25）和实际的速度谱存在一定误差，因此条缝型排风口设计时也可采用排风罩计算图（图3-30）进行计算。

3. 前面有障碍时外部吸气罩的设计计算

在某些工艺条件下，排风罩会设置在工艺设备的上方。此时由于设备的存在，排气罩前的气流流谱会发生改变。气流只能从侧面流入罩内，如图3-33所示。为避免横向气流的影响，要求排气罩的安装高度 H 尽可能小于或等于 $0.3a$（罩口长边尺寸），其排风量 L 可按下式计算：

$$L = KPHv_0 \qquad (3-26)$$

式中　P——排风罩罩口敞开面的周长（m）；

　　　H——罩口至污染源的距离（m）；

　　　v_0——开口断面的控制风速（m/s），在 $0.25 \sim 2.5$m/s 间选取，或按表3-5选取；

　　　K——考虑沿着高度方向速度分布不均匀的安全系数，通常取1.4。

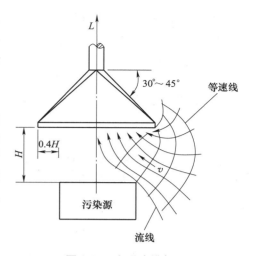

图 3-33　上吸式排气罩

表 3-5　开口断面流速[4,8]

罩子形式	一面敞开	两面敞开	三面敞开	四周敞开
断面流速/(m/s)	$0.5 \sim 0.76$	$0.76 \sim 0.9$	$0.9 \sim 1.0$	$1.0 \sim 1.27$

当上吸式排风罩尺寸与污染源尺寸相当时，研究者也给出了相关的排风量计算公式，详见相关文献。

4. 外部吸气罩的设计原则

1）在不妨碍工艺操作的前提下，尽量将罩口靠近污染源。

2）试验表明：排风罩罩口四周增设法兰边可使排放量减少25%左右。法兰边宽度一般情况下为 $150 \sim 200$mm，或近似取罩口宽度的一半。

3）为减少横向气流干扰的影响和罩口的吸气范围，在工艺条件允许的情况下，应尽量在罩口设置固定或活动挡板，如图3-34所示。

4）设计排风罩时，罩口断面的气流速度尽量均匀。表3-6给出了排风罩扩张角 α 与罩口轴心速度 v_c 和罩口平均速度 v_0 的关系，图3-35给出了排风罩扩张角 α 与排风罩局部阻力系数 ξ 的关系。综合速度分布、阻力系数以及结构方面的因素，设计中建议尽量 $\alpha \leqslant 60°$。

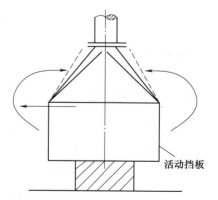

图 3-34　设有活动挡板的伞形罩

5）如果罩口平面尺寸较大，为控制排风罩高度，可采取图3-36所示的措施保证罩口气流均匀性。

① 将一个大的排风罩分成若干个小排风罩，如图3-36a所示。

② 罩内设置导流板，如图3-36b所示。

③ 罩口设条缝口，如图3-36c所示，条缝口风速控制在10m/s以上，静压箱内的速度不超过条缝口速度的1/2。

④ 罩口设气流分布板，如图3-36d所示。

表3-6 不同扩张角 α 下的速度比

α	30°	40°	60°	90°
v_c/v_0	1.07	1.13	1.33	2.0

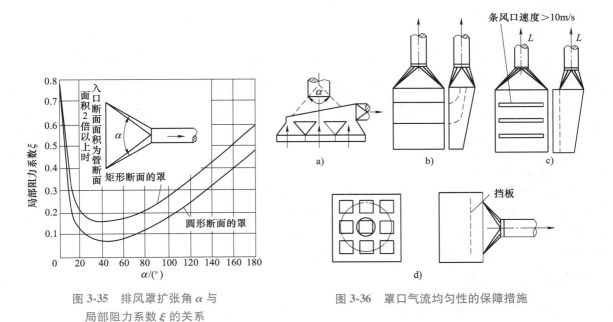

图3-35 排风罩扩张角 α 与局部阻力系数 ξ 的关系

图3-36 罩口气流均匀性的保障措施

【例3-3】 一浸漆槽尺寸为0.6m×1.0m，为排除槽内散发的有机溶剂蒸气，设上部排风罩罩口至槽面距离 $H=0.6$m，控制风速 v_x 取0.25m/s，为减少吸气范围，在罩的一个长边设置固定挡板。试计算该排风罩的排风量。

【解】 罩口尺寸：

$$长边\ a=(1.0+0.4×0.6×2)m=1.48m$$

$$短边\ b=(0.6+0.4×0.6×2)m=1.08m$$

因为一边设有挡板，故罩口周长为

$$P=(1.48+1.08×2)m=3.64m$$

根据式（3-26），其排风量为

$$L=KPHv_x=(1.4×3.64×0.6×0.25)m^3/s=0.76m^3/s$$

用速度控制法设计计算时，首先要确定控制点的控制风速值 v_x。v_x 值与工艺过程和室内气流运动情况有关，一般需通过试验测试得到。如果缺乏现场实测数据，可参考表3-7和表3-8确定。

速度控制法计算排风量的依据是试验得到的排风罩罩口速度分布曲线，但目前这些曲线多是在没有污染气流的情况下得到的，当污染气体发生量 $L_1≠0$ 时，原则上外部吸气罩的排风量应为

表 3-7　控制点的控制风速[5,6]

污染物放散情况	控制风速/(m/s)	工程案例
以轻微的速度放散到相当平静的空气中	0.25~0.5	槽内液体的蒸发；气体或烟气从敞口容器中外逸
以较低的初速放散到尚属平静的空气中	0.5~1.0	喷漆室内一般喷漆作业；断续地倾倒有尘屑的干物料到容器中；焊接作业
以相当大的速度放散出来，或是放散到空气运动迅速的区域	1~2.5	在小喷漆室内用高压力喷漆；快速装袋或装桶；向运输器械上给料
以高速放散出来，或是放散到空气运动很迅速的区域	2.5~10	磨削；重破碎；滚筒清理

表 3-8　最小控制风速取值依据[5,6]

范围下限	范围上限	范围下限	范围上限
室内空气流动小或有利于捕集	室内有扰动气流	间歇生产产量低	连续生产产量高
有害无毒性小	有害无毒性高	大罩子大风量	小罩子局部控制

$$L = L_1 + L_2 \tag{3-27}$$

式中　L_1——污染气体发生量（m^3/s）；

L_2——从罩口周围吸入的空气量（m^3/s）。

但这种情况下，如果仍沿用控制风速法，边缘控制点上的实际控制风速 v_z 将小于设计的控制风速 v_x，会产生污染物的外逸现象。为防止污染物外逸，只能加大控制风速的取值。所以，速度控制法用于 $L_1 \approx 0$ 的冷过程场合下较为准确，如低温敞口槽、手工刷漆、焊接等。

3.5.2　流量比法

针对速度控制法存在的缺陷，学者们研究了排风罩前同时有污染气流和吸气气流时的气流运动规律，提出了流量比法的概念。

（1）流量比法的理论基础——排风罩前气流的流线合成　对于上吸式局部排风罩，其罩口的气流运动可看成是上升的平行污染气流与周围吸入汇流的合成。将两者近似为势流，则可通过势流叠加原理进行流线合成。

对均匀分布的上升污染气流，其流函数为

$$\psi_1 = v_1 x \tag{3-28}$$

式中　v_1——污染气流的上升速度；

x——计算点至原点的距离。

罩口吸入气流（汇流）的流函数满足拉普拉斯方程，即

$$\frac{\partial^2 \psi}{\partial x^2} + \frac{\partial^2 \psi}{\partial y^2} = 0 \tag{3-29}$$

利用有限差分法求解上述方程，可得到罩口周围各点的流函数值，并画出其流线。

1）吸入气流的数值解。对于图 3-37 所示的二维排风罩，其边界条件为：

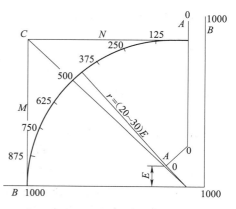

图 3-37　排风罩罩口边界上的流函数值

① 假设罩口排风量为 $L_2 = 1000 \text{m}^3/\text{s}$，$AA$ 和 BB 是排风罩罩口边界上的两条流线，两条流线流函数的差值即为流线间的流量，则流线 AA 的流函数值 $\psi_A = 0$，流线 BB 的流函数值 $\psi_B = 1000$。

② 对于二维吸气口，近似认为距罩口（20～30）E（罩口大小）处，吸气气流的速度分布即已符合线汇吸气口运动规律，即在半径 $r = (20～30)E$ 的圆周上，流函数值是均匀分布的。

③ 由图 3-37 可以看出，C 点流函数值 $\psi_C = 500$，则 AC 线上任意一点 N 的流函数值为

$$\psi_N = 500 \arctan\left(\frac{AN}{AC}\right) \qquad (3\text{-}30)$$

CB 线上任意一点 M 的流函数值为

$$\psi_M = 500 \arctan\left(\frac{CM}{CB}\right) \qquad (3\text{-}31)$$

确定边界条件和范围后，进行网格划分，将边界内流场划分为足够小的正方形网格。网格可局部加密，即可节约计算时间，也可适应不同精度要求。通常，在罩口断面上网格最密，以反映流动的局部细微变化。流场的分格情况如图 3-38 所示。根据边界条件和流场内部的分格情况，利用有限差分法可将拉普拉斯方程变成如下的线性代数方程组：

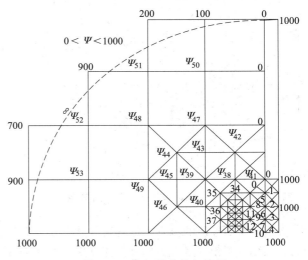

图 3-38 流场的分格与编号

$$\left.\begin{aligned}
\psi_1 &= \frac{1}{4}(0 + 1000 + 1000 + \psi_5) \\
\psi_2 &= \frac{1}{4}(1000 + 1000 + \psi_5 + \psi_6) \\
\psi_3 &= \frac{1}{4}(1000 + 1000 + \psi_6 + \psi_7) \\
&\quad\vdots \\
\psi_{53} &= \frac{1}{4}(900 + 1000 + \psi_{49} + \psi_{52})
\end{aligned}\right\} \qquad (3\text{-}32)$$

采用超松弛迭代法求解上述方程组，即可得到流场内各点的流函数值，进而画出吸气气流的流线，如图 3-39 所示。

2）排风罩罩口流线的合成。在图 3-40 上，将污染气流的流线（虚线部分）和吸入气流的流线（实线部分）进行合成，合成后的流线用粗实线表示。图 3-40 给出了 $L_1 = 10.0 \text{m}^3/\text{s}$、$L_2 = 2.0 \text{m}^3/\text{s}$ 情况下的流线合成。污染发生源边界上点 a 是污染气流和吸气气流的会合点，通过该点的流线 a—a 就是污染气流和吸入气流的分界线。污染气流在分界线内流动，而清洁的吸入气流在分界线外流动。随着吸入气流 L_2 的增大，分界线会向着罩内移动，污染物从罩内逸散的可能性减小，控制效果好。

此时，排风罩的排风量为

$$L_3 = L_1 + L_2 = L_1\left(1 + \frac{L_2}{L_1}\right) = L_1(1 + K) \qquad (3\text{-}33)$$

式中　K——流量比，是影响外部吸气罩工作性能的重要指标。

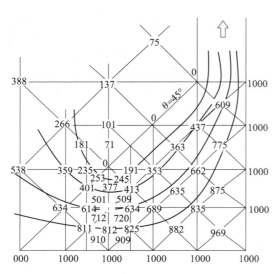

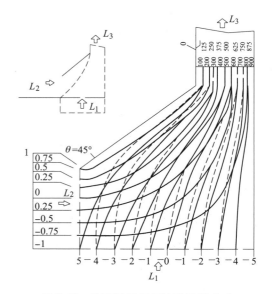

图 3-39　利用数值解析求得的吸气气流流线　　　　图 3-40　排风罩罩口气流流线的合成

　　寻求安全而经济的流量比是研究流量比法的核心。流量比法是日本林太郎 20 世纪 60 年代提出的，其综合了排气量 L_3、污染气体发生量 L_1 和周围吸入的气体量 L_2 三者间的关系，特别适合于热过程中有污染气体发生的污染源。

　　（2）流量比 K　减小周围吸入气体流量 L_2，流量比 K 也减小，污染气流和清洁吸入气流的分界线逐渐外移。当 K 减小到某一数值时，污染气流会从罩口逸散，此时的流量比称为极限流量比，用 K_L 表示。

$$K_L = (L_2/L_1)_{limit} \qquad (3\text{-}34)$$

　　鉴于气流运动的影响因素异常复杂，理论上的流线合成只是开辟了 K_L 的理论研究基础，目前实际工程中用到的流量比计算公式主要通过试验研究得到。极限流量比 K_L 与吸气罩及污染源的几何尺寸有关，各尺寸如图 3-41 所示

$$K_L = f(\theta, D_3/E, U/E, H/E, F_3/E) \qquad (3\text{-}35)$$

式中　θ——罩子凸沿与水平线的夹角；

　　　D_3——排风管道的宽度或直径（m）；

　　　F_3——罩子凸沿的宽度（m）；

　　　E——污染源的宽度或直径（m）；

　　　U——污染源的高度（m）；

　　　H——罩口距污染源的距离（m）。

　　通过一系列的试验测试，可得到排风罩与污染源不同组合情况下的极限流量比计算公式，具体可参考相关文献（见章后参考文献 [4, 9, 10]）。

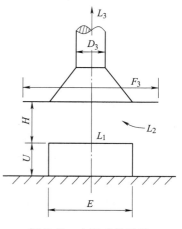

图 3-41　上吸式排风罩

　　由于污染源的形状不同，排气罩的气流可以是二维的或是三维的。理论上，只有当污染源的长度 L 为无穷大时（即 $\gamma = E/L = 0$），才能称为二维气流。但实际工程中，一般当 $0 < \gamma \leqslant 0.2$ 时，即可认为是二维气流。对于二维气流，当污染气流与抽气方向一致时，由试验得到上述各项参数

对间的关系如下：

1）D_3/E 对 K_L 的影响。试验表明，当 $D_3/E<0.2$ 时，排气性能差；当 $D_3/E>0.2$ 时，K_L 几乎不变。故设计中取 $D_3/E>0.2$，该项影响便可忽略不计。

2）θ 对 K_L 的影响。试验表明，θ 对 K_L 的影响较小，计算中可忽略不计。

3）U/E 对 K_L 的影响。试验表明，当 $U/E>0$ 时，其对 K_L 的影响大于 3%，计算中也可忽略。当污染源处于地面以下时，U 为负值，偏于安全。

4）H/E 对 K_L 的影响。H/E 对 K_L 的影响较大，K_L 随 H/E 呈线性增加。一般吸气罩，应使 $H/E<0.7$。如果由于工艺影响，必须 $H/E>0.7$ 时，建议采用吹吸式排风罩。

5）F_3/E 对 K_L 的影响。F_3/E 越大，K_L 越小，排气效果就越好。$F_3/E<1.5$ 时，其值对 K_L 的影响非常大，随着 F_3/E 增大，K_L 迅速减小；但是当 $F_3/E>2.0$ 时，再增大排风罩凸沿的宽度对排气效果作用不再明显，故设计中可取 $F_3/E \geqslant 1.5$，但不应大于 2.0。

6）温差的影响。试验表明，K_L 与温差呈线性关系，当污染气体与周围空气的温差 $\Delta t<$ 200℃时，可用下式进行修正：

$$K_{L(\Delta t)}=K_{L(\Delta t=0)}+\frac{3}{2500}\Delta t \qquad (3-36)$$

对于三维气流以及其他类型的吸气罩，研究者通过试验也得到了相关尺寸对极限流量比的影响关系，并给出了各种条件下的 K_L 计算公式，具体可参阅相关文献（见章后参考文献［4］）。

（3）排风罩排风量的计算

$$L_3=L_1(1+mK_{L(\Delta t)})=L_1(1+K_D) \qquad (3-37)$$

式中　m——考虑干扰气流影响的安全系数，可按表 3-9 确定；

　　　K_D——设计流量比。

表 3-9　安全系数

干扰气流速度/(m/s)	0~0.15	0.15~0.30	0.30~0.45	0.45~0.60
安全系数	5	8	10	15

【例 3-4】　有一工业振动筛，尺寸如图 3-42 所示，手工投料时粉尘的散发速度为 $v=0.5$m/s，周围干扰气流的速度大约为 0.3m/s。拟设置侧吸罩，试计算排风量。

【解】　确定侧吸罩尺寸如图 3-42 所示，罩口尺寸为 650mm×400mm，罩口法兰边总尺寸为 1800mm×800mm，查参考文献［4］得到适用的极限流量比计算公式为

$$K_L=\left[1.5\left(\frac{F_3}{E}\right)^{-1.4}+2.5\right]\times[\gamma^{1.7}+0.2]\times\left[\left(\frac{H}{E}\right)^{1.5}+0.2\right]\times\left[\left(\frac{U}{E}\right)^{2.0}+1.0\right]$$

$$=\left[1.5\times\left(\frac{0.8}{0.8}\right)^{-1.4}+2.5\right]\times\left[\left(\frac{0.8}{0.65}\right)^{1.7}+0.2\right]\times\left[\left(\frac{0}{0.8}\right)^{1.5}+0.2\right]\times\left[\left(\frac{0}{0.8}\right)^{2.0}+1.0\right]$$

$$=4.0\times1.62\times0.2\times1.0$$

$$=1.30$$

污染气体发生量

$$L_1=(0.65\times0.80\times0.5)\text{m}^3/\text{s}=0.26\text{m}^3/\text{s}$$

根据干扰气流大小，按表 3-9 选取安全系数 8，则该侧吸罩的排风量为

$$L_3 = L_1(1+mK_L) = [0.26 \times (1+8 \times 1.3)] \, \text{m}^3/\text{s} = 2.96 \, \text{m}^3/\text{s}$$

应用流量比法进行外部吸气罩设计计算时应注意如下几点：

1）极限流量比是在特定的试验条件下得到的，计算时应特别注意公式的适用范围。

2）流量比法是以污染气体发生量 L_1 为基础进行计算的，因此 L_1 应通过试验测试得到。如果无法得到准确的 L_1，则宜选用速度控制法进行设计计算。

3）由于周围气流的复杂性，干扰气流对排风量有较大的影响，工程设计中应尽量减小干扰气流的影响，并实测得到干扰气流的数值，以尽可能准确确定安全系数。

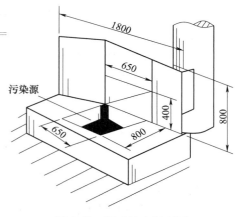

图 3-42　振动筛上侧吸罩

3.6　吹吸式排风罩

3.6.1　吹吸式通风的原理

对于外部吸气罩，由于汇流速度衰减很快，当控制点距离吸气罩罩口较远时，需要较大的排风量才能在控制点处造成所需的控制风速，图 3-43 所示为一个三维吹气射流和吸气汇流的图示。风量相同时，汇流在距离吸气口 1 倍的管径处，速度已衰减到吸气口速度的 10%；但由于射流能量密度大，速度衰减较慢，在距离射流喷口 $50D \sim 60D$ 处速度才衰减到初始速度的 10%。故，人们设想可采用射流作为动力，将污染物输送到排风罩罩口，再由其排除；或利用射流阻挡、控制污染物的扩散。这种将吹气与吸气结合起来使用的局部通风方式称为吹吸式通风，如图 3-44 所示。相应的局部排风罩形式称为吹吸式排风罩，它具有整体风量小、抗干扰能力强、控制污染效果好以及不影响工艺操作等的特点。在相同条件下，吹吸式排风罩比外部吸气罩可节约 50% 左右的风量[10-13]，污染物控制效率可从外部吸气罩的 38%～58% 提高到 90% 以上[14]。图 3-45 给出了吹吸式排风罩的气流速度在槽面上的分布。

由于吹吸式排风罩的诸多优点，其在工业污染物控制方面应用越来越多。

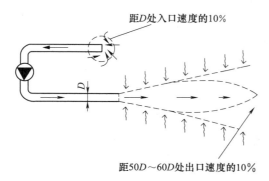

图 3-43　吹吸式气流的衰减规律

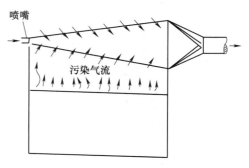

图 3-44　吹吸式通风示意图

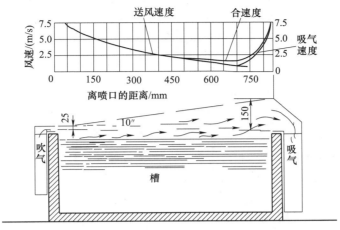

图 3-45　吹吸式排风罩槽面气流分布

3.6.2　吹吸式排风罩的设计计算方法

　　吹吸式排风罩的良好工作有赖于吹、吸气流协调一致的工作，设计计算仍然依据吹、吸气流的运动规律。由于吹、吸气流联合运行的复杂性，尽管国内外的学者提出了多种设计计算方法，但目前还缺乏精确的计算方法。此处仅就设计手册上常用的三种方法做一介绍。

　　（1）速度控制法　速度控制法的典型代表人物为苏联的学者巴图林，他将吹吸气流对污染物的控制能力归结为射流的速度和污染气流（或横向气流）的速度之比，他认为只要射流在吸风口前末端平均速度仍保持一定数值（通常要求不小于 0.75～1.0m/s），就能有效控制污染物的外逸。末端速度控制法只考虑吹出气流的控制和输运作用，而不考虑吸风口的作用，将其看作一种安全因素。

　　对于工业上广泛使用的热工业槽，末端速度控制法的设计要点为：

　　1）吸风口前必需的射流末端平均速度 v_1' 根据槽温和槽长，按表 3-10 中的经验公式确定。

表 3-10　射流末端平均速度 v_1'

槽温/℃	射流末端必需的平均速度 /(m/s)	备　　注
70～95	$v_1' = H$	
60	$v_1' = 0.85H$	H 为吹、吸风口的间距
40	$v_1' = 0.75H$	
20	$v_1' = 0.5H$	

　　2）射流在发展过程中会卷吸污染气流，为避免射流在吸气口处逸散，吸风口的排风量应大于该处的射流流量，一般为射流末端流量的 1.10～1.25 倍。

　　3）吹风口高度 b_0 通常取（0.010～0.015）H，为避免吹风口堵塞现象，b_0 应大于 5～7mm。吹风口出口速度不宜超过 10～12m/s，以避免射流负压引起液面波动。

　　4）要求吸风口上的气流速度 $v_1 \leqslant$（2.0～3.0）v_1'，吸风口高度 b_1 过小容易造成污染物的外逸；b_1 过大，可能会影响工人操作。

【例 3-5】 某电镀槽，宽为 0.75m，长 1.25m，槽内溶液的温度为 80℃，现采用吹吸式排风罩控制有害物，试计算吹、吸风量以及吹、吸风口的高度。

【解】 ① 确定吸风口前射流末端平均速度为

$$v_1' = H = 0.75 \text{m/s}$$

② 吹风口高度

$$b_0 = 0.015H = (0.015 \times 0.75) \text{m} = 0.01125 \text{m} = 11.25 \text{mm}，取 b_0 = 11 \text{mm}$$

③ 根据平面射流流动规律计算吹风口出口流速 v_0。近似认为射流末端的轴心速度

$$v_m = 2v_1' = (2 \times 0.75) \text{m/s} = 1.5 \text{m/s}$$

根据平面射流速度衰减公式 $\dfrac{v_m}{v_0} = \dfrac{1.2}{\sqrt{\dfrac{aH}{b_0} + 0.41}}$，吹风口出口流速为

$$v_0 = v_m \frac{\sqrt{\dfrac{aH}{b_0} + 0.41}}{1.2} = \left(1.5 \times \frac{\sqrt{\dfrac{0.2 \times 0.75}{0.011} + 0.41}}{1.2} \right) \text{m/s} = 4.68 \text{m/s}$$

式中，a 为射流出口的紊流系数，取 0.2。

④ 吹风口的吹风量

$$L_0 = b_0 l v_0 = (0.011 \times 1.25 \times 4.68) \text{m}^3/\text{s} = 0.06 \text{m}^3/\text{s}$$

⑤ 计算吸风口前射流末端流量 L_1'。根据平面射流流量计算公式 $\dfrac{L_1'}{L_0} = 1.2 \sqrt{\dfrac{aH}{b_0} + 0.41}$，吸风口前射流末端流量为

$$L_1' = L_0 \times 1.2 \sqrt{\frac{aH}{b_0} + 0.41} = \left(0.06 \times 1.2 \times \sqrt{\frac{0.2 \times 0.75}{0.011} + 0.41} \right) \text{m}^3/\text{s} = 0.27 \text{m}^3/\text{s}$$

⑥ 吸风口的排风量

$$L_1 = 1.1 L_1' = (1.1 \times 0.27) \text{m}^3/\text{s} = 0.30 \text{m}^3/\text{s}$$

⑦ 吸风口气流速度

$$v_1 = 3v_1' = (3 \times 0.75) \text{m/s} = 2.25 \text{m/s}$$

⑧ 吸风口高度

$$b_1 = L_1/(l v_1) = [0.30/(1.25 \times 2.25)] \text{m} = 0.11 \text{m}，取 b_1 = 110 \text{mm}。$$

（2）美国联邦工业卫生委员会（ACGIH）推荐方法 图 3-46 所示为工业槽上的吹吸式排风罩，假设吹出气流的扩展角 $\alpha = 10°$，则条缝式排风口的高度 H 可按下式计算：

$$H = B \tan\alpha = 0.18B \tag{3-38}$$

式中 H——排风口的高度（m）；

B——吹、吸风口间距（m）。

排风量 L_2 取决于工业槽液面的面积、液温以及周围干扰气流大小等因素。

$$L_2 = (1800 \sim 2750)A \tag{3-39}$$

式中 A——工业槽的液面面积（m^2）；

1800~2750——每平方米液面所需的排风量 [m^3/

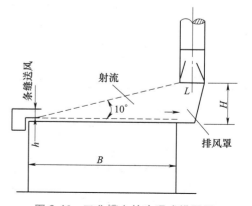

图 3-46 工业槽上的吹吸式排风罩

$(m^2 \cdot h)$]。

吹风量按下式计算：

$$L_1 = \frac{1}{BE}L_2 \qquad\qquad (3\text{-}40)$$

式中　L_1——射流流量（m^3/h）；

　　　E——修正系数，见表 3-11。

表 3-11　修正系数

槽宽 B/m	0～2.4	2.4～4.9	4.9～7.3	>7.3
修正系数 E	6.6	4.6	3.3	2.3

出口流速可控制在 5～10m/s。

上述两种计算方法均存在一定的不足之处：

1）射流在运行过程中当受到横向气流或气压的压迫必定发生偏转而致使污染物外逸。射流抵抗侧流或侧压的能力不仅与射流的速度有关，还与射流的流量有关，即取决于射流的出口动量。

流体力学的射流理论指出射流在运动过程中各断面的动量维持恒定，即

$$M = L_0\rho v_0 \tau = L_x\rho v_x \tau = L_1'\rho v_1' \tau = F\tau \qquad\qquad (3\text{-}41)$$

式中　M——射流的动量（$N \cdot s$）；

　　　L_0——射流出口流量（m^3/s）；

　　　L_x——某一断面上射流流量（m^3/s）；

　　　L_1'——对流末端流量（m^3/s）；

　　　ρ——空气密度（kg/m^3）；

　　　v_0——射流出口流速（m/s）；

　　　v_x——某一断面上射流平均流速（m/s）；

　　　v_1'——射流末端的平均流速（m/s）；

　　　τ——时间（s）；

　　　F——射流力（N）。$F = L_0\rho v_0 = L_1'\rho v_1'$。

由此可看出，射流抵抗侧流、侧压的能力可用射流力 F 表示。射流力的大小取决于侧流或侧压的大小，当射流力 F 确定时，L_0 与 v_0 间可有无数种组合。而速度控制法中仅考虑了射流出口速度的作用，没有考虑射流出口的流量。

2）吹吸式通风是依靠吹、吸气流的联合工作，但上述设计计算方法均没有考虑吸风口的作用。故在设计中没有提出吹、吸气流的最佳组合问题，即从节能角度来说如何使吹风量和排风量之和（L_0+L_1）保持最小。

3）上述方法中均建议采用狭长的高速平面射流，出口速度控制在 10m/s 左右。而高速射流在与物体发生碰撞时易于破裂，导致污染物散入室内。

（3）流量比法　日本学者林太郎将外部吸气罩中应用的流量比法概念扩展到吹吸式排风罩设计计算中。如图 3-47 所示，吸风口的排风量为

$$L_1 = L_0 + L_G + L_S = L_0 + L_2 = L_0(1+K) \qquad\qquad (3\text{-}42)$$

式中　L_0——吹风口的吹风量（m^3/s）；

　　　L_G——污染气体量（m^3/s）；

L_S——从周围吸入的空气量（m^3/s）；

L_2——排风中吸入的除射流流量以外的气体量（m^3/s）；

K——流量比。

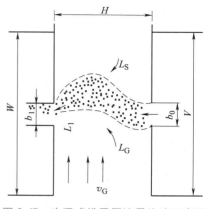

图 3-47 吹吸式排风罩流量比法示意图

在吹出气流对污染气流的控制过程中，污染气体的分子不断通过分子扩散和对流扩散的方式进入射流内部。因此，为避免污染物进入室内工作区，必须将吹出气流全部排除。系统运行过程中，随着排风量 L_1 的逐渐减小，被污染的吹出气流将由全部排除过渡到从罩口逸出，将此时的流量比 L_2/L_0 称为极限流量比，以 K_L 表示。大量试验研究表明，K_L 与排风罩的结构尺寸及污染（干扰）气流的大小有关，可用下式表示：

$$K_L = f\left(\frac{H}{b_0}, \frac{b_1}{b_0}, \frac{W}{b_0}, \frac{V}{b_0}, \frac{v_G}{v_0}\right) \tag{3-43}$$

式中　b_0——吹风口高度（m）；

b_1——吸风口高度（m）；

H——吹吸风口间距（m）；

W——吸风口法兰边的全高（m）；

V——吹风口法兰边全高（m）；

v_G——污染（干扰）气流的速度（m/s）；

v_0——吹风口出口处的速度（m/s）。

上述各项影响因素中，对极限流量比影响较大的为 H/b_0、W/b_0 和 v_G/v_0。

1）风口法兰边全高。试验表明，当 $W/b_0 < 5.0$ 时，K_L 会随 W/b_0 的减小而急剧增大；但 $W/b_0 \geq 5.0$ 后，K_L 值趋于稳定。故，设计中希望 $W/b_0 \geq 5.0$ 或 $W/b_1 \geq 2.0$。

吹风口处设置法兰边后，吹出气流与周围卷吸气流间会形成局部涡流，如图 3-48 所示。因此，吹风口上不应设法兰边，即希望 $V/b_0 = 1.0$。

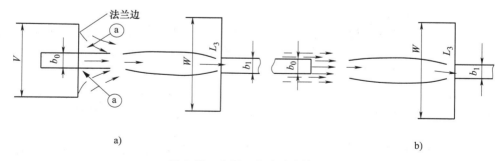

a)　　　　　　　　　　　　　　　　　　　　　　b)

图 3-48 吹风口上法兰边的影响

2）吹风口高度 b_0。在 H 一定时，K_L 会随 b_0 的增大而减小，也即低速射流是有利的。工艺条件允许时，应适当加大吹风口高度 b_0，一般情况下 H/b_0 应小于 $20 \sim 30$。

3）吹风速度 v_0。v_G/v_0 的大小对 K_L 影响较大，v_G/v_0 的较佳范围为 $0.30 \sim 2.0$，设计时应保证 $v_G/v_0 \leq 3.0$。

针对图 3-47 形式的二维吹吸式排风罩，试验分析得到其 K_L 的计算公式为

$$K_L = \left(\frac{H}{b_0}\right)^{1.1} \left[0.46\left(\frac{W}{b_0}\right)^{-1.1} + 0.13\right] \left[0.04\left(\frac{V}{b_0}\right)^{0.2} + 0.51\right] \left[5.8\left(\frac{v_G}{v_0}\right)^{1.4}\left(\frac{H}{b_0}\right) + 1\right] \quad (3-44)$$

式（3-44）适用条件：$0.5 \leqslant \dfrac{b_1}{b_0} \leqslant 10$；$2 \leqslant \dfrac{W}{b_0} \leqslant 50$；$1 \leqslant \dfrac{V}{b_0} \leqslant 80$；$0 \leqslant \dfrac{H}{b_0} \leqslant 30$。

对不同形式的工艺设备，吹吸式排风罩 K_L 的计算式可详查相关行业设计手册等文献。

从安全角度考虑，设计时一般采用设计流量比

$$K_D = mK_L \quad (3-45)$$

式中　m——安全系数，可根据下式计算：

$$m = 1.1\frac{l+b_0}{l} \quad (3-46)$$

式中　l——吹、吸风口长度（m）。

吹风量

$$L_0 = lb_0v_0 \quad (3-47)$$

吸风量

$$L_1 = L_0(1+mK_L) = L_0(1+K_D) \quad (3-48)$$

（4）经济设计方法　要保证污染气流不发生泄漏，不论采用多大的 L_0，总会对应一个 L_1。但何种情况下，L_0 和 L_1 的组合才是最佳的呢？L_0 过小，射流的覆盖和输送作用可能得不到充分发挥，加重吸风口的负担，使 L_1 增大；L_0 过大，整个射流的流量大大增加，可能会超出污染气流控制的需要，而射流流量的增大，又会导致 L_1 增大。因此，最佳的运行工况应是在保证不发生污染物泄漏的前提下，使（L_0+L_1）之和保持最小。

流量比法相较于速度控制法，有如下优点：

① 考虑了吹、吸气流的联合作用，并且提出了经济设计的公式。

② 论证了气幕的阻断能力主要取决于射流的动量，主张采用低速气流替代高速气流。

③ 分析了吹吸式排风罩几何结构尺寸对排风罩工作特性的影响。

需要指出的是，流量比法的设计计算公式均是依据模型试验得到的，在选取流量比的计算公式时一定要注意试验条件的限制。同时，污染气流速度值 v_G 应尽可能实测得到。

（5）吹吸式排风罩流量比法设计步骤

① 根据污染源大小和现场实际情况确定相关几何参数 H、W、V 和 l 的尺寸。

② 确定吹风口高度 b_0。按照最小排风量决定，可采用下式：

$$\frac{H}{b_0} = \left(\frac{H}{W}\right)\left[3.2 + \sqrt{130\left(\frac{H}{W}\right)^{-1.1} + 46}\right]^{0.91} \quad (3-49)$$

如果按照经济设计公式，使（L_0+L_1）最小，则可按照下式计算：

$$\frac{H}{b_0} = \left(\frac{H}{W}\right)\left[3.2 + \sqrt{270\left(\frac{H}{W}\right)^{-1.1} + 46}\right]^{0.91} \quad (3-50)$$

③ 污染气流速度 v_G 应采用实际测试数据或由工艺资料确定。在缺乏实测数据时，可按控制点的控制风速 v_x（见表 3-3）选取。

④ 吹风口速度 v_0 可按照 $0 \leqslant v_G/v_0 \leqslant 3$ 的范围选取。对二维吹吸式排风罩，经济设计法的 v_0 可按下式确定：

$$\frac{v_G}{v_0} = \left(\frac{H}{b_0}\right)^{-1} \times 0.11\left(\frac{H}{W}\right)^{0.82}\left[3.2 + \sqrt{130\left(\frac{H}{W}\right)^{-1.1} + 46}\right]^{1.5} \quad (3-51)$$

⑤ 计算吹风量 L_0、安全系数 m 和极限流量比 K_L。

⑥ 计算排风量 L_1。

3.6.3 其他类型的吹吸式排风罩

1. Aaberg 排风罩

1965 年丹麦制造商 C. P. Aaberg 提出了一种新型强化排风罩（reinforced exhaust system），被称为 Aaberg 排风罩，如图 3-49[19]所示。

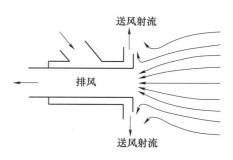

图 3-49　Aaberg 排风罩示意图

在吸风口周围增加一射流装置，利用射流与吸气流的新型结合，形成射流作用下的吸气流动，这种新型控制气流，其射流的作用不同于前两种排风罩，该射流垂直于吸气流，或与吸气流成一定的角度，整个控制气流仍然是以吸气流为主。这种射流一方面起到屏蔽无效吸走罩后清洁空气的作用，将吸气流控制在一定空间区域内；另一方面射流的卷吸作用在吸气区域生成射流诱导流，与吸风口的吸气流复合形成 Aaberg 气流。

Aaberg 排风罩最显著的特点是沿着吸风口轴线的气流速度衰减慢，控制距离远，吸气具有定向作用且排风量小，不影响工艺操作。

2. 射流辅助的槽边排风罩

在常规的吹吸式排风罩中，当吹吸风口间存在较大物体（如人或工件）时，会使气流破裂，控制效果恶化。有射流作用的排风罩是在槽边的同一侧设置条缝型吹风口和吸风口，结构如图 3-50 所示。吹风口设在吸风口上方，吹风口的轴线与槽面夹角称为射流角。吹风口吹出的平面射流会在吸风口的作用下向内偏移，使吸风口的吸气范围从 $\frac{3}{2}\pi$ 减小到小于射流角 α，从而在满足污染物控制的条件下显著减少吸风量。

试验表明，有射流作用的槽边排风罩，吹、吸总风量比单侧单吸槽边排风罩的风量少 17% 以上（槽宽 0.9m 以上），排风量少 28% 以上。从而减少后续净化处理设备的初投资和运行费用。在供暖地区，也可减少排风热损失。

3. 气幕旋风排风罩

图 3-51 所示为气幕旋风排风罩，在排风罩四角安装四根送风立柱，四根送风立柱以一定

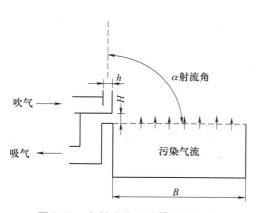

图 3-50　有射流作用的槽边排风罩

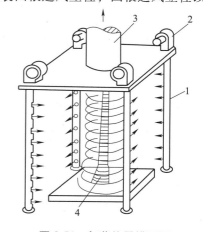

图 3-51　气幕旋风排风罩

1—送风立柱　2—送风风机　3—排风管　4—涡流核心

的角度按同一旋转方向向内侧吹出连续的气幕,形成气幕空间。在气幕中心上方设有排风口。在旋转气流中心由于吸气而产生负压,这一负压核心使旋转气流受到向心力的作用;同时气流在旋转过程中又将受到离心力的作用。在向心力和离心力平衡的范围内,旋转气流形成涡流,涡流收束于负压核心四周并射向排风口,这就形成了所谓的"人工龙卷风"。

由于利用了龙卷风原理,涡流核心具有较大的上升速度。试验研究表明,上升速度沿高度的变化不大,有利于捕集远离排风口的有害物。

气幕旋风排风罩具有如下优点:

1)可捕集较远的粉尘和污染气体。

2)气幕空间将污染气流与外界隔开,利用较小的排风量即可有效排除污染物,其排风量为一般排风罩的 $1/10 \sim 1/2$。

3)有较强的抵抗横向干扰气流的能力。

3.6.4 吹吸式气流的其他应用

吹吸式气流的作用原理大量应用在工业车间的污染物控制中:

1)污染物散发同时有较强热源存在时,例如金属熔化炉,如图 3-52 所示。

当金属熔化炉采用上部接收罩时,由于所需安装高度较高,造成排风量较大且易受到横向气流的影响。如果在操作人员和热源之间设置吹气气流,就能形成一道气幕,利用吹气射流诱导污染气流进入上部接收罩。

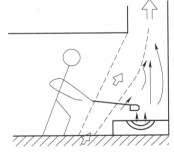

图 3-52 吹吸式气流在金属熔化炉的应用

2)污染源面积较大且易受到周围气流的干扰,如矿山中常用的矿料粗碎机,如图 3-53 所示。

卡车在向地坑中卸料时,地坑上部设置顶吸罩较为困难,同时扬起的大量粉尘也很容易受到周围风力的作用产生逸散。如果在地坑的一侧设置吹风气流来抑制粉尘的飞扬,对面采用吸气罩将扬起的污染气流吸去,会起到很好的控制扬尘的效果。

3)整个车间的吹吸式通风。吹吸式通风方式不但可以用在单个污染源的控制中,而且可以用在整个产尘车间的污染物控制中。图 2-11 所示为大型电解精炼车间,电解精炼槽尺寸很大,采用局部通风不现实,按照传统的全面通风设计方法也势必造成风量很大。屋顶送风小室送出基本射流,新鲜空气先经过人员呼吸区,污染物被抑制在工人呼吸区以下,最后经屋顶排风机组排除。车间中部设置加压射流,促使整个车间的气流按照预定的路线流动,该种通风方式污染物控制效果好,整体的送排风量小,也称为单向流通风。

类似的单向流通风也用在铸造车间的浇注工部中,如图 3-54 所示。该工部中,污染源众多且分布广,难以设置局部排风装置。全面通风方式,风量大且效果差。采用图 3-55 所示的单向流通风方式后,工人呼吸区的 HF 浓度可由之前的 24.6mg/m³ 降低到 0.20mg/m³;工人呼吸区的 SO_2 浓度可由之前的 14.4mg/m³ 降低到几乎为零。

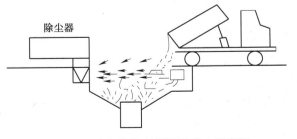

图 3-53 空气幕控制粗碎机粉尘示意图

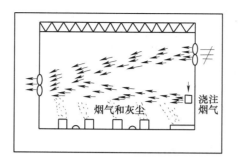

图 3-54　单向流通风控制铸造车间污染物

还有大量采用吹吸式原理进行车间污染物控制的案例,详情可参阅参考文献 [6,8]。

3.7　槽边排风罩

槽边排风罩是外部吸气罩的一种特殊形式,专用于各类工业槽,是在工业槽边上设置的一种条缝型吸气罩,既有纯吸气式的,也有吹吸式的。一般情况下,槽宽 $B \leqslant 500$ mm 时,宜采用单侧吸气罩;槽宽 B 为 $500 \sim 700$ mm,当排气罩沿墙设置、安装挡板或采用倒置时,宜采用单侧排风,否则采用双侧吸气罩;$B > 700$ mm 时,采用双侧吸气罩;$B > 1200$ mm 时,宜采用吹吸式排风罩。槽直径为 $600 \sim 1200$ mm 时宜采用环形排气罩(见图 3-55)的形式来布置,也称为周边式槽边排风罩。

槽边排风罩条缝口形式有两种:一种是平口式(见图 3-56);另一种是条缝式(见图 3-57)。平口式的吸气口不设置法兰边,吸气范围大,排风量大;但槽靠墙时,就相当于设置了法兰边,吸气范围由 $\frac{3}{2}\pi$ 减小为 $\frac{\pi}{2}$,如图 3-58 所示。条缝式槽边排风罩截面高度 E 较大,如同设置了法兰边,其排风量比平口式的小。目前标准图集中有两种尺寸:$E = 250$ mm 的称为高截面;$E = 200$ mm 的称为低截面。低截面的占用空间较小,通常用于手工操作的场合。目前条缝式槽边排风罩广泛应用于电镀车间的自动生产线上。

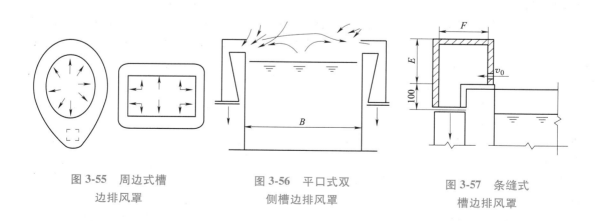

图 3-55　周边式槽
边排风罩

图 3-56　平口式双
侧槽边排风罩

图 3-57　条缝式
槽边排风罩

条缝式槽边排风罩的条缝口高度沿长度方向不变的，称为等高条缝口（见图 3-59）；变化的称为楔形条缝口（见图 3-60）。

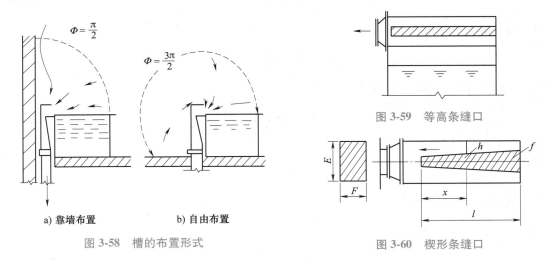

图 3-59 等高条缝口

图 3-60 楔形条缝口

a) 靠墙布置　　b) 自由布置

图 3-58 槽的布置形式

等高条缝口的高度可由下式计算：

$$h = \frac{L}{3600 v_0 l} \tag{3-52}$$

式中　L——排风罩的排风量（m^3/h）；

　　　v_0——条缝口处的吸入速度（m/s），通常取 7~10m/s，排风量大时也可适当提高；

　　　l——条缝口长度（m）。

一般情况下，条缝口的高度 $h \leqslant 50mm$。条缝口上的速度分布是否均匀，对槽内污染物的控制效果意义重大。设计时，可采取如下均流技术措施：

1）减小条缝口面积（f）与罩横截面面积（F_1）之比，即通过增大条缝口的阻力促使速度分布均匀。f/F_1 越小，罩口的速度就越均匀。工程上，当 $f/F_1 \leqslant 0.3$ 时，可近似认为是均匀的。

2）当槽长大于 1500mm 时，可沿槽长度方向分设 2 或 3 个排风罩，如图 3-61 所示。或采用图 3-60 所示的楔形条缝口。

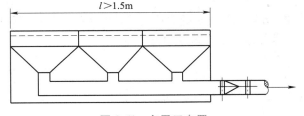

图 3-61 多风口布置

楔形条缝的高度可按表 3-12 确定。

表 3-12 楔形条缝的高度

f/F_1	$\leqslant 0.5$	$\leqslant 1.0$	$\leqslant 1.5$
条缝末端高度 h_1	$1.3h_0$	$1.4h_0$	$1.9h_0$
条缝始端高度 h_2	$0.7h_0$	$0.6h_0$	$0.45h_0$

注：1. h_0 为条缝口的平均高度。

　　2. 本表摘自《工业通风排风罩》（08K106）。

条缝式槽边排风罩的排风量按下列公式计算：

1）高截面单侧排风罩：

$$L = 2v_x AB \left(\frac{B}{A}\right)^{0.2} \tag{3-53}$$

2）低截面单侧排风罩：

$$L = 3v_x AB \left(\frac{B}{A}\right)^{0.2} \tag{3-54}$$

3）高截面双侧排风罩（总风量）：

$$L = 2v_x AB \left(\frac{B}{2A}\right)^{0.2} \tag{3-55}$$

4）低截面双侧排风罩（总风量）：

$$L = 3v_x AB \left(\frac{B}{2A}\right)^{0.2} \tag{3-56}$$

5）高截面周边式排风罩：

$$L = 1.57 v_x D^2 \tag{3-57}$$

6）低截面周边式排风罩：

$$L = 2.36 v_x D^2 \tag{3-58}$$

式中　A——槽长度（m）；

　　　B——槽宽度（m）；

　　　D——圆形槽直径（m）；

　　　v_x——边缘控制点的控制风速（m/s），可按附录 F 确定。

平口式槽边排风罩的计算：

1）单侧排风：

$$L = 1.15 L_0 \tag{3-59}$$

2）双侧排风：

$$L = 1.20 L_d \tag{3-60}$$

式中　L_0、L_d——条缝式槽边排风罩低截面单侧和双侧的排风量。

条缝式槽边排风罩的阻力为

$$\Delta p = \zeta \frac{v_0^2}{2} \rho \tag{3-61}$$

式中　ζ——条缝口的局部阻力系数，可取 2.34；

　　　v_0——条缝口的空气流速（m/s）；

　　　ρ——周围空气密度（kg/m³）。

【例 3-6】　一酸性镀铜槽，长 $A = 1\mathrm{m}$，宽 $B = 0.8\mathrm{m}$，槽内溶液温度为常温。试设计该槽的槽边排风罩。

【解】　由于槽宽度 $B>700\mathrm{mm}$，应采用双侧槽边排风罩。根据国家目前标准：条缝式排风罩的断面尺寸有三种，分别为 250mm×250mm、250mm×200mm 和 200mm×200mm。设定本系统采用机械化操作，故选用 $E×F = 250\mathrm{mm}×250\mathrm{mm}$。

根据附录 F，选取控制风速

$$v_x = 0.30\mathrm{m/s}$$

则总排风量为

$$L = 2v_x AB \left(\frac{B}{2A} \right)^{0.2} = \left[2 \times 0.30 \times 1 \times 0.8 \times (0.8/2)^{0.2} \right] \mathrm{m^3/s} = 0.4 \mathrm{m^3/s}$$

条缝口风速取

$$v_0 = 8.0 \mathrm{m/s}$$

设计采用等高条缝，则条缝口面积为

$$f_0 = \frac{L}{2} \frac{1}{v_0} = \left(\frac{0.4}{2} \times \frac{1}{8.0} \right) \mathrm{m^2} = 0.025 \mathrm{m^2}$$

高度为

$$h_0 = \frac{f_0}{A} = \frac{0.025}{1} \mathrm{m} = 0.025 \mathrm{m}$$

$$f_0/F_1 = 0.025/(0.25 \times 0.25) = 0.4 > 0.3$$

所以为保证条缝口上的速度分布均匀，在每一侧需分设两个排风罩，设两根立管。

此时

$$f_0'/F_1 = (0.025/2)/(0.25 \times 0.25) = 0.2 < 0.3$$

排风罩的阻力值为

$$\Delta p = \zeta \frac{v_0^2}{2} \rho = \left(2.34 \times \frac{8.0^2}{2} \times 1.2 \right) \mathrm{Pa} = 90 \mathrm{Pa}$$

3.8 大门空气幕

空气幕是设置在工业与民用建筑大门处的一种局部送风装置，它送出一定速度的平面射流形成一道幕状空气层来阻隔具有不同温度和清洁度的室内外空气，如图 3-62 所示。为大门附近的工作区域提供较好的热环境，同时又达到节能目的。

空气幕常用于虽然设置了供暖或空调系统，但由于人员或物料需要频繁进出，大门必需长时间敞开的场所，如工业厂房的机车大门、汽车大门、商场、医院等主要出入口。

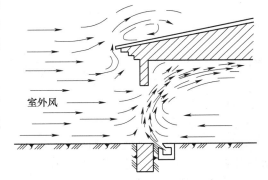

图 3-62　大门空气幕

3.8.1 大门空气幕的形式

空气幕按照送风温度分为等温空气幕和冷（热）空气幕；按安装形式分为水平空气幕和垂直空气幕；按配用风机类型分为贯流式、轴流式和离心式空气幕；按热源类型分为热水型、蒸汽型和电加热型；按送风形式分为上送式、侧送式（单侧和双侧）和下送式；按空气来源分为循环式空气幕和非循环式空气幕。图 3-63 和图 3-64 所示为两种不同空气幕的构成示意图。

1. 侧送式空气幕

侧送式空气幕是将送风口放置在大门的侧面，有单侧和双侧之分，如图 3-64 所示。单侧适用于门洞不太宽（3m 以内）、物体通过时间短的大门。否则，需要设置双侧空气幕。双侧空气幕的两股送风气流相遇时会有部分抵消，故效果不如单侧的好。向外开启的大门，送风喷口宜设

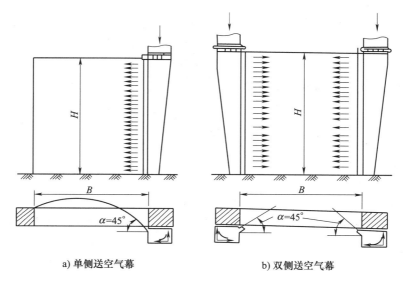

a) 单侧送空气幕 b) 双侧送空气幕

图 3-63　不带加热和循环的侧送式空气幕示意图

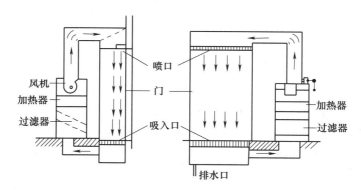

图 3-64　带加热器及过滤器的循环式空气幕

置在大门内侧。

2. 下送式空气幕

图 3-65 所示为下送式（地面式）空气幕，气流从下部风道送出，冬季阻挡室外冷风的效果要好于侧送式的。缺点是：下部送风时，送风射流会受到运输工具的阻隔影响空气幕效果，同时易吹起地面的灰尘和引起堵塞，需经常清扫。下送式空气幕适用于运输工具通过时间短、工作场合比较清洁的车间，另外它不受大门开启方向的限制。

3. 上送式空气幕

上送式空气幕是送风气流由上而下，挡风效果不如下送式空气幕，但其送出气流的卫生条件好、安装简单、占用空间小、不影响建筑美观等，故公共建筑大门空气幕多采用该类形

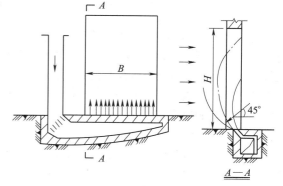

图 3-65　下送式空气幕

式。图 3-66 所示为贯流式风机的上送式空气幕，它具有风速适当、风量分布均匀、结构简单、体积小和安装使用方便等特点，广泛应用于民用建筑、工业厂房和冷库等场所。

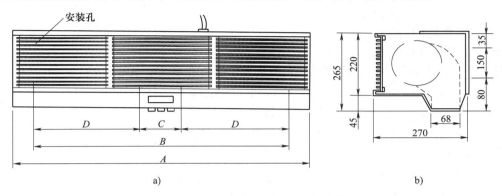

图 3-66　贯流式风机的上送式空气幕

上述各类形式的空气幕已有工业厂家定型生产，使设计和安装大大简化。用于生产车间的空气幕主要是阻挡室外冷空气，通常只设置送风口，不设回风口，射流和地面接触后自由向室内外扩散，称为简易空气幕。公共建筑的大门，除在上方设送风口外，有些还在地面设回风口，空气经过滤、加热等处理后循环使用，空气幕的出风速度较低，不宜超过 6.0m/s，以免行人有不舒适的吹风感。

当大门宽度和高度超过 4m 时，单一形式的空气幕效果较差，可将多种形式的空气幕联合使用，形成组合式空气幕。

3.8.2　下（侧）送式空气幕的设计计算

大门空气幕的设计计算包含风量计算和热工计算。风量计算主要包含空气幕送风量、风口尺寸和射流角度等参数；热工计算主要确定送风温度和加热量。大门空气幕的设计计算方法有多种，下面介绍一种简单的风量计算方法，如图 3-67 所示。空气幕的原理是利用平面射流封闭空间，当平面射流两侧存在压差时，射流会发生弯曲，弯曲过度时室外空气就会从射流末端或外侧进入室内。空气幕的设计就是要在室内外存在一定的压差时，确保空气幕的弯曲限制在可接受的范围内，起到良好的封闭作用。

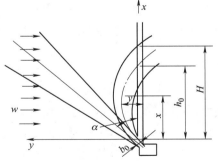

图 3-67　空气幕气流的合成

空气幕工作时可看作两股平面射流（室外气流和送风射流）的合成。室外气流可近似看成是均匀流，其流函数可写成：

$$\psi_1 = \int_0^x v_w \mathrm{d}x \qquad (3-62)$$

式中　v_w——无空气幕工作时，大门门洞上室外空气的流速（m/s）。

倾斜吹出的平面射流，基本段的流函数为

$$\psi_2 = \frac{\sqrt{3}}{2} v_0 \sqrt{\frac{ab_0 x}{\cos\alpha}} \tanh \frac{\cos^2\alpha}{ax}(y - x\tan\alpha) \qquad (3-63)$$

式中 v_0——射流出口流速（m/s）；

b_0——射流宽度（m）；

a——射流风口的紊流系数；

α——射流出口轴线与 x 轴的夹角；

tanh——双曲线正切函数。

近似将平面射流看作势流，则两股气流叠加后的流函数为

$$\psi = \int_0^x v_w \mathrm{d}x + \frac{\sqrt{3}}{2} v_0 \sqrt{\frac{ab_0 x}{\cos\alpha}} \tanh \frac{\cos^2\alpha}{ax} (y - x\tan\alpha) \tag{3-64}$$

将 $x=0$、$y=0$ 代入式（3-64），得到 $\psi_0 = 0$。

将 $x=H$、$y=0$ 代入式（3-64），得到

$$\psi_H = \int_0^H v_w \mathrm{d}x - \frac{\sqrt{3}}{2} v_0 \sqrt{\frac{ab_0 H}{\cos\alpha}} \tanh \frac{\cos\alpha\sin\alpha}{a}$$

大门空气幕工作时，流入大门的空气量为

$$L = B(\psi_H - \psi_0) = B\int_0^H v_w \mathrm{d}x - \frac{\sqrt{3}}{2} B v_0 \sqrt{\frac{ab_0 H}{\cos\alpha}} \tanh \frac{\cos\alpha\sin\alpha}{a} \tag{3-65}$$

式中 B、H——大门的宽度和高度（m）。

定义

$$\varphi = \frac{\sqrt{3}}{2} \sqrt{\frac{a}{\cos\alpha}} \tanh \frac{\cos\alpha\sin\alpha}{a}$$

则

$$L = BHv_w - B\varphi v_0 \sqrt{b_0 H}$$

空气幕工作时，进入大门的空气量应视为吹风口吹风量 L_0 和空气幕工作时侵入大门的室外空气量 L'_w 之和，则

$$L = BHv_w - B\varphi v_0 \sqrt{b_0 H}_0 = L_w - B\varphi v_0 \sqrt{b_0 H} = L_0 + L'_w \tag{3-66}$$

将 $L_0 = Bb_0 v_0$ 代入式（3-66），则 $L_w - \varphi L_0 \sqrt{H/b_0} = L_0 + l'_w$ 所以

$$L_0 = \frac{L_w - L'_w}{1 + \varphi \sqrt{\dfrac{H}{b_0}}} \tag{3-67}$$

式中 L_w——空气幕不工作时侵入大门的室外空气量（$\mathrm{m^3/s}$）；

L'_w——空气幕工作时侵入大门的室外空气量（$\mathrm{m^3/s}$）；

L_0——空气幕的吹风量（$\mathrm{m^3/s}$）。

当射流风口的紊流系数 $a=0.2$ 时，φ 与射流角度 α 的关系见表 3-13。

表 3-13 φ 值

射流角度 α	φ
10°	0.26
20°	0.36
30°	0.41
40°	0.45
45°	0.46

定义空气幕的效率为 $\eta = \dfrac{L_w - L_w'}{L_w}$，它表示空气幕能阻挡的室外空气量的大小，$\eta = 100\%$ 时，$L_w' = 0$。将效率公式带入式（3-67），可得到

$$L_0 = \frac{\eta L_w}{1 + \varphi\sqrt{\dfrac{H}{b_0}}} \qquad (3\text{-}68)$$

在计算侧送式大门空气幕时，须将式（3-68）中的 H 改为大门宽度 B。

大门室外冷风侵入量 L_w 可参考《供热工程》相关内容计算，当能够确定热压大小时，可求出室外风压和热压共同作用下大门口气流流动的流函数，进而得到 L_w。

设计大门空气幕时，需注意以下问题：

1）公共建筑宜采用上送式，而工业厂房宜采用侧送式或上送式。

2）出于经济考虑，空气幕效率一般采用下列数值：

① 下送式空气幕：$\eta = 0.60 \sim 0.80$。

② 侧送式空气幕：$\eta = 0.80 \sim 1.0$。

3）侧送式空气幕的射流角度一般取 $45°$；下送式取 $30 \sim 40°$。

4）送风射流与室外空气混合后的温度不宜过低，下送式的混合温度不应低于 $5℃$；侧送式的混合温度不应低于 $10℃$；

5）条缝送风口的速度值，公共建筑不宜大于 6.0m/s；工业厂房不宜大于 8.0m/s；高大外门不宜大于 25m/s。

6）空气幕条缝送风口的阻力系数，侧送式为 $\zeta_0 = 2.0$，下送式为 $\zeta_0 = 2.6$。

【例 3-7】 已知大门尺寸为 $3\text{m} \times 3\text{m}$，室外风速 $v_w = 2.0\text{m/s}$，室外气温 $t_w = -20℃$，室内温度 $t_n = 15℃$，空气幕的混合温度 $t_h = 10℃$。

拟在大门设置侧送式空气幕，如果不考虑热压作用，试计算风幕的吹风量、吹风温度和加热空气幕所需的热量。

【解】 不考虑热压，只有室外风压作用，则空气幕不工作时，流入室内的室外风量为

$$L_w = HBv_w = (3 \times 3 \times 2)\text{m}^3/\text{s} = 18\text{m}^3/\text{s}$$

选取吹风口射流角度为 $40°$，射流风口的紊流系数 $a = 0.2$，查表 3-13 得到 $\varphi = 0.45$；设空气幕效率 $\eta = 1.0$，吹风口宽度 $b_0 = 0.2\text{m}$。则空气幕的吹风量为

$$L_0 = \frac{\eta L_w}{1 + \varphi\sqrt{\dfrac{B}{b_0}}} = \frac{1.0 \times 18}{1 + 0.45 \times \sqrt{\dfrac{3}{0.2}}}\text{m}^3/\text{s} = 6.56\text{m}^3/\text{s}$$

射流出口风速为

$$v_0 = L_0/(Bb_0) = [6.56/(3 \times 0.2)]\text{m/s} = 10.9\text{m/s}$$

根据流体力学中平面射流流量变化规律，射流末端的流量为

$$L_1' = L_0 \times 1.2\left(\frac{\dfrac{aB}{b_0}}{2} + 0.41\right)^{\frac{1}{2}} = \left[6.56 \times 1.2 \times \left(\frac{\dfrac{0.2 \times 3}{0.2}}{2} + 0.41\right)^{\frac{1}{2}}\right]\text{m}^3/\text{s} = 19.93\text{m}^3/\text{s}$$

射流中卷入的室外空气量为

$$L_w' = \frac{1}{2} \times (L_1' - L_0) = \frac{1}{2} \times (19.93 - 6.56)\text{m}^3/\text{s} = 6.69\text{m}^3/\text{s}$$

假设卷入的空气量中一半来自于室外、一半来自于室内，且卷入的空气与空气幕射流空气

混合充分，即射流末端气流的平均温度即为射流和卷吸气流的混合温度，根据热平衡方程式可求得空气幕的送风温度

$$L_0\rho_0ct_0+L'_w\rho_wct_w+L'_n\rho_nct_n=L'_1\rho_hct_h$$

室外空气、室内空气和混合空气的空气密度分别为 $1.39kg/m^3$、$1.22kg/m^3$、$1.24kg/m^3$，则

$$\rho_0t_0=[19.93\times1.24\times10-6.69\times1.39\times(-20)-6.69\times1.22\times15]/6.56=47.36$$

根据理想气体状态方程

$$\rho_0T_0=\rho_0(t_0+273.15)=1.20\times(273.15+20)$$

$$\rho_0t_0+\rho_0\times273.15=47.36+\rho_0\times273.15=1.20\times(273.15+20)$$

所以送风气体的密度

$$\rho_0=\frac{1.20\times(273.15+20)-47.36}{273.15}kg/m^3=1.11kg/m^3$$

送风温度

$$t_0=\frac{47.36}{1.11}℃=42.67℃$$

空气幕加热器的负荷为

$$Q_0=L_0\rho_0c(t_0-t_n)=[6.56\times1.11\times1.01\times(42.67-15)]kJ/s=203.50kJ/s$$

因空气幕直接采用室内空气，故需将空气幕空气从 10℃ 加热到 15℃ 所消耗的热量附加到车间的供暖设备上。

3.9 局部排风罩的性能评价

3.9.1 概述

局部排风罩是局部排风系统中非常重要的一个环节，排风罩设计应遵守：近、顺、通、封、便五字原则。若设计合理，可用较小的排风量取到良好的效果；反之，即使采用很大的排风量，仍然达不到控制污染物逸散的目的，如图 3-68 所示。因此，排风罩性能的优劣，对局部通风系统的技术经济效果有很大的影响。

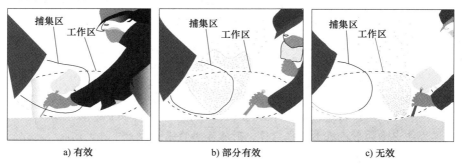

a) 有效　　　　　　　b) 部分有效　　　　　　　c) 无效

图 3-68　局部排风罩工作性能的不同状况

局部排风罩设计、安装后，需对其性能进行评价，以确定其是否能够满足设计要求。一则是排风罩的实际气流是否满足设计的问题；二则是排风罩的捕集效率问题。评价方法可采用直接法，如测量污染物的指标；或间接法，如测试压力损失或速度分布等。直接法用于定期预防性维保中，直接测量排风罩或射流的性能。而间接法用于每日的巡查。

捕集效率的测试可采用实际污染物或示踪气体（六氟化硫、氧化亚氮、氦或类似物），也可以使用示踪粒子（碘化钾、聚苯乙烯颗粒、微生物粒子等）。示踪物质最好与真实污染物的性质接近，且无毒、易得到、测试便宜，同时背景浓度极低。

除了试验测试方法，现在越来越多地使用 CFD 技术进行系统的性能评价。

3.9.2 效率测试

局部通风系统的性能测试有三种方式：实验室测试、调试测试和使用中测试。实验室测试指采用示踪方法，在特定的试验环境中进行的测试，可用于比较各种不同产品的性能以及开发新产品。调试测试的目的就是调试系统使之符合设计工况。而使用中测试主要用于检测局部通风系统的污染物暴露情况，如检测工人呼吸区的污染物浓度。

1. 捕集（控制）速度测定

最不利点的控制风速是保证污染源散发的污染物能够得到有效控制并运输到排风罩罩口的基本保障。对开口排风罩，测试最不利点（控制点）的控制风速是否满足要求；对密闭罩，测试排风罩开口（缝隙）处的控制风速，其速度大小应能够阻止污染物的外逸。

实际测试中，应考虑速度的矢量性，测试三个方向的速度值，然后计算出控制速度的大小和方向。可采用发烟试验直观观察控制气流的流动方向。

2. 捕集效率测定

排风罩的捕集效率（η_c）定义为捕集的污染物量与产生的污染物量的比值。

$$\eta_c = \frac{G'}{G} \tag{3-69}$$

式中　G'——局部排风罩捕集到的污染物量（g/min）；

　　　G——工艺过程中产生的污染物量（g/min）。

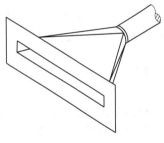

图 3-69　侧吸罩

对于图 3-69 所示的侧吸罩，其捕集效率的曲线可描绘为图 3-70 所示。图 3-70a 所示为没有湍流（横向气流）影响下的侧吸罩捕集效率曲线，存在临界距离；图 3-70b 所示为存在湍流影响下的侧吸罩捕集效率曲线，在临界距离后捕集效率迅速下降并低于 50%。

a) 无横向气流干扰

b) 存在横向气流干扰

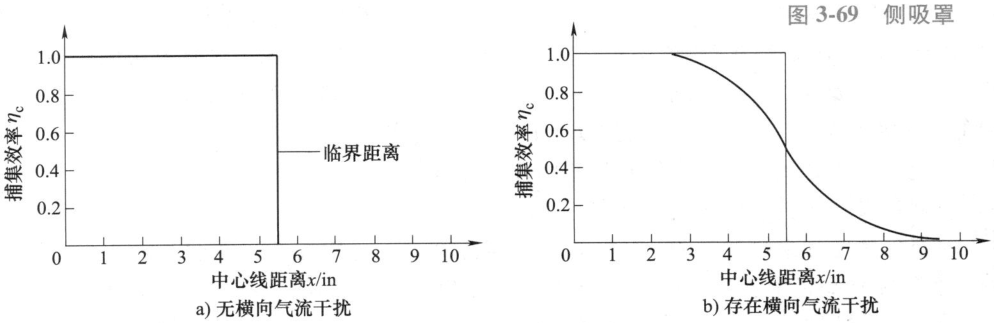

图 3-70　排风罩捕集效率模型

侧吸罩捕集效率曲线可表示为：

$$\eta = \frac{\exp\left(\dfrac{x-X_c}{\omega}\right)}{1+\exp\left(\dfrac{x-X_c}{\omega}\right)} \tag{3-70}$$

式中 x——中心轴线上某点距侧吸罩的距离（m）；

X_c——试验得到的临界距离（m）；

ω——气流的紊流强度。

沿着罩口中心线的临界距离 X_c 可用下式计算：

$$\frac{X_c}{D} = 0.42\left(\frac{v_f}{v_d}\right)^{0.6} - 0.08 \tag{3-71}$$

式中 D——罩口直径（m）；

v_f——罩面速度（m/s）；

v_d——横向干扰气流速度（m/s）。

3. 职业卫生效率的测定

职业卫生效率 η_b 是指在排风罩工作及不工作时，操作人员呼吸区的污染物浓度的比值。

$$\eta_b = (C_{b-on} - C_0)/(C_{b-off} - C_0) \tag{3-72}$$

式中 C_0——房间中污染物的背景浓度值；

C_{b-on}——排风罩工作时，操作人员呼吸区的污染物浓度值；

C_{b-off}——排风罩不工作时，操作人员呼吸区的污染物浓度值。

4. 防护因子（PF）

防护因子的定义为：排风管道中污染物浓度值与呼吸区污染物浓度值的比值。

$$PF = C_e/C_b \tag{3-73}$$

式中 C_e——排风管道内污染物浓度值；

C_b——呼吸区污染物浓度值。

3.10　排风罩的一般设计原则

排风罩的形状、尺寸、位置和风量均在排风罩的设计中占有重要的位置。尽管各类排风罩的设计都有各自的要求，但总的设计原则为：

1）排风罩罩口尽量接近有害物源，密闭是控制污染源逸散最为有效的方法，所需风量最小。排风罩的排风量与排风罩距污染源距离的平方成正比。假设采用不带法兰边的侧吸罩，罩口面积为 $0.2m^2$，污染源处控制风速为 $0.35m/s$，当罩口与污染源的距离从 $0.2m$ 增加到 $0.4m$ 时，排风罩的排风量会从 $0.21m^3/s$，增加到 $0.63m^3/s$，是前者的三倍。

2）气流从尘源处到罩口都应保有足够的控制速度值。

3）应避免操作人员处于污染源和罩口之间。

4）应充分考虑污染物自身的运动，例如，当污染源具有较大的热强度时，就应将排风罩设置在热羽流的流动路径上，以便接收污染气体和热量；当污染源以某一初速度向一定的方向射出时，排风罩应设置在污染气流的流动路径上。

5）在排风罩口应设置法兰边或挡板以尽可能降低排风量和提高污染物捕集效率。

各类工艺条件下排风罩的设计计算可参照各行业暖通设计手册。

习　　题

1. 请说明如何减少局部排风罩的排风量。

2. 试阐述局部排风罩设计时的注意事项。

3. 请说明局部排风罩的分类并分析各自的工作原理。

4. 试说明冷工艺过程和热工艺过程中采用的伞形罩。其工作原理和设计方法有何区别?

5. 请分析防尘密闭罩设计时应注意的问题。排风量是否越大越好?排除的粉尘量是否越多越好?

6. 请分析热射流的扩散规律。

7. 对外部吸气罩,请说明速度控制法和流量比法的特点并给出各自的适用条件。

8. 当外部吸气罩罩口尺寸较大时,保证罩口排风速度均匀性的措施有哪些?

9. 试阐述吹气气流和吸气气流各自的流动特点,并分析吹吸式排风罩的工作原理。

10. 对槽边排风罩,保证排风均匀性的具体措施有哪些?

11. 某防尘密闭罩,已知罩上缝隙及工作孔的面积为 $0.75m^2$,缝隙的流量系数为 0.4,物料带入罩内的诱导空气量为 $0.25m^3/s$。要求罩内维持 10Pa 的负压,试计算该密闭罩的排风量。如果罩上出现新的裂缝,请问会出现什么现象?

12. 某矩形排风罩,四周无边,尺寸为 300mm×600mm,罩口与污染源的距离为 900mm,要求最不利点的控制风速为 0.25m/s,试计算该排风罩的排风量?

13. 有一侧吸罩,罩口尺寸为 450mm×450mm。假设其排风量为 $L = 0.63m^3/s$,试求下列情况下罩口 0.4m 处的控制风速:

1) 自由悬挂,无法兰边。

2) 自由悬挂,有法兰边。

3) 放置在工作台上,无法兰边。

14. 一装饰性镀铬槽,槽面长为 900mm,宽 600mm,槽内溶液温度为 45℃,采用高截面条缝式槽边排风罩,试计算该镀铬槽靠墙布置或不靠墙布置时,其排风量、条缝口尺寸及阻力值。

15. 一台直径为 0.5m 的精炼炉,拟在其上 0.6m 处设置低悬罩,金属温度为 1287℃,周围空气的温度为 25℃,试计算其排风量。

16. 一台金属熔化炉,炉子的长、宽均为 650mm,高 800mm,炉内温度为 650℃。如果在炉口上方设置接收罩,当罩口分别距炉口 600mm 和 1200mm 时,试分别计算排风罩的罩口尺寸和排风量。假设周围横向风速为 0.3m/s。

17. 某工业槽,宽为 2m,长为 2m,槽内溶液温度为 40℃,拟采用吹吸式排风罩,试计算吹、吸风量及吹、吸风口高度。

18. 有一化学除油槽,槽面尺寸为 600mm×500mm,槽内污染物发散速度可按 0.30m/s 考虑,室内横向风速 0.3m/s。拟在槽上部 400mm 处设置外部吸气罩。试分别采用速度控制法和流量比法进行设计计算。

19. 有一不锈钢电抛光槽,长为 2m,宽为 1.6m,槽内溶液温度为 60℃,试分别按照速度控制法计算设置槽边排风罩和吹吸式排风罩时的排风量。

20. 题 13 中相同的槽,现拟设置吹吸式排风罩,试分别采用速度控制法、美国联邦工业卫生委员会推荐方法及流量比法进行设计计算并分析结果。

21. 某车间的大门尺寸为 3.6m×3.6m,大门需经常开启,拟设置侧送式大门空气幕,要求空气幕效率不低于 95%,混合温度大于 10℃。试计算该空气幕的吹风量和送风温度,并计算该空气幕加热器的热负荷。

参 考 文 献

[1] HUGHES R T, APOL A G, CLEARY W M, et al. Industry Ventilation: A manual of recommended practice [M]. 22nd ed. Ohio: American Conference of Governmental Industrial Hygienists, 1995.

[2] 中华人民共和国住房和城乡建设部. 工业通风排气罩: 08K106 [S]. 北京: 中国计划出版社, 2008.

[3] 孙一坚, 沈恒根. 工业通风 [M]. 4 版. 北京: 中国建筑工业出版社, 2010.

[4] 谭天祐, 梁凤珍. 工业通风除尘技术 [M]. 北京: 中国建筑工业出版社, 1984.

[5] 许居鹓, 陆哲明, 邝子强. 机械工业采暖通风与空调设计手册 [M]. 上海: 同济大学出版社, 2007.

［6］ GOODFELLOW H，TÄHTI E. industrial ventilation design guidebook ［M］. California：ACADEMIC PRESS，2001.

［7］ 张殿印，张学义. 除尘技术手册 ［M］. 北京：冶金工业出版社. 2002.

［8］ 冶金工业部建设协调司，中国冶金建设协会. 钢铁企业采暖通风设计手册 ［M］. 北京：冶金工业出版社，1996.

［9］ 林太郎. 工厂通风 ［M］. 张本华，孙一坚，译. 北京：中国建筑工业出版社，1986.

［10］ 中国劳动保护科学技术学会工业防尘专业委员. 工业防尘手册 ［M］. 北京：劳动人事出版社，1989.

［11］ MALIN B S. Practical pointers on industrial exhaust systems ［J］. Heat&Vent，1945，42：75-82.

［12］ EGE J F，SILVERMAN L. Design of push-pull exhaust systems ［J］. Heat&Vent，1950，10：73-78.

［13］ HAMA G M. Supply and exhaust ventilation for metal picking operations ［J］. Air Condition Heat&Vent，1957，54：61-63.

［14］ WATSON S I，CAIN J R，COWIE H，et al. Development of a push-pull ventilation system to control solder fume ［J］. Ann Occup Hyg，2001，45（8）：669-676.

［15］ BURGESS W A，ELLENBECKER M J，TREITMAN R D. Ventilation for control of the work environment ［M］. 2nd ed. New York：John Wiley&Sons，inc，2004.

［16］ FLYNN M R，ELLENBECKER M J. Empirical validation of theoretical velocity fields into flanged Circular Hoods ［J］. American Industrial Hygiene Association Journal，1987，48（4）：380-389.

［17］ FLYNN M J，ELLENBECKER M J. Capture efficiency of flanged circular local exhaust hoods ［J］. The Annals of Occupational Hygiene，1986，30（4）：497-513.

［18］ 陆亚俊，洪中华，荆元福. 气幕旋风排气罩的实验研究 ［J］. 通风除尘，1992（04）：31-35.

［19］ BURTON J. Practical application of an Aaberg hood ［J］. Engineering Control，2000（12）：37-39.

第 4 章
工业建筑环境热、湿处理

4.1　工业建筑室内热环境现状及特点

工业建筑室内的热强度远远高于民用建筑，其室内高温及强辐射的存在对工人的身体健康、人身安全及生产效率有着极大的影响。以钢铁企业为例，其室内环境调研和测试中发现：夏季室内温度偏高，基本上超过 35℃，而冬季室内温度偏低，基本上低于 10℃；热源温度在 1000℃ 左右，热辐射强度达到 10000W/m²，局部工作区辐射温度达到 100℃，室内环境远远不能满足职业卫生的要求。在民用建筑室内环境追求"品质"和"舒适"的同时，工业建筑室内环境却经常不能满足"安全"和"健康"的需求。

工业建筑室内热环境同时受"外扰"和"内扰"的作用，由于高温热源的作用，其室内热环境特性与民用建筑存在显著差异。一方面，室内热源辐射与太阳辐射的双辐射作用下围护结构的传热过程机理不同于民用建筑；另一方面，高温热源的辐射散热占到总散热量的 80%～90%，致使室内流场特性规律不同于民用建筑。

例如，堆肥厂房受室外气候条件、外墙热工特性、全面通风量、堆料发酵散热、太阳辐射强度等因素共同作用，在堆肥腐熟的过程中产生大量的热，影响车间工作环境的舒适性；在高温的锻造车间，环境温度和热辐射过高导致工人在工作时大量出汗，影响工作人员的身体健康和工作效率，同时也会对车间内的设备设施和管道阀门等产生一些不良影响，增加锻造车间发生火灾和爆炸危害的概率。因此，工业建筑室内热环境特性的研究，对改善工业建筑室内热环境、降低工业建筑能耗有重要意义。

4.2　工业建筑室内得热量组成

工业建筑室内得热量组成主要包括围护结构传热、设备散热、人工照明散热和人体散热等。其中围护结构传热和设备散热是工业建筑室内散热量的主要来源，在工业建筑通风设计计算中，一般不考虑照明散热量和人体散热量。

4.2.1　围护结构传热

工业建筑围护结构热工性能参数是影响室内热环境和运行能耗的重要因素，既有工业建筑围护结构的做法对制定节能设计标准有重要的指导意义。由于工业建筑功能、用途与民用建筑不同，导致工业建筑室内环境控制方式、体形系数、窗墙面积比、屋顶透光部分、围护结构热工性能等参数与民用建筑存在较大差异。

根据环境控制方式，工业建筑节能设计分为两类：一类为采用供暖、空调的，通常无强污染源及强热源，其节能设计方法与民用建筑类似，根据不同的体形系数和窗墙面积比给出围护结构热工性能限值；另一类为采用通风方式，通常有强污染源或强热源，其节能设计方法与民用建筑存在较大的差异，根据室内不同热强度和通风换气次数给出围护结构热工性能推荐值，不考虑体形系数和窗墙面积比对围护结构热工性能的影响。

4.2.2 设备散热

工业建筑一般具有生产设备多及体量大的特点，且生产过程中往往会散发大量热量，其热强度可达 $50 \sim 300 W/m^3$。建筑内热源形式复杂多样（如点、线、面、体热源等），位置、高度也多有不同。同时，由于建筑使用情况以及生产工艺的不同，其散热量也是不同的。因此，完全用理论计算的方法确定各种热源的散热量是很困难的，工程设计中多采用现场实测或查阅有关文献的方法来计算设备散热量。

4.3 工业建筑室内热环境控制技术

工业建筑的热环境控制技术主要有自然冷却、蒸发冷却和通风降温等。通风降温的技术原理和特点已在第2章中详细论述，本章不再重复。下面主要介绍自然冷却和蒸发冷却的技术原理和特点。

4.3.1 自然冷却

自然冷却技术通过合理使用环境气温或者水温减少空调能源消耗，当室内环境温度高于室外环境温度时直接利用空气或间接利用水作为冷源载体，仍然需要空调供冷的场合，自然冷却将低温空气或水送入室内，经过气-气或气-水热交换后，达到为室内降温的目的。特别是在冬季不仅技术上可行，而且有显著的节能效果。根据冷源载体不同，自然冷却技术分为新风直接冷却和冷却水间接冷却。

1. 新风直接冷却

新风直接冷却技术采用环境空气作为冷源，让室外的低温新风通过通风设备进入空调区域。吸收人员和设备排出的热负荷，同时形成热羽流上升。热羽流在上升过程中不断卷吸周围空气，流量逐渐增加形成热分层，沿高度将整个空间分为上、下两层。其中下区空气由下向上呈单向"活塞流"，沿高度方向形成明显的温度梯度；而上区经过充分热交换的空气被排出，将房间热负荷带到室外，达到降温换气的目的。

采用新风直接冷却既可以降温保证室内温度又可以降低室内二氧化碳浓度，提升室内空气品质；新风直接冷却技术换热效率高，运转设备总功率小，仅需开启送风机和排风机，可利用时间长；新风直接冷却系统控制方便，可以根据环境气温变化调整开启送排风机的台数，或使用变频控制送排风机，节能效果更加显著，投资回收期短。

2. 冷却水间接冷却

冷却水间接冷却技术利用水作为冷源载体，循环水经过热源换热后升温，温度较高的循环水进入闭式冷却塔或开式冷却塔散热后温度降低，低温循环水进入空调箱（或生产设备），通过冷盘管（或生产设备内部换热器）换热，将室内（或设备内）的热量转移到循环水，低温循环水吸热后温度升高，再经过冷却塔将携带的室内热量散发到大气中。

冷却水间接冷却技术适用于室内设备发热量大、冬季空调系统仍然运行制冷的场合或者工艺生产过程中设备发热量大需要冷却水冷却，并且冷却水需要冷水机组运行降温的场合；根据不同生产工艺对低温水温度有不同的要求，有的生产工艺要求低温水温度为20℃，有的工艺需要18℃，有的工艺需要15℃等；对低温水不同的温度需求均可以通过温控实现，低温水的温度越高，该技术可使用的时间就越长，节能量就会越大。

4.3.2 蒸发冷却

蒸发冷却技术是利用水分蒸发吸热降低周围空气温度达到降温效果的一种制冷技术。根据被处理空气是否与水直接接触，可分为直接蒸发冷却（Direct Evaporative Cooling，DEC）和间接蒸发冷却（Indirect Evaporative Cooling，IEC）。

1. 直接蒸发冷却

直接蒸发冷却是高温室外空气与低于自身温度的水直接接触，发生潜热及显热交换的蒸发冷却方式，其效率越高，降温效果越好。一般情况下，直接蒸发冷却效率为 70%～95%。其过程如图 4-1 所示。

高温、含湿量未饱和的空气，经过喷洒冷水的湿帘后，温度得以降低。空气与水存在温差，由于存在导热、对流及辐射作用，引发空气与低于自身温度的水发生显热交换，温度稍高的空气将热量传递给温度稍低的水从而降低空气温度；水的温度升高，水分蒸发吸收周围空气热量，从而达到降低空气温度的目的。与此同时，在水蒸气分压力差的推动下，循环水蒸发后以水蒸气的形式进入被处理的空气中，被处理空气的相对湿度增

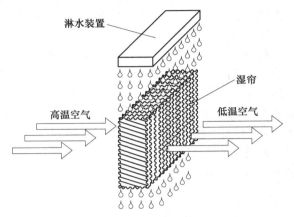

图 4-1 直接蒸发冷却过程

加，潜热随之增加，此过程即为被处理空气的冷却加湿过程。假设被处理空气与不间断水接触时间足够长，最终被处理空气的温度将等于水温，因此直接蒸发冷却过程为等焓加湿过程。

2. 间接蒸发冷却

间接蒸发冷却是高温空气不与冷水直接接触的蒸发冷却方式，决定其冷却效率的主要因素是其换热器的效率，并与淋水量、一次空气量和二次空气量等密切相关。该蒸发冷却方式的原理如图 4-2 所示。

图 4-2 中一次空气即被处理空气，从室外通过管子被处理后进入空调区，不与上部淋水直接接触，淋水在管壁形成水膜，当二次空气通过时带走部分热量，

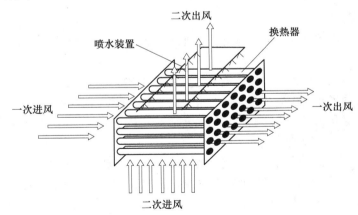

图 4-2 间接蒸发冷却过程

管壁上的水膜蒸发吸热，降低管壁温度，通过热传递作用，降低一次空气温度，但不改变被处理空气的含湿量，即等湿冷却。

4.4 工业建筑室内湿环境现状及特点

室内环境由热湿耦合共同作用，忽视室内湿度的研究会影响对人体热舒适、建筑能耗、建筑

耐久性等方面的准确评估。

室内湿度过低会引起一系列人体健康问题，如眼睛、鼻腔、呼吸道黏膜以及皮肤等部位的干燥症状。干燥的环境加速呼吸道病毒性感染（如流感）的传播，这是温带地区冬季存在的主要健康隐患。当相对湿度低于20%~30%时，还会引起静电现象。

室内湿度过高同样会带来一定的危害。如果工人长期在高湿环境下工作，空气中水蒸气分压力大于人体皮肤表面水蒸气分压力，将使人体排汗十分困难并产生中暑现象；同时高湿环境下细菌、病毒、尘螨等微生物繁殖滋生快，人体容易患皮炎湿疹等皮肤病，还可能诱发神经痛和风湿症，造成人体生理伤害，影响人的身体健康；湿度过高，还会降低材料的机械强度，使材料产生破坏性变形而降低材料的质量并腐蚀金属器具，严重影响人的工作效率。

例如，造纸车间散湿地方多、部位分散，工业机械设备散发大量的热与湿，导致厂房内夏季闷热，冬季湿冷，不仅影响工人的身体健康，而且使围护结构结露滴水，墙面屋顶受潮发霉，影响生产的正常进行。堆肥车间腐熟的污泥产品含水率指标为小于30%，而初始污泥含水率一般在80%左右，每个发酵周期需要将堆体中大量的水分以水蒸气的形式排放出来，以满足堆肥质量要求。水蒸气雾状凝结会影响车间内的可见度，若呈液态凝结，可能会返回堆体，对堆肥质量造成影响。若滴落至通道上，湿滑的地面会影响行人行走和机械设备的运行，滴落到堆料中就会影响堆料的品质，延长堆肥周期。

4.5 工业建筑室内得湿量组成

工业建筑室内得湿量组成主要包括围护结构壁面的散湿、外部空气带入的水分、敞开水表面或潮湿表面的散湿、设备散湿和人体散湿等。

4.5.1 围护结构壁面的散湿

围护结构壁面的散湿分为施工余水、衬砌渗漏水和衬砌层外湿空气的渗透散湿等。

1. 施工余水

工业建筑在工程构筑、混凝土、砖砌衬套等施工过程中，使用了大量的水，其中的一小部分参加了水化反应，而大量的水分在混凝土凝结过程中游离存在，不断蒸发，形成了混凝土内部的空隙和相互贯通的毛细孔，部分施工余水通过毛细孔渗透到建筑的内壁面，散发到室内。

2. 衬砌渗漏水

工业建筑周围岩石或土壤中的地下水，通过壁面衬砌的裂缝、施工缝、伸缩沉降缝等部位渗漏到工程内部，形成水滴或水流，造成工程内空气湿度增大。如果工程内没有引水措施，这部分水分都将成为湿负荷。

3. 衬砌层外湿空气的渗透散湿

对于离壁衬砌或砖砌衬套的建筑而言，湿气不能直接进入工程内壁面，而是进入衬砌层或衬套外空间中，使该空间充满了饱和状态的潮湿空气，水蒸气分压力明显高于工程内部水蒸气分压力，在压差作用下，水蒸气透过壁面进入建筑内。

4.5.2 外部空气带入的水分

夏季潮湿的外部空气进入工业建筑内，由于其空气含湿量高于工程内空气含湿量，进入工程的新风会增加工程的相对湿度，甚至会在壁面结露，形成凝结水。

4.5.3　敞开水表面或潮湿表面的散湿

在工业建筑内部，存在着水箱、水池、卫生设备存水、地面水洼等自由液面，这些液面会不断地向空气中散湿。

4.5.4　设备散湿

工业建筑一些生产过程中存在烘干除湿，或者喷蒸汽加湿工艺环节，这些工艺设备产湿会进入室内，形成室内湿负荷。

4.5.5　人体散湿

人员通过呼吸、排汗向空气中散湿，其散湿量与周围环境温度、空气流动速度及人员的活动强度有关。

4.6　除湿方法

目前，国内外常见的除湿技术主要有（自然、机械）通风除湿、冷却除湿、热泵除湿、压缩除湿、热电冷凝除湿、吸附除湿和吸收除湿。

4.6.1　通风除湿

通风除湿是采用通风的方法将室外低含湿量的空气送入室内，与室内高含湿量空气进行热湿交换，再排至室外。通风除湿包括自然通风降湿、机械通风降湿和升温通风降湿三种形式。

1. 自然通风降湿

自然通风降湿是一种将热压梯度差或风压梯度差作为驱动势的降湿方式。它无须外力，靠自然条件，将外界的低含湿量空气送入室内，与室内高含湿量空气进行热湿交换，通过置换形式，降低室内空气的湿度。

自然通风降湿的优点是无须动力设备，经济简便，初投资低；缺点是受工程、气候、地理条件限制，降湿时所需风量较大。

2. 机械通风降湿

机械通风降湿原理与自然通风降湿原理基本相同。两者的主要差别在于机械通风降湿采用动力输送设备，将室外低含湿量空气送入室内，与室内高含湿量空气进行湿交换，再通过系统将除湿后的空气排至室外，达到降湿的目的。

该降湿方式的优点是操作简便，空气新鲜，相对经济；缺点是受室外气象参数影响，具有一定的初投资及运行管理费用，降湿所需风量较大。

3. 升温通风降湿

升温通风降湿方式通过提高室内空气的温度使相对湿度降低，以达到降湿的目的。该降湿方式建立在室内绝对含湿量不变的条件下，通过相对转化的方式，并非从根本上进行除湿。但它作为一种降湿方式，若合理有效地配合自然通风或机械通风，也能在一定程度上满足人们的使用要求。

该降湿方法的优点是简单、比较经济、操作容易，运行管理费用低，处理空气品质较好；缺点是易受室内外空气状态参数的影响，如受室外空气含湿量大小、室内空气温度上限、散湿量大小等条件制约，并且需要风量较大。

4.6.2　冷却除湿

冷却除湿是一种将室内高湿空气通过冷却除湿设备或冷壁表面，当湿空气温度低于其露点温度时而冷凝结露的一种方式。典型的冷却除湿形式即利用冷冻除湿机来进行除湿处理，它包括送风系统和制冷系统，如图4-3所示。

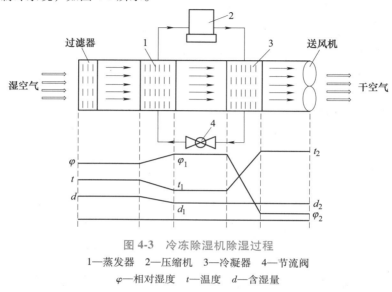

图4-3　冷冻除湿机除湿过程

1—蒸发器　2—压缩机　3—冷凝器　4—节流阀

φ—相对湿度　t—温度　d—含湿量

冷冻除湿机的送风系统工作流程：高湿空气进入蒸发器1后，在蒸发器中被冷却而冷凝出水分，使空气的绝对含湿量d降低，然后再进入冷凝器3。在冷凝器中，减湿后的空气又吸收制冷剂释放的热量而使自身温度升高，在两者的综合作用下，空气相对湿度将减小，从而达到除湿的目的。

冷却除湿的优点是：表冷式或喷淋式除湿机，除湿性能稳定可靠；表冷式机组结构紧凑、简单、占地面积小；喷淋式则一般用于净化空气的辅助除湿，使用较灵活。

缺点是：表冷式机组初投资和运行费用较高，不适用于空气的露点温度低于4℃的场合；部分机组会消耗一定数量的有色金属，且机械维修困难，噪声大。

4.6.3　热泵除湿

热泵除湿方式与冷却除湿原理基本相同，区别在于热泵除湿是在蒸发器除湿后，通过热泵系统回收冷凝热来加热除湿后的湿空气。热泵供给的热量可利用太阳能、地热能、工业废热等低品位热源。该方式能连续除湿，循环进行，节能效果比较显著。

热泵除湿的优点是除湿后空气品质较高，能耗低；可利用低品位热源，如太阳能、地热能、工业废热等；控制简单，维修方便；设备投资低，管理运行简便，适合规模化生产，但初投资相对较高。

4.6.4　压缩除湿

压缩除湿，即先将湿空气进行压缩，再把压缩后的湿空气与冷媒进行热交换，使空气温度降至露点以下，空气中的含水量达到饱和状态后析出水分。由于对空气进行压缩，湿空气体积变小，温度将升高。因此，该除湿方式可在除去水量的同时，通过压缩空气来提高温度，使空气的相对湿度逐渐变小，达到除湿的目的。

压缩除湿的优点是除湿稳定，参数可控；缺点是初投资大，能耗大，且系统较复杂。

4.6.5　热电冷凝除湿

热电冷凝除湿主要是利用热电来制冷，再将水蒸气温度冷却到露点温度以下，通过冷凝除湿的一种方式。该方式主要基于珀尔帖效应（Peltier effect）和塞贝克效应（Seebeck effect），并建立在热电制冷原理基础上。

热电冷凝除湿与传统的除湿技术相比，具有下述 6 方面优势：

1）无机械运动部件，设备小、质量轻，系统拆卸维修简便。

2）可实现稳定运行 100000h 以上。

3）无须使用破坏地球环境的有害物质，如 CFC 等制冷剂或干燥剂，对环境无害。

4）温度控制精度高，可达到 $\pm0.1℃$ 。

5）热电冷凝除湿可适应不同环境状况，无论是恶劣、敏感的环境，还是小环境，都能起到良好的除湿效果。

6）热电除湿装置可利用太阳能、工业废热和地热能等低品位热源，但除湿技术的 COP 比较低。

4.6.6　吸附除湿

吸附除湿一般为固体吸附除湿，它是根据多孔材料空隙表面的水蒸气分压力比空气中水蒸气分压力低的特点，使水蒸气分子被毛细孔吸附而实现除湿的一种方式。该过程为物理过程，吸附剂不发生状态变化。其应用前景主要取决于吸附剂质量的优劣以及再生是否经济高效，目前主要采用的固体吸附剂有硅胶、活性炭、分子筛等。

吸附除湿的优点是设备简单，初投资低；可获得较低的露点温度，即在低温时也具备良好的除湿效率；可直接对空气进行干燥处理。缺点是一些除湿用的吸湿剂需要经常更换再生；该方式在除湿期间空气参数不是很稳定；当需要对空气进行冷却处理时，要加表冷器。

转轮除湿是固体吸附除湿常用的一种形式。转轮除湿机分为工作区和再生区，核心部件是一个不断转动的蜂窝状转轮。工作区主要吸附湿空气中的水蒸气，再生区则对吸湿后的吸附剂进行除湿，恢复其除湿能力，两者中间需密封隔离。

转轮除湿具有以下特点：

1）能实现露点温度在较宽的范围内进行除湿，且除湿的效率高。

2）操作运行简便，无污染，无腐蚀，可长时间连续运行。转轮以低速运行，机械故障率低，维护保养工作量小。

3）设备体积小，结构简单，安装简便，易于在新建、扩建和技术改造中应用。

4）转轮除湿机可采用多种能源（如电、蒸汽、燃气、太阳能等）进行再生，但能耗大。

5）转轮再生温度可精确控制，节约再生能源。

4.6.7　吸收除湿

吸收除湿一般指液体吸收除湿，它是一种利用气液两相之间水蒸气分压力差作为驱动势实现除湿的方式。除湿过程为当湿空气与溶液接触时，若湿空气的水蒸气分压力比溶液吸湿剂表面的水蒸气分压力大，会使空气中的水分不断向溶液中移动，稀释吸湿剂溶液并放出潜热，以降低室内空气的相对湿度。反之，则增加室内相对湿度，直至两者达到动态平衡。

工程应用中常见的液体吸湿剂为浓缩的盐溶液，如三甘醇、氯化锂溶液、氯化钙溶液等。它们能连续处理较大的空气量，且处理的空气露点温度低。可用单一的减湿过程将被处理的空气冷却到露点温度后加热调温，如此可避免冷热相互抵消而造成浪费。

液体吸湿剂除湿的优点是除湿量较大，可连续除湿；可获得低湿低露点的空气；无转动部件，构造简单，系统稳定；经三甘醇或氯化锂溶液除湿的空气品质高。缺点是液体吸湿剂除湿必备电、热、水源；一些吸湿剂处理不当，会对除湿装置造成腐蚀，需另加防腐剂等；除湿装置占地面积大；冷媒对除湿效果影响较大。

习　题

1. 工业建筑室内热、湿环境控制的意义是什么？
2. 工业建筑室内热源和湿源的组成分别是什么？
3. 工业建筑与民用建筑室内热环境控制的联系与区别是什么？
4. 简述工业建筑室内热环境控制中常用的机械通风技术及其工作原理。
5. 请对比说明采用直接蒸发冷却和间接蒸发冷却技术控制室内热环境的区别。
6. 简述国内外常用除湿技术的工作原理。
7. 请对比分析吸附除湿和吸收除湿技术的异同。

参 考 文 献

[1] 孟晓静. 高温热源工业建筑双辐射作用下室内热环境特性研究 [D]. 西安：西安建筑科技大学，2016.
[2] 刘锦梁，苏永森. 工业厂房通风技术 [M]. 天津：天津科学技术出版社，1985.
[3] 中国冶金建设协会. 工业建筑节能设计统一标准：GB 51245—2017 [S]. 北京：中国计划出版社，2017.
[4] 赵鸿佐. 室内热对流与通风 [M]. 北京：中国建筑工业出版社，2010.
[5] 韩超，殷尧其. 自然冷却在空调和工艺冷却水系统中的应用 [J]. 能源技术，2010，31（5）：281-283.
[6] 黄翔. 蒸发冷却空调原理与设备 [M]. 北京：机械工业出版社，2019.
[7] 耿世彬，郭海林. 地下建筑湿负荷计算 [J]. 暖通空调，2002，32（6）：70-71.
[8] 王海. 水电站地下洞室施工期湿环境及控制方法研究 [D]. 成都：西南交通大学，2014.

第 5 章
通风气流中的颗粒物净化

通风气流中的颗粒物净化设备分为两种。

第一种用于净化工业生产过程中排出的含尘气体，称为工业除尘器（dust collectors）。大部分生产工艺过程中（如各种粉状物料的加工、有色金属冶炼、铸造等）都会散发大量的颗粒物，如果任由其排放，将严重污染大气环境，进而危害人身健康以及影响工农业生产。因此必须对排风气流进行净化处理，使之达标排放。当有些工业烟气中的颗粒物经济价值较高时，设备的选择主要考虑物料的回收率，而非排放标准。还有些工业生产过程中，如原材料加工、食品生产、水泥等，排出的颗粒物具有回收利用的价值，此时的净化设备既是环保设备也是生产设备。

第二种净化设备主要用于通风空调系统中进风的净化，称为空气过滤器（air filters），是为了确保室内空气的清洁度要求。对于以温湿度控制为主的舒适性空调系统，为满足室内空气质量标准，要求送风气流的含尘浓度 $\leqslant 0.08mg/m^3$（针对可吸入颗粒物 PM10，即空气中空气动力学当量直径 $\leqslant 10\mu m$ 的颗粒物）；对于以室内空气洁净度控制（如电子、精密仪表等）为主的工艺性通风空调系统，送风气流的清洁度需根据工艺要求而定，具有非常高的净化要求。

粉尘特性、烟气特性和净化效率、系统阻力等都会影响净化设备的选型，两类空气净化设备的某些净化原理相同，但处理的颗粒物特性和含尘气流特性不同，因此执行的标准不同，采用的设备也不同。空气过滤器用来净化大气中低浓度的粉尘颗粒物，空气中的粉尘浓度很少会超过 $35.31mg/m^3$（$1g/1000ft^3$），一般都在 $3.53mg/m^3$（$0.1g/1000ft^3$）以下。除尘器用来净化工业场所局部排风或烟囱烟气中的颗粒物，污染物的质量浓度较大。根据工艺条件的不同，含尘气体中的粉尘浓度可从 $3.53g/m^3$（$0.1g/ft^3$）变化到 $3531.47g/m^3$（$100g/ft^3$），或者更高。所以除尘器处理的空气含尘质量浓度要比空气过滤器高出 $100\sim20000$ 倍以上。

5.1 粉尘的特性

5.1.1 粉尘的定义

关于粉尘的概念和定义有多种。通常情况下，粉尘是指"由自然力或机械力产生的，能够悬浮于空气中的固体微小颗粒"。国际上也有将粒径小于 $75\mu m$ 的固体悬浮物定义为粉尘。在通风除尘技术中，一般将 $1\sim200\mu m$ 乃至更大粒径的固体悬浮物均视为粉尘。

大气尘（airborne particles）则是指悬浮于大气中的固体或液体微粒，也称悬浮颗粒物，是通风空调净化系统中需要处理的粉尘颗粒物。

净化处理的粉尘均处于悬浮状态，悬浮在气体介质中的固态或液态颗粒所组成的气态分散系统称为气溶胶，其中的固态或液态微粒称为气溶胶粒子。这些固态或液态颗粒的密度与气体介质的密度可以相差微小，也可以相差很大。在工程技术中，特别是劳动保护和环境保护工程中，为区别于洁净空气，常通俗地称含尘气体或污染气体为气溶胶。从流体力学角度，气溶胶实质上是气态为连续相，固、液态为分散相的多相流体。

5.1.2 粉尘的特性

将块状物料破碎成细小粉状微粒后，粉尘颗粒除具有原始物料的物理化学性质外，还会出现许多新的特性，如爆炸性、黏附性、带电性等。以下为与除尘技术密切相关的几种特性。

1. 密度

单位体积的粉尘质量称为粉尘密度。根据体积的不同，粉尘的密度分为真密度和容积密度两种。

自然堆积状态下的颗粒物，在颗粒之间以及颗粒物内部充满空隙，将松散状态下单位体积颗粒物的质量称为颗粒物的容积密度 ρ_b（也称堆积密度或表观密度 volume density）；如果将颗粒间以及颗粒内部的空气排出，测得密实状态下单位体积颗粒物的质量，就称为真密度 ρ_p（尘粒密度）。两种密度的单位均为 kg/m^3 或 g/m^3，真密度和容积密度间存在如下关系：

$$\rho_b = (1-\varepsilon)\rho_p \tag{5-1}$$

式中 ε——粉尘堆积的空隙率，即粉尘之间的空隙体积与整个体积之比。

当进行颗粒物的受力和运动规律分析时，通常采用颗粒物的真密度；而在除尘器的灰斗体积计算以及粉尘气力输送系统设计计算时则会用到容积密度。表 5-1 所示为某些粉尘的真密度和容积密度。

2. 黏附性

颗粒物的黏附性是颗粒物与颗粒物之间以及颗粒物与容器壁间力的表现，这种力有分子力（Van der Waals force）、毛细黏附力（capillary force）和静电力（electrostatic force）等。颗粒物在器壁上的附着以及颗粒物间的凝聚均与颗粒物的黏附力有关。颗粒物在器壁上的附着会堵塞除尘器和除尘管道，导致故障频发，影响除尘器的正常使用；而颗粒物之间的黏附凝聚则会使小粒子变成大粒子，有利于颗粒物的净化和除尘效率的提高。

粉尘的含水率、形状和分散度等物性都会影响粉尘的黏附性。粒度越细、吸湿性越大的粒子，其黏附性就越强。例如，粉尘中含有 60%～70% 小于 $10\mu m$ 的粉尘，其黏性就会大大增加。根据垂直拉断法，可将粉尘的黏附强度分为四类，见表 5-2。

3. 爆炸性

当固体物料被研磨成粉料后，其总表面积呈几何级数增加，自由表面能增加，从而提高了粉尘粒子的化学活性。如边长为 1.0cm 的立方体粒子，如果破碎成边长 $1.0\mu m$ 的正方形小粒子后，其总表面积将由 $6.0cm^2$ 剧增到 $6.0m^2$，表面积增大到原来的 10000 倍。此时，某些在堆积状态下不易燃烧的可燃物，如糖、面粉和煤粉等，当它们以粉末状态悬浮于空气中，与空气中的氧气充分接触，在一定的温度和浓度下，即可发生爆炸现象。在通风除尘系统的设计中，应该引起高度重视。

粉尘在封闭空间的爆炸只会在一定浓度范围内发生，称为爆炸的浓度范围。能发生爆炸的粉尘最低浓度和最高浓度分别称为爆炸浓度下限和上限。有些粉尘的爆炸浓度下限非常高，只在生产设备、风道以及除尘器内才能达到。根据粉尘爆炸性及火灾危险性可分成四类：

表 5-1　某些粉尘的真密度和容积密度[6]　　　　（单位：g/cm³）

粉尘名称或尘源	真密度	容积密度	粉尘名称或尘源	真密度	容积密度
滑石粉	2.75	0.59~0.71	重油锅炉尘	1.98	0.20
烟灰	2.15	1.20	煤粉锅炉尘	2.1	0.52
炭黑	1.85	0.04	烧结炉烟尘	3.00~4.00	1.00
硅砂粉（105μm）	2.63	1.55	转炉烟尘	5.00	0.70
硅砂粉（30μm）	2.63	1.45	铜精炼烟尘	4.00~5.00	0.20
硅砂粉（8μm）	2.63	1.15	造型用黏土	2.47	0.72~0.8
硅砂粉（0.5~2μm）	2.63	1.26	水泥原料尘	2.76	0.29
石墨	2.00	0.30	硅酸盐水泥（0.7~1μm）	3.12	1.50
电炉尘	4.5	0.6~1.5	水泥干燥窑炉尘	3.0	0.60

表 5-2　粉尘黏附强度的分类[7]

分类	粉尘黏性	黏附强度/Pa	举　例
I	不黏性	0~60	干矿渣粉、干石英粉、干黏土粉
II	微黏性	60~300	未完全燃烧产物的飞灰、焦粉、干镁粉、页岩粉、干滑石粉、高炉灰
III	中等黏性	300~600	完全燃尽的飞灰、泥煤粉、金属粉、干水泥、面粉、锯末、炭黑
IV	强黏性	>600	潮湿空气中的水泥、石膏粉、纤维尘（石棉、棉纤维、毛纤维）

1）爆炸危险性较大的粉尘，爆炸浓度下限小于 15g/m³，如砂糖、泥煤、胶木粉、硫及松香等。

2）有爆炸危险的粉尘，爆炸浓度下限为 16~65g/m³，如铝粉、亚麻、页岩、面粉、淀粉等。

3）火灾危险性较大的粉尘，爆炸浓度下限高于 65g/m³，自燃温度低于 250℃，如烟草粉尘（205℃）等。

4）有火灾危险的粉尘，爆炸浓度下限高于 65g/m³，自燃温度高于 250℃，如锯末粉尘（275℃）等。

影响粉尘爆炸性的因素有粉尘的分散度、湿度以及是否含有挥发性可燃气体排出和惰性尘粒等。某些粉尘的爆炸浓度下限见表 5-3。

4. 荷电性和导电性

粒子在受到碰撞、摩擦、放射性照射和电晕放电等作用后，通常都会带有电荷。但颗粒物自然产生的荷电极性不稳定，且荷电量很小。表 5-4 所示为几种粉尘生成后荷电的情况，从中可看出，粉尘的荷电，有的具有负电性，有的具有正电性，还有一部分是中性的。通常在干燥空气中，粉尘表面的荷电量约为 $1.6×10^{10}$ 电子/cm²，只占最大荷电量的很少一部分。静电除尘器中，是采用电晕放电的方式使尘粒在高压静电场中可以快速且荷饱电，目前在其他除尘器（袋式除尘器、湿式除尘器等）中也越来越多地利用粉尘的荷电性来提高净化效率。

表 5-3 某些粉尘的爆炸浓度下限[6]　　　　　　　　　（单位：g/m³）

粉尘名称	爆炸浓度	粉尘名称	爆炸浓度	粉尘名称	爆炸浓度	粉尘名称	爆炸浓度
亚麻皮屑	16.7	豌豆粉	25.2	煤末	114.0	钼	35
木屑	65.0	玉黍栗粉	12.6	硫的磨碎粉末	10.1	锑	420
渣饼	20.2	奶粉	7.6	硫黄	2.3	锌	500
樟脑	10.1	面粉	30.2	硫矿粉	13.9	锆	40
松香	5.0	燕麦	30.2	页岩粉	58.0	硅	160
饲料粉末	7.6	咖啡	42.8	泥炭粉	10.1	钛	45
萘	2.5	麦糠	10.1	棉花	25.2	铁	120
染料	270.0	甜菜糖	8.9	一级硬橡胶尘末	7.6	钒	220
烟草末	68.0	茶叶末	32.8	电焊尘	30.0	镁	20
沥青	15.0	谷仓尘末	227.0	铝粉末	58.0	锰	210

表 5-4 粉尘生成后的荷电情况[6]

粉尘类别	生成方式	粒径/μm	尘粒极性所占百分数（%）			尘粒荷电电子数/个	占最大荷电量的百分数（%）
			正	负	中性		
烟草尘	燃烧	0.1~0.25	40	34	26	1~2	4.0
氧化镁	燃烧	0.8~1.5	44	42	14	8~12	3.7
硬脂酸	冷凝	0.2	2	2	96	20~40	19.8
氯化铵	冷凝	0.2	2	2	96	1	1.0
氯化铵	酒精喷雾分散	0.8~1.5	40	39	21	12~15	0.05

颗粒物的导电性用比电阻来衡量，导电性是颗粒物重要的特性之一，对静电除尘器的正常运行意义重大，有关内容将在静电除尘器一节中详述。

5. 润湿性

粉尘的润湿性表示可以被水润湿的程度，指尘粒与液体附着的难易程度。当尘粒与液体接触时，接触面能够扩大且相互附着，则为具有润湿性；反之，接触面趋于缩小且不能附着，则为不能润湿。粉尘粒子的润湿性除与粉尘本身的特性有关外，还与液体的表面张力、尘粒与液体间黏附力以及相对运动速度有关。例如 1.0μm 以下的粒子很难被水润湿，主要因为细微颗粒物和水滴表面均附有一层气膜，阻碍了两者的附着，只有在高速碰撞冲破气膜后才能相互附着。各种湿式除尘器主要依靠粉尘粒子与水的润湿作用来捕集颗粒物。

亲水性粉尘指容易被水润湿的粉尘，此类粉尘可采用湿法除尘；疏水性粉尘（也称憎水性粉尘）指不易被水润湿的粉尘；而水硬性粉尘指粉尘本身亲水，但在吸水后会形成不溶于水的硬垢，如水泥粉尘，此类粉尘也不宜采用湿式除尘。根据粉尘对水润湿性的程度可将粉尘分为四类，见表 5-5。

表 5-5 粉尘润湿性的分类[6]

润湿性	绝对憎水	憎水	中等亲水	强亲水
v_{20}/(mm/min)	<0.5	0.5~2.5	2.8~8.0	>8.0
相应颗粒物	石蜡、沥青	石墨、硫、煤	玻璃微珠、石英	锅炉飞灰、钙

6. 磨损性

粉尘的磨损性是指粉尘在流动过程中对器壁或管壁的磨损性能。粉尘的磨损性除与粉尘硬度有关外，还与粉尘的形状、大小和密度等因素有关。如，表面具有尖棱形状的粉尘（如烧结烟气尘）比表面光滑的粉尘磨损性大；粗大粉尘比细微粉尘的磨损性大。Zhu（见章后参考文献 [8]）等人给出一个磨损率的经验计算公式如下：

$$E = kMd_p^{1.5} v^{2.3} (1.04 - \varphi)(0.448\cos^2\theta + 1) \tag{5-2}$$

式中　E——磨损率（μm/100h）；

　　　k——系数，对于 235 钢（A3 钢），$k = 1.5$；

　　　d_p——粉尘粒径（mm）；

　　　θ——粉尘粒子冲击材料表面的入射角；

　　　v——粉尘粒子的入射速度（m/s）；

　　　φ——粒子的球形度；

　　　M——向着被磨损材料冲击的粒子通量 [kg/(m^2·s)]，可由下式计算：

$$M = vy\sin\theta \tag{5-3}$$

式中　y——气流中的含尘浓度（kg/m^3）。

一般认为，粒径为 90μm 左右的尘粒磨损性最大，而当粒径减小到 5～10um 时磨损已十分微弱。磨损与气流速度的二次方或三次方成正比。在常见粉尘中，铝粉、硅粉、焦粉、碳粉、烧结矿粉等属于高磨损性粉尘。为减轻粉尘的磨损，可适当选取除尘管道中的气流速度和设计壁厚。对于易磨损的部位，例如管道的弯头、旋风除尘器的内壁，通常采用耐磨材料作为内衬，也可以采用铸石、铸铁等耐磨性较好的材料。

7. 颗粒物的粒径以及粒径分布

（1）粉尘颗粒的形状表征　在自然界和工业中遇到的粉尘颗粒形状千差万别，较少有完全球形的。粉尘颗粒的形状是指一个尘粒的轮廓或表面上各点所构成的图像，会直接影响除尘器的捕集效果和清灰作业。表 5-6 定性地描述了粉尘的形状。

表 5-6　粉尘的形状[6]

形　状	形状描述	形　状	形状描述
针状	针形体	不规则状	无任何对称性的形体
片状	板状体	模状	具有完整的、不规则形体
粒状	具有大致相同量纲的不规则形体	多角状	具有清晰边缘或有粗糙的多面形体
球状	圆球形体	结晶状	在流体介质中自由发展的几何形体
枝状	树枝状结晶	纤维状	规则的或不规则的线状体

（2）粉尘粒径的表征　为表征颗粒的大小，需要按一定方法确定一个表示颗粒大小的代表性尺寸作为颗粒的直径，简称粒径。相同的粉尘颗粒，粒径值与测量方法有关，测量方法不同，得出的粒径值差别很大，不能进行比较。如，采用显微镜法（见图 5-1）测定粒径时有定向粒径、长轴粒径、短轴粒径、等面积粒径等；用筛分法测出的称为筛分粒径；用液体沉降法测出的称为沉降等效粒径，有斯托克斯粒径和空气动力学粒径。

在除尘技术中，通常采用的是斯托克斯粒径。在同一种流体中，与尘粒密度相同且具有相同沉降速度的球体直径，就称为该尘粒的斯托克斯粒径。

（3）分散度　颗粒物的分散度是指在某颗粒群中，各种粒径的颗粒物某一性质所占的比例，也称颗粒物的粒径分布。如，若以颗粒的粒数表示所占的比例称为粒数分布；若以颗粒的质量表示所占的比例称为质量分布。

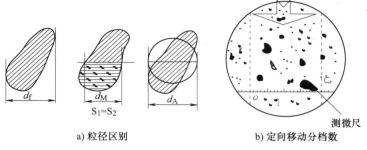

a) 粒径区别　　　　　b) 定向移动分档数

图 5-1　显微镜法测量粉尘粒径

d_f—定向粒径　d_M—面积等分直径　d_A—投影等面积直径

在某一粒径间隔 Δd_p 内，尘粒某一性质所占的百分数称为该性质的频率分布。如，在粒径区间 $\Delta d_p(d_{pi}, d_{pi+1})$ 内，颗粒物的质量分数 $\Delta \Phi(d_{pi}, d_{pi+1})$ 就称为该粒径的质量频率分布。当粒径区间 Δd_p 趋于零时，可得到颗粒物粒径的分布密度函数，见式（5-4）。

$$f(d_p) = \lim_{\Delta d_p \to 0} \frac{\Delta \Phi}{\Delta d_p} = \frac{\mathrm{d}\Phi}{\mathrm{d}(d_p)} \tag{5-4}$$

颗粒物的筛下累积质量分数可表示为

$$\Phi(0, d_{pi}) = \sum_{k=1}^{i} \Delta \Phi_k = \int_0^{d_{pi}} f(d_p)\,\mathrm{d}(d_p) \tag{5-5}$$

在整个分布范围内，颗粒物的累积质量分数为100%，故：

$$\Phi = \sum_{k=1}^{n} \Delta \Phi_k = \int_0^{+\infty} f(d_p)\,\mathrm{d}(d_p) = 1 \tag{5-6}$$

筛下累计分布是指小于某一粒径 d_p 的所有粒子的质量（数量）占总质量（总数量）的分数。除了筛下累计分布外，有时还会用到筛上累计分布。

表5-7给出了某实测的粒径分布以及相关频率分布计算表。为直观表示颗粒物的粒径分布，可用表5-7中的数据画出图5-2所示的直方图、图5-3所示的相对频率百分数曲线和图5-4所示的筛下累计质量百分数曲线。相对频率分布曲线 $f(d_p)$ 下面所包含的面积等于该粒径范围内颗粒物所占的百分数。通常将累计分布为50%时对应的粒径称为中位径 d_{50}。

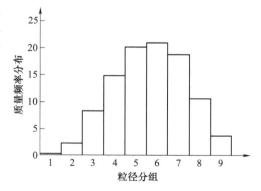

图 5-2　粉尘粒径频率分布的直方图

（4）**分布函数**　粉尘密度分布函数有多种形式，最简单的分布形式为正态分布函数，可表示为

$$f(d_p) = \frac{\mathrm{d}\Phi}{\mathrm{d}(d_p)} = \frac{1}{\sqrt{2\pi}\,\sigma} \exp\left[-\frac{(d_p - d_{pi})^2}{2\sigma^2}\right] \tag{5-7}$$

式中 d_p——颗粒物的粒径；

　　d_{pj}——颗粒群的算术平均粒径；

　　σ——颗粒群的粒径标准偏差。

表 5-7 粒径分布以及相关频率分布计算表[6]

区间编号	1	2	3	4	5	6	7	8	9	合计
粒径范围 $\Delta d_p/\mu m$	0.6~1.0	1.0~1.4	1.4~1.8	1.8~2.2	2.2~2.6	2.6~3.0	3.0~3.4	3.4~3.8	3.8~4.2	
粒径中位径 $d_{50}/\mu m$	0.8	1.2	1.6	2	2.4	2.8	3.2	3.6	4.8	
粒径间隔	0.4	0.4	0.4	0.4	0.4	0.4	0.4	0.4	0.4	
质量 $\Delta m/g$	0.1	1	3.55	6.35	8.6	8.9	8.05	4.55	1.6	42.7
质量频率分布 $\Delta\Phi$	0.23	2.34	8.31	14.87	20.14	20.84	18.85	10.66	3.75	100
质量密度分布 $f(d_p)$	0.59	5.85	20.78	37.18	50.35	52.11	47.13	26.64	9.37	
质量筛下累计分布 Φ	0.23	2.58	10.89	25.76	45.90	66.74	85.60	96.25	100.00	
质量筛上累计分布 $1-\Phi$	100.00	99.77	97.42	89.11	74.24	54.10	33.26	14.40	3.75	

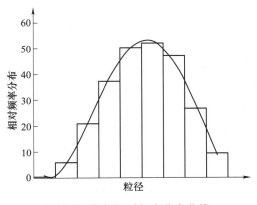

图 5-3 粒径相对频率分布曲线

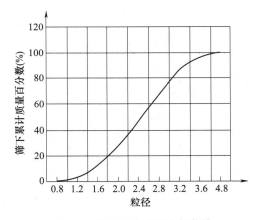

图 5-4 筛下累计质量分数曲线

颗粒物的算术平均粒径为

$$d_{pj} = \frac{\sum \mathrm{d}\Phi_i d_{pi}}{\sum \mathrm{d}\Phi_i} = \sum \mathrm{d}\Phi_i d_{pi} \tag{5-8}$$

式中 d_{pi}——某粒径间隔内尘粒的平均粒径；

　　$\mathrm{d}\Phi_i$——该粒径间隔内，尘粒所占的质量分数。

对于符合正态分布函数的颗粒群，其算术平均粒径与累积质量分数为 50% 时的粒径相等，即 $d_{pj}=d_{50}$。

正态分布曲线具有左右对称的特征，标准偏差是正态分布的另一个特征值，

$$\sigma = \sqrt{\frac{\sum \mathrm{d}\Phi (d_p - d_{pj})^2}{\sum \mathrm{d}\Phi}} \tag{5-9}$$

σ 反映了粉尘粒子集中的程度，如图 5-5 所示。σ 大，曲线平缓，粒径分布分散；σ 小，曲线陡直，粒径分布集中。根据概率计算，在 $d_{pj} \pm \sigma$ 范围内，粒子出现的概率为 68.3%（即质量分数为 68.3%）；在 $d_{pj} \pm 2\sigma$ 范围内，粒子出现的概率为 95.4%。

$$\sigma = d_{84.1} - d_{pj} = d_{pj} - d_{15.9} \tag{5-10}$$

式中　$d_{84.1}$、$d_{15.9}$——筛下累积质量分数 Φ 为 84.1% 和 15.9% 时对应的粒径值。

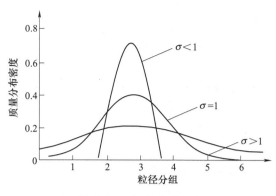

图 5-5　σ 值的直观意义

实际上，完全符合正态分布函数的颗粒物是很少的，大多数颗粒物的粒径分布呈现偏态分布，为非对称的。研究表明：当用对数粒径值来代替粒径值，即横坐标改为对数坐标，就可得到近似正态分布的对称曲线，如图 5-6 所示。工业上机械破碎、筛分产生的粉尘颗粒物大多符合对数正态分布，特别是舍弃两端的粗大和细小粒子以后。

粒径对数正态分布的数学表达式为

$$f(\log d_p) = \frac{d\Phi}{d(\log d_p)} = \frac{1}{\sqrt{2\pi} \log \sigma_j} \exp\left[-\frac{(\log d_p - \log d_{cj})^2}{2(\log \sigma_j)^2}\right] \tag{5-11}$$

式中　d_{cj}、σ_j——颗粒群的几何平均粒径和几何标准偏差。

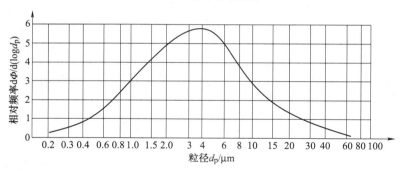

图 5-6　对数正态分布

颗粒群的几何平均粒径即为颗粒群的对数平均粒径，可表示为

$$\log d_{cj} = \frac{\sum d\Phi_i \log d_{pi}}{\sum d\Phi_i} \tag{5-12}$$

颗粒群的几何标准偏差可表示为

$$\log \sigma_j = \sqrt{\frac{\sum d\Phi (\log d_{pi} - \log d_{cj})^2}{\sum d\Phi}} \tag{5-13}$$

颗粒群的几何标准偏差 σ_j 不同于颗粒群的粒径标准偏差，它是 $\log d_p$ 的标准偏差。在对数坐标中，存在 $\log \sigma_j = \log d_{84.1} - \log d_{cj} = \log d_{cj} - \log d_{15.9}$。所以

$$\sigma_j = \frac{d_{84.1}}{d_{cj}} = \frac{d_{cj}}{d_{15.9}} \tag{5-14}$$

颗粒物的累计质量分数为

$$\Phi_{0-c1} = \int_{0}^{d_{p1}} \mathrm{d}\Phi = \int_{-\infty}^{\log d_{p1}} f(\log d_p)\,\mathrm{d}(\log d_p)$$

$$= \int_{-\infty}^{\log d_{p1}} \frac{1}{\sqrt{2\pi}\log\sigma_j}\exp$$

$$\left[-\frac{(\log d_p - \log d_{cj})^2}{2(\log\sigma_j)^2}\right]\mathrm{d}(\log d_p)$$

$$(5\text{-}15)$$

为便于计算，采用双对数概率坐标，如图 5-7 所示。其横坐标按对数粒径 $\log d_c$ 划分，纵坐标按对数累积值划分。通过双对数概率坐标：

1）查出 $d_{84.1}$、d_{cj} 和 $d_{15.9}$ 值，并计算出 σ_j。

2）如果已知颗粒群的 d_{cj} 和 σ_j，可利用该图了解颗粒群的整个粒径分布。

3）凡属机械破碎、筛分的颗粒物，测出的粒径分布在双对数坐标上应接近一直线。

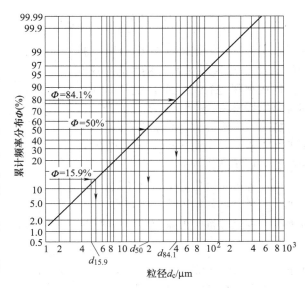

图 5-7　颗粒物的累积频率分布曲线在对数概率坐标上的表示

5.2　除尘器的性能指标

5.2.1　除尘器效率

除尘器效率是指除尘器从含尘气流中净化颗粒物的能力，是评价除尘器性能的重要指标之一。常用到的有全效率、穿透率和分级效率。

1. 全效率

（1）质量法　含尘气体通过除尘器时所捕集的颗粒物量占进入除尘器的颗粒物总量的百分数称为除尘器全效率，以 η 表示。

$$\eta = \frac{G_3}{G_1}\times100\% = \frac{G_1 - G_2}{G_1}\times100\% \tag{5-16}$$

式中　G_1——单位时间内进入除尘器的颗粒物量（g/s）；

　　　G_2——单位时间内排出除尘器的颗粒物量（g/s）；

　　　G_3——单位时间内除尘器所捕集的颗粒物量（g/s）。

（2）浓度法

$$\eta = \frac{L_1 y_1 - L_2 y_2}{L_1 y_1}\times100\% \tag{5-17}$$

式中　L_1——进入除尘器的烟气量（m³/s）；

　　　L_2——排出除尘器的烟气量（m³/s）；

　　　y_1——除尘器进口的空气含尘浓度（g/m³）；

　　　y_2——除尘器出口的空气含尘浓度（g/m³）。

如果除尘器没有漏风且在除尘器内烟气温度不变，即 $L_1 = L_2$，则式（5-17）可简化成：

$$\eta = \frac{y_1 - y_2}{y_1} \times 100\% \qquad (5\text{-}18)$$

在实验室，根据式（5-16）测量得到的全效率称为质量法，结果较为准确。但在现场进行除尘器性能评价时，通常采用的是含尘浓度法，即式（5-17）。由于管道内含尘浓度存在不均匀性和不稳定性，因此浓度法得到的效率值较质量法的误差大。

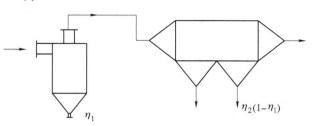

图 5-8　两级除尘器串联

由于各种除尘器除尘机理不同，适宜处理的颗粒物粒径不同，为提高除尘效率，工程上常将两级除尘器串联使用（见图 5-8），此时系统总的除尘效率可用下式计算：

$$\eta_z = \eta_1 + \eta_2(1 - \eta_1) = 1 - (1 - \eta_1)(1 - \eta_2) \qquad (5\text{-}19)$$

式中　η_1、η_2——第一级和第二级除尘器的效率值。

两台型号相同的除尘器串联运行时，由于各自处理的粉尘粒径分布不同，故此时的 η_1 和 η_2 是不同的。当多台除尘器串联运行时，其总效率为

$$\eta_z = 1 - (1 - \eta_1)(1 - \eta_2)\cdots(1 - \eta_n) = 1 - \prod_{i=1}^{n}(1 - \eta_i) \qquad (5\text{-}20)$$

2. 穿透率

有时除尘器的全效率并不能完全表征除尘器的除尘性能，特别是对高效除尘器。例如，两台除尘器的全效率分别为 99.0% 和 99.5%，从效率角度相差不大，但是从除尘器的排空浓度来说，两者相差一倍，对大气污染的程度是完全不同的。故，引入穿透率的概念来表示除尘器的性能，即

$$P = (1 - \eta) \times 100\% \qquad (5\text{-}21)$$

3. 分级效率

除尘器的全效率大小与其所处理的颗粒物的粒径大小有密切关系。如，某种类型的旋风除尘器处理 40μm 以上颗粒物时，效率可接近 100%；但在处理 5μm 以下颗粒物时，效率会下降到不足 40%。因此，只给出除尘器的全效率，对工程设计意义不大。在实验室进行除尘器性能试验时，须同时给出试验粉尘的真密度以及粒径分布或该除尘器的应用场合。

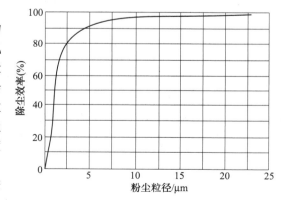

图 5-9　某除尘器的分级效率曲线

要正确评价除尘器的除尘性能，须给出按粒径标定的除尘器效率值，这种效率称为分级效率。除尘器的分级效率即指除尘器捕集的粒径为 d_p 的颗粒物占进入除尘器该粒径颗粒物总量的百分数。图 5-9 所示为某除尘器的分级效率曲线。

如果除尘器进口的烟气量为 L_1，浓度为 y_1，粉尘质量分布密度函数为 $f_1(d_p)$，则进入除尘

的粒径在 $d_p \pm \frac{1}{2}\Delta d_p$ 区间内的粉尘量为 $\Delta G_1(d_p) = L_1 y_1 f_1(d_p)\Delta d_p$；同理，除尘器出口中粒径在 $d_p \pm \frac{1}{2}\Delta d_p$ 区间的粉尘量为 $\Delta G_2(d_p) = L_2 y_2 f_2(d_p)\Delta d_p$，则

除尘器在粒径 $d_p \pm \frac{1}{2}\Delta d_p$ 区间的分级效率为

$$\eta(d_p) = \frac{\Delta G_3(d_p)}{\Delta G_1(d_p)} = 1 - \frac{\Delta G_2(d_p)}{\Delta G_1(d_p)} = 1 - \frac{G_2 f_2(d_p)\Delta d_p}{G_1 f_1(d_p)\Delta d_p} = 1 - \frac{L_2 y_2 f_2(d_p)\Delta d_p}{L_1 y_1 f_1(d_p)\Delta d_p} \tag{5-22}$$

式中　G_1、G_2——除尘器进口和出口处的粉尘质量。

灰斗中捕集的粒径在 $d_p \pm \frac{1}{2}\Delta d_p$ 区间的颗粒物量为

$$\Delta G_3(d_p) = (G_1 - G_2)f_3(d_p)\Delta d_p$$

所以，除尘器在 $d_p \pm \frac{1}{2}\Delta d_p$ 区间的分级效率还可表示为

$$\eta(d_p) = \frac{(G_1 - G_2)f_3(d_p)\Delta d_p}{G_1 f_1(d_p)\Delta d_p} = \frac{(G_1 - G_2)\mathrm{d}\Phi_3(d_p)}{G_1 \mathrm{d}\Phi_1(d_p)} \tag{5-23}$$

大量研究表明：多数除尘器的分级效率可表示为下列经验公式：

$$\eta(d_p) = 1 - \exp(-\alpha d_p^m) \tag{5-24}$$

式中　α 和 m——除尘器特性系数，通常由试验确定。

将除尘器分级效率为 50% 时对应的粒径称为分割粒径或临界粒径，用 d_{p50} 表示。则根据式（5-24）有：

$$0.5 = 1 - \exp(-\alpha d_{p50}^m)$$

$$\alpha = \ln 2 / d_{p50}^m = 0.693 / d_{p50}^m$$

得到：

$$\eta(d_p) = 1 - \exp\left[-0.693\left(\frac{d_p}{d_{p50}}\right)^m\right] \tag{5-25}$$

只要已知分割粒径 d_{p50} 和除尘器特性参数 m，便可得到除尘器不同粒径下的分级效率值。

【例 5-1】　已知某除尘器的分级效率和进口处粉尘质量分布见表 5-8。

表 5-8　某除尘器的分级效率和进口处粉尘质量

粒径/μm	0~5	5~10	10~20	20~40	>40
$f_1(d_p)\Delta d_p$(%)	8.3	27.7	35.4	21.6	7.0
$\eta(d_p)$（%）	67.5	87.4	93.5	98.9	99.3

试计算该除尘器的全效率。

【解】　该除尘器的全效率为

$$\eta = \sum_{i=1}^{n} \eta(d_p)f_1(d_p)\Delta d_p$$

$$= 8.3\% \times 67.5\% + 27.7\% \times 87.4\% + 35.4\% \times 93.5\% + 21.6\% \times 98.9\% + 7.0\% \times 99.3\%$$

$$= 91.22\%$$

反之，当已知除尘器总效率和进口及灰斗中粒子的质量分布密度函数后，也可求出除尘器的分级效率为

$$\eta(d_{\text{p}}) = \frac{G_3 f_3(d_{\text{p}})}{G_1 f_1(d_{\text{p}})} \times 100\% = \eta \frac{f_3(d_{\text{p}})}{f_1(d_{\text{p}})} \tag{5-26}$$

5.2.2　除尘器的阻力损失

含尘气体经过除尘器，由于阻力作用而生产能量的损失，称为阻力损失或压损。除尘器的阻力损失可通过测量除尘器进、出口处的全压差来得到，单位为 Pa 或 mmH$_2$O。

$$p = p_2 - p_1 \tag{5-27}$$

式中　p_1——除尘器进口的全压（Pa 或 mmH$_2$O）；

　　　p_2——除尘器出口的全压（Pa 或 mmH$_2$O）。

5.2.3　除尘机理

常用除尘器主要是利用重力、离心力、惯性碰撞、接触阻留、扩散、静电力、凝聚等机理除尘。

1. 重力

利用颗粒物自身重力的自然沉降使颗粒物脱离气流的方法。由于尘粒的沉降速度一般较小，该机理只适用于较粗大的尘粒。

一般情况下，粒径小于 0.1μm 的粒子，其运动类似于分子，在空气中做布朗运动；1μm ＜ d_{p} ＜ 20μm 的颗粒物，随气流的跟随性较好，会随着运载它的气体运动；大于 20μm 的颗粒物具有明显的沉降速度，见表 5-9。

表 5-9　不同粒径颗粒物的自由沉降速度值（常温下，密度为 1g/m^3）[6]

尘粒直径/μm	0.1	1	10	20	50	100
沉降速度/(cm/s)	3×10^{-5}	3×10^{-3}	0.3	1.2	7.4	30

2. 离心力

含尘气流做圆周运动时，尘粒会在离心力的作用下与气流产生相对运动，进而分离，这是旋风除尘器的主要除尘机理。

3. 惯性碰撞

含尘气流在运动过程中遇到阻挡（如挡板、纤维和水滴等）时，气流会改变方向发生绕流。不同粒径大小的粒子具有不同的惯性作用，较小粒子会随气流一起运动；而粗大粒子则会脱离流线，保持自身的惯性，进而与阻挡物发生碰撞，如图 5-10 所示，称这种现象为惯性碰撞。它是惯性除尘器、各类过滤式除尘器和湿式除尘器的主要除尘机理。

4. 接触阻留

细小的尘粒在随含尘气流绕流物体时，如果流线离物体（纤维或液滴）的距离小于颗粒物

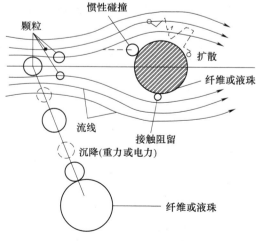

图 5-10　除尘机理示意图

的半径，尘粒因与物体发生接触而被阻留，称为接触阻留作用。另外，当尘粒尺度大于纤维网眼时，也会被阻留下来，称为筛滤作用。

5. 扩散

$1\mu m$ 以下的粒子会在气体分子撞击下，像气体分子一样做布朗运动。当细微粒子随气体绕流物体时，在布朗扩散的作用下到达物体表面被阻留，称为扩散效应。对 $d_p \leqslant 0.3\mu m$ 的粒子来说，扩散是一个重要的分离机理。

通常将惯性碰撞、接触阻留和扩散效应也统称为空气动力学捕集机理。对采用该类机理的除尘器或空气净化器，试验发现：$0.3\mu m$ 左右粒子的净化效率是最低的，原因是 $0.3\mu m$ 以下的粒子主要依靠扩散机理，粒径越小，扩散作用越强烈；而惯性机理会随着粒子粒径的增大而增大。$0.3\mu m$ 左右的粒子，扩散作用和惯性作用均不大。

6. 静电力

当含尘气流通过电场时，带有电荷的尘粒，会在电场力的作用下从气流中分离，这是静电除尘器的主要除尘机理。但在自然状态下，粉尘的荷电量一般很小，要获得较好的除尘效果，须设置专门的高压电场产生电晕放电，使所有的颗粒物充分荷电。

7. 凝聚

细粒子污染对人类健康危害极大，但高效捕集细粒子代价十分昂贵。若将细粒子增大后再捕集则可达到高效、经济捕集的目的。当细小粒子在各种非均匀场力（如速度场、浓度场、温度场等）的作用下与其他粒子发生碰撞就会凝聚成更大的粒子，这种现象称为凝聚效应。超声波、蒸汽凝结以及加湿等都会使微小粒子逐渐凝聚增大。

工程上采用的除尘器往往都不是单纯依靠一种除尘机理，而是多种除尘机理的综合运用。

5.2.4　除尘器分类

根据主要除尘机理的区别，常用除尘器可分为以下几类：

1）机械力除尘器：粉尘受到的除尘力与其质量有关的除尘设备，又分为重力除尘器、惯性除尘器和离心力除尘器（旋风除尘器）。

2）过滤式除尘器：采用空气动力学捕集机理的净化设备，如袋式除尘器、颗粒层除尘器、纤维过滤器、纸过滤器。

3）湿式除尘器：采用水滴、水雾及水膜进行颗粒物捕集的净化设备，如自激式除尘器、卧式旋风水膜除尘器、文丘里除尘器等。

4）静电除尘器。

按照空气净化程度的不同，可分为：

1）粗净化：用来清除粗大粒子，一般作为多级除尘的第一级。

2）中净化：用于通风除尘系统，净化后的气体含尘浓度需达到排放标准限值以下。

3）细净化：用于通风空调净化系统，净化后的气体含尘浓度需达到工业企业卫生标准限值以下。

4）超净化：用于洁净环境的净化，净化后的空气需满足室内空气洁净度指标，常用计数浓度表示。

5.3　重力沉降室

工业上最简单且最早使用的一种除尘器便是重力沉降室。从结构上来说，重力沉降室就是一个大房间，当携带颗粒物的污染气体进入该空间，气体速度降低到足够低时，粒子就在重力的作用下沉降到底部的灰斗中。其优点是结构简单、维护方便、经久耐用，阻力低，一般为 50～150Pa。缺点是除尘效率低，一般只有 40%～50%，适用于捕集 50μm 以上的粉尘粒子；设备庞大，适合处理中等烟气量的常温或高温气体。重力沉降室主要用于降低具有较高尘源浓度时的预处理，比如烧窑、煅烧炉、研磨机等场合。

5.3.1 工作原理

图 5-11 所示为含尘气体水平流动时，直径为 d_p 的球形粒子的理想沉降过程示意图。粉尘粒子在垂直方向受到两个力的作用，一为沉降力，二为沉降过程中受到的气体阻力。

粒子受到的沉降力 F_g（N）可表示为

$$F_g = \frac{\pi}{6} d_p^3 (\rho_p - \rho_a) g \qquad (5-28)$$

式中　ρ_p——粒子的密度（kg/m^3）；

　　　ρ_a——空气的密度（kg/m^3）。

粒子在沉降过程中受到的气体黏性阻力 F 为

$$F = C_D \frac{\pi}{4} d_p^2 \frac{v^2}{2} \rho_a \qquad (5-29)$$

当粒子受到的沉降力和阻力相等时，粒子在静止空气中做自由沉降时的末端运动速度 v_t 为

$$v_t = \sqrt{\frac{4(\rho_p - \rho_a) g d_p}{3 C_D \rho_a}} \qquad (5-30)$$

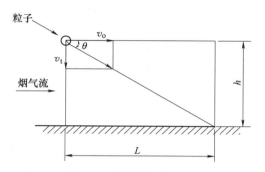

图 5-11　粉尘粒子在水平气流中的理想重力沉降

式中　C_D——空气阻力系数，其值大小与粒子相对气流的运动雷诺数 Re_p 有关，如图 5-12 所示。

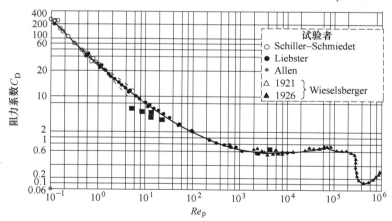

图 5-12　粒子运动阻力系数与雷诺数关系

粒子的相对运动雷诺数 $Re_p = \dfrac{d_p v_r}{\nu}$，其中：$v_r$ 为粒子与气流的相对运动速度；ν 为空气的运动黏度（m^2/s）。

$Re_p \leqslant 1$ 时，阻力系数属于斯托克斯区域，$C_D = 24/Re_p$。

$Re_p = 1 \sim 500$ 时，阻力系数属于艾伦区域，$C_D = \dfrac{24}{Re_p} \left(1 + \dfrac{1}{6} Re_p^{\frac{2}{3}}\right)$。

$Re_p \geqslant 500$ 时，阻力系数属于牛顿区域，$C_D \approx 0.44$。

在通风除尘系统中，粒子运动所受到的阻力通常处于斯托克斯区域内，且 $\rho_p \gg \rho_a$，故可得到粒子的末端沉降速度为

$$v_t = \frac{\rho_p d_p^2 g}{18\mu} \tag{5-31}$$

当尘粒粒径较小时，特别是 $1\mu m$ 以下的粒子，大小与空气中气体分子平均自由程接近（约 $0.1\mu m$），粒子运动时，粒子与周围空气层会发生"滑动"现象，导致气流对粒子运动的实际阻力降低，粒子实际运动速度增大。为保证理论计算的精度，对 $5\mu m$ 以下的粒子，引入库宁汉滑动修正系数 k_c。

$$v_t = k_c \frac{\rho_p g d_p^2}{18\mu} \tag{5-32}$$

常温常压下（空气温度 $t = 20℃$，大气压力 $p = 1atm$），$k_c = 1 + \dfrac{0.172}{d_p}$，$d_p$ 为粒子粒径（μm）。

5.3.2 重力沉降室的设计计算

图 5-13 所示为重力沉降室的结构图，含尘气流进入后，流速迅速降低，在层流或接近层流的状态下运动，其中的尘粒就在重力的作用下落入下部灰斗。

含尘气流在沉降室内的停留时间为

$$t_1 = \frac{l}{v_0} \tag{5-33}$$

式中　l——沉降室的长度（m）；

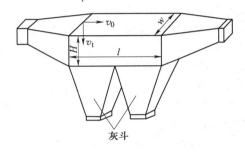

图 5-13　重力沉降室

　　v_0——含尘气流在沉降室内的运动速度（m/s）。

尘粒从除尘器顶部降落到底部的时间为

$$t_2 = \frac{H}{v_t} \tag{5-34}$$

式中　H——重力沉降室的高度（m）。

要想将沉降速度为 v_t 的粒子全部收集，则必须满足 $t_1 \geqslant t_2$，即

$$\frac{l}{v_0} \geqslant \frac{H}{v_t} \tag{5-35}$$

将满足斯托克斯定律的粒子沉降速度计算公式（5-31）代入式（5-35），则得到重力沉降室能 100% 捕集的最小粒径 d_{min} 为

$$d_{min} = \sqrt{\frac{18\mu H v_0}{g\rho_p l}} \tag{5-36}$$

由此可知，凡粒径大于 d_{min} 的粒子均可被捕集，但这是假定气流在层流状态下，若气流处于紊流状态，则除尘效率会下降。沉降室内的气流速度 v_0 需根据尘粒的密度和粒径选取，一般为 $0.3 \sim 2.0m/s$。

重力沉降室的设计计算通常是先根据待捕集的尘粒粒径和密度，计算出其重力沉降速度 v_t，然后选取沉降室内的气流速度和沉降室高度（或宽度），最后计算出其长度和宽度（或高度）：

沉降室长度　　　　　　　　　　　　$$l = \frac{H}{v_t} v_0 \tag{5-37}$$

沉降室宽度

$$W = \frac{L}{Hv_0}$$ (5-38)

式中 L——沉降室处理的烟气量（m^3/s）。

5.4 惯性除尘器

在重力沉降室中设置各种形式的挡板，会使气流方向不断发生折转，利用尘粒的惯性脱离原有流线与挡板发生碰撞而得到捕集，这种除尘器称为惯性除尘器。惯性除尘器从结构上可分为挡板式（见图5-14）和折转式（见图5-15）两类。气流在挡板前的速度越高及流线折转的曲率半径越小，则除尘效率就越高。挡板式除尘器进口气流速度一般取 10m/s，除尘器内气流速度为 3~5m/s，阻力为 100~400Pa；折转式除尘器主要依靠气流急剧折转，颗粒物在惯性力和离心力的作用下得到分离，一般进口气流速度<12m/s，筒体内气流速度≤5m/s。

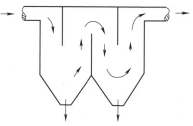

图 5-14 挡板式惯性除尘器

图 5-16 所示的百叶窗式惯性除尘器（也称回流式除尘器）具有外形尺寸小，阻力小（相较于旋风除尘器）的优点。含尘气流从锥形的百叶窗进入后，大部分气体从栅条之间的缝隙流出，而尘粒由于自身的惯性继续保持直线运动，随部分气流（5.0%~20%）一起进入下部灰斗，在重力和惯性力作用下，得到分离。百叶窗式惯性除尘器的气流速度一般取 12~15m/s，阻力为 500~800Pa。

工程中，惯性除尘器主要用于捕集 20~30μm 以上的粗大尘粒，也常用作多级除尘的第一级除尘。定型产品不多，主要是根据需要进行专门设计。

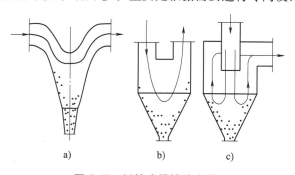

图 5-15 折转式惯性除尘器

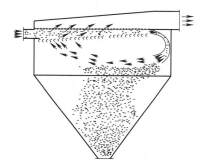

图 5-16 百叶窗式惯性除尘器

5.5 离心力除尘器

离心力除尘器也称为旋风除尘器或气旋式分离器，自 1886 年第一个设计专利获批后得到了不断的改进和发展，因此旋风除尘器的形式繁多，应用广泛。图 5-17 所示为常用旋风除尘器的结构，旋风除尘器由进口、筒体、锥体、排出管和灰斗几部分组成。

旋风除尘器是利用含尘气流旋转过程中尘粒受到的惯性离心力使尘粒从气流中分离的设备，它结构简单、体积小、维护方便。工业上，旋风除尘器通常用来净化 10μm 以上的粉尘，特殊设计的旋风除尘器也可净化 5μm 以上的粉尘。当粉尘密度大于 2g/cm³，旋风除尘器的效果较为明显。同时，旋风除尘器也大量用在气力输送系统中用于物料分离。旋风除尘器一般采用负压操作，如果入口含尘浓度低、粉尘密度小，也可以采用正压操作。多数旋风除尘器的运行阻力为 250~1250Pa。

5.5.1　工作原理

1. 旋风除尘器内气流和尘粒的运动

普通的旋风除尘器就像一个具有旋转阶梯的圆形房子，是一个具有双层旋转流动结构的装置，如图 5-18 所示。含尘气流以某一角度进入旋风除尘器后，被迫进行螺旋形旋转并向下移动，称为外涡旋。外涡旋在到达锥体底部时，被迫转而向上，沿轴心向上旋转，经排出管排出，称为内涡旋。尽管两者一个向下旋转，一个向上旋转，但两个涡旋的旋转方向是相同的。气流中的颗粒物在被迫旋转的同时受到惯性离心力的作用向着容器壁面移动，到达壁面后再沿着壁面向下运动进入底部的灰斗。

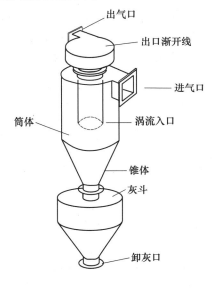

图 5-17　常用旋风除尘器的结构

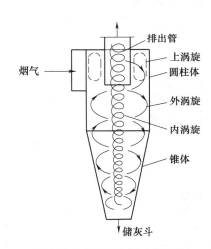

图 5-18　旋风除尘器内部流场

含尘气流在除尘器顶部向下高速旋转过程中，由于贴附射流作用，除尘器的顶部压力会发生下降，一部分气流会裹挟着部分尘粒沿外壁面旋转向上，到达顶部后再沿着排出管外壁旋转向下，从排出管排出，该股旋转气流称为上涡旋。上涡旋会引起上灰环问题，一则造成粉尘的短路现象，引起捕集效率的下降；二则造成顶盖的磨损。除尘器进口与顶盖间保持一定距离，则上涡旋（上灰环）现象就会非常明显。

2. 速度场分布

对旋风除尘器内部流场的测试显示，实际的气流运动非常复杂。除具有切向和轴向速度外，还有径向速度。

（1）切向速度　图 5-19 所示为实测的位于正压管段侧的旋风除尘器某一断面上的切向速度和压力分布图。如图 5-19 所示，气流的切向速度 v_t，在外涡旋随着半径 r 的减小而增大，在内涡旋随着半径的减小而减小，v_t 在内外涡旋交界面上达到最大。旋风除尘器内某一断面上的切向速度分布规律可用下式表示：

外涡旋：

$$v_t^{\frac{1}{n}} r = c \tag{5-39}$$

内涡旋：

$$v_t / r = c' \tag{5-40}$$

式中　v_t——切向速度（m/s）；

　　　　r——距轴心的距离（m）；

c、c'、n——常数，需通过实测确定。

一般 $n = 0.5 \sim 0.8$，当近似取 $n = 0.5$ 时，外涡旋的公式可写成：

$$v_t^2 r = c \tag{5-41}$$

（2）径向速度　实测表明，旋风除尘器内的气流存在径向运动，外涡旋气流的径向速度是向内的，而内涡旋的径向速度是向外的。

在外涡旋，气流的切向分速度和径向分速度对尘粒的分离起着相反的作用，前者产生惯性离心力使尘粒向外壁面运动，而后者则造成尘粒做向心的径向运动，把尘粒推入内涡旋。

如果假定外涡旋气流均匀地经过内外涡旋交界面进入内涡旋，如图 5-20 所示，则在交界面上气流的平均径向速度 w_0 可表示为

$$w_0 = \frac{L}{(2\pi r_0 H)} \tag{5-42}$$

式中　L——旋风除尘器的处理风量（m³/s）；

　　　　H——假想圆柱面（交界面）高度（m）；

　　　　r_0——交界面的半径（m）。一般认为，内外涡旋交界面的半径 $r_0 = (0.6 \sim 0.65) r_p$（$r_p$ 为排出管的半径）。

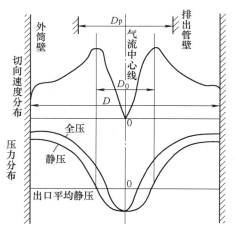

图 5-19　旋风除尘器内的切向速度和压力分布

D—筒体直径　D_0—内外涡旋

交界面直径　D_p—出口直径

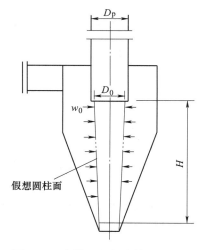

图 5-20　交界面上气流的径向速度

（3）轴向速度　外涡旋的轴向速度向下，而内涡旋的轴向速度向上。内涡旋中，轴向速度随着气流的上升，不断增大，在排出管口部达到最大值。

3. 压力分布

旋风除尘器内轴向各断面的速度分布差别较小，故其轴向压力的变化也不大。但从图 5-19 可看出，在径向的压力变化却非常明显。在外壁附近，静压值最高，轴心处静压最低。试验研究进一步表明，不论旋风除尘器在正压下运行还是负压下运行，旋风除尘器内部的流场规律和压力场规律基本一致。旋风除尘器轴心处的负压能一直延伸到灰斗，测试表明当旋风除尘器进口静压为 +900Pa 时，除尘器下部的静压值可达到 −300Pa。因此，除尘器下部的严密性非常重要，一旦漏风，会有大量空气渗入，将已经分离的颗粒物重新卷入内涡旋，造成除尘效率迅速下降。

5.5.2　旋风除尘器的计算

1. 除尘器的分割粒径

目前工业上使用的普通旋风除尘器，其颗粒物分离机理多采用平衡轨道理论（也称筛分理论），即通过作用在颗粒物上的切向和径向力来分析设备的除尘原理。

尘粒在外涡旋中旋转时，在径向受到两个力的作用：

1）切向速度引起的惯性离心力：

$$F_1 = \frac{\pi d_p^3 \rho_p}{6} \frac{v_t^2}{r} \tag{5-43}$$

式中　v_t——尘粒的切向速度（m/s），可近似认为等于该点气流的切向速度；

　　　r——旋转半径（m）。

2）气流在径向的向心运动对尘粒的向内推动力：

$$P = 3\pi \mu w d_p \tag{5-44}$$

式中　w——气流与尘粒在径向的相对运动速度（m/s）。

颗粒物在径向所受到的两个力方向相反，故作用在尘粒上的合力为

$$F = F_1 - P = \frac{\pi d_p^3 \rho_p}{6} \frac{v_t^2}{r} - 3\pi \mu w d_p \tag{5-45}$$

可以看到，颗粒物受到的惯性离心力与粒径的三次方成正比，而受到的向心推力与粒径的一次方成正比。则必定存在一个临界粒径值 d_k，在该粒径下，离心力引起的向外推移作用和径向气流引起的向内推移作用正好相等，即 $F = F_1 - P = 0$。对于 $d_p > d_k$ 的尘粒，其受到的离心力大于向心推力，尘粒会在离心力的作用下向着旋风除尘器的外壁运动；对于 $d_p < d_k$ 的尘粒，其受到的离心力小于向心推力，尘粒会在向心气流的作用下进入内涡旋。当 $d_p = d_k$ 时，理论上颗粒物受到的径向合力为零，颗粒会在某个径向截面上做旋转运动。德国人 Barth[11] 假想在旋风除尘器内存在一个孔径为 d_k 的筛网，$d_p > d_k$ 的尘粒被阻截在筛网外侧，$d_p < d_k$ 的尘粒通过筛网孔进入内涡旋逃逸掉。而该筛网的位置处于内外涡旋交界面上，此处尘粒受到的惯性离心力最大。理论上，粒径为 d_k 的尘粒会在内外涡旋交界面上不停地旋转。但由于旋风除尘器内气流高度的紊流作用，从概率统计的角度来说，处于这种状态的尘粒有 50% 的可能被捕集，50% 的可能会进入内涡旋逃逸掉，即该粒径尘粒的分离效率为 50%，该粒径被称为分割粒径 d_{p50}，可通过下式计算得到：

$$d_{p50} = \sqrt{\frac{18\mu w_0 r_0}{\rho_p v_{0t}^2}} \tag{5-46}$$

式中　r_0——交界面的半径（m）；

　　　w_0——交界面上气流的径向速度（m/s）；

v_{0t}——交界面上气流的切向速度（m/s）。

典型旋风除尘器的分割粒径也可通过线算图得到，具体方法可查阅参考文献［10］。

筛分理论是从分析单个颗粒在旋风除尘器内的受力和运动来解释其分离净化过程的，没有考虑尘粒之间的相互碰撞和局部涡流对尘粒分离的影响，因此对分割粒径的计算存在很大的不足。实际上，由于尘粒间的互相碰撞，粗大尘粒在向着外壁面运动过程中，也会携带部分细小的粉尘到达外壁面，被捕集下来；相反，在旋风除尘器轴向上，由于径向速度并不是均匀的，部分粗大的尘粒也会在局部涡流和轴向速度的作用下，在到达外壁面前被反向带离，并被卷入内涡旋而排出除尘器，称为粉尘的返混现象。另外，粗大颗粒物碰壁反弹，以

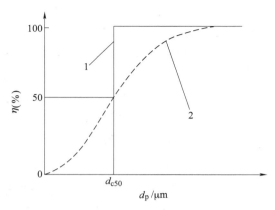

图 5-21　旋风除尘器的效率曲线
1—理论效率曲线　2—实际效率曲线

及一些已被分离的尘粒在下落进入灰斗过程中，也会重新被气流卷起，在锥体底部被旋转向上的气流带走逃逸，这种现象称为二次飞扬现象。由于返混现象、二次飞扬现象和上涡旋等现象的存在，实际的旋风除尘器的效率曲线如图 5-21 所示。在大颗粒范围，实际效率要比理论效率（100%）低；而细小颗粒物的效率又较理论值高。

2. 旋风除尘器的阻力

由于旋风除尘器内部流场非常复杂，阻力系数的计算目前还难以采用统一的公式进行。一般仍是通过试验测试的方法来确定。

$$\Delta p = \zeta \frac{u^2}{2} \rho \tag{5-47}$$

式中　ζ——旋风除尘器的局部阻力系数，通过实测得到；

u——旋风除尘器进口速度（m/s）；

ρ——气体密度（kg/m³）。

5.5.3　影响旋风除尘器性能的主要因素

1. 进口速度

增大旋风除尘器的进口速度，其除尘效率和阻力均会增大，但由于阻力与进口速度的平方成正比，故 u 值不宜过大，考虑到经济的合理性，一般控制在 12~25m/s。

一般情况下，旋风除尘器的气流进口速度应大于等于粒子的输运速度，该值为 12~20m/s。如果粉尘易碎或硬度较大，则一般采用较低的进口速度；如果粉尘密度和硬度都较大，可采用较大的进口速度，此时需在进口加装耐磨板或耐火衬里。

2. 筒体直径 D 和排出管直径 D_p

筒体直径越小，尘粒受到的惯性离心力就越大，分离效率就越高。目前工业上常用的旋风除尘器筒体直径一般不超过 800mm，处理较大风量时，可采用多台相同型号除尘器并联的方式。如果含尘气流中的含尘浓度较大，并且颗粒物易碎，则旋风除尘器可采取较大的筒体直径。

常用旋风除尘器，内外涡旋交界面的直径 $D_0 \approx 0.6 D_p$，故减小内涡旋的直径有利于提高除尘

效率，但也会造成阻力的增大，一般取 $D_p = (0.50 \sim 0.60)D$。

3. 筒体和锥体高度

一般来说，筒体和锥体的高度越高，气流的旋转圈数越多，则颗粒物的分离效果就越好。但由于外涡旋有气流的向心运动，外涡旋在下降时不一定能到达除尘器底部，因此筒体和锥体的总高度过大，对除尘效率影响不大，反而会增加设备阻力。实践证明，筒体和锥体的总高度不宜大于筒体直径 D 的 5 倍。

锥体部分结构应尽量平滑，锥度（与水平面的夹角）大于 60°，该角度也大于大多数粉尘的静止角（堆积角），因此也可以避免粉尘在出口处的搭桥现象。

4. 除尘器下部的严密性

从旋风除尘器内外涡旋静压场（见图 5-19）的分布可以看出，外壁处静压最大，为正值；由外壁向中心，静压逐渐下降，中心静压为负值，且一直延伸到灰斗中。如果外壁面存在漏风，到达壁面的粉尘会直接渗透到大气中；而如果下部不严密，则会将已落入灰斗中的粉尘直接吹入内涡旋，使除尘效率显著下降。

5. 旋风除尘器的进口形式及面积

旋风除尘器的进口形式有切向直入式（见图 5-22a）、蜗壳式（见图 5-22b 和图 5-22c）和轴流式（见图 5-22e）三种。直入式有平顶盖（见图 5-22a）和螺旋形顶盖（见图 5-22d）两种形式。平顶盖直入式会形成"上灰环"导致除尘效率降低，但进口形式简单，加工方便，应用最为广泛。螺旋形旋风除尘器，其顶盖板做成下倾 15° 的螺旋切线形，含尘气体进入除尘器后，沿倾斜顶盖的方向做下旋流动，而不致形成"上灰环"，可消除引入气流向上流动而形成的小旋涡气流，既减少动能消耗，又提高除尘效率。

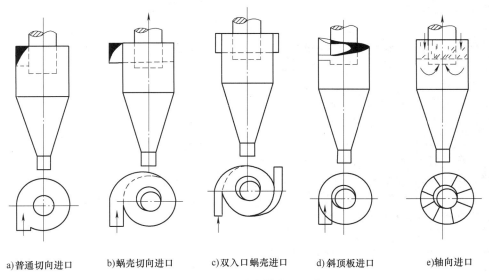

a)普通切向进口　　　b)蜗壳切向进口　　　c)双入口蜗壳进口　　　d)斜顶板进口　　　e)轴向进口

图 5-22　旋风除尘器进口形式

蜗壳式进口方式可避免进口气流与排出管发生直接碰撞，如图 5-23 所示，既可避免粉尘对排出管的磨损，又有利于除尘效率和阻力的改善。试验表明，渐开线角度 180°，效率最高。采用多个渐开线进口对除尘效率更为有利。

轴流式进口方式主要用于多管旋风除尘器的旋风子进风。该种进风方式气流的旋转强度较低，因此效率较低。

旋风除尘器的进口形状通常为矩形，气流将以楔形切向进入旋风除尘器。进口宽度大约为进口高度的一半。进口断面面积相对于筒体断面面积小时，进入除尘器的气流切向速度大，利于粉尘分离。一般将筒体断面面积与进口断面面积之比 K 称为相对断面比，它是衡量除尘效果的一个重要指标。根据 K 值大小，通常可将旋风除尘器分为以下三类：

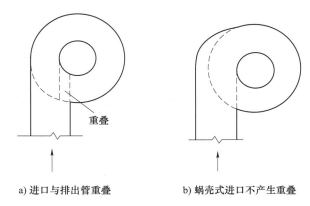

图 5-23　蜗壳式进口的优点

a) 进口与排出管重叠　　b) 蜗壳式进口不产生重叠

1）高效旋风除尘器：$K=6\sim13.5$。

2）普通旋风除尘器：$K=4\sim6$。

3）大流量旋风除尘器：$K<3$。

井伊谷冈一[12]建议进口断面面积的平方根 $\sqrt{B_0H_0}$ 取圆筒体直径 D 的 30%～35%。此时 K 值为 6.4～8.7，对应的是高效旋风除尘器。

6. 旋风除尘器的出口

出口管内是一个上升的旋流，速度一般为 17～20m/s，有时甚至更高。为了避免粉尘从入口气流短路直接进入出口，出口管段一般尽可能长地向下伸入筒体，但不能超过筒体长度。如果出口管口伸入锥体，则到达壁面的粉尘会被吸入出口管，降低分离效率。出口管的长度为进口高度的 1.2～1.5 倍即可。

对较高切向进口速度（大于 30m/s）的旋风除尘器，可在出口处安装导流叶片控制气流漩涡。

旋风除尘器的出口形式有反转式和直通式两种，反转式的使用较为普遍。

7. 旋风除尘器的排灰装置

旋风除尘器下部灰斗发生漏风后，效率会急剧下降，因此旋风除尘器的灰斗设计既要保证不漏风，又要能够连续稳定排灰。常

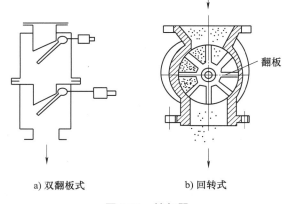

a) 双翻板式　　b) 回转式

图 5-24　锁气器

用的连续排灰系统有双翻板式锁气器和回转式锁气器两种，如图 5-24 所示，用于收尘量较大且需连续排灰的场合。

表 5-10 列出了旋风除尘器结构尺寸对性能的影响。有些因素对效率有利，但对阻力不利，在工程设计中应进行优化。

5.5.4　旋风除尘器的分类

旋风除尘器经过一百多年的发展，目前种类繁多，方式各异。

（1）**按选用角度分类**　按选用角度，可分为：

1）高效型，筒体直径较小，用于分离较细粉尘，除尘效率可达 95% 以上。

2）大流量型，筒体直径较大，用于处理较大烟气量的含尘气流，效率大致为 50%～80%。

表 5-10　旋风除尘器结构尺寸对性能的影响[10]

增加	阻力	效率	造价
除尘器直径 D	降低	降低	增加
进口面积（风量不变）	降低	降低	—
进口面积（风速不变）	增加	增加	—
圆筒长度 L_e	略降	增加	增加
圆锥长度 Z_c	略降	增加	增加
圆锥开口 J_e	略降	增加或降低	—
排气管插入长度 S	增加	增加或降低	增加
排气管直径 D_p	降低	降低	增加
相似尺寸比例	几乎无影响	降低	—
圆锥角 $2\arctan\left[(D-D_p)/(H-L_e)\right]$	降低	20°~30° 为宜	增加

3）通用型，处理风量适中，结构形式多样，除尘效率为 70%~85%。

4）防爆型，本身带有防爆阀，具防爆功能。

（2）按结构形式分类　按结构形式，可分为：

1）长锥体旋风除尘器（CZT 型）。图 5-25 所示的长锥体旋风除尘器具有体积小、用料省、除尘效率高的特点，适用于捕集非黏性的金属、矿物细尘和纤维性粉尘，特别对纤维性的棉尘除尘效率较高。对中位径 14.5μm 的滑石粉试验粉尘，效率可达 92%。

其结构特点是具有较长的锥体（锥体长度为 2.8D 时效率达到最高），几乎没有圆筒体，多采用蜗壳进口形式。

2）圆筒体旋风除尘器（XZZ 型）。如图 5-26 所示圆筒体旋风除尘器，设有直通型旁室，可

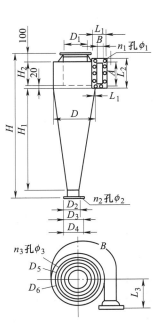

图 5-25　CZT 型长
锥体旋风除尘器

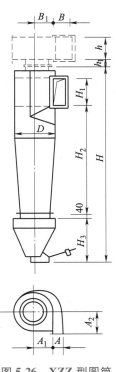

图 5-26　XZZ 型圆筒
体旋风除尘器

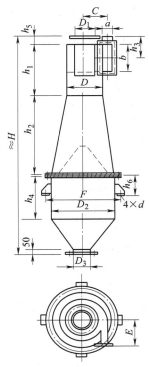

图 5-27　XLK 型扩
散式旋风除尘器

消除上灰环现象，且不易堵塞。设计了接近直筒形的锥体结构，消除了下灰环的形成，避免了局部磨损和粗颗粒粉尘的反弹现象，提高设备使用寿命和除尘效率。底部设有平板型反射屏，阻止下部粉尘的二次飞扬；扩散状出口芯管降低了阻力。当分割粒径 $d_{p50} = 7.35\mu m$ 时，整体的除尘效率为90.3%。该类型旋风除尘器可组成双筒、四筒等多种组合结构满足多种风量工况的需求。

3）扩散式旋风除尘器（XLK 型）。扩散式旋风除尘器如图 5-27 所示，结构特点是 180°蜗壳形入口（$K = 0.26$），锥体为倒置，锥体下部有一圆锥形反射屏。当外涡旋旋转到底部时，靠反射屏的作用使绝大部分气流转变为内涡旋。

被分离下来的尘粒随小部分气流从反射屏四周的缝隙落入灰斗中，这一小部分旋转气流由反射屏中心孔上升时，由于反射屏的挡灰作用，避免了灰箱中粉尘再次被带走，这样便提高了除尘效率。对负荷（气体量）变化的适应性也强一些。由于锥体是向下渐扩的，所以磨损较轻。XLK 型扩散式旋风除尘器的制造精度要求较高，尤其是反射屏的透气孔要对准中心。

滑石粉试验结果表明，阻力为 1000Pa 时，D200 的除尘效率为95%；D700 的除尘效率为90%。进口推荐气流速度为 14~18m/s；相应阻力为 800~1600Pa。

4）旁路式旋风除尘器（XLP 型）。旁路式旋风除尘器是一种增设旁路分离室的高效旋风除尘器，如图 5-28 所示。当旋风除尘器的顶盖与进口之间保留一定距离时，在该空间内上涡旋气流明显，细小颗粒物在顶部积聚，形成上灰环现象。为消除上灰环，在旋风除尘器上专门设置旁路分离室，以便在上部积聚的细小颗粒物能够经过旁路进入除尘器的下部，并落入灰斗。进口气流速度为12~20m/s，阻力为 500~1400Pa。试验证实：当关闭除尘器的旁路系统时，其效率将显著下降。旁路狭小，容易积灰堵塞是旁路式旋风除尘器运行中应避免的问题。

使用分割粒径 $d_{p50} = 14\mu m$ 的滑石粉（$\rho_c = 2700kg/m^3$）为试验粉尘，在进口风速 $u = 17.5m/s$ 时，测量得到的旁路式旋风除尘器效率为85%。旁路式旋风除尘器的正常运行阻力为 800~1100Pa。

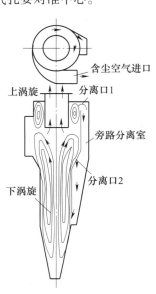

图 5-28　旁路式旋风除尘器

（3）按组合角度分类　按从组合角度，可分为：

1）单筒串联。旋风除尘器的串联使用是将多个不同除尘效率的旋风除尘器串联起来，越是后段的除尘器，气体的含尘浓度越小，细粉尘的含量也越多，对除尘器除尘性能的要求也越高。图 5-29 所示为同直径不同锥体长度的三级串联式旋风除尘器组，这种方式布置紧凑，第一级锥体较短，净化粗颗粒粉尘，第二、三级锥体逐次加长，净化较细的粉尘。

串联式旋风除尘器的处理气体量取决于第一级除尘器的处理量；总压力损失等于各级除尘器及连接件的压力损失之和，并乘以系数 1.1~1.2。

2）多管并联。通常情况下，为提高除尘效率，旋风除尘器的筒体直径均不大，每台除尘器的处理风量有限。当处理较大风量时，可将许多小直径（100~250mm）的旋风管（俗称旋风子）并联使用，称为多管式旋风除尘器，如图 5-30 所示。含尘气流沿着轴向在螺旋形导流叶片的作用下进入旋风子做旋转运动，从而净化分离粉尘颗粒物。试验表明：多管旋风子的除尘效果较单个旋风子差，其主要原因在于每个旋风子进出口间存在静压差，导致进风量不同，因此保证各个旋风子进风均匀性是多管式旋风除尘器设计运行的关键。

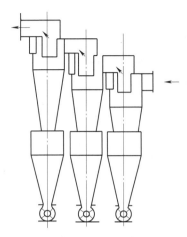

图 5-29　三级串联式旋风除尘器

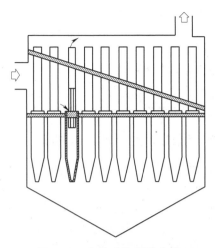

图 5-30　多管式旋风除尘器

多管式旋风除尘器主要用于高温烟气的净化，可处理含尘浓度较高的（100g/m³）气体，不宜处理黏性大的颗粒物，以免堵塞。

（4）按安装方式分类　按安装方式，可分为立式和卧式两种。卧式旋风除尘器也称为牛角弯式旋风结构，如图 5-31 所示。在主要设计参数相同的情况下，旋风除尘器的安装方式不影响其效率。

（5）按气流流动路径分类　按气流流动路径，可分为（切向）反转式和直入式（轴流式）。在相同压力损失下，轴流式的处理风量是前者的 3 倍左右。

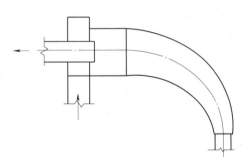

图 5-31　卧式旋风除尘器

5.6　湿式除尘器

湿式除尘器既能有效捕集 $0.1 \sim 20 \mu m$ 的固态或液态粒子，也能脱除气态污染物，因此在工业烟气治理中得到普遍应用。

湿式除尘器的优点：

1）在能耗相同的情况下，湿式除尘器的除尘效率高于干式除尘器，文丘里除尘器对于 $0.1 \mu m$ 的粉尘仍具有很高的除尘效率。

2）湿式除尘器适用于处理高温、高湿以及黏性较大的粉尘。

3）湿式除尘器可同时净化粉尘和有害气体。

4）结构简单，一次投资低，占地面积少。

湿式除尘器的缺点：

1）产生的泥浆需进行处理，否则造成二次污染。

2）当烟气中含有腐蚀性气体时，污水系统需要用防腐材料保护。

3）不适用于憎水性粉尘和水硬性粉尘。

4）寒冷地区要考虑设备冬天的防冻结问题和排气冷凝形成的水雾烟雨。

湿式除尘器与有害气体净化（第 6 章）用的吸收塔具有相类似的工作原理，故有些文献将它们统称为洗涤器（scrubber）。水与含尘气流接触大致有三种形式：①水滴，采用机械喷雾或其他方式使水形成大小不同的水滴，分散于气流中成为捕尘体，如喷淋塔、文丘里除尘器；②水膜，捕尘表面形成水膜，气流中的粉尘由于惯性、离心力等作用撞击到水膜上被捕集，如旋风水膜除尘器、填充式洗涤器等；③气泡，气流穿过水层，产生不同大小的气泡，粉尘在气泡中在惯性、重力和扩散作用下沉降，如泡沫除尘器。

5.6.1　湿式除尘器的除尘机理

1）惯性碰撞、接触阻留：尘粒在惯性作用下与液滴或液膜发生碰撞和接触，使尘粒加湿、增重、凝聚。

2）扩散：细小尘粒在扩散作用下与液滴或液膜接触并被拦截。

3）烟气增湿，导致尘粒的凝聚性增加。

4）高温烟气中水蒸气冷却凝结时以尘粒为凝结核，尘粒表面形成一层液膜，增强了尘粒的凝聚性。

目前常用湿式除尘器主要利用尘粒与液滴或液膜的惯性碰撞进行除尘，但 $1\mu m$ 以下尘粒的净化主要利用后三个机理。下面仅就惯性碰撞和扩散机理做简要分析。

（1）惯性碰撞　含尘气流与液滴相遇，在液滴前 x_d 处气流会改变方向，绕液滴流动。惯性大的尘粒则会保持原有直线运动的趋势，尘粒主要受力为尘粒本身的惯性力和气流阻力。将尘粒从脱离流线到惯性运动结束所移动的直线距离称为尘粒的停止距离，以 x_s 表示。若 $x_s > x_d$，尘粒将和液滴发生碰撞而被捕集。除尘技术中，将 x_s 与液滴直径 d_y 的比值定义为惯性碰撞数 N_i，可用下式表示：

$$N_i = \frac{x_s}{d_y} = \frac{v_y d_p^2 \rho_p}{18\mu d_y} \tag{5-48}$$

式中　v_y——尘粒与液滴的相对运动速度（m/s）；

d_y——液滴直径（m）；

d_p——尘粒直径（m）；

ρ_p——颗粒物的密度（kg/m^3）；

μ——空气动力黏度（Pa·s）。

惯性碰撞数 N_i 是反映惯性碰撞特征的一个无因次特征数，其值越大说明尘粒和物体（如液滴、液膜、纤维等）的碰撞机会越多，碰撞就越强烈，因惯性碰撞造成的除尘效率就越大。从式（5-48）中可以看到，当尘粒直径 d_p 和密度 ρ_p 一定时，惯性碰撞数的大小就取决于尘粒与液滴的相对运动速度和液滴直径。对于已定的湿式除尘器，要提高 N_i 值，就必须提高气液的相对运动速度 v_y 和减小液滴直径 d_y。目前工程上常用的湿式除尘器均是围绕着这两个因素而发展的。但并非液滴直径 d_y 越小就越好，d_y 越小，液滴随气流的跟随性越好，会减小气液的相对运动速度。试验结果表明，液滴直径为尘粒直径的 150 倍左右时，尘粒与液滴的碰撞概率最大，过大或过小都会使除尘效率下降。气流速度也不宜过大，以免阻力增加。

（2）扩散　根据式（5-48）计算可看出，当尘粒粒径 d_p 小于 $1\mu m$ 时，粒子的惯性碰撞数 N_i 非常小，约等于零。但实际的除尘效率不为零，这是因为尘粒向液滴表面的扩散起了作用。尘粒粒径 d_p 越小，扩散效应越强烈。粒子扩散转移量与尘液接触面积、扩散系数以及颗粒物浓度成正比，与液体表面的液膜厚度成反比。扩散系数可按下式计算：

$$D = \frac{kTC_u}{3\pi\mu d_p} \tag{5-49}$$

式中　k——玻耳兹曼常量，$k = 1.38058\times10^{-23} \mathrm{J/K}$；

　　　T——烟气温度（K）；

　　　C_u——库宁汉修正系数；

　　　μ——空气动力黏度（Pa·s）。

由式（5-49）可以看出，尘粒粒径 d_p 越小，其扩散系数就越大。例如，在 25℃的空气中，$0.1\mu m$ 粒子的扩散系数为 $6.5\times10^{-6} \mathrm{cm^2/s}$；而 $0.01\mu m$ 粒子的扩散系数就达到 $4.4\times10^{-2} \mathrm{cm^2/s}$，是前者的 6769 倍。由此可见，粒径对除尘效率的影响，扩散效应与惯性碰撞效应是相反的。

工业上单纯利用扩散机理的除尘装置几乎没有，但是细小尘粒在湿式除尘器或袋式除尘器上的捕集与扩散和凝聚等机理密不可分。故，当处理细小尘粒时，可有意识强化扩散机理，提高对细小微粒的捕集效率。

5.6.2　湿式除尘器的性能参数

1. 湿式除尘器的除尘效率

一般来说，净化特定的粉尘，除尘效率越高，消耗的能量就越大。对湿式除尘器，主要就是要求消耗最少的液体获得最好的除尘效率。湿式除尘器的总效率是气液两相之间接触率的函数，用下式表示：

$$N_{og} = -\int_{c_1}^{c_2} \frac{dc}{c} = -\ln\frac{c_2}{c_1} \tag{5-50}$$

式中　N_{og}——气液之间的传质单元数；

　　　c_1、c_2——装置进口和出口处污染物的浓度值。

总净化效率为

$$\eta = \left(1 - \frac{c_2}{c_1}\right)\times100\% = (1 - e^{-N_{og}})\times100\% \tag{5-51}$$

除尘器的总能量消耗 E_t 等于气体能耗 E_G 与液体能耗 E_L 之和，即

$$E_t = E_G + E_L = \frac{1}{3600}\left(\Delta p_G + \Delta p_L \frac{Q_L}{Q_G}\right) \tag{5-52}$$

式中　Δp_G——气体通过除尘器的压力损失；

　　　Δp_L——液体侧的压力损失；

　　　Q_L、Q_G——气体和液体的流量，两者的比值称为气液比。

传质单元数 N_{og} 和总能耗 E_t 可以用一个经验公式表示为

$$N_{og} = \alpha \cdot E_t^{\beta} \tag{5-53}$$

式中　α、β——特征参数，分别取决于尘粒的特性和除尘器的结构形式，表 5-11 为部分工业应用场合下的典型值。

2. 湿式除尘器的阻力损失

湿式除尘器气流侧的阻力损失可表示为

$$\Delta p \approx \Delta p_{jg} + \Delta p_p + \Delta p_{ry} + \Delta p_{ky} \tag{5-54}$$

式中　Δp_{jg}、Δp_p、Δp_{ry}、Δp_{ky}——除尘装置进出口的结构阻力、气液接触区（工作区）的阻力、配气装置的阻力和脱水器的阻力（Pa）。

表 5-11　部分工业应用场合下 α、β 的典型值[7]

粉尘或尘源类型	α	β	粉尘或尘源类型	α	β
LD 转炉粉尘	4.450	0.4663	石灰窑粉尘	3.567	1.0529
滑石粉	3.626	0.3506	从黄铜熔炉排出的氧化锌	2.180	0.5319
磷酸雾	2.324	0.6312	从石灰窑排出的碱	2.200	1.2295
化铁炉粉尘	2.255	0.6210	硫酸铜气溶液	1.350	1.0679
炼钢平炉粉尘	2.000	0.5688	肥皂生产排出的雾	1.169	1.4146
从硅钢炉升华的粉尘	1.266	0.4500	从吹氧平炉升华的粉尘	0.880	1.6190
鼓风炉粉尘	0.955	0.8910	不吹氧平炉粉尘	0.795	1.5940

　　一般情况下，空心喷淋塔需装设配气格栅，填充式及湍球式不必装设强制配气机构。

　　工程上使用的湿式除尘器类型很多，其压力损失范围也较大，一般为 0.2~9kPa。按照其压力损失大小，湿式除尘器可大致分为低能耗洗涤器和高能耗洗涤器。低能耗洗涤器的压力损失一般小于 1.5kPa，如喷淋塔、旋风洗涤器等；高能耗洗涤器是指大于 2.5kPa 的，如文丘里洗涤器。而筛板塔和填料塔通常介于两者之间，属于中等能耗的洗涤器。

5.6.3　主要湿式除尘器的结构形式

　　湿式除尘器的种类很多，但是按照气液的接触方式，可分为两大类：

　　第一类是液体洗涤含尘气体，尘粒随气流一起冲入液体内部，尘粒加湿后被液体捕集。如自激式除尘器、卧式旋风水膜除尘器、泡沫塔等。

　　第二类是用各种方式向气流中喷入水雾，使尘粒与液滴、液膜发生碰撞。如文丘里除尘器、喷淋塔等。

　　1. 自激式除尘器

　　典型的自激式除尘器有水浴式除尘器、冲激式除尘器等。它是利用气流与液面的高速接触激起大量水滴，使尘粒从气流中分离。

　　（1）水浴式除尘器　图 5-32 所示是一种常用水浴式除尘器的示意图，除尘器内预存一定量的水，含尘气流以高速从喷口中喷入液体中，激起大量泡沫和水滴。粗大尘粒直接沉降在水池内，细小尘粒在上部空间和水滴碰撞后，由于凝聚、增重而被捕集。除尘效率一般为 80%~95%，阻力损失为 400~700Pa。

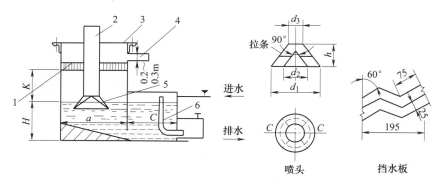

图 5-32　水浴式除尘器

1—挡水板　2—进气管　3—盖板　4—排气管　5—喷头　6—溢水管

喷头的埋入深度一般可按表 5-12 选取，气体离开水面上升速度不大于 2m/s，以免带出水滴。水浴式除尘器构造简单，造价低，可在现场用砖或钢筋混凝土构筑，适合于中小型工厂使用；缺点是泥浆治理较麻烦。

表 5-12　喷头的埋入深度

粉尘性质	埋入深度/mm	冲击速度/（m/s）
密度大、粒径大的粉尘	−30~0	10~14
	0~+50	14~40
密度小、粒径小的粉尘	−100~−50	5~8
	−50~−30	8~10

注："+"表示离水面距离；"−"表示插入水层深度。

（2）冲激式除尘器　图 5-33 所示是冲激式除尘器示意图，冲激式除尘器由通风机、除尘器、排泥浆设备和水位自动控制装置等组成。含尘气体冲激在液面上，随后以 10~35m/s 的速度通过 S 形通道，使气液充分接触，然后经挡水板后排出。粗大尘粒直接沉降在泥浆斗内，细小粒子经过碰撞、扩散凝聚后沉降入泥浆斗。泥浆斗底部设置刮板运输机自动清理沉积的泥浆。

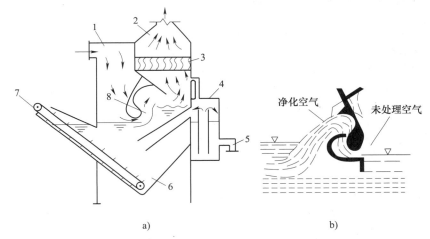

图 5-33　冲激式除尘器示意图
1—含尘气体进口　2—净化气体进口　3—挡水板　4—油滤箱
5—溢流口　6—泥浆斗　7—刮板运输机　8—S 形通道

2. 旋风洗涤器

旋风洗涤器是在旋风除尘器的筒体内壁上形成一层水膜，可有效防止颗粒物在器壁上的反弹、冲刷等引起的二次飞扬，因而可提高除尘效率。图 5-34 所示为相同大小干、湿两种普通旋风除尘器分级效率的比较，对于 5μm 的粉尘，干法清灰的只有 70% 左右，而湿法的可高达 87%。由此可见，湿式除尘器较干式除尘器的效率有明显提高。

图 5-35 所示是卧式旋风水膜除尘器和立式旋风水膜除尘器的示意图。除尘器筒体内壁形成稳

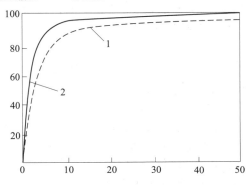

图 5-34　干湿旋风除尘器的分级效率
1—干式　2—湿式

定且均匀的水膜是保证除尘器正常工作的必要条件。为此必须：①喷嘴布置均匀，间距不宜过大，一般为 300~400mm；②入口气流速度不宜过大，一般为 15~22m/s；③供水压力要稳定，一般为 30~50kPa；④筒体内表面平整光滑，无凹凸不平及凸出的焊缝等。

当处理腐蚀性烟气时，为防腐需要，会采用厚 200~250mm 的花岗石制作筒体，称为麻石水膜除尘器。麻石水膜除尘器的入口气流速度可取 15~22m/s（筒体流速为 3.5~5.0m/s），耗水量为 0.10~0.30L/m³，阻力为 400~700Pa，其除尘效率略低于普通的立式水膜除尘器。

旋风洗涤器特别适用于处理烟气量大，含尘浓度高的场合。

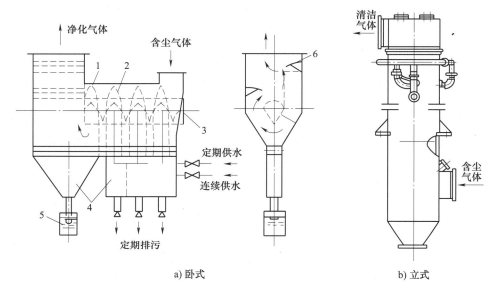

图 5-35　旋风水膜除尘器的示意图
1—外筒　2—螺旋导流片　3—内筒　4—灰斗　5—溢水筒　6—檐水板

3. 文丘里除尘器

文丘里除尘器最早应用于工业是在 1946 年，典型的文丘里除尘器主要由三部分组成，引水装置（喷雾器）、文氏管体及脱水器，分别实现雾化、凝并和除尘三个过程，如图 5-36 所示。含尘气体首先进入渐缩管，速度增加，静压降低。在喉口处，气流速度达到最大。喷嘴喷出的水滴在高速气流的冲击下进一步雾化。喉管中，气液两相充分混合，尘粒在不断碰撞过程中，凝并成更大的颗粒物。在脱水器中，尘粒与水滴一起被除下。

文丘里除尘器的除尘效率主要取决于如下一些因素：

1）喉管气流速度：喉管中的气流速度越大，除尘效率就越高，但阻力也越大。高效文丘里除尘器喉管速度高达 60~120m/s，净化 1.0μm 以下的粒子，效率可达 99%~99.9%，但阻力也高达 5000~10000Pa；喉管流速降至 40~60m/s 时，净化效率为 90%~

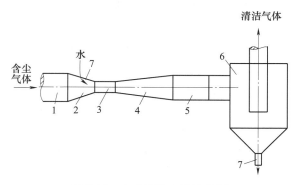

图 5-36　文丘里除尘器结构图
1—入口风管　2—渐缩管　3—喉管　4—渐扩管
5—风管　6—脱水器　7—喷嘴

95%，阻力为 600~5000Pa。

2）水滴雾化情况：水雾的形成主要依靠喉管中高速气流对水滴的撕裂作用，**雾化效果受到气流速度和水压等的影响**。喷雾的方式有中心轴向喷水、周边径向内喷、径向外喷和溢流供水四类。

3）水气比：水气比也是决定除尘器性能的重要参数。水气比增加，除尘效率和阻力均增加，通常水气比为 $0.3~1.5L/m^3$。

文丘里除尘器是一种高效湿式除尘器，适用于处理高温、高湿和有爆炸性危险的气体。缺点是阻力大，噪声大。目前主要应用于冶金、化工等行业的高温、高湿烟气处理。如吹氧转炉炼钢的烟气处理，烟气温度可高达 $1600~1700℃$，含尘浓度为 $25~60g/m^3$，粒径大部分在 $1.0μm$ 以下。

4. 空心喷淋式除尘器

空心喷淋式除尘器较为古老，其设备体积大、效率低；但结构简单，便于制作和采取防腐蚀处理，阻力小，不易被灰尘堵塞，因此工业上仍有使用。图 5-37 所示是一种典型的逆流空心喷淋塔，塔体一般采用钢板制成，也可采用钢筋混凝土制作。

喷淋塔除尘的主要机理是以水滴作为捕尘体，在惯性、截留和扩散的作用下将粉尘捕集，其中以惯性作用为主。喷淋塔的除尘效率与喷水量有关，喷水量越大，效率越高。一般情况下，喷淋的液滴直径在 1mm 左右，液气比可取 $0.4~1.35L/m^3$。其次，喷淋塔的气流速度越小，对除尘效率越有利，一般控制在 $1.0~1.5m/s$。

一般对 $>10μm$ 的粉尘，喷淋塔的除尘效率可达 70% 左右；对于 $0~5μm$ 的粉尘，效率较低，因此多数情况下，喷淋塔用作降低烟气的温度和预除尘。例如，静电除尘器前，设置喷淋塔可用作烟气的调质，改善烟尘的导电性。

5. 强化湿式除尘器

如何在降低能耗的情况下，提高湿式除尘器的性能是近年来研究的方向。强化湿式除尘器的主要方式是利用冷凝凝并作用、静电作用以及发泡剂作用等。

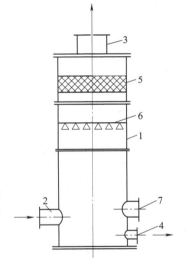

图 5-37　空心喷淋塔

1—塔体　2—进口　3—烟气排出口　4—液体排出口　5—除雾装置　6—喷淋装置　7—清扫孔

冷凝凝并作用主要包括温度梯度（热致迁移）、浓度梯度（扩散迁移）以及水蒸气冷凝或其组合作用提高对细微粉尘的捕集效率。水蒸气冷凝是以微小尘粒作为冷凝核，冷凝凝并后形成大颗粒便于捕集。如 Solivore 洗涤器（见图 5-38），这种洗涤器对 $0.04μm$ 的尘粒都具有较好的除尘效果，尤其适用于含尘浓度高和高温气体的净化，其阻力只相当于文丘里除尘器的 $1/7~1/5$。

对粉尘或水滴进行荷电都可以强化湿式除尘器的除尘效率，据此也设计了多种静电洗涤器。

5.6.4　湿式除尘器的脱水装置

含尘气体在湿式除尘器中经处理后，会夹带液滴，防止气流将液滴带出除尘器是保证湿式除尘器正常运行的重要措施。常用的脱水装置有重力脱水器、惯性脱水器、旋风脱水器、丝网脱水器和弯头脱水器等，脱水器既可设置在除尘器内部，也可单独设置。各种脱水器所能脱除的液滴尺寸、脱水效率和阻力值见表 5-13。

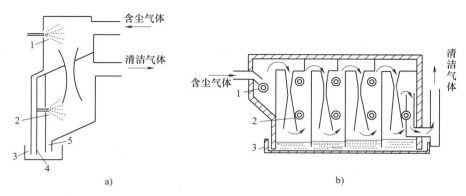

图 5-38　Solivore 洗涤器

1—细喷喷嘴　2—粗喷喷嘴　3—水槽　4—大粒子沉降　5—小粒子沉降

表 5-13　各种脱水器的效能指标

脱水器类型	脱除液滴直径/μm	脱水效率（%）	阻力/Pa
重力脱水器	150	96	9~17
惯性脱水器	100	99	150
旋风脱水器	5	50	800~1500
	20	99	
丝网脱水器	10	99	200

5.7　电除尘器

电除尘器是利用静电场产生的电力使尘粒从气流中分离的设备，作为一种高效除尘器，具有以下优点：①效率高，对微小粒子除尘效率可达 99% 以上；②阻力低，由于尘粒从气流中分离的能量是直接提供给尘粒的，一般电除尘器的阻力仅有 100~200Pa；③可处理高温（350℃ 以下）、高湿的气体。电除尘器的主要缺点是对粉尘颗粒的比电阻有要求。

5.7.1　电除尘器的工作原理

电除尘器工作过程大致为以下几个步骤：①气体电离过程；②尘粒荷电过程；③荷电粉尘向着集尘极运动过程；④荷电粉尘在集尘极上释放电荷过程；⑤粉尘从集尘极上脱离过程。

1. 气体电离和电晕放电

由于辐射和摩擦等原因，空气中本就含有少量的自由离子，单靠这些自由离子无法使含尘气流中的尘粒充分荷电。电除尘器中通常采用高压电场强制荷电的方式，如图 5-39 所示。高压直流电源的负极作为放电极，正极作为集尘极。气流中的自由离子在电场作用下向着两极运动，形成极间电流，电压越高，离子运动速度就越大。极间电流大小与自由离子的数量和运动速度有关。放电极通常采用尖端放电，放电极附近具有很高的电场强度，离子获得较高的能量和速度，当它们撞击周围的中性原子时，中性原子电离产生正、负离子，该现象称为空气电离。一旦产生空气电离，电极间运动的离子数量会迅速增加，极间电流（也称为电晕电流）急剧变大。当放电极周围的空气被全部电离后，可看到放电极周围有一圈淡蓝色的光晕，称为电晕。该现象称为电晕放电现象，放电极称为电晕极。

在均匀电场中，某一点的空气被电离，则极间空气将全部被电离，电除尘器也会发生击穿，故电除尘器内必须是非均匀电场。在非均匀电场中，离放电极较远的地方，电场强度较小，离子运动速度小，空气无法被电离。随着电压增高，空气电离区（电晕）范围会逐渐增大，当电晕区范围接近集尘极时，极间空气被全部电离，产生火花放电，电场被击穿，电路短路，电除尘器停止工作。

电除尘器电晕电流与电压间的关系如图 5-40 所示。开始产生电晕放电的电压称为起晕电压，正常运行的电除尘器，电晕范围通常局限在电晕极周围几毫米的范围内。Peek[18] 最早给出了电晕起始场强的经验公式：

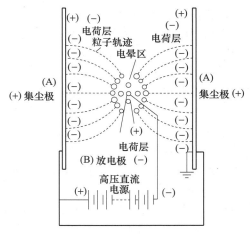

图 5-39　电除尘器的工作原理

$$E_{\text{onset}} = E_0 m\delta \left[1 + \frac{k}{\sqrt{\delta r_0}} \right] \tag{5-55}$$

式中　E_{onset}——导体表面电晕的起始场强（kV/cm）；

　　　m——放电极表面粗糙度系数，光滑表面 $m=1$，实际放电极 $m=0.5 \sim 0.9$；

　　　r_0——导体半径（cm）；

　E_0、k——常数，与导体表面所加电压特性有关；

　　　δ——空气相对密度，$\delta = \dfrac{273+t_0}{273+t} \cdot \dfrac{p}{p_0}$，其中 t_0、p_0 为标准状态下气体的温度和压力，分

　　　　　别为 20℃ 和 101.325kPa；t、p 为实际工作状态下烟气的温度和压力。

将电除尘器发生花火击穿时的电压叫作击穿电压。击穿电压除与放电极的形式有关，还与放电极的极性以及两极间的距离有关。如图 5-41 所示，相同的电压下，负电晕能产生较高的电晕电流，其击穿电压也高，这是因为负离子的运动速度较正离子的大。

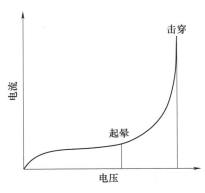

图 5-40　电除尘器的电晕
电流与电压间的关系

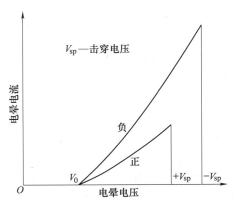

图 5-41　正负电晕极下的
电晕电流-电压曲线

2. 粒子的荷电过程

电除尘器的空间可分为电晕区和电晕外区。中性原子在电晕区被电离，产生正负离子。对工业电除尘器，正离子迅速向负极（电晕极）移动，撞击负极产生更多的电子。负离子进入电晕外区，向着阳极运动。含尘气体通过电除尘器时，粉尘粒子与正、负离子接触荷电。由于电晕区范围很小，只有少量的粒子获得正电荷，沉积在电晕极上。多数粒子通过电晕外区获得负电荷，最终沉积在阳极板（集尘极）上。

电除尘器中，离子在电场中做定向运动，含尘气流横向进入电场。粒子的荷电（粒子与离子的结合）存在两种不同的机理：一种是电场荷电，是离子与尘粒发生碰撞而产生的荷电；另一种是扩散荷电，为粒子扩散运动时与离子的接触。$d_p > 0.5\mu m$ 的粒子，通常以电场荷电为主；$d_p < 0.2\mu m$ 的粒子，通常以扩散荷电为主；d_p 介于 $0.2 \sim 0.5\mu m$ 的粒子，则两者兼而有之。

粒子荷电过程中，随着粒子上电荷的增多，粒子周围会形成一个与外加电场相反的电场，其场强越来越强，最后导致离子无法到达粒子表面，粒子上的电荷达到饱和。此时的荷电量称为饱和荷电量。

电场荷电过程中，球形粒子的饱和荷电量可通过下式计算：

$$q_{field} = 4\pi\varepsilon_0 \left(\frac{3\varepsilon_p}{\varepsilon_p + 2} \right) \frac{d_p^2}{4} E_f \tag{5-56}$$

式中　ε_0——真空介电常数，$\varepsilon_0 = 8.85 \times 10^{-12} C/(N \cdot m^2)$；

ε_p——粒子的相对介电常数，与颗粒物的导电性能有关，导电材料 $\varepsilon_p = \infty$，绝缘材料 $\varepsilon_p = 0$，常见粉尘的介电常数见表 5-14；

E_f——放电极周围的电场强度（V/m）。

表 5-14　常见粉尘的介电常数[7]　　　　［单位：$C/(N \cdot m^2)$］

物质名称	锌粉	硅粉	水泥	氧化铝粉	玻璃球	滑石粉	飘尘	白砂糖	淀粉	硫黄粉末	合成树脂粉
介电常数	12	4	5~10	6~9	5~8	5~10	3~8	3	5~7	3~5	2~8

扩散荷电下，粒子的荷电量计算公式为

$$q_{diffusion} = \frac{2\pi\varepsilon_0 d_p k_b T}{e} \ln\left(1 + \frac{t}{\tau}\right) \tag{5-57}$$

式中　k_b——为 Boltzman 常数，为 $1.38 \times 10^{-23} J/K$；

τ——扩散荷电时间（s）；

e——一个电荷的电量，

t——荷电时间（s）；

T——烟气温度（℃）。

球形粒子的饱和荷电量可以近似看成是场荷电和扩散荷电的荷电量的代数和 $q = q_{field} + q_{diffusion}$。在一般的工业静电除尘器中，多以场荷电为主。

3. 集尘过程

假设含尘气流裹挟着粉尘粒子以层流的形式通过电场，含尘气流的运动速度称为电场风速。荷饱电的粉尘粒子会在电场中向着相反极板运动，其运动速度称为粒子的驱进速度。

（1）粒子的驱进速度　荷电粒子在电场中受到的静电力（单位为 N）为

$$F = qE_y \tag{5-58}$$

式中　E_y——集尘极周围的电场强度（V/m）。

粒子在电场力的作用下进行横向运动时受到气流阻力的作用，当 $Re_p \leqslant 1$ 时，空气阻力（单位为 N）为

$$P = 3\pi\mu d_p w \tag{5-59}$$

式中　w——粒子与气流在横向的相对运动速度。

当粒子受到的电场力和气流阻力相等时，粒子受到的外力之和为零，会在横向做等速运动，称为粒子的驱进速度。仅考虑场荷电作用，则驱进速度为

$$w = \frac{qE_y}{3\pi\mu d_p} = \frac{\varepsilon_0 \varepsilon_p d_p E_y E_f}{(\varepsilon_p + 2)\mu} \tag{5-60}$$

为简化计算，通常近似认为 $E_f = E_y = \dfrac{U}{B} = E_p$，其中 U、B、E_p 分别为电除尘器的工作电压、电晕极与集尘极间的距离和电除尘器的平均电场强度。对 $d_p \leqslant 5\mu m$ 的粒子，通常还需考虑库宁汉滑动修正系数 k_c 的影响，则

$$w = k_c \frac{\varepsilon_0 \varepsilon_p d_p E_p^2}{(\varepsilon_p + 2)\mu} \tag{5-61}$$

需要说明的是，式（5-61）在推导过程中做了大量的假定，而实际静电除尘器内存在不同的紊流流动，其对粒子的运动影响有时比粒子受到的静电力还要大。因此粒子的实际运动速度与理论计算会存在较大的出入，但该公式对于定性分析粒子的受力和运动还是非常有益的。

（2）除尘效率（多伊奇公式）计算　多伊奇（Deutsch）在推导静电除尘器除尘效率公式时做了如下假设：

1）粒子是球形的，且相同粒径的粒子有相同的荷电量。

2）忽略粒子间的相互影响。

3）电场强度与气体离子浓度在任一粒子附近是均匀的。

4）进入静电场的气流速度是均匀的。

5）在集尘区域内没有其他干扰，如冲刷、再飞扬以及反电晕现象等。

6）粒子运动到集尘极后，即认为该粒子已被收集，无返混现象。

7）由于紊流和扩散的影响，认为在集尘区内某一断面上粉尘粒子的浓度是均匀的。

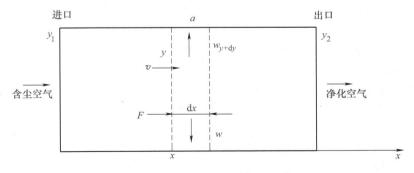

图 5-42　除尘效率公式的推导示意图

如图 5-42 所示，在气流运动方向上取微元体积，含尘气流在 $d\tau$ 时间内走过了 dx 距离，则在 dx 空间捕集的粒子量就等于微元体积内粒子的减少量：

$$dm = a(dx)wd\tau y = -F(dx)dy \tag{5-62}$$

式中 a——除尘器单位长度上集尘极的集尘面积（m^2/m）；

　　　y——某一断面上的粒子浓度（g/m^3）；

　　　F——气流运动方向上除尘器的横截面面积（m^2）。

将 $dx = vd\tau$ 带入式（5-62），则得到：

$$a(dx)wd\tau y = -Fvd\tau dy \tag{5-63}$$

式中 v——含尘气流在水平方向的流速（m/s）。

对式（5-63）进行变换，并两边积分：

$$\int_0^l \left(\frac{aw}{Fv}\right) dx = -\int_{y_1}^{y_2} \frac{dy}{y} \tag{5-64}$$

式中 l——电场长度（m）。

$$\frac{aw}{Fv}l = -\ln\frac{y_2}{y_1} \tag{5-65}$$

式中 y_1、y_2——除尘器进口和出口处的某粒径下的含尘浓度（g/m^3）。

将 $Fv = L$ 和 $al = A$ 代入式（5-65），得到：

$$e^{-\frac{A}{L}w} = \frac{y_2}{y_1} \tag{5-66}$$

式中 L——除尘器处理的风量（m^3/s）；

　　　A——集尘极总的集尘面积（m^2）。

对某粒径，静电除尘器的除尘效率为

$$\eta_i = 1 - \frac{y_2}{y_1} = 1 - \exp\left[-\frac{A}{L}w\right] \tag{5-67}$$

驱进速度 w 为粒子粒径 d_p 的函数，当考虑除尘器进口处颗粒物的粒径分布时，可得到静电除尘器的全效率为

$$\eta = 1 - \int_0^\infty \exp\left[-\frac{A}{L}w(d_p)\right] f(d_p) d(d_p) \tag{5-68}$$

式中 $w(d_p)$—— 不同粒径颗粒物的驱进速度；

　　　$f(d_p)$—— 除尘器进口处颗粒物的质量分布函数。

尽管式（5-68）在推导中做了大量的假设，其理论计算结果与实际测试数据存在一定的误差，但公式提供了分析与评估静电除尘器效率的基础。当除尘器几何尺寸一定时，除尘效率与气流速度成反比；当除尘效率一定时，所需的集尘面积与粒子驱进速度成反比。

（3）有效驱进速度　　由于式（5-68）在推导中忽略了气流分布不均匀、颗粒物荷电特性以及振打清灰等引起的二次飞扬等对效率的影响，故理论计算的效率值比实际测量值大。工程应用中，为修正该误差，通常采用有效驱进速度的概念。

所谓有效驱进速度就是根据某一除尘器实际测量得到的除尘效率和它的集尘极面积、处理的烟气量，通过式（5-67）计算得到的一个驱进速度。有效驱进速度中包含了所有影响静电除尘器效率的因素，如颗粒物粒径和形状、气流速度不均匀性、气体温度、颗粒物比电阻、粉尘层厚度、电极形式以及返混合二次扬尘等。故，有效驱进速度是大量实践经验的积累，表 5-15 所示是部分颗粒物的有效驱进速度值。

表 5-15　部分颗粒物的有效驱进速度值 w_e [6]

颗粒物种类	w_e/(m/s)	颗粒物种类	w_e/(m/s)	颗粒物种类	w_e/(m/s)
电站锅炉飞灰	0.04 ~ 0.20	氧气顶吹转炉	0.08 ~ 0.10	湿法水泥窑	0.08 ~ 0.115
粉煤炉飞灰	0.08 ~ 0.12	焦炉	0.067 ~ 0.161	立波尔水泥窑	0.065 ~ 0.086
炼铁高炉	0.06 ~ 0.14	冲天炉	0.03 ~ 0.04	干法水泥窑	0.04 ~ 0.06
铁矿烧结机头烟尘	0.05 ~ 0.09	煤磨	0.08 ~ 0.10	水泥原料烘干机	0.10 ~ 0.12
铁矿烧结机尾烟尘	0.05 ~ 0.12	焦油	0.08 ~ 0.23	水泥磨机	0.09 ~ 0.10
铁矿烧结粉尘	0.06 ~ 0.20	硫酸雾	0.061 ~ 0.091	水泥熟料篦式冷却机	0.11 ~ 0.135
氧化铝	0.064	硫酸	0.06 ~ 0.085	石灰回转窑	0.05 ~ 0.08
氧化铝熟料	0.13	热硫酸	0.01 ~ 0.05	石灰石	0.03 ~ 0.055
氧化锌、氧化铅	0.04	城市垃圾焚烧炉	0.04 ~ 0.12	石膏	0.16 ~ 0.20

5.7.2　静电除尘器的结构

图 5-43 所示为工业除尘中使用的典型单区板式静电除尘器的结构示意图，它由除尘器本体和供电电源两部分组成。本体部分包括放电极、集尘极、气流分布装置、振打清灰装置、除尘器外壳、供电装置、灰斗、绝缘子及保温箱等。

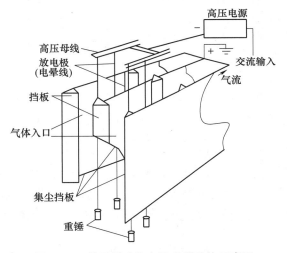

图 5-43　单区板式静电除尘器结构示意图

1. 放电极（电晕极）

放电极由电晕线、电晕框架、悬吊杆和支撑绝缘套管等组成。从物理学角度，曲率半径越小的电晕线，放电效果就越好。但实际应用中，对电晕线提出如下要求：① 放电特性好（起晕电压低、击穿电压高、电晕电流大）；② 机械强度高，不易断线，能保证准确的极间距要求；③ 耐腐蚀、耐高温；④ 清灰性能好（粒子易脱落，不产生结瘤和肥大现象）。

常见的放电极形式有圆形线、星形线、锯齿形及芒刺形等，如图 5-44 所示。

（1）圆形线　采用直径为 1.5 ~ 3.8mm 的高强度镍铬不锈钢或碳钢制作，圆形线也可做成螺旋弹簧形，如图 5-44a 所示。直径越小，起晕电压越低，放电强度越高。为保持悬吊时导线垂直和准确的极间距，需要在电晕线下部挂 2 ~ 7kg 的重锤。为防止振打和火花放电对电晕线的损伤，电晕线不宜太细。

（2）星形线　采用直径为 4.0 ~ 6.0mm 的圆钢冷拉成星形断面的导线，如图 5-44b 所示，利用极线全长的四个尖角放电，起晕电压低，放电强度高，但易粘灰，适用于含尘浓度低的烟气。

（3）锯齿形　采用厚约 1.5mm 的薄钢条制作，在其两侧冲压出锯齿，如图 5-44c 所示。放电强度高，是应用较多的一种放电极。

（4）芒刺形　芒刺形的放电极形式较多，如角钢芒刺、针刺线、骨刺芒刺、R-S 形等，如图

5-44d、e、f、g所示。R-S形式为目前应用较多的一种，它是采用直径为20mm的圆管作为支撑，两侧伸出交叉的芒刺。其机械强度高，放电强度大，适用于处理含尘浓度高的烟气。试验表明：同样电压下，芒刺形的电晕电流较星形线的大，有利于捕集高浓度的微小尘粒。另外，芒刺形的刺尖会产生强烈的离子流，增大电除尘器内的电风(气体分子在离子流作用下向着集尘极的运动称为电风)，电风的增大有利于减小电晕闭塞(后面章节中介绍)现象。

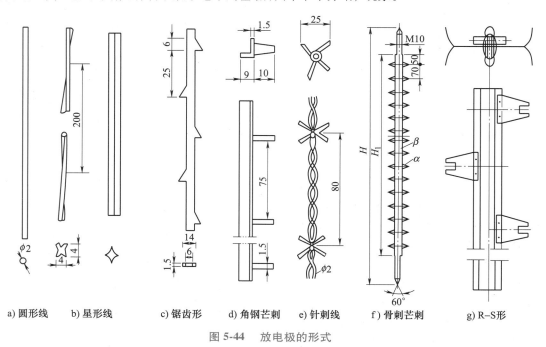

a) 圆形线　　b) 星形线　　　c) 锯齿形　　d) 角钢芒刺　e) 针刺线　　f) 骨刺芒刺　　　g) R—S形

图 5-44　放电极的形式

由于不同形式的放电极具有不同的放电特性，因此，可在同一电除尘器内设置不同的放电极。如，在第一、二电场设置放电强度高的芒刺形，第三电场设置圆形线或星形线等。图 5-45 所示是不同形式放电极的伏 - 安特性。

极线间的距离通常取通道宽度的 0.5 ~ 0.65 倍。常规电除尘器的极间距为 160 ~ 200mm，芒刺形的极间距一般为 50 ~ 100mm。

2. 集尘极

集尘极的结构形式对电除尘器除尘效率的影响较大，一般要求：①电气性能好，板面场强分布和电流分布尽可能均匀；②机械强度高、不易变形、耐高

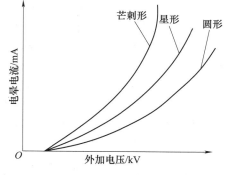

图 5-45　不同形式放电极的伏—安特性

温、耐腐蚀，能保证极板间距及极板和极线间距安装的精度要求；③振打性能好，使振打加速度能均匀地传递到整个板面；④有利于粒子在极板上的沉积，同时又能顺利落入灰斗，二次扬尘少；⑤加工简便、安装精度高，钢材消耗小。

集尘极板的形式有管式和板式两类。管式清灰较困难，较少使用在大型电除尘器中，但具有沿着极线方向电力线分布均匀的优点，在湿式除尘器和电除雾器中使用较普遍。板式集尘极多

采用薄钢板(厚度为 1.2 ~ 1.5mm) 轧制而成, 常用板式集尘极的形式如图 5-46 所示, 极板高度一般为 2.0 ~ 15.0m, 每个电场的有效电场长度一般为 3.0 ~ 4.5m, 由多块极板拼装而成。常规板式电除尘器的间距为 280 ~ 300mm, 宽间距电除尘器的极板间距一般为 400 ~ 600mm。研究表明: 加大极板间距, 可有效抑制火花放电, 提高工作电压, 增大粒子的驱进速度, 电极的安装维修也较为方便。在处理相同烟气量、达到相同除尘效率下, 所需的集尘极板面积较小, 降低了造价。

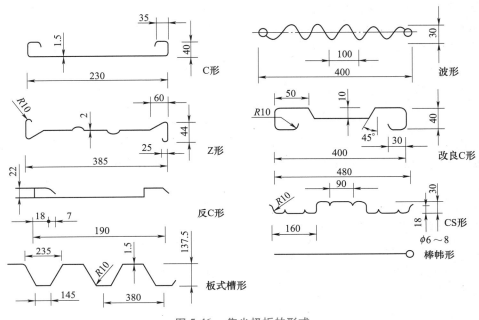

图 5-46　集尘极板的形式

3. 气流分布装置

含尘气流在电除尘器进口处的速度为 10 ~ 18m/s, 而在除尘器内部只有 0.5 ~ 2.0m/s, 因此在进口处必须设置气流分布装置。电除尘器内含尘气流的均匀性对除尘效率影响极大。除尘效率与气流速度成反比, 当速度不均匀时, 流速低处增加的集尘效果远不足以补偿流速较高处带来的集尘效率的下降, 故总的除尘效率是下降的。

气流分布均匀性的评价方法有均方根差法(欧美国家多采用) 和不均匀系数法(苏联及东欧国家多采用) 等。均方根差 σ 可用下式计算:

$$\sigma = \left[\frac{1}{mn} \sum_i^n \sum_j^m \left(\frac{v_{ij}-v_\mathrm{p}}{v_\mathrm{p}}\right)^2\right]^{\frac{1}{2}} \tag{5-69}$$

式中　m、n——水平和垂直方向上气流速度的测点数;

　　　v_{ij}——各测点的气流速度 (m/s);

　　　v_p——各测点的算术平均速度 (m/s)。

$$v_\mathrm{p} = \frac{1}{mn} \sum_i^n \sum_j^m v_{ij} \tag{5-70}$$

气流分布的均匀性与除尘器进出口的管道形式以及气流分布装置的结构存在密切关系。通常情况下, 气流经渐扩管进入除尘器, 然后经过 1~3 层平行的气流分布板进入除尘器电场。渐扩管的扩散角和分布板结构均会影响气流分布的均匀性。常见的气流分布装置有百叶窗式、多孔板、分布格子、槽形钢分布板和栏杆形分布板，以多孔板的使用最为广泛，它采用 3.0 ~ 5.0mm 厚的钢板制作，孔径为 40~60mm，开孔率为 50% ~ 65%。

实际制作的分布板，其均方根差 σ 为 10% ~ 50%。$\sigma < 10\%$ 为很好；$\sigma < 15\%$ 为良好；$\sigma = 25\%$ 为边界值；$\sigma > 25\%$ 为不允许。

4. 振打清灰装置

电除尘器运行过程中沉积在集尘极、放电极和气流分布板上的粉尘粒子均需通过振打的方式及时清除。集尘极上粉尘厚度较大时，会影响后续粉尘粒子的驱进速度，例如极板上积灰 10mm 厚时，有效驱进速度仅为粉尘厚 1mm 时的 60%，如图 5-47 所示。对于高比电阻的粉尘还会引发反电晕现象；放电极上的粉尘粒子不及时清除会影响放电极的放电。

振打清灰的方式主要有锤击振打、电磁振打等方式。振打频率和振打强度须在运行过程中不断调整。频率高、强度大，积聚在极板上的粒子层薄，振打后粒子会以粉末状下落，易产生二次飞扬；反之，频率低、强度弱，极板上积聚的粒子层厚，大块粉尘粒子会因自重高速下落，也会造成二次飞扬。振打强度与除尘效率的关系如图 5-48 所示。从图 5-48 中可看到，振打强度还与粉尘粒子的比电阻有关，高比电阻的粉尘粒子应采用较高的振打强度。

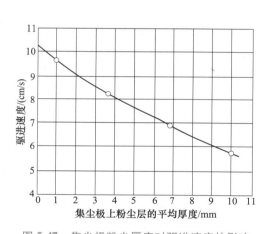

图 5-47　集尘极粉尘厚度对驱进速度的影响

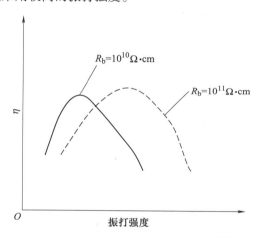

图 5-48　振打强度与除尘效率的关系[15]

5. 电除尘器外壳

对电除尘器外壳的要求就是保证严密，尽量减少漏风。漏风量大时，不但会导致风机负荷增大，也会促使电场风速增大进而降低除尘效率。此外，处理高温烟气时，局部烟气温度会由于冷空气的渗入而降低到露点以下，导致除尘器部件上积灰及腐蚀。

在处理含有水蒸气和 SO_3 等高温烟气时，需对外壳进行保温，以确保除尘器内温度高于烟气露点 20 ~ 30℃。

6. 供电装置

工业电除尘器的电源多采用直流负高压，常规电除尘器一般采用的电压为 60 ~ 70kV，宽间距电除尘器的电压高达 80kV 以上。电除尘器正常运行的最佳工作电压应维持在欲击穿但未击穿的电压，因此工程中需对电压采用自动调节，常用的调节方式有火花频率控制、火花积分值控制、平均电压控制和定电流控制等。由于电除尘器每个区的粉尘浓度值不同，最好每个区配备一台硅整流器，分区配置高压电源有利于电流和电压的调节。

脉冲电源是 20 世纪 70 年代开始在电除尘器中得到逐步应用的，它是在直流基础电压上叠加一脉冲电压，可得到比直流电压高得多的峰值电压而不引起电场击穿，从而有利于粉尘粒子的荷电和捕集，特别是捕集高比电阻的粉尘。与常规直流供电相比，节电 50%～70%，对捕集 1～2μm 的尘粒，除尘效率可从 86%提高到 98%左右。

5.7.3　颗粒物的比电阻

荷电粒子的导电性对粒子的捕集和清灰有很大的影响，粉尘的导电性可用电阻率（也称为比电阻）表示。某一物质在某一温度下的电阻值为

$$R = R_b \frac{l}{A} \tag{5-71}$$

式中　R_b——电阻率（$\Omega \cdot cm$）；

　　　　l——长度（cm）；

　　　　A——横断面面积（cm^2）。

由此看出，某物质的电阻率就是长度和横截面面积均为 1 时的电阻值。表 5-16 列出了部分工业粉尘的电阻率范围。

表 5-16　部分工业粉尘的电阻率（100℃以下）[7]　　　（单位：$\Omega \cdot cm$）

尘源	电阻率	尘源	电阻率
细煤粉锅炉	10^{11}（100℃）	烧结炉	$10^{11} \sim 10^{12}$
重油锅炉	$10^4 \sim 10^6$	转炉	$10^8 \sim 10^{11}$
炭	$< 10^4$	化铁炉	$10^6 \sim 10^{12}$
水泥（窑、干燥机）	$10^{11} \sim 10^{16}$	电炉	$10^9 \sim 10^{12}$
骨料干燥器	$10^{11} \sim 10^{12}$	铜精炼	$10^8 \sim 10^{12}$
黑液回收锅炉	10^9	铝精炼	$10^{11} \sim 10^{14}$
垃圾焚烧	$10^8 \sim 10^{10}$	锌精炼	约 10^{13}

沉积在集尘极板上的粉尘层的电阻率对电除尘器的有效运行具有非常大的影响，电阻率值过大（$R_b > 10^{11} \sim 10^{12} \Omega \cdot cm$）或过小（$R_b < 10^4 \Omega \cdot cm$）均会导致除尘效率的下降，如图 5-49 所示。

电阻率低于 $10^4 \Omega \cdot cm$ 的粉尘称为低阻型，具有较好的导电能力，荷电粒子到达集尘极后，释放自身携带电荷的速度较快，同时由于静电感应获得与集尘极同性的正电荷。如果正电荷形成的排斥力大于粒子的黏附力，则沉积的粒子会离开集尘极重返到气流中，形成二次飞扬。粒子重返气流中后受到负离子碰撞再次获得负电荷，向集尘极移动，形

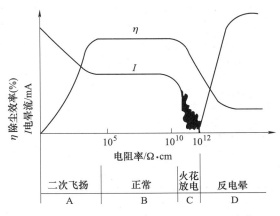

图 5-49　粉尘电阻率与除尘效率的关系[15]

成粒子沿着极板表面的跳动前进，最后被气流带出除尘器。处理金属颗粒物、炭黑粒子和石墨粒子均会看到该现象。

电阻率为 $10^4 \sim 10^{11} \Omega \cdot cm$ 的粉尘称为正常型，荷电粒子到达集尘极板后的放电速度适中，电除尘器能获得较理想的除尘效率。

电阻率高于 $10^{11} \sim 10^{12} \Omega \cdot cm$ 的粉尘称为高阻型。与低阻型粉尘相反的是，高阻型粉尘到达集尘极板后释放电荷的速度非常慢，导致集尘极板上堆积一层负电荷的粉尘层。由于同性相斥，使随后粒子的驱进速度减慢。同时，随着粉尘层厚度的增加，粉尘层和集尘极板间形成较大的电压降 ΔU：

$$\Delta U = jR_b\delta \tag{5-72}$$

式中 j——通过粒子层的电晕电流密度（A/cm^2）；

      δ——粉尘层厚度（cm）。

由于粉尘层内部存在大量的松散空隙，空隙内形成微电场。随着 ΔU 增大，部分微电场击穿，空隙中的空气被电离，产生正、负离子。ΔU 继续增大，该现象会从粉尘层内部空隙发展到粉尘层表面，大量的正离子被排斥穿透粉尘层流向放电极，在电场中与负离子或携带负电荷的粒子接触产生电性中和。随之产生的大量中性粒子随气流流出除尘器，导致除尘效率急剧下降，称为反电晕现象。

克服高电阻率粉尘影响的方法有：①加强振打，保持极板表面的清洁；②优化供电系统，采用脉冲供电和有效的自控系统；③进行烟气调质，如通过增加烟气湿度，或向烟气中添加 SO_3、NH_3 等极性分子，增强粒子导电性。图 5-50 给出了烟气中添加 SO_3 后电除尘器除尘效率增加的情况，而表 5-17 给出了喷入 SO_3 对燃煤电站锅炉烟气电除尘器实际除尘效率的影响。

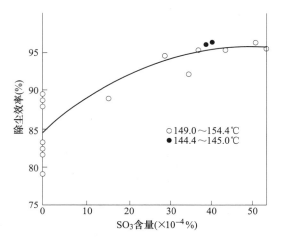

图 5-50   烟气中 SO_3 含量与除尘效率关系

表 5-17   喷入 SO_3 对燃煤电站锅炉烟气电除尘器实际除尘效率的影响[15]

煤中含硫量 （%）	喷入 SO_3 量 （$\times 10^{-4}$%）	除尘效率	
		原有	喷入 SO_3
0.47	10	85	99.63
0.5	10	65	98.00
0.5	20	79.3	99.37
1.0	10	94.1	98.25
1.0	15	94.1	99.20
1.0	20	94.1	99.55

除了烟气调质可改变粉尘电阻率外，烟气的温度和湿度是影响粉尘电阻率的两个重要因素。图 5-51 是粉尘比电阻与温度的关系。由图 5-51 可见，低温时，粒子电阻率随温度升高而增大；高温时，粒子电阻率随着温度升高而减小，电阻率存在一个最大值。其中原因是粉尘层的导电既有粉尘颗粒本体内的电子或离子产生的所谓体积导电，也有依靠颗粒表面吸附的极性分子（如水、二氧化硫、NH_3 等）和化学膜发生的所谓表面导电。低温状态下（100℃以下），粒子的导

电是在表面进行的，电子沿着粒子表面的吸附层（如水蒸气或其他吸附层）传送。温度低，粒子表面能吸附的水蒸气多，表面的导电性就好，电阻率低。温度升高，粒子表面吸附的水蒸气蒸发，电阻率逐渐增大。低温条件下，在烟气中添加 SO_3、NH_3 等极性分子，它们会吸附在粒子表面使电阻率降低，将这些物质称为电阻率调节剂。高温状态下（约200℃以上），粒子的导电转化成内部进行，随着温度升高，粒子内部会发生电子的热激发作用，使电阻率降低。因此，影响粉尘电阻率的因素既有烟气的温度、湿度和成分，也有粉尘的粒径、成分和堆积的松散度等。

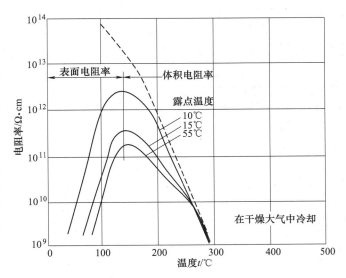

图 5-51 粉尘电阻率与温度的关系

从图 5-51 中还可看出，低温状态下，粒子电阻率随着烟气含湿量（露点温度越高，烟气含湿量越大）的增加而下降；温度较高时，烟气含湿量对电阻率的影响减弱，直至消失。

工程设计中，可通过如下方式降低粉尘粒子的电阻率值：①选择合适的烟气操作温度；②适当增加烟气的含湿量；③烟气中添加电阻率调节剂。

5.7.4　静电除尘器设计中的有关问题

1. 集尘极面积的确定

可根据多伊奇方程计算电除尘器的集尘面积。以实例说明：

【例 5-2】　某水泥原料烘干机后的烟气治理拟采用电除尘器，处理风量 $L=100\text{m}^3/\text{s}$，入口烟气含尘浓度 $y_1=13.5\times10^3\text{mg/m}^3$，要求排放标准控制在 $y_2=30\text{mg/m}^3$，计算必需的集尘极面积。

【解】　该除尘器必需的除尘效率为

$$\eta=\frac{y_1-y_2}{y_1}=\frac{13.5\times10^3-30}{13.5\times10^3}=99.78\%$$

参考同类除尘器的经验值，查得该类粉尘粒子的有效驱进速度约为 $w_e=0.1\text{m/s}$，则集尘极的集尘面积为

$$A=\frac{L}{w_e}\ln\frac{1}{1-\eta}=\left(\frac{100}{0.1}\times\ln\frac{1}{1-0.9978}\right)\text{m}^2=6119\text{m}^2$$

2. 电场风速

电场风速指含尘烟气通过静电除尘器的速度值，可按下式计算：

$$v=\frac{L}{F} \tag{5-73}$$

式中　F——电除尘器的横截面面积（m^2）。

电场风速过大，易产生二次飞扬；过小，则导致电除尘器的体积庞大，增加初投资。工程经验值为 $v \leqslant (1.5 \sim 2.0)\,\mathrm{m/s}$，除尘效率高的 $v \leqslant (1.0 \sim 1.5)\,\mathrm{m/s}$。表 5-18 所示为部分工业炉窑用电除尘器中电场风速的推荐值。

表 5-18   主要工业炉窑用电除尘器中电场风速的推荐值[6]

主要工业炉窑名称		电场风速 $v/(\mathrm{m/s})$
电厂锅炉飞灰		0.7~1.4
纸浆和造纸工业锅炉黑液回收		0.9~1.8
钢铁工业	烧结机	1.2~1.5
	高炉煤气	0.8~3.3
	碱性氧气顶吹转炉	1.0~1.5
	焦炉	0.6~1.2
水泥工业	湿法窑	0.9~1.2
	立波尔窑	0.8~1.0
	干法窑（增湿）	0.8~1.0
	干法窑（不增湿）	0.4~0.7
	烘干机	0.8~1.2
	磨机	0.7~0.9
硫酸雾		0.9~1.5
城市垃圾焚烧炉		1.1~1.4
有色金属炉		0.6

3. 长高比的确定

长高比指电除尘器集尘极板的有效长度与高度的比值，会影响振打清灰时的二次扬尘量。如果集尘极板的长度不足，部分振打下落的粉尘粒子在到达灰斗前有可能被气流带出除尘器，导致除尘效率下降。故，当要求除尘效率>99%时，除尘器的长高比应 $\geqslant (1.0 \sim 1.5)$。

4. 烟气的含尘浓度

电除尘器内既存在带电粒子的电荷，也存在离子的电荷。离子的运动速度为 $60 \sim 100\,\mathrm{m/s}$，而带电粒子的运动速度一般在 $0.6\,\mathrm{m/s}$ 以下。当含尘气体通过静电场时，单位时间内转移的电荷量要比清洁空气时少很多，即含尘气体通过静电场时的电晕电流小。放电极释放的离子数量也是有限的，如果含尘气体的粒子数量浓度很高，电场内悬浮大量的微小粒子，每个粒子荷电数量减少，导致电除尘器的电晕电流急剧下降，严重时可能趋近于零，将该现象称为电晕闭塞。越细小的粉尘（即使粉尘质量浓度不是很高），越容易产生电晕闭塞现象。有资料显示：粒径 $1\,\mu\mathrm{m}$ 左右的粉尘对电除尘器除尘效率的影响最为严重。

电除尘器发生电晕闭塞时，效率会急剧下降。防止电除尘器内出现电晕闭塞的措施有：①提高工作电压；②采用放电强烈的放电极形式；③增设预净化设备，如前置旋风除尘器，保证电除尘器入口粉尘质量浓度 $< (30 \sim 40)\,\mathrm{g/m^3}$。

5.7.5   电除尘器的分类

根据不同的特点，电除尘器有多种形式和用途。

1）根据集尘极的形式，分为管式和板式。

管式电除尘器是在圆管的中心放置放电极，而圆管的内壁就成为集尘极，如图 5-52 所示。管径通常为 150~300mm，管长为 2~5m。由于单根管通过的烟气量很小，故常采用多排管并列的形式，一般只适用于气体量较小的场合，通常采用湿式清灰。

板式电除尘器是在一系列平行平板通道中设置放电极，平行平板作为集尘极，是工业中应用最广泛的形式。

2）根据气流流动的方向，分为立式和卧式。

立式电除尘器内，气流通常由下而上，占地面积小。高度较高时，净化后的烟气可从其上部直接排入大气，不需另设烟囱。因其上口是敞开的，当烟气或粉尘存在爆炸危险时，不致产生很大的损害，可优先考虑采用，但检修和再需要增加电场数量时不方便。

卧式电除尘器内，气流水平通过。根据结构及供电要求，通常每隔 3m 左右（有效长度）划分为独立的电场，常用电场数量 2 或 3 个，当要求的除尘效率较高时，可增加至 4 个以上的电场。在同等条件下，卧式电除尘器的效率高于立式，因此应优先选用。

3）根据放电极的极性，分为正电晕电除尘器和负电晕电除尘器。

放电极为正极，集尘极为负极接地，即为正电晕电除尘器；反之，即为负电晕电除尘器。正电晕的击穿电压低，工作稳定性不如负电晕的，但负电晕产生的臭氧和氮氧化物等有害气体较正电晕大得多。

一般情况下，送风气流的净化采用正电晕，而工业排风的除尘净化多采用负电晕形式。

4）根据粉尘的荷电及捕集区域，分为单区电除尘器和双区电除尘器。

单区静电除尘器也称为 Cottrell 型，双区静电除尘器也称为 Penny 型，如图 5-43 和图 5-52b 所示。单区静电除尘器空气电离和粉尘捕集过程在同一区域内完成，电晕电压通常为 40~70kV 的直流电压，因此也称为高压静电除尘器，广泛用于高含尘浓度的烟气处理，如电站锅炉、大型工业锅炉和水泥窑炉后部的烟气处理。双区静电除尘器使用的电晕电压为直流 11~14kV，因此也称为低压静电除尘器，多用于低含尘浓度气流的处理，如送风气流的净化。在一些产生碳氢化合物的场合，也多采用低压静电除尘器，含尘烟气在进入除尘器前需进行降温，使内含水蒸气凝结。

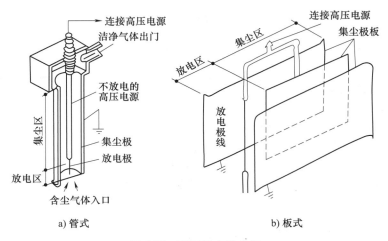

a) 管式　　　　　　　b) 板式

图 5-52　双区静电除尘器

5）根据粉尘的清灰方式，分为干式电除尘器和湿式电除尘器。

干式电除尘器是采用振打等方式清除集尘极板上的粉尘，是最常用的一种方式。回收后的粉尘便于综合利用，但由于振打导致的二次扬尘会影响除尘效率，导致排放浓度升高。

湿式静电除尘器（wet electrostatic precipitator，WESP）是采用喷雾、淋水或溢流等形式，在集尘极板表面形成水膜带走附着的尘粒，避免了二次扬尘，故除尘效率较高。同时省去了振打装置，工作较为稳定，但产生大量泥浆需要进行二次处理，如图 5-53 所示。湿式静电除尘器对烟气和颗粒的物理化学特性不敏感，几乎可适用于任何温度和任何化学组成的烟气，经常用于收集来自燃烧过程、干燥工艺过程、化工生产过程、抛光工艺以及类似来源的亚微米颗粒，可将排放浓度降低到很低的程度。由于除尘效率高，湿式静电除尘器越来越多地被用于多级除尘的末级除尘器。

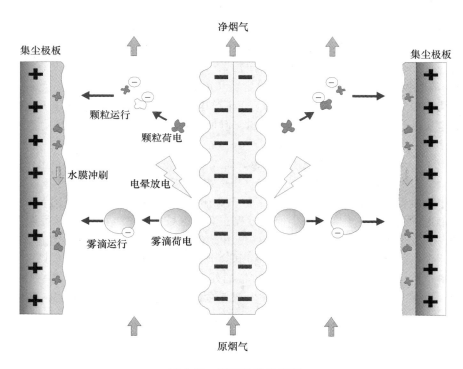

图 5-53　WESP 除尘原理

5.8　过滤式除尘器

过滤式除尘器是采用过滤材料对含尘气流进行净化处理的一种高效除尘设备。主要有两类：一类是利用纤维编织物作为过滤介质的袋式除尘器和滤筒式除尘器，粉尘颗粒被截留在滤料脏的一侧；另一类是采用砂、砾、焦炭等颗粒物作为过滤介质的颗粒层除尘器，粉尘主要沉积在颗粒层内部的过滤介质上。从微观角度来说，过滤式除尘器的滤尘机理有筛滤、惯性碰撞、接触阻留、扩散和静电沉降方式。

5.8.1　外滤式（袋式、滤筒式）空气净化技术

1. 袋式除尘器

袋式除尘器是利用含尘气流通过袋状过滤元件（如滤袋，见图 5-54）时将颗粒物捕集分离，同时通过清灰机构清除过滤表面上的积尘，使过滤元件再生而恢复过滤功能的一种高效除尘装

置。由于过滤材料多做成袋形，故又称为布袋除尘器。它
具有除尘效率高、工作稳定可靠、排放浓度低、适用范围
广、维护方便等特点，自 1881 年世界上诞生第一台机械振
打袋式除尘器至今，已成为各工业部门广泛应用的高效除
尘设备。袋式除尘器还大量用在工业物料输送和回收中作
为物料回收设备，故又称为袋式收尘器。

图 5-54 滤袋的结构示意图

（1）袋式除尘器的除尘机理

如图 5-55 所示，袋式除尘器主要由烟气进口、导流板、
滤袋（含笼骨）、净气室、烟气出口、过滤室、灰斗、清灰机构（气包、喷吹管、喷吹阀）以及
电气控制系统组成。

袋式除尘器的工作过程是含尘
气流进入滤袋，在滤袋表面将粉尘
分离，净化后的空气透过滤袋从排
气管排出。滤袋本身的网孔较大，
一般为 20~50μm；表面拉绒的滤料
网孔为 5~10μm。故，新滤袋的除
尘效率较低，对 1μm 的粒子净化效
率仅有 40% 左右，但随着颗粒物在
滤料表面的沉积，如图 5-56a 所示，
在滤料表面形成一层颗粒物层（称
为初层），滤袋的除尘效率会迅速
增高，对 1μm 左右的粒子净化效率
可达 98% 以上，如图 5-56b 所示。
袋式除尘器的主要过滤作用就是利
用粉尘初层及后续逐渐堆积起来的
粉尘层进行高效工作的，滤料只是起到形成粉尘初层和支撑骨架的作用。

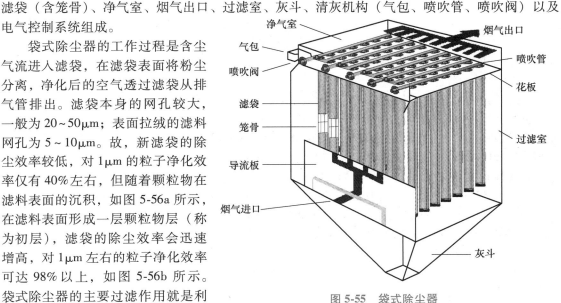

图 5-55 袋式除尘器

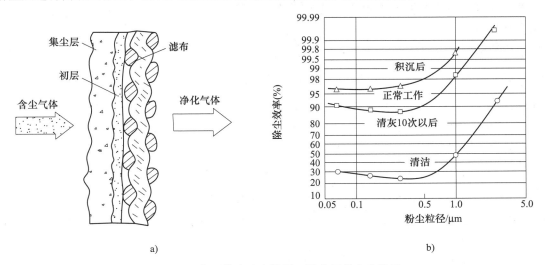

a)   b)

图 5-56 典型袋式除尘器原理及分级效率曲线图

但随着粉尘粒子在滤袋上的沉积，滤袋两侧的压差增大，粉尘层内部的空隙减小，空气通过时的速度提高，会将黏附在缝隙间的尘粒带走，造成穿孔现象，使除尘效率下降。同时，滤袋阻力增大导致通风除尘系统的风量下降。故，袋式除尘器在运行一段时间后，必须进行清灰处理，清灰时不能破坏粉尘初层，以免除尘效率下降。

含尘气流在通过滤料时，颗粒物会渗透到滤料层内造成滤料阻力上升，影响滤料寿命，可采用覆膜的形式在滤料表面形成人造颗粒物初层，实现滤料的表面过滤，保证其长期使用的性能稳定。

（2）袋式除尘器的性能参数

1）过滤风速。过滤风速指气体通过滤袋表面时的速度，以 v_F（m/min）表示，可通过下式计算：

$$v_F = \frac{L}{60F} \tag{5-74}$$

式中 L——除尘器的处理风量（m^3/s）；

F——除尘器过滤面积（m^2）。

过滤风速大，则除尘系统的过滤面积小，初投资低但阻力大、效率低、清灰频繁，滤袋寿命低。影响最佳过滤风速的因素有滤料形式、粉尘性质、清灰方式和烟气温度等，通常过滤风速为 0.60~1.20m/min。进口含尘浓度低、清灰间隔长、清灰效果好的除尘器可选用较高的过滤风速；否则，应选用较低的过滤风速。不同的清灰方法可选用不同的过滤风速，见表 5-19。

过滤风速也可用气布比表示，即单位时间内通过的气体量与滤料面积之比，单位为 $m^3/$（min·m^2）。为避免高速气流对滤料表面的冲击，可把滤料制作成折叠形，如滤筒的形式，用较小的气布比降低滤料表面的气流速度。关于滤筒的有关内容将在下节介绍。

2）阻力。袋式除尘器的阻力受多因素影响，与除尘器结构、滤料形式、粉尘层特性、清灰方式、过滤风速以及颗粒物浓度等有关，可表示为

$$\Delta p = \Delta p_g + \Delta p_0 + \Delta p_c \tag{5-75}$$

式中 Δp_g——袋式除尘器的结构阻力（Pa）；

Δp_0——袋式除尘器的滤料阻力（Pa）；

Δp_c——袋式除尘器滤料上粉尘层的阻力（Pa）。

袋式除尘器的结构阻力指设备进口、出口及内部流道内挡板等造成的流动阻力，一般为 200~500Pa。

清洁滤料的阻力为

$$\Delta p_0 = \xi \mu \frac{v_F}{60} \tag{5-76}$$

式中 ξ——滤料的阻力系数（m^{-1}）；

μ——气体动力黏度（Pa·s）。

对于给定的滤料和操作条件，清洁滤料的阻力基本为一个常数，为 20~150Pa。

滤料上粉尘层的阻力为

$$\Delta p_c = \alpha_m \delta_c \rho_c \mu \frac{v_F}{60} = \alpha_m (G_c/F) \mu \frac{v_F}{60} \tag{5-77}$$

式中 α_m——粉尘层比阻力（m/kg），一般通过试验得到，随粉尘粒径和粉尘层孔隙率的减小而增加；

δ_c——滤料表面粉尘层厚度（m）；

G_c——滤料表面堆积的粉尘量（kg）。

$$G_c = F\tau y_F \frac{v_F}{60} \tag{5-78}$$

式中 τ——滤料连续工作时间（s）；

y_F——除尘器进口处含尘浓度（kg/m^3）。

将式（5-78）代入（5-77）得到：

$$\Delta p_c = \alpha_m \mu y_F \tau \frac{v_F^2}{60} \tag{5-79}$$

从式（5-79）中可看出，粉尘层阻力是一个变数，随着进入除尘器的粉尘质量浓度、过滤风速和连续运行的时间而变，一般为 400~500Pa。除尘器允许的粉尘层阻力 Δp_c 确定后，v_F、y_F、τ 三个参数相互制约。当处理低含尘浓度烟气时，清灰间隔（即滤袋连续工作时间）可适当延长。

袋式除尘器中的积尘和清灰过程是不断循环进行的，因此滤袋的阻力（压力损失）呈周期性变化，如图 5-57 所示。滤袋上需保留一定的粉尘初层，其阻力称为残留阻力。清灰后，滤料上的粉尘层随过滤时间的增加而积聚，阻力相应增大，当阻力达到允许上限时再次清灰。

袋式除尘器运行时的阻力变化曲线如图 5-58 所示，当运行阻力超过设定阻力值时即开始清灰。正常运行下，由于滤袋表面形成粉尘初层，其阻力较稳定；但随着时间的延续，粉尘进入滤料深层，清灰的效果下降，残留阻力会逐渐增加，清灰后的初阻力上升，导致袋式除尘器的工作周期缩短，甚至因阻力增大到 2000Pa 或以上而影响到系统的风量时，就需要更换滤袋。

表 5-19 推荐袋式除尘器过滤风速表　　　（单位：m/min）

等级	粉 尘 种 类	清灰方式		
		振打与逆气流联合	脉冲喷吹	反吸风
1	炭黑、氧化硅（白炭黑），铅锌的升华物以及其他气体中由于冷凝和化学反应形成的气溶胶，化妆粉，去污粉，奶粉，活性炭，水泥窑排除的水泥	0.45~0.6	0.6~1.0	0.33~0.45
2	铁及铁合金的升华物，铸造尘，氧化铝，水泥磨排出的水泥炭化炉升华物，石灰，刚玉，安福粉及其他肥料，塑料，淀粉	0.6~0.75	0.6~1.0	0.45~0.55
3	滑石粉，煤，喷砂清理尘，飞灰陶瓷产生的颗粒物，炭黑（二次加工）颜料，高岭土，石灰石，矿尘，铝土矿，水泥（来自冷却器），搪瓷	0.7~0.8	0.8~1.2	0.6~0.9
4	石棉，纤维尘，石膏，珠光石，香蕉生产中颗粒物，盐，面粉，研磨工艺中的颗粒物	0.8~1.5	0.8~1.2	—
5	烟草，皮革粉，混合饲料，木材加工的颗粒物，粗植物纤维（大麻、黄麻等）	0.9~2.0	0.8~1.2	—

（3）滤料

1）纤维性能。纤维是构成滤料的基本单元，按照材质分为有机纤维和无机纤维两大类。有机纤维又分为天然纤维和化学纤维。采用棉、毛等天然纤维织成的滤料具有较好的透气性、阻力低、容尘量大、易于清灰等优点，但使用温度为 100℃ 以下（通常为 75~85℃）。故，在许多工业部门，为满足处理烟气温度的需要，多采用无机纤维和合成纤维滤料。使用温度可达到 200~250℃，还具有延伸率小、抗拉强度大、价格低廉的优点。其缺点是纤维较脆、耐折性较差、不能处理含 HF 的烟气。目前常用的纤维种类及特性见表 5-20。

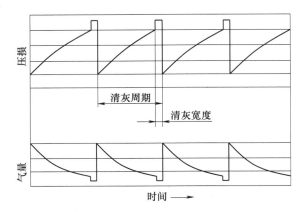

图 5-57　袋式除尘器内滤袋的阻力变化

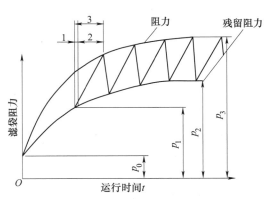

图 5-58　袋式除尘器阻力随运行时间的变化
1—清灰时间　2—过滤时间　3—清灰周期
p_0—清洁滤袋阻力　p_1——次粉尘层阻力（初始）
p_2——次粉尘层阻力（基本稳定）　p_3—滤袋阻力

表 5-20　常用纤维的耐温性能和主要理化特性[15]

名　称		使用温度/℃			力学性能			化学稳定性					水介稳定性	阻燃性
学名	商品名	连续		瞬间限值	抗拉	抗磨	抗折	无机酸	有机酸	碱	氧化剂	有机溶剂		
		干球	湿球											
棉	棉	75	—	90	3	2	2	4	1③	1~2	3	1	2	4
毛	毛	80	—	95	4	2	2	2①	2		4	2	2	2
碳纤维	—	300			2	2	2	2	2	2	2	1	1	1
聚丙烯纤维	丙纶，PP	85	—	100	1	2	2	1~2	1	1~2	2	2	1	4
聚酯纤维	涤纶，PET	130	90	150	2	2	2	2	1~2	2~3①	2	2	4	3
芳香族聚酰胺纤维	芳纶，PA	204	190	240	1	1	1	3	1~2	2~3	2~3	2	3	2
聚酰胺-亚酰胺纤维	科迈尔，Kemel	200	180	240	1	1	1	3	2	2~3	3	2	3	2
聚苯硫醚纤维	PPS	190		220	2	2	2	1	1	1~2	4	1	1	2
聚亚酰胺纤维	P84	260		280	2	2	2	3	2	1~2	2	1	2	1
聚四氟乙烯纤维	PTFE，Teflon	260		280	3	3	3	1	1	1	1	1	1	1
无碱玻璃纤维	玻璃纤维	200~260②		290	1	2	4	3	3	4	1③	2	1	1
中碱玻璃纤维	玻璃纤维	200~260		270	1	2	4	1④	2⑤	4	1	2	1	1
不锈钢纤维	Bekinox	450	400	510	1	1	1	1	1	1	2	2	1	1

注：表中 1、2、3、4 表示纤维理化特性的优劣排序，依次表示优、良、一般、劣。

①　除 CrO_3。

②　经硅油、石墨、聚四氟乙烯等后处理。

③　除水杨梅。

④　除 HF。

⑤　除苯酚、草酸。

2）滤料分类及功能。目前袋式除尘器常用的滤料按滤料材质分为无机纤维滤料、合成纤维滤料、复合纤维滤料和覆膜滤料四类。近年来，新型滤料不断出现，性能得到极大提高。

无机纤维滤料主要有玻璃纤维滤料，一般使用温度在 200℃ 以下，经硅化处理后温度可达 250℃。优点是耐温，强度好，价格便宜；但缺点是不耐折，频繁清灰易造成滤料折损，主要表现为在袋长方向上出现裂缝、纬度方向上出现断裂。

合成纤维滤料主要有：PET 滤料，用于常温和低于 130℃ 的烟温；PPS 滤料，主要用于燃用低硫煤的 120~160℃ 的工业炉窑除尘；PTFE 滤料，主要用于高温、高湿和高腐蚀的工业炉窑、垃圾焚烧炉，使用温度 250℃。

复合纤维滤料主要利用无机纤维的价格优势和合成纤维的性能优势，混合制成的滤料，如芳纶、芳砜纶纤维与玻璃纤维混合制作的复合滤料，主要用于冶金高温炉窑的 200℃ 左右的高温烟气除尘。

覆膜滤料由滤料基层和基层表面所敷贴的滤膜组成。滤料基层分为织造布和非织造布两类；滤膜主要采用 PTFE 材料制成的具有致密微孔的滤膜，适用于对微细粒子的净化，如图 5-59a 所示。

采用一种尺度的非织造纤维加工而成的传统针刺滤料，过滤通道易造成粒子沉积，需采用强度较高的清灰方式才能保证将沉积粒子清除掉，如图 5-59b 所示。

研究者在上述滤料的基础上，近年研制出一种具有表层过滤功能的梯度纤维滤料，其结构为前面表层采用超细纤维，后逐层采用更粗的纤维，形成前小后大的过滤通道，避免粒子在滤层中沉积影响滤料的透气性，如图 5-59c 所示。

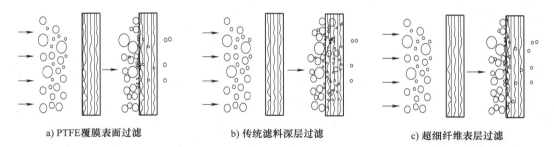

　　a) PTFE覆膜表面过滤　　　　　　b) 传统滤料深层过滤　　　　　　c) 超细纤维表层过滤

图 5-59　滤料的织物构造示意图

3）针刺滤袋。通常情况下，纤维本身的性能不能完全代表由该纤维织成的滤料的性能，滤料的性能除与纤维性能有关外，还与制成工艺有关。纤维经过非织造加工热定型、浸渍等整理过程形成滤料时，原纤维发生了变化。如采用 PTFE 乳液浸渍处理玻璃纤维滤料、涤纶滤料、PPS 滤料，可以改进原有纤维形成的滤料的技术性能。表 5-21 所示为采用耐高温滤料制成的针刺滤袋的性能。

表 5-21　高温针刺毡滤袋

名　称	材　质	克重 /(g/m²)	透气性 /[m³/(m²·s)]	断裂强度 /(N/25mm)		断裂伸长（%）		使用温度/℃	过滤风速 /(m/min)
				经向	纬向	经向	纬向		
芳纶过滤毡	芳族聚酰胺	500	80~100	>1200	>1000	<20	<50	204	1.0~1.2
芳纶防静电过滤毡	芳族聚酰胺导电纱	500	80~100	>1200	>1000	<20	<50	204	1.0~1.2
芳纶覆膜过滤毡	芳族聚酰胺 PTFE 微孔膜	500	60~80	>1200	>1000	<20	<50	204	1.0~1.2

（续）

名　称	材　质	克重 /(g/m²)	透气性 /[m³/(m²·s)]	断裂强度 /(N/25mm)		断裂伸长（%）		使用温度/℃	过滤风速 /(m/min)
				经向	纬向	经向	纬向		
PPS 过滤毡	聚苯硫醚	500	80~100	>1200	>1000	<30	<30	190	1.0~1.2
PPS 覆膜过滤毡	聚苯硫醚 PTFE 微孔膜	500	70~90	>1200	>1000	<30	<30	190	1.0~1.5
P84 过滤毡	聚酰亚胺	500	80~100	>1400	>1200	<30	<30	240	1.0~1.2
P84 覆膜过滤毡	聚酰亚胺 PTFE 微孔膜	500	70~90	>1400	>1200	<30	<30	240	0.8~1.2
亚克力过滤毡	共聚丙烯腈	500	80~100	>1100	>900	<20	<20	160	1.0~1.2
亚克力覆膜过滤毡	共聚丙烯腈 PTFE 微孔膜	500	70~90	>1100	>900	<20	<20	160	0.8~1.2
涤纶过滤毡	涤纶	500	80~100	>1100	>900	<35	<55	130	1.0~1.2
涤纶覆膜过滤毡	涤纶 PTFE 微孔膜	500	70~90	>1100	>900	<35	<55	130	0.8~1.2
涤纶防静电过滤毡	涤纶导电纱	500	80~100	>1100	>900	<35	<55	130	1.0~1.2
涤纶防静电覆膜过滤毡	涤纶、导电纱 PTFE 微孔膜	500	70~90	>1100	>900	<35	<55	130	0.8~1.2
丙纶过滤毡	丙纶	500	80~100	>1100	>900	<35	<35	90	1.0~1.2
玻纤针刺毡	玻璃纤维	850	80~100	>1500	>1500	<10	<10	240	0.8~1.2
复合玻纤针刺毡	玻璃纤维耐高温纤维	850	80~100	>1500	>1500	<10	<10	240	0.8~1.2

（4）袋式除尘器的结构和分类　袋式除尘器最主要的部件是滤袋，滤袋结构示意图如图 5-60 所示。滤袋悬挂在花板上，通过花板将净气室与滤袋隔开。滤袋有圆筒形（直径为 110~500mm）和扁方形，长度最大 8m。根据处理风量的要求，设置若干滤袋，一般情况下滤袋的长径比为 15：1~40：1。

袋式除尘器另一个重要的部件便是清灰机构，分为机械振打类、反吹风类、脉冲喷吹类以及复合式清灰类。根据清灰结构的不同，下面简要介绍各类除尘器的结构。

1）机械振打清灰除尘器。机械振打清灰除尘器是利用机械装置（电动、电磁或气动装置）使滤袋产生振动而清灰的，有适合间歇工作的停风振打和适合连续工作的非停风振打两种形式。图 5-61 所示为电动振打清灰袋式除尘器，该类除尘器是利用机械振打或摇动悬吊滤袋的框架使滤袋振动而清除积灰。其结构简单，维护容易，投资少，可用于处理风量不大的场合。

过滤风速一般为 0.50~0.80m/min，阻力为 600~800Pa，除尘器进口浓度不宜超过 3.0~5.0g/m³。

2）回转式逆气流反吹风除尘器。反吹风类是利用阀门切换气流，在反吹风气流作用下使滤袋缩瘪与鼓胀发生抖动来实现清灰的。根据清灰过程的不同，可分为三状态（过滤、反吹、沉降）和两状态（过滤、反吹）两种工作模式。三状态清灰又分为集中自然沉降的三状态清灰模式和分散自然沉降的三状态清灰模式，图 5-62 所示为分散自然沉降的三状态清灰情况。

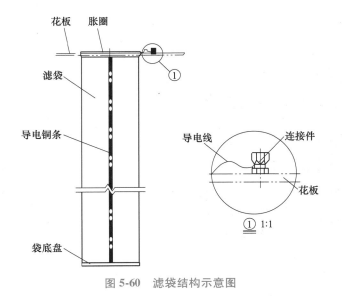

图 5-60　滤袋结构示意图

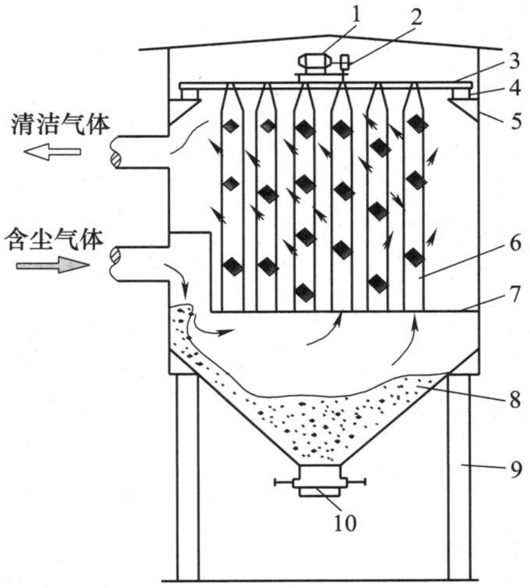

图 5-61　电动振打清灰袋式除尘器

1—电动机　2—偏心块　3—振动架　4—橡
胶垫　5—支座　6—滤袋　7—花板
8—灰斗　9—支柱　10—密封插板

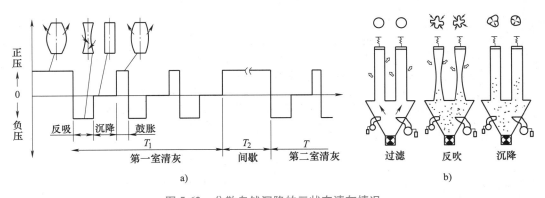

图 5-62　分散自然沉降的三状态清灰情况

图 5-63 所示为回转反吹扁袋式除尘器的结构，反吹空气由风机提供。反吹空气由反吹风管送至滤袋上部的旋臂内，电动机带动旋臂旋转，均匀反吹每一个滤袋。每只滤袋的反吹时间约为 0.5s，反吹间隔时间约为 15min，反吹风机风压约为 5kPa。

高温工况下（80~120℃），过滤风速可取 0.8~1.2m/min；低温工况下（<80℃），过滤风速可取 1.0~1.5m/min。设备阻力为 1000~1400Pa。

3）脉冲喷吹清灰除尘器。脉冲喷吹类是利用脉冲喷吹机构瞬间放出的压缩空气，高速射入滤袋，使滤袋急剧鼓胀，依靠冲击振动和反向气流而清灰的。图 5-64 所示为脉冲喷吹袋式除尘器示意图，每排滤袋上方设置一根喷吹管，喷吹管上设有与每个滤袋相对应的喷嘴。喷吹管前端设置脉冲阀，通过程序控制机构控制脉冲阀的启闭。脉冲阀开启，压缩空气从喷嘴高速喷出，诱导比自身体积大 5~7 倍的空气经文丘里管进入滤袋，导致滤袋急剧膨胀引起冲击振动，促使附着在滤袋上的粉尘脱落。

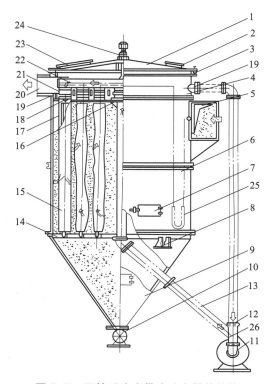

图 5-63　回转反吹扁袋式除尘器的结构

1—除尘器盖　2—观察孔　3—旋转揭盖装置　4——清洁室　5—进气口　6—过滤室筒体
7—入孔门　8—支座　9—灰斗　10—星形卸灰阀　11—反吹风机　12—循环风管　13—反吹风管
14—定位支承架　15—滤袋　16—花板　17—滤袋框架　18—滤袋导口　19—喷口
20—出气口　21—分圈反吹风机构　22—旋臂　23—换袋入孔　24—旋臂减速机构
25—U 形压力计　26—密闭式斜插板阀

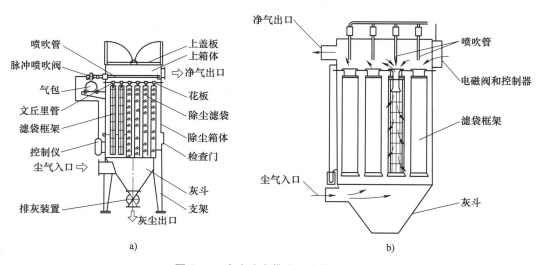

图 5-64　脉冲喷吹袋式除尘器示意图

脉冲喷吹袋式除尘器需配备压缩空气源，根据喷吹气源的压强大小可分为低压喷吹（<0.25MPa）、中压喷吹（0.25~0.5MPa）和高压喷吹（>0.5MPa）。喷吹压力需根据尘源特性选取，黏结性较弱的粉尘可采用低压脉冲。

脉冲清灰控制可采用定压差控制或定时控制，滤料前后的压差一般为 800~1200Pa。脉冲宽度（喷吹一次的时间）一般为 80~150ms，采用定压差清灰的清灰间距不得低于 5.0s，主要用于气包补气。脉冲方式清灰强度高，效果好。由于清灰时间短，不同于多数离线清灰方式的除尘器，它可以采用在线清灰方式，清灰时除尘器可连续工作。

4）复合式清灰类。复合式清灰类是利用两种以上清灰方式的袋式除尘器。

（5）预附层过滤技术　预附层过滤技术是指在传统袋式除尘器上预先附着一层特殊粉尘层，通过预附层材料的吸附、吸收以及催化等作用将工业废气中的气、液相污染物预先净化，然后再将烟气中的颗粒态物质同时去除。例如，铝电解过程产生的烟气中除含有粉尘外，还有一定量的氟化氢和沥青烟等，可采用氧化铝粉末作为预附层材料对氟化氢的吸附作用和对沥青烟的隔离作用，达到高效、稳定处理铝电解烟气的目的。采用白云石粉末作为预附层材料进行沥青烟气干式过滤净化，取得良好效果。对于高黏性粉尘，如氧化锌粒子，采用预附层过滤技术可提高除尘效率、降低阻力。

（6）袋式除尘器使用中的注意事项　袋式除尘器作为一种干式高效除尘装置，广泛应用于各工业部门，但应用中应注意如下事项：

1）考虑滤料的使用温度。在高温烟气除尘系统中，烟尘温度与烟气温度是不同的，烟尘温度往往高于烟气温度，尤其是采用局部排风罩进行尘源控制的除尘系统和具有热回收装置的除尘系统。当运行温度超过滤料耐温时，可采用如下烟气降温方式：表面冷却器（用水或空气间接冷却）；掺入系统外部的冷空气。

2）除尘系统的保温。当高温烟气中有大量水蒸气或腐蚀性气体时，为防止腐蚀性气体或水蒸气凝结，应对除尘系统进行保温。

3）防火措施。对带有火花的烟气或烟尘温度远大于气体温度的含尘烟气，必须加装火花捕集器或烟尘预分离器。

4）防粘袋措施。对处理含油雾、黏性粒子的含尘气体，需加装预附层装置。

5）预净化。当入口含尘浓度较高时，为避免频繁清灰导致的滤袋损坏，可采用预除尘的方式降低进入袋式除尘器的粉尘浓度。

2. 滤筒式除尘器

滤筒式除尘器最早出现于 20 世纪 70 年代，它以滤料制成的多褶、筒状的滤筒（见图 5-65）作为过滤元件，按照滤筒的安装方式分为垂直、倾斜和水平三种。图 5-66 所示为倾斜式安装的一种滤筒式除尘器结构，气流从上往下依次通过滤筒，可有效除去细小的非纤维性粉尘。它具有体积小、过滤面积大、除尘效率高、压力损失低、运行可靠、使用寿命长等优点，广泛用于焊接烟尘、机械加工、铸造、化工、陶瓷、制动材料加工、喷粉等行业的粉尘治理和回收，称为工业除尘器发展的新方向。

滤筒式除尘器常采用压缩空气脉冲清灰方式，其工作状态如图 5-67 所示。过滤风速一般为0.5~

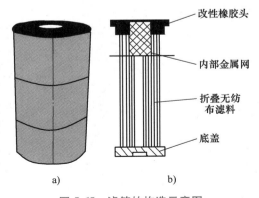

a)　　　　　　　　　b)

图 5-65　滤筒的构造示意图

（图中标注）改性橡胶头　内部金属网　折叠无纺布滤料　底盖

2.0m/min，标准过滤风速为 1.1m/min。除尘器的初阻力为 300~500Pa，运行阻力为 1000~1500Pa。

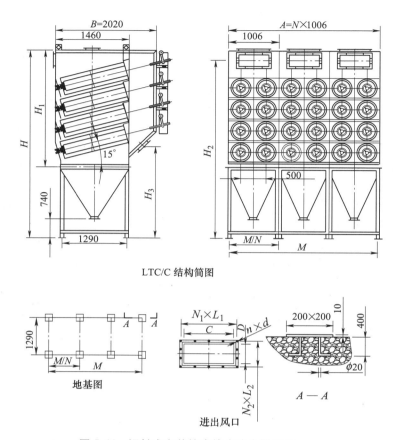

LTC/C 结构简图

图 5-66　倾斜式安装的滤筒式除尘器结构

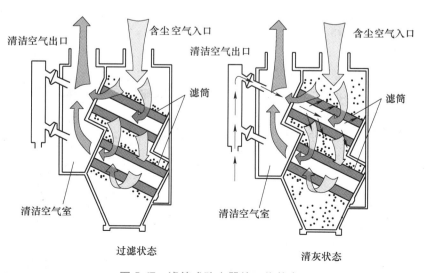

图 5-67　滤筒式除尘器的工作状态

滤筒式除尘器具有如下特点：

1）过滤面积大，单筒折叠面积可达 22m² 左右，除尘器体积小。

2）除尘效率高，一般在 99% 以上。

3）滤筒更换简单。

4）适合处理粒径小，浓度低的含尘气体。

5）在某些回风含尘浓度较高的工业空调系统中，采用滤筒作为回风过滤器是一个不错的选择。

滤筒式除尘器的主要性能和指标见表 5-22。目前工业中日益增多的采用自清洁技术的滤筒式除尘装置，其滤料采用折叠方式，增大了有限空间内的过滤面积，大大减小了除尘装置的占用空间。

表 5-22　滤筒式除尘器的主要性能和指标

项目	滤筒材料					
	合成纤维非织造		合成纤维非织造覆膜		纸质	纸质覆膜
入口含尘浓度/（g/m³）	≥15	≤15	≥15	≤15	≤5	≤5
过滤风速/（m/min）	0.3~0.8	0.6~1.2	0.3~1.0	0.8~1.5	0.3~0.6	0.3~0.8
出口含尘浓度/（mg/m³）	≤50		≤30		≤50	≤30
漏风率（%）	≤2					
设备阻力 kPa	≤1500		≤1300		≤1500	≤1300

5.8.2　颗粒层除尘器（内滤式空气净化技术）

颗粒层除尘器是 20 世纪 50 年代末才逐渐在工业中应用，它是利用粒状物料（如硅石、砾石、焦炭、金属屑、陶粒等）作为过滤介质的一种除尘装置。含尘空气通过滤层时气流中的尘粒在惯性碰撞、接触阻留、扩散沉降、重力沉降以及筛滤等复合作用下沉降在粒状材料或滤层表面。待沉积粉尘增多，滤层过滤阻力增大到 1000~2000Pa 时，经反吹或振动清除滤层中的积灰，然后重新进入过滤状态。根据颗粒物料的运动形态分为固定床、移动床、沸腾床和旋风颗粒层除尘器，我国使用较多的主要有塔式旋风颗粒层除尘器和沸腾床颗粒层除尘器。

图 5-68[7] 所示为旋风颗粒层除尘器。含尘气体经旋风颗粒层除尘器预净化后引入带梳耙的颗粒层，使细粉尘被阻留在填料表面或颗粒层空隙中。填料层厚度一般为 100~150mm，滤料粒径为 2~4.5mm 的石英砂，过滤气流速度为 30~40m/min，清灰时反吹空气以 45~50m/min 的速度按相反方向鼓进颗粒层，使颗粒层处于活动状态，同时旋转梳耙搅动颗粒层。反吹时间为 15min，反吹周期为 30~40min，总压力损失为 1700~2000Pa，总除尘效率在 95% 以上。反吹清灰的含尘气流再返回旋风颗粒层除尘器。这类除尘器常采用 3~20 个筒的多筒结构，排列成单行或双行。每个单筒可连续运行 1~4h。沸腾床颗粒层除尘器不设梳耙清灰，反吹清灰风速较大（50~70m/min），使颗粒层处于沸腾状态。

颗粒层除尘器适用于净化高温、非黏性粉尘，如白云石焙烧炉、燃煤锅炉、烧结机尾等的烟尘，除尘效率可达 90% 以上，允许烟气温度达 200~350℃。

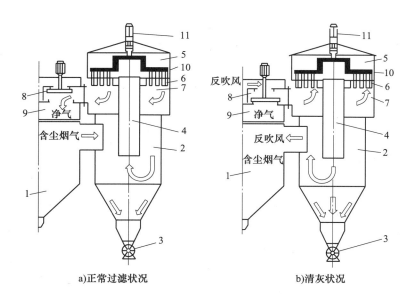

a)正常过滤状况　　　　　　b)清灰状况

图 5-68　旋风颗粒层除尘器结构示意图

1—含尘气体总管　2—旋风筒　3—卸灰阀　4—中心管

5—过滤器　6—颗粒填料床　7—干净气体室　8—切换阀

9—净气出口管　10—梳耙　11—驱动电动机

5.9　复合式除尘器

随着各国对环境质量的要求日益严格，除尘技术也在不断发展，出现了许多新型高效除尘器。主要体现在三个方面：对传统除尘器的优化改造，如龙卷风式旋风除尘器、长芒刺静电除尘器等；多机理复合式除尘器，如惯性冲击静电除尘器、静电强化过滤除尘器、静电旋风除尘器等；新机理除尘器，如磁力除尘器、凝聚除尘器等。多机理复合式除尘器在工业上应用较多。

1. 惯性冲击静电除尘器

图 5-69 所示为惯性冲击静电除尘器示意图。一般的静电除尘器是顺流式，即气流流动方向与集尘极板平行，荷电粒子的驱进方向垂直于气流流动方向，故造成含尘气流速度不能太高，否则影响除尘效率。在惯性冲击静电除尘器内，集尘极板垂直于气流方向，从而使空气动力、颗粒物惯性力与电场力方向相同，提高了粒子的驱进速度，进而提高了粒子的捕集效率，电场中的气流速度也可提高至 3m/s。

2. 静电旋风除尘器

为提高对细微颗粒物的捕集，可在旋风除尘器内部设置一静电场，如图 5-70 所示。荷电粒子将同时受到离心力和静电力的作用，使除尘效率大大提高。静电旋风除尘器的入口流速不宜太大，主要因为静电除尘器要求切向速度小，与旋风除尘器要求切向速度大产生矛盾，另外，入口流速大导致的二次扬尘作用也会降低静电捕尘的优势。故，从捕集细微粒子的角度考虑，静电旋风除尘器的入口流速不宜超过 10m/s。

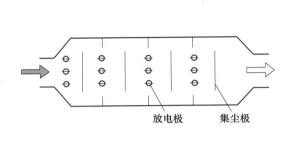

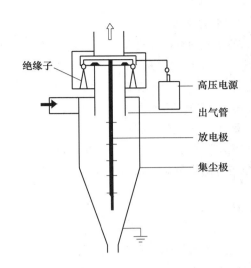

图 5-69　惯性冲击静电除尘器示意图　　　　图 5-70　静电旋风除尘器结构示意图

3. 静电增强纤维除尘器（ESFF）

静电增强纤维除尘器的研究始于 20 世纪 50 年代、发展于 20 世纪 70 年代，它综合了静电除尘和纤维过滤除尘的特点，主要利用粉尘预荷电或外加静电场的方式增强纤维层的过滤效果，目前技术已较为成熟，对大多数含尘气体的净化总效率超过 99.9%。

静电增强纤维除尘器的优点主要有：

1）对细微粒子净化效率高，特别是 0.01~1μm 的粒子净化效率可达 90% 以上。

2）静电作用使纤维表面沉积的粉尘层具有更蓬松的结构，降低了过滤阻力，减少运行费用。

3）对粉尘电阻率有更宽的适用范围。

4）可采用较高滤速，除尘器体积减小。

静电增强纤维除尘器的结构如图 5-71 所示。含尘气流先通过一个预荷电区，尘粒带电。荷电粒子随气流进入过滤段被收集。尘粒可荷正电，也可荷负电；滤料可加电场，也可不加电场。试验表明：加相同极性的电场，效果更好。当极性相同时，尘粒不易透过纤维层（效率提高），同时表现为表面式过滤，沉积于滤料表面的粉尘层较疏松，阻力减小，清灰也更容易些。

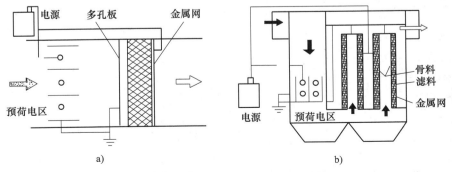

图 5-71　静电增强纤维除尘器的结构

4. 静电颗粒层除尘器

静电颗粒层除尘器是一种预荷电的颗粒层除尘器。颗粒层除尘器的过滤机理表明，施加重力场、静电场、磁场、声场等外力场可提高其除尘效率。在沸腾颗粒层除尘器内施加一个外加电场，使气流中的尘粒在进入过滤层前尽量荷电，可促进尘粒凝聚及颗粒层的过滤作用，从而提高对细微尘粒的捕集效率。

5. 湿式静电除尘器

静电强化的湿式除尘器结构多样，均是在传统的除尘器中加电场。荷电特性有三种形式：①尘粒与水滴均荷电；②尘粒荷电，水滴为中性；③水滴荷电，尘粒为中性。

5.10 送风气流的净化方式

送风气流的净化方式有过滤式和静电式两类，过滤式的也称为空气过滤器。此外，在某些生产过程中，排气中会含有细小的污染物质（如核电厂排气中的放射性物质、生物制药过程排气中的强毒微生物等）必须要求高效净化，尽管是排风，但通常也采用空气过滤器。

空气过滤器净化颗粒物的主要机理是含尘气流通过滤料时，由于惯性碰撞、接触阻留和扩散的作用，颗粒物被滤料纤维所捕集得到净化。

1. 空气过滤器的分类

1）按净化效率分类。进气净化的特点是处理的空气中含尘浓度低，细微颗粒物居多，同时要求的净化效率高。一般空气过滤器分为粗效（C1、C2、C3 和 C4）、中效（Z1、Z2 和 Z3）、高中效（GZ）和亚高效空气过滤器（YG）四类，见表 5-23。高效空气过滤器按过滤效率分为高效 A、高效 B、高效 C 以及超高效 D、超高效 E 和超高效 F 六种类型（见表 5-24 和表 5-25）。该分类标准适用于常温、常湿条件下送风及排风净化系统和设备使用，不适用于军用、核工业及其他有特殊要求的过滤器。

2）空气过滤器按形式分类，有平板式、折褶式、袋式、卷绕式、筒式。

3）空气过滤器按滤料更换方式分类，有可清洗、可更换及一次性使用。

表 5-23 过滤器额定风量下的效率和阻力

性能类别 \ 性能指标	代号	迎面风速 /(m/s)	额定风量下的效率 E(%)		额定风量下的初阻力/Pa	额定风量下的终阻力/Pa
亚高效	YG	1.0	粒径≥0.5μm	99.9>E≥95	≤120	240
高中效	GZ	1.5		95>E≥70	≤100	200
中效 1	Z1			70>E≥60		
中效 2	Z2	2.0		60>E≥40	≤80	160
中效 3	Z3			40>E≥20		
粗效 1	C1		粒径≥2.0μm	E≥50		
粗效 2	C2	2.5		50>E≥20	≤50	100
粗效 3	C3		标准人工尘计重效率	E≥50		
粗效 4	C4			50>E≥10		

注：当效率测量结果同时满足表中两个类别时，按较高类别评定。

表 5-24　高效空气过滤器性能

类别	额定风量下的钠焰法效率（%）	20%额定风量下的钠焰法效率（%）	额定风量下的初阻力/Pa
A	$99.99 > E \geqslant 99.9$	无要求	$\leqslant 190$
B	$99.999 > E \geqslant 99.99$	99.99	$\leqslant 220$
C	$E \geqslant 99.999$	99.999	$\leqslant 250$

表 5-25　超高效空气过滤器性能

类别	额定风量下的计数法效率（%）	额定风量下的初阻力/Pa	备注
D	99.999	$\leqslant 250$	扫描检漏
E	99.999 9	$\leqslant 250$	扫描检漏
F	99.999 99	$\leqslant 250$	扫描检漏

2. 空气过滤器的性能指标

（1）过滤效率和穿透率　过滤效率是指在额定风量下，过滤器前后空气含尘浓度之差与过滤器前空气含尘浓度之比的百分数，用下式表示：

$$\eta = \frac{c_1 - c_2}{c_1} \times 100\% = \left(1 - \frac{c_2}{c_1}\right) \times 100\% \tag{5-80}$$

式中　c_1、c_2——过滤器前后的含尘浓度。

当过滤器含尘浓度以计重浓度（mg/m³）表示时，所求出的效率为计重效率；当含尘浓度以大于等于某一粒径的颗粒数（粒/L）表示时，求出的效率为计数效率；当含尘浓度以某一粒径范围内的颗粒数（粒/L）表示时，求出的效率为粒径分组计数效率。

穿透率是指过滤后空气的含尘浓度与过滤前空气的含尘浓度之比的百分数，即

$$P = \frac{c_2}{c_1} \times 100\% = 1 - \eta \tag{5-81}$$

引入穿透率概念的意义在于可用它明确表示过滤器前后的空气含尘量，特别用来评价高效空气过滤器的性能。

（2）过滤器面速和滤速　过滤器面速是指过滤器的断面上所通过的气流速度，反映过滤器的通过能力和安装面积的性能指标，用下式表示：

$$u = \frac{Q}{F \times 3600} \tag{5-82}$$

式中　Q——通过过滤器的风量（m³/h）；
　　　F——过滤器的迎风截面面积（m²）。

滤速是指滤料面积上通过的气流速度，主要反映滤料的通过能力，特别是滤料的过滤性能，用下式表示：

$$v = \frac{Q \times 10^6}{f \times 10^4 \times 3600} = 0.028 \frac{Q}{f} \tag{5-83}$$

式中　v——滤速（cm/s）；

f——滤料净面积（即除去黏结等占去的面积）（m^2）。

一般高效和超高效空气过滤器的滤速取 $2\sim3cm/s$，亚高效空气过滤器的滤速取 $5\sim7cm/s$。

（3）过滤器阻力　过滤器阻力一般由两部分组成：一是滤料阻力；二是过滤器结构阻力，可表示为

$$\Delta H = \Delta p_1 + \Delta p_2 = Cv^m \qquad (5\text{-}84)$$

式中　ΔH——过滤器阻力（Pa）；

$\qquad \Delta p_1$——滤料阻力（Pa）；

$\qquad \Delta p_2$——过滤器结构阻力（Pa）。

C、m——系数，$m=1\sim2$（纤维性或纸及布滤材 m 接近 1，砾石、瓷环等填料做成的过滤器 m 接近 2）。

当过滤器粘尘后，随着粘尘量的增大，阻力逐步增加，其数值一般通过试验确定。

（4）容尘量　过滤器的容尘量是指过滤器的最大允许粘尘量，当粘尘量超过此值后，过滤器阻力会变大，过滤效率下降。所以，一般规定过滤器的容尘量是指在一定风量作用下，因积尘而阻力达到规定值（一般为初阻力的 2 倍）时的积尘量。

测试表明：当风量为 $1000m^3/h$ 时，一般折叠型泡沫塑料过滤器的容尘量为 $200\sim400g$；玻璃纤维过滤器为 $250\sim300g$；无纺布过滤器为 $300\sim400g$；亚高效空气过滤器为 $160\sim200g$；高效空气过滤器为 $400\sim500g$。

（5）空气过滤器的使用寿命　一般以达到额定容尘量的时间作为过滤器的使用寿命，在此时过滤器应进行更换。其寿命的计算公式为

$$T = \frac{P}{N_1 \times 10^{-3} \times Qt\eta} \qquad (5\text{-}85)$$

式中　T——过滤器使用寿命（d）；

$\qquad P$——过滤器容尘量（g）；

$\qquad N_1$——过滤器前空气的含尘浓度（mg/m^3）；

$\qquad Q$——过滤器风量（m^3/h）；

$\qquad t$——过滤器一天的工作时间（h）；

$\qquad \eta$——过滤器的计重效率。

3. 空气过滤器的选用

一般情况下，粗效和中效空气过滤器联合使用，可以满足使用中效空气净化系统的洁净室的净化要求；而粗效、中效和高效空气过滤器的联合使用则可满足使用高效空气净化系统的洁净室的净化要求。

空气过滤器应按额定风量选用，考虑到负压段易漏气和便于更换清洗，中效空气过滤器宜集中设置在系统的正压段，否则会使未经中效空气过滤器过滤的污染空气进入系统，缩短高效空气过滤器的使用寿命。

对可能产生有害气体或有害微生物的洁净室，其高效空气过滤器应尽量靠近洁净室，防止污染管道或由于管道漏风使未经过滤的污染空气污染环境；同时阻力、效率接近的高效空气过滤器宜安装在同一洁净区，使阻力容易平衡、风量便于分配。

5.11　除尘器的选择

除尘器的选择除应考虑含尘气体以及粉尘的物理化学特性外，还要综合考虑除尘效率、初

投资、运行成本、维护方便性、设备所占空间、建筑结构和材料等，其中排放浓度是选用除尘器的首要依据。各类除尘器的综合性能见表 5-26，可供选择时参考。

表 5-26　各类除尘器的综合性能

除尘设备名称		最小捕集粒径/μm	除尘效率（%）	阻力/Pa	耐温/℃	设备费用	运行费用
重力沉降室		50~100	<50	50~130	400	低	低
惯性除尘器		20~50	50~70	300~800	400	低	低
通用型旋风除尘器		20~40	60~85	400~800	400	低	低
高效旋风除尘器		5~10	80~95	800~1600	400	中	低
湿式除尘器		1~10	80~98	600~1600	400	中	中
文丘里管湿式除尘器		0.1	90~99	5000~20000	100	高	高
袋式除尘器	深层过滤	0.1	99~99.9	1000~2000	260	高	高
	表面过滤	0.1	99~99.99	1000~1500	260	高	高
干式静电除尘器		0.1	90~99	100~300	400	高	中

影响除尘器选择的因素有粉尘特性、烟气特性、粉尘入口浓度和烟气流量等。这些因素决定了除尘器的形式、型号、除尘系统的布置和除尘房间的结构。例如，当粉尘颗粒是爆炸性的、带静电的、吸湿的、密度较大、细微粉尘、较为潮湿的、黏附性较大等，在工程中应该如何解决上述特性带来的一些除尘器运行中出现的问题？除尘器是否需要保温？灰斗是否需要加热？是否需要采取一些特殊的运行机制（如袋式除尘器的清灰方式）来保证除尘器的正常运行？除尘器安置在室内还是室外？排气是直接高空排放还是可返回车间以节能运行？这些都是工程设计人员在设计选用除尘装置时应该考虑的问题。选择除尘器时，应特别关注如下因素：

1. 排放浓度及净化效率

必须满足有关排放标准中规定的排放浓度值。对于工况不太稳定的除尘系统，应充分考虑系统风量变化导致的效率和阻力变化情况。

不同除尘器由于除尘机理不同，对不同粒径的颗粒物具有不同的除尘效率，见表 5-27。表 5-27 中是采用标准粉尘进行的测试结果，标准粉尘为二氧化硅尘，密度为 $2700kg/m^3$，其粒径分布为：$0~5μm$，20%；$5~10μm$，10%；$10~20μm$，15%；$20~44μm$，20%；$>44μm$，35%。

表 5-27　除尘器的分级效率

除尘器名称	全效率（%）	不同粒径下的分级效率（%）				
		0~5μm	5~10μm	10~20μm	20~44μm	>44μm
带挡板的沉降室	58.6	7.5	22	43	80	90
简单旋风除尘器	65.3	12	33	57	82	91
长锥体旋风除尘器	84.2	40	79	92	99.5	100
电除尘器	97.0	90	94.5	97	99.5	100
喷淋塔	94.5	72	96	98	100	100
文丘里除尘器（$\Delta p = 7.0kPa$）	99.5	99	99.5	100	100	100
袋式除尘器	99.7	99.5	100	100	100	100

2. 粉尘性质和粒径分布

粉尘的性质直接影响到除尘器的选择，如黏性大的粉尘（如金属抛光粉和抛光化合物，会附着在颗粒物分离界面上，造成堵塞）不宜采用干式除尘器；电阻率过大或过小均不适于静电除尘器；水硬性粉尘或疏水性粉尘不宜采用湿式除尘器；硬度较大的颗粒物（中、高浓度的研磨材料），选用的旋风除尘器内壁应做耐磨处理，袋式除尘器应选用耐磨滤料；带有腐蚀性粉尘，需要考虑设备的防腐性。

粒子的尺度、形状、密度和爆炸性都会影响除尘器的选择。用袋式除尘器处理易燃易爆粉尘时，除选用导电滤袋外还应设计相应的防爆装置，选用防爆配件。

通常情况下，除尘器净化分离的能耗与粒径呈正相关关系，一般工程中，对于粒径$>20\mu m$的粒子，可采用低能耗的除尘设备，例如重力沉降室、惯性除尘器、旋风除尘器、机械辅助式湿式洗涤塔和低能耗的文丘里洗涤塔等。对于粒径$>5\mu m$的粒子，采用中等能耗的除尘器；而对于$5\mu m$以下的粒子，则需要采用高能耗的除尘设备或者采用粒子凝聚技术使颗粒物粒径变大，以便于捕集。

3. 气体的含尘浓度

烟气中的粉尘浓度可从$0.1g/ft^3$变化到$100000g/ft^3$。当烟气中含尘浓度较高时，为降低高效除尘设备（电除尘器或袋式除尘器）的运行费用，通常需要设置低阻力的前置除尘器，以去除粗大粉尘，降低高效除尘器的入口含尘浓度，防止电除尘器的电晕闭塞现象，减少湿式除尘器的泥浆处理量，适当提高袋式除尘器的过滤风速。

4. 烟气特性

烟气的温度会影响袋式除尘器的滤料选择；干式除尘器中，水蒸气的凝结会造成灰尘的堵塞，影响气流的通过；腐蚀性的化学物质会腐蚀干式除尘器中的纤维或金属材料，在湿式除尘器中与水结合会加重设备的腐蚀。

5. 物料后期处理问题

除尘器的选择应综合考虑净化效率、初投资和运行费用。具体确定除尘器的净化效率时，不但应考虑除尘系统当地的排放标准（排放浓度要求或总量控制要求），有时还需考虑物料的后期处理，是抛弃还是回收利用。对可回收利用的粉状物料，如耐火黏土、面粉等，一般都采用干法除尘，回收的物料可直接纳入工艺流程中。

除上述因素外，除尘器形式的选择还应考虑能源方面，如当地电价较低时，选择静电除尘器会是一个不错的选择，静电除尘器的压降小，运行成本会低很多。

习　题

1. 两台相同型号的除尘器，在串联和并联运行时，除尘效率是否一致？为什么？
2. 粒子的沉降速度为什么又称为粒子的末端沉降速度？
3. 为什么将重力沉降室、惯性除尘器和旋风除尘器又统称为机械力除尘器？
4. 从微观净化机理来说，袋式除尘器和空气过滤器为什么是相同的？
5. 试说明影响惯性碰撞除尘机理的因素有哪些？
6. 试说明影响扩散除尘机理的因素有哪些？
7. 试解释粒子的沉降速度和悬浮速度有何异同？
8. 试解释颗粒物的理论驱进速度和有效驱进速度的物理含义。
9. 试分析电除尘器中多伊奇方程理论模型的不足之处。

10. 试举例说明黏性大的粉尘，硬度大的粉尘、电阻率过大或过小的粉尘、水硬性粉尘。

11. 试分析重力沉降室、旋风除尘器和电除尘器处理同一粒径的粒子，效率为什么不同？如何提高它们的除尘效率？

12. 一台旋风除尘器初始的运行风量为 $2500m^3/h$，压力损失为 $0.15mH_2O$。如果将其风量增加到 $4000m^3/h$，试问其阻力损失增加到多大？

13. 一台袋式除尘器处理常温含尘气体，入口粉尘浓度 y_1 为 $260g/m^3$，入口风速 v_0 为 $10m/s$，对应入口风速的结构阻力系数 ξ 为 $5.6m^{-1}$；取过滤风速 v_F 为 $1.4m/min$，滤料的阻力系数 $\xi_0 = 4.8×10^7 m^{-1}$，粉尘层的比阻力 α_m 为 $1.2×10^5 m/kg$，试计算该袋式除尘器初次运行时的阻力值以及运行 8h 后的阻力值。

14. 在某除尘系统的除尘器入口处取样，测试得到颗粒物的累计粒径分布，见表 5-28。

表 5-28 颗粒物的累计粒径分布

粒径 $d_p/\mu m$	2.0	3.0	5.0	7.0	10	25
入口处 $\phi_1(d_p)/\%$	1.8	10.1	38.9	69.8	92.2	99.9

请判断该粉尘的粒径分布符合何种分布函数？并给出它的特征粒径和标准偏差值。

15. 设计一除尘系统，工艺设备的产尘量为 $25.3g/s$，局部排风量为 $2.86m^3/s$，假设排风罩的捕集效率为 100%。现拟采用两级除尘系统，全效率分别为 82% 和 99%，试计算该系统的总效率和排空浓度。

16. 在 15 题中，如果第二级除尘器采用电除尘器，请计算必需的集尘极面积（查得粉尘的有效驱进速度为 $0.12m/s$）。

17. 在 15 题中，如果第二级除尘器采用袋式除尘器，请计算必需的过滤面积（过滤风速取 $0.65m/min$）。

18. 某砂轮机，砂轮直径为 200mm，如果采用外部接收罩，试计算其排风量。

19. 题 18 中测得砂轮机产生的粉尘为铁屑，粉尘的分组质量分数见表 5-29。

表 5-29 粉尘的分组质量分数表

粒径 $d_p/\mu m$	<5	5~10	10~20	20~40	40~60	>60
粉尘的分组质量分数（%）	1.8	1.5	2.7	8.0	13	73

试给出最佳的除尘器类型。

20. 对某旋风除尘系统进行测试得到表 5-30 所示的数据。

表 5-30 某旋风除尘系统分级效率和粉尘的分组质量分数

粒径 $d_p/\mu m$	0~5	5~10	10~20	20~40	>40
分级效率（%）	65	91.6	96.5	99.2	100
粉尘的分组质量分数（%）	14.2	16.8	25.3	23.4	20.3

试计算该除尘器的全效率。

21. 已知某除尘器的分级效率和进口粉尘粒径分布，见表 5-31。

表 5-31 某除尘器的分级效率和进口粉尘粒径分布

粒径范围/μm	0~5	5~10	10~20	20~40	>40
进口粉尘粒径分布（%）	10.4	14.0	19.6	22.4	33.6
分级效率（%）	81.25	97.50	99.06	99.93	100.00

试计算该除尘器的全效率。

22. 经对某电厂锅炉除尘器的测定已知：烟气进口含尘浓度 $y_1 = 1800\text{mg/m}^3$，出口含尘浓度 $y_2 = 33.6\text{mg/m}^3$，烟气温度 $t = 175℃$，烟尘粒径分布（质量百分比）见表 5-32。

表 5-32　烟尘粒径分布

粒径范围 $d_p/\mu m$	0~5	5~10	10~20	20~40	>40
进口粉尘（%）	9.8	15.2	19.3	21.5	34.2
出口粉尘（%）	78.6	14.2	6.6	0.6	0.0

试计算：

（1）全效率及分级效率。

（2）据《锅炉大气污染物排放标准》（GB 13271—2014）锅炉污染物排放标准为 50mg/Nm^3。请问该除尘器除尘后的排放浓度是否达到排放标准？（提示：排放标准均为标准状态下的质量浓度）

23. 有一脉冲喷吹袋式除尘器，处理风量 $L = 6000\text{m}^3/\text{h}$，每小时回收颜料约 300kg，粒径大多为 3~10μm，气体温度 $t = 60℃$，经查过滤风速的粉尘因素 $A = 2.7$，应用因素 $B = 0.9$，温度影响系数 $C = 0.82$，粒径因素 $D = 0.9$，含尘浓度影响系数 $E = 0.93$。该除尘器所需的过滤面积大约为多少？

24. 某电除尘器的处理风量 $q_v = 50\text{m}^3/\text{s}$，未入除尘器时的烟气含尘浓度为 $y_1 = 16\text{g/m}^3$，要求经过其处理后烟气浓度小于 $y_2 = 160\text{mg/m}^3$。若尘粒的有效驱进速度为 $w_e = 0.12\text{m/s}$，请问集尘面积不得低于多少？

25. 有一重力沉降室长 $L = 6\text{m}$、高 $H = 2.4\text{m}$。已知含尘气流的流速 $v = 0.5\text{m/s}$，尘粒的真密度 $\rho_p = 2000\text{kg/m}^3$，且在当时状态下空气动力黏度为 $\mu = 1.81 \times 10^5 \text{Pa} \cdot \text{s}$。如果尘粒在空气中的沉降速度为 $v_t = \dfrac{g\rho_p d_p^2}{18\mu}$，请计算除尘效率为 100% 时的最小捕集粒径。

参 考 文 献

［1］ 卫生部环境卫生标准专业委员会. 公共场所集中空调通风系统卫生规范：WS 394—2012 ［S］. 北京：中国标准出版社，2013.

［2］ HUGHES R T, APOL A G, CLEARY W M, et al. Industry ventilation：a manual of recommended practice for design ［M］. 23rd ed. Cincinnati：American Conference of Governmental Industrial Hygienists, Inc, 1998.

［3］ 中华人民共和国住房和城乡建设部. 供暖通风与空气调节术语标准：GB/T 50155—2015 ［S］. 北京：中国建筑工业出版社，2015.

［4］ 王翔朴，王营通，李珏声. 卫生学大辞典 ［M］. 青岛：青岛出版社，2000.

［5］ 胡传鼎. 通风除尘设备设计手册 ［M］. 北京：化学工业出版社，2003.

［6］ 张殿印，张学义. 除尘技术手册 ［M］. 北京：冶金工业出版社，2002.

［7］ 向晓东. 现代除尘理论与技术 ［M］. 北京：冶金工业出版社，2002.

［8］ ZHU J, LIM C J, GRACE J R, et al. Tube wear in gas fluidized beds：II. Low velocity impact erosion and semi-empirical model for bubbling and slugging fluidized beds ［J］. Chemical Engineering Science, 1991, 46 (4)：1151-1156.

［9］ 柳绮年，贾复，张蝶丽，等. 旋风分离器三维流场的测定 ［J］. 力学学报，1978 (3)：182-191.

［10］ 谭天佑，梁凤珍. 工业通风除尘技术 ［M］. 北京：中国建筑工业出版社，1984.

［11］ FUCHS N A. The mechanics of aerosols ［M］. Oxford：Permagon Press, 1964.

［12］ 陈明绍. 除尘技术的基本理论与应用 ［M］. 北京：中国建筑工业出版社，1981.

［13］ BURGESS W A, ELLENBECKER M J, TREITMAN R D. Ventilation for control of the work environment ［M］. 2nd ed. Hoboken：John Wiley & Sons, Inc, 2004.

［14］ SCHIFFTNER K C. Air pollution control equipment selection guide ［M］. Boca Raton：CRC Press LLC, 2002.

［15］ 孙一坚，沈恒根. 工业通风 ［M］. 4 版. 北京：中国建筑工业出版社，2010.

［16］ 陕西省第一建筑设计院，西安冶金建筑学院. CZT 型旋风除尘器的实验研究 ［J］. 西安建筑科技大学学报（自然

科学版），1975（4）：73-87.

[17]　张殿印，王纯. 除尘器手册［M］. 北京：化学工业出版社，2004.

[18]　PEEK F W. Dielectric phenomena in high voltage engineering［M］. New York：McGraw-Hill Book Company，Inc，1920.

[19]　中国机械工业联合会. 滤筒式除尘器：JB/T 10341—2014［S］. 北京：机械工业出版社，2014.

[20]　钱幺，钱晓明，邓辉，等. 静电增强纤维过滤技术的研究进展［J］. 合成纤维工业，2016，39（1）：48-52.

[21]　中华人民共和国住房和城乡建设部. 空气过滤器：GB/T 14295—2008［S］. 北京：中国标准出版社，2008.

[22]　中华人民共和国住房和城乡建设部. 高效空气过滤器：GB/T 13554—2008［S］. 北京：中国标准出版社，2009.

第 6 章
空气中有害气体净化

为了消减大气中污染物总量，避免造成酸雨和引起光化学反应，必须对排入大气的废气进行净化处理，在可能的条件下，还应考虑回收利用。经净化处理后的有害气体必须达到国家大气污染物排放标准，并符合环境空气质量和居住区大气中有害物的最高容许浓度才能排放。对于暂时缺乏经济有效处理方法的有害气体，可以采用高空稀释排放，但应尽可能少用。

6.1 有害气体的净化方法

空气中污染物的净化实际上是一个混合物的分离问题。气态污染物的净化方法有两类：一类是利用污染物与废气中其他组分的物理性质的差异，使污染物从废气中分离出来，称为分离法，如吸收、吸附、冷凝、膜分离等；另一类是使废气中污染物发生某些化学反应，把污染物转化成无害物质或易于分离的物质，称为转化法，如催化转化、燃烧法、生物处理法、电子束法等。

1. 吸收法

吸收法是利用废气中不同组分在液体中具有不同溶解度的性质分离污染物的一种净化方法。吸收法常用于净化工业废气中的 SO_2、H_2S、HF、卤代烃等无机污染物或水溶性有机物。吸收法净化效率高，应用范围广。

2. 吸附法

吸附法是利用多孔性固体吸附剂对废气中各组分的吸附能力不同，选择性地吸附一种或几种组分，从而达到分离净化的目的。吸附法适用范围很广，可以分离回收绝大多数有机气体和大多数无机气体，尤其是在净化有机溶剂蒸气时，具有较高的效率。吸附法也是气态污染物净化的常用方法。

3. 冷凝法

冷凝法是利用物质在不同温度下具有不同饱和蒸气压的性质，通过冷却使处于蒸气状态的污染物冷凝成液体，从而达到分离净化的目的。这种方法的净化效率低，只适用于蒸气状态有害物，多用于回收空气中的有机溶剂蒸气，或用于预先回收某些可利用的纯物质，有时也用作吸附、燃烧等净化流程的预处理，以减轻操作负荷或除去影响操作、腐蚀设备的有害组分。

4. 膜分离法

膜分离法是以选择性透过膜为分离介质，在外力的推动下，对混合物进行分离、提纯、浓缩的一种新型分离技术。目前，膜分离纯化技术包括微滤、超滤、反渗透、纳滤、气体分离、渗透气化和电渗析等。与传统分离技术相比，膜分离技术过程具有如下特点：无相变、高效、节能、无污染、工艺简单和常温操作，因此，已经广泛应用于水处理、石油化工、冶金、环境保护、生物及食品工业、纺织和医药等诸多领域。

5. 催化转化法

催化转化法是利用催化剂的催化作用将废气中的气体污染物转化成无害或比原状态更易去

除的化合物，以达到分离净化气体的目的。根据催化转化过程中所发生的反应，催化转化法可分为催化氧化法和催化还原法两类。催化氧化法是在催化剂的作用下使废气中的气体污染物被氧化为无害的或更易去除的其他物质。催化还原法是在催化剂的作用下，利用一些还原性气体，将废气中的气态污染物还原为无害物质。催化转化法常在各类催化反应器中进行。

6. 燃烧法

燃烧法是利用废气中某些污染物可以氧化燃烧的特性，将其燃烧变成无害物的方法。燃烧净化仅能处理那些可燃的或在高温下能分解的气态污染物，其化学作用主要是燃烧氧化，个别情况下是热分解。燃烧法只是将气态污染物烧掉，一般不能回收原有物质，但有时可回收利用燃烧产物。燃烧法可分为直接燃烧和催化燃烧两种。直接燃烧就是利用可燃的气态污染物作燃料进行燃烧的方式；催化燃烧则是利用催化剂的作用，使可燃的气态污染物在一定温度下氧化分解的净化方法。燃烧法主要用于净化有机气体及恶臭物质。

7. 生物处理法

生物处理法是利用微生物以废气中有机组分作为其生命活动的能源或养分的特性，经代谢降解，转化为简单的无机物（H_2O 和 CO_2）或细胞组成物质。根据微生物在有机废气处理过程中存在的形式，可将处理方法分为生物洗涤法和生物过滤法。生物洗涤法是指微生物及其营养物配料存在于液体中，气体中的有机物通过与悬浮液接触后转移到液体中而被微生物降解。生物过滤法是指微生物附着生长于固体介质（填料）上，废气通过由介质构成的固定床层（填料层）被吸附、吸收，最终被微生物降解，较典型的形式有生物滤池和生物滴滤塔。生物处理法比传统工艺投资少，运行费用低，操作简单，应用范围广，是有机化工和石油化工行业有机废气处理的理想技术。

8. 电子束法

电子束法是用电子束照射产生氧化力极强的游离基使有害气体氧化分解。如电子束辐照氨法烟气脱硫、脱氮是一种无排水干式排烟处理技术。烟气在电子加速器产生的电子束辐照下将呈现非平衡的离子体状态，烟气中的 H_2O 和 O_2 被裂解成强氧化性的过氧化物（HO、HO_2）和原子态氧（O）等活性自由基，SO_x 及 NO_x 在这些自由基的作用下，在极短的时间内被氧化，并与水生成中间产物硫酸（H_2SO_4）和硝酸（HNO_3），硫酸与硝酸和共存的氨进行中和反应，生成粉状微粒，即硫酸铵和硝酸铵的混合粉体，这些副产品可以直接作为化肥使用，不产生废弃物。

本章重点介绍吸收、吸附的机理及有关设备和有害气体的高空排放原则。

6.2 吸收法净化

吸收法净化是用适当的液体与混合气体接触，利用气体各组分在液体中溶解度不同，或者其中某一种或多种组分与液体中活性组分发生化学反应，达到将有害物从废气中分离出来的目的。在吸收操作中，被吸收气体称为吸收质，气相中不被吸收的气体称为惰气，吸收用的液体称为吸收剂。根据吸收过程中是否发生化学反应，气体吸收可分为物理吸收和化学吸收两种。物理吸收是使有害成分物理地溶解于吸附剂中的过程，如用水吸收氨；化学吸收是靠有害成分与吸收剂之间发生化学反应生成新物质的过程，如用碱溶液吸收二氧化硫。

$$SO_2 + 2NaOH = Na_2SO_3 + H_2O$$

在大多数场合，有机废气的液体吸收法净化处理属于物理吸收过程。但通常情况下，化学吸收的效率比物理吸收高，特别是处理低浓度气体时。由于化学吸收的机理较为复杂，限于篇幅，本节主要分析物理吸收的某些机理，化学吸收的机理可参考有关资料。

6.2.1 吸收过程的基本理论

1. 浓度的表示方法

（1）摩尔分数 摩尔分数是指气相或液相中某一组分的物质的量与该混合气体或溶液的总物质的量之比。

液相：

$$x_A = \frac{n_A}{n_A + n_B}; x_B = \frac{n_B}{n_A + n_B} \tag{6-1}$$

式中 x_A、x_B——液相中组分 A、B 的摩尔分数；

n_A、n_B——组分 A、B 的物质的量（mol）。

气相：

$$y_A = \frac{n_A}{n_A + n_B}; y_B = \frac{n_B}{n_A + n_B} \tag{6-2}$$

式中 y_A、y_B——气相中组分 A、B 的摩尔分数。

物质的量：

$$n_A = \frac{G_A}{M_A}; n_B = \frac{G_B}{M_B} \tag{6-3}$$

式中 G_A、G_B——组分 A、B 的质量（kg），或含量；

M_A、M_B——组分 A、B 的摩尔质量（kg/kmol），或相对分子质量。

（2）摩尔比 由于惰气量和吸附剂量在吸收过程中基本不变，以它们为基准表示浓度，对今后的计算比较方便。摩尔比是指气相或液相中某一组分的物质的量与吸收剂的物质的量之比。

液相：

$$X_A = \frac{n_A}{n_B} = \frac{x_A}{1 - x_A} \tag{6-4}$$

式中 X_A——液相中组分 A 的摩尔比。

气相：

$$Y_A = \frac{n_A}{n_B} = \frac{y_A}{1 - y_A} \tag{6-5}$$

式中 Y_A——气相中组分 A 的摩尔比。

【例 6-1】 CO 与水接触，水中 CO 的质量分数为 40%，求水中 CO 的摩尔分数和摩尔比。

【解】 CO 的相对分子质量为 28，水的相对分子质量为 18。

水中的 CO 的摩尔分数

$$x_{CO} = \frac{n_A}{n_A + n_B} = \frac{\dfrac{0.4}{28}}{\dfrac{0.4}{28} + \dfrac{0.6}{18}} = 0.3$$

水中的 CO 的摩尔比

$$X_{CO} = \frac{n_A}{n_B} = \frac{\dfrac{0.4}{28}}{\dfrac{0.6}{18}} = 0.43$$

2. 吸收过程中的气液平衡

当含有吸收质的混合气体和液相吸收剂接触时，会发生气相可溶组分向液相转移的吸收过程，同时也会发生液相中的已溶解物质向气相逃逸的解吸过程。在一定的温度和压力下，起初是以吸收质被吸收剂所吸收为主，随着吸收剂中吸收质浓度的增高，吸收速率逐渐减慢，而解吸速率却逐渐加快，经过足够长时间的接触，当吸收速率与解吸速率相等时，气相和液相中的组分浓度就不再发生宏观变化，气液两相间传质达到了相际间的动态平衡状态，简称相平衡或平衡。气液达到平衡时，吸收剂中吸收质浓度达到最大限度。一定温度和压力下单位体积吸收剂所能吸收的极限气体量称为溶解度。某一种气体的溶解度与气体和吸收剂的性质、吸收剂的温度、吸收质在气相中的分压等因素有关。

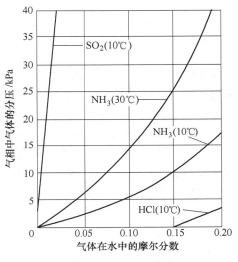

吸收剂吸收了某种气体后，由于分子扩散会在吸收剂表面形成一定的分压，该分压的大小与吸收剂中吸收质浓度有关，可用来判断吸收剂中吸收质逸出倾向。当气相中吸收质的分压等于液面上的吸收质的分压时，气液达到平衡，液相上方的组分分压称为该组分的平衡分压。如果气相中吸收质的分压高于该液体对应的平衡分压，吸收就能进行；反之，解吸就能进行。图 6-1 所示是几种常见气体与水的气液平衡关系。从图 6-1 可以看出，在温度为 30℃、气相中 NH_3 的分压为 15kPa 时，每 100mol 水中最大可以吸收 10.5mol NH_3，只有当气体中 NH_3 的分压大于 15kPa 时，吸收才能继续进行。从图 6-1 还可以看出，在分压一定时，随着温度的上升多数气体的溶解度降低，如 NH_3 在较低温度时的溶解度比高温时要大。

图 6-1　几种常见气体
与水的气液平衡关系

当分压和温度一定时，溶解度只是气相组成的函数。如图 6-1 所示，在同一温度、同一分压条件下，不同性质的气体在同一吸收剂中，其溶解度是不同的。如温度为 10℃、分压为 15kPa 时，SO_2 和 NH_3 在水中的溶解度分别为 0.008 和 0.18（摩尔分数）。显然，SO_2 较难溶于水，而 NH_3 相对较易溶于水。

综上所述，采用溶解性强、选择性好的吸收剂，提高分压和降低温度，有利于增大气体的溶解度。故加压和降温有利于吸收过程，反之，减压和升温有利于解吸过程。

在一定温度下，对于压力不太大（低于 $5×10^5Pa$）的稀溶液，气体在液体中的溶解度与该气体的平衡分压成正比，这就是著名的亨利定律，表达式为

$$p^* = Ex \tag{6-6}$$

式中　p^*——气相吸收质平衡分压力（kPa 或 atm），由 E 的单位决定；

x——液相中吸收质浓度（用摩尔分数表示）；

E——亨利常数（kPa 或 atm）。

E 值的大小反映了该气体吸收的难易程度。对于一定体系，E 是温度的函数，温度上升则 E 值增大，不利于气体吸收。同一溶剂中难溶气体 E 值大，对应的气相平衡分压力 p^* 高（如 CO、O_2 等），难以吸收；反之，如 SO_2、H_2S 等则易于吸收。某些常见气体被水吸收时的亨利常数列于表 6-1 中。

表 6-1　常见气体在不同温度下被水吸收时的亨利常数 E　　（单位：atm）

温度/℃	0	10	20	30	40	50
空气	43200	54900	66400	77100	87000	94600
CO	35200	44200	53600	62000	69600	76100
O_2	25500	32700	40100	47500	53500	58800
NO	16900	21800	26400	31000	35200	39000
CO_2	728	1040	1420	1860	2330	2830
Cl_2	268	394	530	660	790	890
H_2S	268	376	483	609	745	884
SO_2	16.5	24.2	35	47.9	65.2	86

注：$1atm = 1.01 \times 10^5 Pa$。

在实际应用时，亨利定律还有其他的表达形式。当平衡状态下液相中吸收质的浓度用气体溶解度 $C(kmol/m^3)$ 表示时，亨利定律表示为

$$p^* = C/H \quad 或 \quad C = Hp^* \tag{6-7}$$

式中　H——溶解度系数 $[kmol/(m^3 \cdot atm)$ 或 $kmol/(m^3 \cdot kPa)]$。

H 值等于平衡分压 1atm 时的溶解度，其数值是随着温度的上升而下降的。H 值的大小反映了气体溶解的难易程度，同一溶剂中难溶气体 H 值小，易溶气体 H 值大。

对于稀溶液，E 和 H 有如下近似关系：

$$E = \frac{1}{H} \frac{\rho}{M} \tag{6-8}$$

式中　ρ——溶液的密度 (kg/m^3)；

　　　M——溶液的摩尔质量 (kg/mol)。

当气液两相吸收质浓度用摩尔分数表示时，亨利定律又可以表示为

$$y^* = mx \tag{6-9}$$

式中　y^*——平衡状态下气相中吸收质的摩尔分数；

　　　m——相平衡系数，无量纲。

根据道尔顿气体分压力定律

$$p^* = p_z y^* \tag{6-10}$$

式中　p^*——平衡状态下混合气体中吸收质分压力 （atm 或 kPa）；

　　　p_z——混合气体总压力 （atm 或 kPa）；

　　　y^*——平衡状态下混合气体中吸收质摩尔分数。

将式（6-10）代入式（6-6）得

$$p_z y^* = Ex$$
$$y^* = (E/p_z)x$$

则 m 和 E 存在如下关系：

$$m = \frac{E}{p_z} \tag{6-11}$$

对于稀溶液，m 近似为常数。在同一溶剂中，易溶气体 m 值小，难溶气体 m 值大。对于一定的物系，它是温度和压力的函数。

根据摩尔分数和摩尔比间的关系

$$x = \frac{X}{1+X}$$

$$y = \frac{Y}{1+Y}$$

所以

$$\frac{Y^*}{1+Y^*} = m\left[\frac{X}{1+X}\right]$$

$$Y^* = \frac{mX}{1+(1-m)X} \tag{6-12}$$

式中　Y^*——与液相浓度相对应的气相中吸收质的平衡浓度［kmol（吸收质）/kmol（惰气）］；

X——液相中吸收质的浓度［kmol（吸收质）/kmol（吸收剂）］。

对于稀溶液，液相中的吸收质浓度很低（即 X 值相当小），式（6-12）可简化为

$$Y^* = mX \tag{6-13}$$

此式为吸收过程中最常用的形式，称为气液平衡关系式。如图 6-2 所示，这条直（曲）线称为平衡线。

气液平衡关系描述的是吸收过程中气液两相接触传质的极限状态。实际上，由于两相接触时间有限，很难达到平衡状态。根据气液两相实际组成与相应条件下平衡组成的比较，可以帮助解决以下三个方面的问题：

1）判断传质过程进行的方向。已知液相中吸收质浓度 X 或气相中吸收质浓度 Y，根据平衡线可以查得对应的液相中吸收质平衡浓度 X^* 或气相中吸收质平衡浓度 Y^*。若 $Y>Y^*$ 或 $X<X^*$，说明传质方向由气相到液相进行吸收过程。若 $Y<Y^*$ 或 $X>X^*$，说明传质方向由液相到气相进行解吸过程。

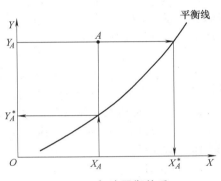

图 6-2　气液平衡关系

2）确定传质推动力的大小。把 $\Delta Y = Y - Y^*$ 称为吸收推动力，它是以气相表示的传质推动力，ΔY 越大，吸收越容易进行；ΔY 越小，吸收越难以进行。同样，也可用液相表示传质推动力：$\Delta X = X^* - X$。

3）指明传质过程所能达到的极限。在吸收过程中，随液相中吸收质浓度 X 的增加，当 X 很接近液相中吸收质的平衡浓度 X^* 时，说明吸收推动力 ΔX 已很小，必须更换吸收剂，吸收才能继续进行。

【例 6-2】　在吸收塔内用水吸收混合气体中的 CO_2，其中 CO_2 浓度为 $60g/m^3$，吸收塔在 $t=20\,℃$、$p_z = 1atm$ 的工况下工作，求水中 CO_2 可能达到的最大浓度。

【解】　CO_2 的相对分子质量 $M_{CO_2} = 48$，H_2O 的相对分子质量 $M_{H_2O} = 18$

$$y_{CO_2} = 60 \times 10^{-3} \times \frac{22.4}{48} = 0.028$$

气相中 CO_2 的摩尔比

$$Y_{CO_2} = \frac{0.028}{1-0.028}kmol(CO_2)/kmol(空气) = 0.0288kmol(CO_2)/kmol(空气)$$

查表 6-1 可知，CO_2 在 $t=20\,℃$、$p_z = 1atm$ 时的亨利常数 $E = 1420atm$，则 $m = \dfrac{E}{p_z} = 1420$。

平衡状态下的液相浓度即为最大浓度，则液相中 CO_2 最大摩尔比为

$$X_{CO_2}^* = \frac{Y_{CO_2}}{m} = \frac{0.0288}{1420} kmol(CO_2)/kmol(H_2O) = 2.03 \times 10^{-5} kmol(CO_2)/kmol(H_2O)$$

H_2O 在 $t = 20℃$、$p_z = 1atm$ 时的密度为 $998.2g/m^3$，则液相中 CO_2 最大质量浓度为

$$\frac{2.03 \times 10^{-5} \times 1000 \times 48}{1 \times 18/998.2} g/m^3 = 54g/m^3$$

3. 吸收过程的机理

吸收过程是吸收质从气相通过扩散转移到液相的质量传递过程，因此也称为扩散过程。传质的基本方式有分子扩散和对流扩散两种。研究吸收过程的机理是为了掌握吸收过程的规律，并运用这些规律强化或改进吸收操作。但是，由于问题的复杂性，目前尚缺乏统一的理论完善地反映相间传质的内在规律。下面仅对目前应用较广的双膜理论做简要介绍。

双膜理论的基本点：

1）气液两相接触时存在一个分界面称为相界面，在相界面两侧分别存在一层极薄且稳定的气膜和液膜，两膜以外的气液两相称为气相主体和液相主体。吸收质以分子扩散的方式从气相主体连续通过这两个膜层进入液相主体。膜层的厚度是随气液两相流速的增加而减小的。

2）吸收过程的阻力主要是吸收质通过气膜和液膜时的分子扩散阻力。因为在气相和液相主体中的流体都处于紊流状态，以对流扩散为主，组分浓度基本上是均匀分布的，与滞流层相比，其传质阻力很小可以忽略不计。对不同的吸收过程，气膜和液膜的阻力是不同的。

3）不论气液两相主体中吸收质浓度是否达到平衡，在相界面上气液两相总是处于平衡状态，吸收质通过相界面时的传质阻力可以忽略不计，称为界面平衡。界面平衡并不意味着气液两相主体已达到平衡。

图 6-3 所示是双膜理论的吸收过程示意图，Y_A、X_A 分别表示气相和液相主体的浓度，Y_i^*、X_i^* 分别表示相界面上气相和液相的浓度。因为，在相界面上气液两相处于平衡状态，Y_i^*、X_i^* 都是平衡浓度，即 $Y_i^* = mX_i^*$。当气相主体浓度 $Y_A > Y_i^*$ 时，以 $Y_A - Y_i^*$ 为吸收推动力克服气膜阻力，从 a 到 b，在相界面上气液两相达到平衡，然后以 $X_i^* - X_A$ 为吸收推动力克服液膜阻力，从 b' 到 c，最后扩散到液相主体，完成整个吸收过程。

根据以上假设，复杂的吸收过程被简化为气体以分子扩散方式通过气液两膜层的过程。通过两膜层时的分子扩散阻力就是吸收过程的

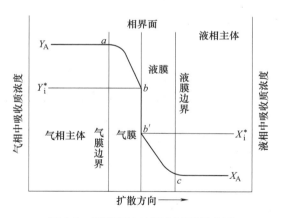

图 6-3 双膜理论的吸收过程示意图

基本阻力，吸收质必须要有一定的浓度差，才能克服这个阻力进行传质。这和传热过程必须要有一定的温度差，才能克服热阻进行传热是相似的。

对于具有固定相界面的系统及速度不高的两流体间的传质，双膜理论与实际情况是相当符合的，根据这一理论的基本概念确定的相际传质速率关系，至今仍是传质设备设计的主要计算依据。但是，对具有自由相界面的系统，尤其是高度湍动的两流体间的传质，双膜理论表现出它的局限性。因为在这种情况下，相界面已不再是稳定的，界面两侧存在稳定的有效滞流膜层及物

质以分子扩散的形式通过此两膜层的假设都很难成立，相界面上的平衡状态也不存在。针对双膜理论的局限性，研究者相继提出了一些新的理论，如薄膜理论、溶质渗透理论、表面更新理论、界面动力状态理论等，这些理论对于相际传质过程中的界面状况及流体力学因素的影响等方面的研究和描述有一定的推进作用，但目前还不方便进行传质设备的计算或解决其他实际问题。

4. 吸收速率方程式

理论上的气液平衡关系是指气液两相长时间接触后，吸收剂所能吸收的最大气体量。在实际的吸收设备中，气液的接触时间是有限的。因此，必须确定单位时间内吸收剂所吸收的气体量，称为吸收速率。吸收速率方程式是计算吸收设备的基本方程式，其一般表达式为：传质速率＝传质推动力×传质系数。

单位时间通过气膜转移到相界面的吸收质的量用下式表示：

$$G_A = k_G F(Y_A - Y_i^*) \tag{6-14}$$

式中　G_A——单位时间通过气膜转移到相界面的吸收质的量（kmol/s）；

F——气液两相的接触面积（m^2）；

Y_A——气相主体中吸收质浓度［kmol（吸收质）/kmol（惰气）］；

Y_{i*}——相界面上气相的平衡浓度［kmol（吸收质）/kmol（惰气）］；

k_G——气膜传质系数［kmol/（$m^2 \cdot s$）］。

同理，单位时间通过液膜的吸收质的量为

$$G_A' = k_L F(X_i^* - X_A) \tag{6-15}$$

式中　$G_{A'}$——单位时间通过液膜转移到液相主体的吸收质的量（kmol/s）；

F——气液两相的接触面积（m^2）；

X_A——液相主体中吸收质浓度［kmol（吸收质）/kmol（吸收剂）］；

X_i^*——相界面上液相的平衡浓度［kmol（吸收质）/kmol（吸收剂）］；

k_L——液膜传质系数，［kmol/（$m^2 \cdot s$）］。

在稳定吸收过程中，通过气膜和液膜的吸收质的量应相等，即 $G_A = G_A'$。要利用式（6-14）或式（6-15）进行计算，必须预先确定 k_G 或 k_L 以及相界面上的 X_i^* 或 Y_i^*。实际上，相界面上的 X_i^* 和 Y_i^* 是难以确定的，为了便于计算，提出总传质系数的概念。

$$G_A = k_G F(Y_A - Y_i^*) = k_L F(X_i^* - X_A) \tag{6-16}$$

根据双膜理论，$Y_i^* = mX_i^*$，因此

$$X_i^* = \frac{Y_i^*}{m} \tag{6-17}$$

同时，由于 $Y_A^* = mX_A$，所以

$$X_A = \frac{Y_A^*}{m} \tag{6-18}$$

将式（6-17）和式（6-18）代入式（6-16），得

$$G_A = k_G F(Y_A - Y_i^*) = k_L F\left(\frac{Y_i^*}{m} - \frac{Y_A^*}{m}\right)$$

所以

$$Y_A - Y_i^* = \frac{G_A}{Fk_G} \tag{6-19}$$

$$Y_i^* - Y_A^* = \frac{G_A}{F\dfrac{k_L}{m}} \tag{6-20}$$

将式（6-19）和式（6-20）相加，得

$$Y_A - Y_A^* = \frac{G_A}{F}\left(\frac{1}{k_G} + \frac{m}{k_L}\right)$$

$$\frac{G_A}{F} = \frac{1}{\dfrac{1}{k_G} + \dfrac{m}{k_L}}(Y_A - Y_A^*)$$

令

$$K_G = \frac{1}{\dfrac{1}{k_G} + \dfrac{m}{k_L}} \tag{6-21}$$

$$G_A = K_G F(Y_A - Y_A^*) \tag{6-22}$$

式中 K_G——以 $(Y_A - Y_A^*)$ 为吸收推动力的气相总传质系数 $[kmol/(m^2 \cdot s)]$。

同理，可以推导出以下公式：

$$K_L = \frac{1}{\dfrac{1}{mk_G} + \dfrac{1}{k_L}} \tag{6-23}$$

$$G_A = K_L F(X_A^* - X_A) \tag{6-24}$$

式中 X_A^*——与气相主体浓度 Y_A 相对应的液相平衡浓度，$[kmol(吸收质)/kmol(吸收剂)]$；

K_L——以 $(X_{A*} - X_A)$ 为吸收推动力的液相总传质系数 $[kmol/(m^2 \cdot s)]$。

式（6-22）和式（6-24）就是吸收速率方程式，这两个公式算出的结果是一样的。类似于传热过程的热阻，把传质系数的倒数称为传质阻力。

$$\frac{1}{K_G} = \frac{1}{k_G} + \frac{m}{k_L} \tag{6-25}$$

$$\frac{1}{K_L} = \frac{1}{mk_G} + \frac{1}{k_L} \tag{6-26}$$

由式（6-25）和式（6-26）可以看出，总传质阻力＝气膜传质阻力＋液膜传质阻力。当气体的相平衡系数 m 较小时，m/k_L 很小，可以忽略不计。此时 $K_G \approx k_G$，说明吸收过程的阻力主要是气膜阻力，计算时用式（6-22）较为方便。当 m 较大时，$1/(mk_G)$ 很小，可以忽略不计，此时 $K_L \approx k_L$，说明吸收过程的阻力主要是液膜阻力，计算时用式（6-24）较为方便。

【例 6-3】 利用吸收法分离两组分气体混合物，混合气体的总压为 310kPa，气、液相传质系数分别为 $k_G = 3.77 \times 10^{-3} kmol/(m^2 \cdot s)$、$k_L = 3.06 \times 10^{-4} kmol/(m^2 \cdot s)$，气、液两相平衡符合亨利定律，$E = 1.067 \times 10^4 kPa$，求总传质系数，并分析传质过程的阻力。

【解】 1）相平衡系数为

$$m = \frac{E}{p_z} = \frac{1.067 \times 10^4}{310} = 34.4$$

所以，以液相摩尔比之差为推动力的总传质系数为

$$K_L = \frac{1}{\dfrac{1}{k_L} + \dfrac{1}{mk_G}} = \frac{1}{\dfrac{1}{3.06 \times 10^{-4}} + \dfrac{1}{34.4 \times 3.77 \times 10^{-3}}} kmol/(m^2 \cdot s) = 3.05 \times 10^{-4} kmol/(m^2 \cdot s)$$

以气相摩尔比之差为推动力的总传质系数为

$$K_G = \frac{K_L}{m} = \frac{3.05 \times 10^{-4}}{34.4} \text{kmol/(m}^2 \cdot \text{s)} = 0.89 \times 10^{-5} \text{kmol/(m}^2 \cdot \text{s)}$$

2）液膜传质阻力为

$$\frac{1}{k_L} = \frac{1}{3.06 \times 10^{-4}} \text{m}^2 \cdot \text{s/kmol} = 3.27 \times 10^3 \text{m}^2 \cdot \text{s/kmol}$$

气膜传质阻力为

$$\frac{1}{mk_G} = \frac{1}{33.4 \times 3.77 \times 10^{-3}} \text{m}^2 \cdot \text{s/kmol} = 7.71 \text{m}^2 \cdot \text{s/kmol}$$

以液相摩尔比之差为推动力的总传质阻力为

$$\frac{1}{K_L} = \frac{1}{k_L} + \frac{1}{mk_G} = \frac{1}{3.05 \times 10^{-4}} \text{m}^2 \cdot \text{s/kmol} = 3.28 \times 10^3 \text{m}^2 \cdot \text{s/kmol}$$

从以上数据可以看出，液膜传质阻力占总传质阻力的 99.7%，所以整个传质过程为液膜控制的传质过程。

在设计和运行过程中，如能判别吸收过程的阻力主要在哪一方面，会给设备的选型、设计和改进带来很多方便。对于易溶气体组分，溶质在吸收剂中的溶解度很大，属于气膜控制过程，气膜阻力是传质的主要矛盾，应采取减少气膜阻力的措施，如增大气流速度或气液比，以增加气流扰动，减小气膜厚度。对于难溶气体组分，属于液膜控制过程，则应增大液体流量和增大液相的湍动程度。对于中等溶解度的气体组分，气液两相传质阻力都不可忽略，受气、液膜传质过程共同控制。部分吸收过程中主要阻力情况可参考表 6-2。

表 6-2　部分吸收过程中主要阻力情况

气膜阻力	液膜阻力	气液同时控制
水或氨水吸收 NH_3	水或弱碱吸收 CO_2	水吸收 SO_2
水或稀盐酸吸收 HCl	水吸收 O_2	水吸收丙酮
碱液或氨水吸收 SO_2	水吸收 H_2	碱液吸收 H_2S
$NaOH$ 水溶液吸收 H_2S	水吸收 Cl_2	硫酸吸收 NO_2

经分析可以看出，要强化吸收过程，可以通过以下途径实现：

1）增加气液的接触面积。
2）增加气液的运动速度，减小气膜和液膜厚度，降低传质阻力。
3）采用相平衡系数较小的吸收剂。
4）增大供液量，降低液相主体浓度，增加吸收推动力。

6.2.2　吸收过程的物料平衡及操作线方程式

在吸收操作中，塔内的气体和液体的流量可近似视为常数。根据物料平衡，气相中减少的吸收质量等于液相中增加的吸收质量。图 6-4 所示是逆流操作的吸收塔示意图，以下标"1"代表塔底界面，下标"2"代表塔顶界面，G 和 L 分别表示惰气流量和吸收剂流量，Y 和 X 分别为气相和液相中污染气体的摩尔比。因为气液之间进行着稳定连续的逆流接触，全塔的物料平衡方程式为

$$G(Y_1 - Y_2) = L(X_1 - X_2) \tag{6-27}$$

式中　　G——单位时间通过吸收塔的惰气流量（kmol/s）；

　　　　L——单位时间通过吸收塔的吸收剂用量（kmol/s）；

　　Y_1、X_1——塔底的气相和液相浓度；

　　Y_2、X_2——塔顶的气相和液相浓度。

式（6-27）称为操作线方程，在图上可以表示成通过（X_1、Y_1）点和（X_2、Y_2）点的一条直线，称为操作线，如图 6-5 所示。操作线上任意一点反映了吸收塔内任一断面上气、液两相吸收质浓度的变化关系。操作线的斜率 L/G 称为液气比，它表示每处理 1kmol 惰气所用的吸收剂量（kmol）。

$$\frac{L}{G} = \frac{Y_1 - Y_2}{X_1 - X_2} \tag{6-28}$$

为便于分析问题，总是把平衡线和操作线画在同一图上，如图 6-5 所示。通过平衡线，可以找出与 A—A 断面上液相浓度相对应的气相平衡浓度 Y_A^*。A—A 断面上的气相浓度 Y_A 与气相平衡浓度 Y_A^* 之差（$\Delta Y = Y_A - Y_A^*$）就是 A—A 断面的吸收推动力。从图 6-5 可以看出，操作线和平衡线之间的垂直距离就是塔内各断面的吸收推动力，不同断面上的吸收推动力 ΔY 是不同的。对于逆流吸收塔，气相出口吸收质最小浓度 $Y_{2min} \geqslant Y_2^* = mX_2$，液相出口吸收质最大浓度 $X_{1min} \leqslant X_1^* = Y_1/m$。

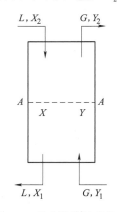

图 6-4　逆流操作的吸收塔

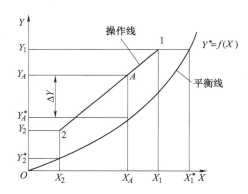

图 6-5　操作线和平衡线

6.2.3　吸收剂及其用量

1. 吸收剂的选择

吸收剂性能的优劣是决定吸收操作效果的关键之一。因此，在选择吸收剂时要求如下：

1）对被吸收组分的溶解度尽量高，以提高吸收速率并减少吸收剂的需用量。

2）对被吸收组分具有良好的选择性，对混合气体中其他组分的溶解度很低或基本不吸收。

3）挥发性低，以减少吸收和再生过程中吸收剂的挥发损失。

4）操作温度下吸收剂应具有较低的黏度，且不易产生泡沫，以实现吸收塔内良好的气液接触状况。

5）对设备腐蚀性小或无腐蚀性，尽可能无毒。

6）价廉易得，化学稳定性好，便于再生，不易燃烧等。

常用吸收剂有水、碱性吸收剂、酸性吸收剂、有机吸收剂和氧化吸收剂。图 6-6 所示为吸收

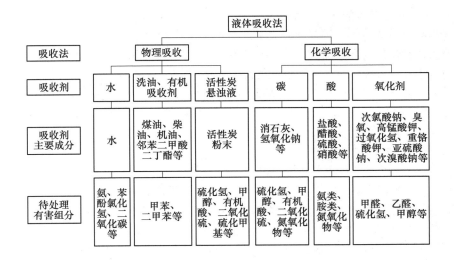

图 6-6　吸收剂和待处理有害组分的搭配关系

剂和待处理有害组分的搭配关系。

2. 吸收剂用量计算

在吸收塔设计中，通常已知惰气流量 G 和进塔浓度 Y_1，出塔浓度 Y_2 由分离要求而定，吸收剂的种类和进塔浓度 X_2 由设计者选定，而吸收剂用量 L 和出塔浓度 X_1 则需通过计算确定。

通常分离要求的表示方式有以下两种：

1）回收有用物质时，用吸收质的回收率或吸收率 η 表示：

$$\eta = \frac{G(Y_1 - Y_2)}{GY_1} = \frac{Y_1 - Y_2}{Y_1} = 1 - \frac{Y_2}{Y_1} \tag{6-29}$$

2）除去气体中有害物质时，一般规定尾气中残留有害物质的组成 Y_2。

随着吸收剂用量 L 的减少，操作线斜率也相应减小，逐渐向平衡线靠近，如图 6-7 所示。当 L 减小到某一值时，在塔的底部操作线与平衡线在 1^* 点相交，液相出口浓度等于气相进口浓度 Y_1 所对应的液相平衡浓度 X_1^*（即 $Y_1 = mX_1^*$ 或 $Y_1^* = mX_1$），该处的吸收推动力 $\Delta Y = Y_1 - Y_1^* = 0$。这是一种极限状态，在这种情况下塔的底部已不再进行传质。操作线与平衡线相交时的供液量称为最小供液量，这时的液气比称为最小液气比，以（L/G）$_{\min}$ 表示。根据图 6-7，此时吸收塔的液相出口浓度 $X_1 = X_1^* = Y_1/m$，所以，吸收塔的最小供液量可由下式求得

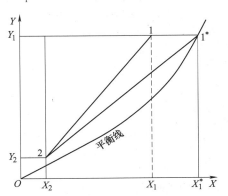

图 6-7　吸收塔的最小液气比

$$\left(\frac{L}{G}\right)_{\min} = \frac{Y_1 - Y_2}{X_1^* - X_2} = \frac{Y_1 - Y_2}{\dfrac{Y_1}{m} - X_2} \tag{6-30}$$

式中　X_1^*——与 Y_1 相对应的液相平衡浓度（摩尔比）[kmol（吸收质）/kmol（吸收剂）]。

为了提高吸收效率，实际供液量应大于最小供液量。因为随吸收剂用量 L 的增大，操作线斜率也相应增大，操作线远离平衡线，吸收推动力 $\Delta X = X_1^* - X_1$ 增大，若预达到一定吸收效果，则所需的塔高减小，设备投资也减少。但液气比增加到一定程度后，吸收剂消耗量过大，会增加循环水泵的动力消耗和废水处理量，且塔高减小的幅度也不显著，所以实际应用中必须全面分析，需综合考虑吸收剂用量对设备和运行费用的影响，确定最佳的液气比。通常取

$$L/G = (1.2 \sim 2.0)(L/G)_{\min} \tag{6-31}$$

【例 6-4】　在吸收塔内用清水吸收含 5%（体积）SO_2 的混合气体。已知 $t = 20℃$，混合气体总压力 $p_z = 1atm$，混合气体的总流量为 $1800m^3/h$。气液逆流接触，SO_2 与水的气液平衡关系为 $Y^* = 26.7X$。要求 SO_2 的吸收率为 95%，若实际用水量为最小用水量的 1.3 倍，求实际用水量和液相出口浓度（摩尔比）。

【解】　因 $t = 20℃$ 与标准状态差别较小，可按标准状态计算，不做修正。

混合气体的总流量 $1800m^3/h = 0.5m^3/s$。

混合气体中的惰气流量

$$G = \frac{0.5 \times 0.95}{22.4}kmol/s = 0.02121kmol/s$$

混合气体中的 SO_2 流量

$$G_{SO_2} = \frac{0.5 \times 0.05}{22.4}kmol/s = 0.00112kmol/s$$

进口处气相中 SO_2 的摩尔比

$$Y_1 = \frac{G_{SO_2}}{G} = \frac{0.00112}{0.02121}kmol(SO_2)/kmol(空气) = 0.05281kmol(SO_2)/kmol(空气)$$

出口处气相中 SO_2 的摩尔比

$$Y_2 = Y_1(1-\eta) = 0.05281 \times (1-0.95)kmol(SO_2)/kmol(空气) = 0.00265kmol(SO_2)/kmol(空气)$$

进口处液相中 SO_2 的摩尔比

$$X_2 = 0$$

最小液气比

$$\left(\frac{L}{G}\right)_{\min} = \frac{Y_1 - Y_2}{\dfrac{Y_1}{m} - X_2} = \frac{0.05281 - 0.00265}{\dfrac{0.05281}{26.7} - 0} = 25.36$$

实际液气比为最小液气比的 1.3 倍

$$\left(\frac{L}{G}\right) = 1.3\left(\frac{L}{G}\right)_{\min} = 1.3 \times 25.36 = 32.97$$

实际用水量

$$L = 32.97G = (32.97 \times 0.02121)kmol/s = 0.69929kmol/s = 45.31t/h$$

出口处液相中 SO_2 的摩尔比

$$X_1 = \frac{Y_1 - Y_2}{(L/G)} = \frac{0.05281 - 0.00265}{32.97}kmol(SO_2)/kmol(H_2O)$$

$$= 0.00152kmol(SO_2)/kmol(H_2O)$$

6.2.4　吸收设备

为了强化吸收过程，提高传质系数和吸收推动力，降低设备的投资和运行费用，吸收设备必须满足以下基本要求：

1）气液之间有较大的接触面积和一定的接触时间。

2）气液之间扰动强烈，传质阻力小，吸收率高。

3）采用气液逆流操作，增大吸收推动力。

4）气流通过时阻力小。

5）耐磨、耐腐蚀，运行安全可靠。

6）结构简单，制作、维修方便，造价低廉。

常用的设备有喷淋塔、填料塔、湍球塔、板式塔、文丘里吸收器和喷射吸收器等。

1. 喷淋塔

喷淋塔俗称空塔，结构如图 6-8 所示，气体从下部进入，吸收剂从上向下分几层喷淋。气体在吸收塔横断面上的平均流速为空塔速度，喷淋塔的空塔速度一般为 0.5～1.5m/s。喷淋的液滴应大小适中，液滴过小，容易被气流带走；液滴过大，气液的接触面积小、接触时间短，影响吸收速率。喷淋塔的优点是阻力小，结构简单，塔体内无运动部件。缺点是吸收效率低，仅适用于有害气体浓度低，处理气体量不大的情况。近年来发展了大流量的高速喷淋塔，提高了喷淋塔的吸收效率。

2. 填料塔

填料塔是在喷淋塔内填充各种具有很大表面积的填料。放置填料后，可使液膜和气体得到充分接触起到强化传质的目的。吸收剂自塔顶向下喷淋，沿填料表面下降，加湿填料，气体沿填料的间隙上升，在填料表面气液接触，进行吸收，如图 6-9a 所示。填料塔的优点是结构简单、便于制造、气液接触良好、阻力中等，是目前应用较多的一种气体净化设备。缺点是当烟气中含有悬浮颗粒时，填料容易堵塞，清理检修时填料损耗大。

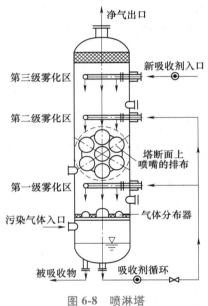

图 6-8　喷淋塔

工业填料塔所用的填料可以分为散堆填料和规整填料两大类。散堆填料是一个个具有一定几何形状和尺寸的颗粒体，又称为颗粒填料，根据结构特点不同可分为环形填料（如拉西环、鲍尔环、阶梯环）、鞍形填料（如弧鞍、矩鞍、环鞍）和球形填料等。规整填料是一种在塔内按均匀几何图案排整齐堆砌的填料，主要包括栅板填料、波纹填料、脉冲填料等。散堆填料具有结构简单、便于用耐腐

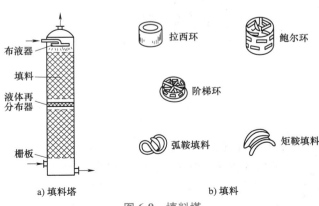

a) 填料塔　　　　　　　　　　b) 填料

图 6-9　填料塔

蚀材料制造等特点，适用于小直径（1.5m 以内）塔，尤其适用于有发泡现象或者不清洁的物系。而规整填料具有通量大、阻力小、效率高和操作弹性大等特点，更适用于工业大塔。图 6-9b 所示为几种常见填料的示意图。

3. 湍球塔

湍球塔是填料塔的一种特殊情况，它让塔内的填料处于运动状态，以强化吸收过程。塔内设有开孔率较大的筛板，筛板上放置一定数量的轻质小球，小球在气流吹动下湍动，如图 6-10 所示。由于球的湍动，使球表面上的液面不断更新，气液接触良好，吸收效率被大大提高。湍球塔采用的小球应耐磨、耐腐、耐温，通常由聚乙烯、聚丙烯或发泡聚苯乙烯等塑料制作，也有采用不锈钢的。小球直径有 25mm、30mm、38mm 等几种规格。当塔的直径大于 200mm 时，填料层高度控制到 0.2～0.3m。湍球塔的空塔速度一般为 2.0～6.0m/s，每段塔阻力损失为 0.4～1.2kPa，在同样的气流速度下，湍球塔的阻力要比填料塔小。湍球塔的优点是气流速度高，处理能力大，设备体积小，吸收率高，不易被固体颗粒堵塞。缺点是随小球的运动，有一定程度的返混，段数多时阻力较高。另外，塑料小球不能承受高温，使用寿命短，需经常更换。

4. 板式塔

板式塔是在塔体内设置一层层的板作为气液接触元件，其结构如图 6-11 所示。在圆柱形壳体内按一定间距水平设置若干层塔板，液体靠重力作用自上而下流经各层板后从塔底排出，各层塔板上保持有一定厚度的流动液层，气体则在压强差的推动下，自塔底向上依次穿过各塔板上的液层上升至塔顶排出。气液在塔内逐板接触进行质、热交换，两相的组成沿塔高呈阶跃式变化。根据气液接触元件的形式板式塔可分为泡罩塔、筛板塔、浮阀塔等。板式塔的优点是构造简单，吸收效率高，处理风量大，可使设备小型化。缺点是在板式塔中液相是连续相、气相是分散相，适用于以液膜阻力为主的吸收过程，当负荷变动大时操作难以掌握。

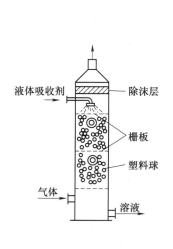

图 6-10　湍球塔

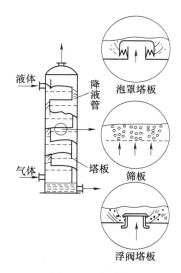

图 6-11　板式塔

5. 文丘里吸收器

文丘里吸收器是由渐缩管、喉管和渐扩管组成的，其结构如图 6-12 所示。喷入文丘里管中的液体吸收剂被高流速的气体分散成小的雾滴，使气液两相在高速紊流中充分接触，大大强化了吸收过程。优点是体积小、处理风量大，缺点是阻力大。

6. 喷射吸收器

喷射吸收器的结构如图 6-13 所示。具有一定压力的吸收液经顶部喷嘴喷出，产生高速射流，形成的吸力将欲净化的混合废气吸入，液体被喷成细小雾滴和气体充分混合，完成吸收过程，然后进行气液分离，净化气体经除沫后排出。喷射吸收器的优点是气体不需要风机输送，气体压降小，适于有腐蚀性气体的处理。缺点是动力消耗大，需要大量液体吸收剂，液气比为 $10 \sim 100 L/m^3$。喷射吸收器不适于大气量处理。

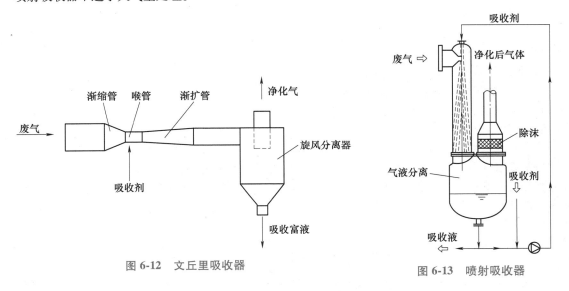

图 6-12　文丘里吸收器　　　　　　图 6-13　喷射吸收器

选用吸收装置时，需要考虑的因素是：处理能力、压力损失、结构、吸收效率、操作弹性等。气液两相的界面状态对吸收过程有决定性影响，表 6-3 给出了常用吸收装置的气液分散方式。对于气膜控制的吸收过程，一般应采用填料塔之类的液相分散型装置。可以使气相湍动，有利于传质。对于液膜控制的吸收过程，宜采用板式塔之类的气相分散装置，可以使液相湍动，有利于传质。对于一般化学吸收过程，则宜按气膜控制考虑。按物质性质特点考虑，对吸收过程中产生大量热，需要移去的过程，或需有其他辅助物料加入或引出的过程，宜用板式塔。对易起泡、黏度大、腐蚀性严重、热敏性物料宜用填料塔；对有悬浮固体颗粒或有淤渣的宜用筛板等板式塔。

表 6-3　常用吸收装置的气液分散方式

装置名称	气液分散方式	气相传质系数	流相传质系数
填料塔	液相分散型	中	中
喷淋塔		小	小
旋风洗涤塔		中	小
文丘里吸收器		大	中
水力过滤器		中	中
泡钟罩塔	气相分散型	小	中
喷射吸收器		中	中
气泡塔		小	大
气泡搅拌槽		中	小

6.2.5 吸收塔计算

吸收塔计算首先需要确定初始条件：
1）待分离混合气体中污染组分的组成及处理量。
2）吸收剂的种类及操作温度、压力及此条件下的气液平衡关系。
3）吸收剂中污染物组分的初始浓度。
4）分离要求及吸收效率 η。
然后执行下列计算步骤：
1）选择吸收剂。
2）选定压力和温度。
3）确定吸收剂用量。
4）确定吸收设备的主要尺寸。
5）计算压力损失。

其中吸收剂的选择和用量在本章 6.2.3 已详细介绍。压力和温度是影响吸收效率的重要因素，通常采取升压和降温措施增大吸收能力，但也需要考虑相应的经济效益。吸收设备的主要尺寸（如塔径、高度等）可根据物料平衡、相平衡和吸收速率方程确定。其他设计内容（如流体分布、部件设计、压力损失等）可参阅相关文献资料进行工程设计。

6.3 吸附法净化

吸附法净化是利用多孔性固体物质具有选择性吸附废气中的一种或多种有害组分的特点，实现净化废气的一种方法。在吸附过程中，具有较大吸附能力的固体物质称为吸附剂，被吸附的气体称为吸附质。根据吸附的作用力不同，可把吸附分为物理吸附与化学吸附。物理吸附主要是依靠分子间的吸引力（称为范德华力）把吸附质吸附在吸附剂表面。物理吸附是一个可逆过程，只要提高温度、降低主气体中吸附质的分压力，吸附质会很快解析出来，解吸的气体特性没有改变。化学吸附是由吸附剂和吸附质之间发生化学反应而引起的，其强弱取决于两种分子之间化学键作用力的大小。化学吸附是一种选择性吸附，一种吸附剂只对特定的几种物质有吸附作用，不易解吸，且解吸的气体往往改变了原来的特性。物理吸附和化学吸附的比较见表 6-4。吸附过程中会放出吸附热。相反，将吸附质从吸附剂中解吸出来时，要吸收热量。同一物质在较低温度下可能发生的是物理吸附，而在较高温度下所发生的往往是化学吸附。即物理吸附常发生在化学吸附之前，到吸附剂逐渐具备足够高的活性，才发生化学吸附。也可能两种吸附方式同时发生。

表 6-4   物理吸附和化学吸附的比较

比较项目	物理吸附	化学吸附
吸附热	小（21~63kJ/mol），相当于凝聚热的 1.5~3.0 倍	大（42~125kJ/mol），相当于化学反应热
吸附力	范德华力（分子间力），较小	未饱和化学键力，较大
可逆性	可逆、易脱附	不可逆，不能或不易脱附
吸附速度	快	慢（因需要活化能）
被吸附物质	非选择性	选择性
发生条件	如适当选择物理条件，任何固体-流体之间都可发生	发生在有化学亲和力的固体-流体之间

吸附法净化因其具有净化效率高、能回收有价值的组分、设备简单、流程短、无腐蚀性、不会造成二次污染等优点，在有害气体的处理中得到了非常广泛的应用。特别适用于处理低浓度废气和高净化要求的场合，对有机溶剂蒸气具有较高的净化效率，当处理的气体量较小时用吸附法灵活方便。

6.3.1 吸附理论

吸附过程是一种可逆过程，在吸附质被吸附的同时，部分已被吸附的物质由于分子的热运动而脱离固体表面回到气相中。当吸附速率与解吸速率相等时，就达到了吸附平衡。吸附平衡（吸附剂的活性）与吸附过程所进行的时间（即吸附速率）是吸附净化效果的关键因素。

1. 静活性与动活性

静活性是指在一定的温度、压力下，单位质量吸附剂达到饱和状态时所吸附的气体量，又称平衡吸附量。静活性是表示吸附剂对气体吸附量的极限，是吸附剂吸附能力的标志，是设计和控制吸附过程的重要参数。气流通过一定厚度的吸附层时，出口处的吸附质浓度随时间变化的曲线如图 6-14 所示。从图中看出，开始时吸附层出口处的气体浓度为零，经一段时间后，在吸附层出口处出现吸附质，这种现象称为穿透，所经历的这段时间称为穿透时间。吸附过程出现穿透后，吸附层出口处的有害气体浓度迅速增加，直至与进口浓度相等为止。吸附剂的动活性是指吸附层从开始工作到被穿透，单位质量吸附剂所吸附的气体量。显然，动活性总是小于静活性，在计算吸附剂用量时，不按静活性而按动活性。

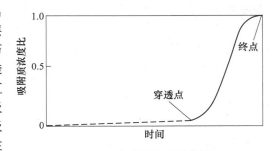

图 6-14　吸附层的穿透曲线

2. 吸附速率

吸附平衡只是表达了吸附过程进行的极限，但要达到平衡，往往两相要经过长时间的接触才能建立。在实际中，两相接触的时间是有限的，因此吸附速率就很重要。

气体吸附过程通常由下列步骤组成（见图 6-15）：

1）外扩散。吸附质分子由气流主体到吸附剂颗粒外表面的扩散。

2）内扩散。吸附质分子沿着吸附剂的孔道深入到吸附剂内表面的扩散。

3）吸附。已经进到微孔表面的吸附质分子被固体所吸附。

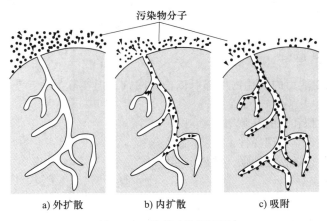

图 6-15　吸附过程示意图

因此，吸附速率的大小取决于外扩散速率、内扩散速率及吸附本身的速率。

在固定的吸附器内，吸附质浓度沿吸附层的变化如图 6-16 所示。该图的纵坐标是气体中吸附质浓度 y，横坐标是吸附层厚度 l。开始时，吸附质浓度按曲线 A 变化，在 b 点吸附质浓度已降到零，只有 $0b$ 这一层吸附剂在进行工作。经过一段时间后，$0a$ 内的吸附剂已经全部饱和，吸附质浓度曲线向前移动，按 B 变化。再经过一段时间，浓度曲线由 B 移到 C，在吸附器出口开始出现吸附质，吸附层被穿透。这时 $0c$ 内的吸附剂已全部饱和，而 cf 内的吸附剂尚未饱和，因此吸附器内吸附剂的动活性总要比静活性小。吸附器穿透后，出口处的吸附质浓度会迅速增加，但是，只要不超过排放标准，吸附剂仍可继续使用。当浓度曲线移到 D 时，

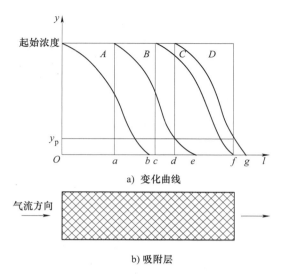

a) 变化曲线

b) 吸附层

图 6-16 吸附器内部吸收质的浓度变化曲线

出口处吸附质浓度已等于规定的容许排空浓度 y_p，这时吸附器应停止工作，吸附剂进行更换或再生。

3. 影响吸附的因素

1）操作条件。操作条件包括温度、压力、气体流速等。低温有利于物理吸附，高温有利于化学吸附。从理论上讲，增加压力对吸附有利，但压力过高不仅增加能耗，而且在操作方面需要更高的要求，在实际工作中一般不提倡。当气流速度过大时，气体分子与吸附剂接触时间短，对吸附不利。若气流速度过小，又会使设备过于庞大。因此固定床吸附器的气体流速一般控制在 $0.2 \sim 0.6 \mathrm{m/s}$。

2）吸附剂的性质。孔隙率、孔径、粒度等影响比表面积，从而影响吸附效果。

3）吸附剂的活性。

4）接触时间。应保证有一定的吸附时间，使吸附接近平衡，充分利用吸附剂的吸附能力。

5）吸附质的性质与浓度。除吸附质分子的临界直径外，吸附质的相对分子质量、沸点和饱和性等也对吸附量有影响。如用同一种活性炭吸附结构类似的有机物时，其相对分子质量越大、沸点越高，吸附量就越大。而对于结构和相对分子质量都相近的有机物，其不饱和性越高，则越易被吸附。吸附质在气相中的浓度越大，则被吸附剂吸附的量越大。

6.3.2   吸附剂及其选择

虽然具有一定吸附能力的多孔物质都可以作吸附剂，但实际上合乎工业要求的吸附剂必须具有：

1）巨大的内表面积和大的孔隙率。

2）对不同的气体具有强选择性。

3）机械强度大，化学稳定性强，热稳定性好。

4）易于再生。

5）原料来源广泛，价格低廉。

目前常用的工业吸附剂主要有活性炭、活性氧化铝、硅胶和分子筛等，各种吸附剂可去除的

有害气体见表 6-5。吸附剂浸渍是提高吸附剂吸附能力和选择性的一种有效方法。其处理方法是将吸附剂预先在某些特定物质的溶液中进行浸渍,再把吸附了这些特定物质的吸附剂进行干燥,然后再吸附某些气态物质,使这些气态物质与预先吸附在吸附剂表面上的特定物质发生化学反应。对于同一种吸附剂,可根据吸附处理有害气体中污染物的种类选择浸渍一些特定物质,以提高吸附的选择性,见表 6-6。

表 6-5 各种吸附剂可以去除的有害气体

吸 附 剂	吸 附 质
活性炭	苯、甲苯、二甲苯、丙酮、乙醇、乙醚、甲醛、汽油、煤油、光气、醋(乙)酸乙酯、苯乙烯、氯乙烯、恶臭物质、H_2S、Cl_2、CO、CO_2、SO_2、NO_x、CS_2、CCl_4、$HCCl_3$、H_2CCl_2
浸渍活性炭	烯烃、胺、酸雾、碱雾、硫醇、SO_2、Cl_2、H_2S、HF、HCl、NH_3、Hg、HCHO、CO_2、CO
活性氧化铝	H_2O、H_2S、SO_2、C_mH_n、HF
浸渍活性氧化铝	HCHO、HCl、酸雾、Hg
硅胶	H_2O、NO_x、SO_2、C_2H_2
分子筛	NO_x、H_2O、CO_2、CO、CS_2、SO_2、H_2S、NH_3、C_mH_n、CCl_4
泥煤、褐煤、风化煤	恶臭物质、NH_3、NO_x
浸渍泥煤、褐煤、风化煤	NO_x、SO_2、SO_x
焦炭粉粒	沥青烟
白云石粉	沥青烟
蚯蚓粪	恶臭物质

吸附剂在吸附达到饱和后,需采用脱附才能恢复其吸附性能,称为再生。吸附剂的再生方法有:升温再生、降压再生、吹扫再生、置换再生、化学再生等。实际应用中,往往是几种再生方法的结合。例如活性炭吸附有机蒸气后,可通入高温蒸气再生,就同时具有加热、置换和吹扫的作用。

表 6-6 吸附剂浸渍举例

吸附剂	浸渍物	可吸附污染物	吸附生成物
活性炭	Br_2	乙烯、其他烯烃	双溴化物
	Cl_2、I_2、S	汞	$HgCl_2$、HgI_2、HgS_2
	醋酸铅溶液	H_2S	PbS
	硅酸钠溶液	HF	Na_2SiF_6
	H_3PO_4 溶液	NH_3、胺类、碱雾	磷酸盐
	NaOH 溶液	Cl_2、SO_2	NaClO、$NaHSO_3$、Na_2SO_3
	Na_2CO_3 溶液	酸雾及酸性气体	盐类
	$CuSO_4$ 溶液	H_2S	CuS
	H_2SO_4、HCl 溶液	NH_3、碱雾	盐类
活性氧化铝	$AgNO_3$ 溶液	汞	Ag-Hg
	$KMnO_4$ 溶液	甲醛	甲酸
	NaOH、Na_2CO_3 溶液	酸雾	盐类
泥煤、褐煤	NH_3、水	NO_x	硝基腐殖酸铵

6.3.3　吸附装置

吸附装置是吸附系统的核心。按吸附剂在吸附器中的工作状态分为固定床、流化床和移动床；按操作过程的连续与否分为间歇式、连续式；按吸附床再生的方法分为升温解吸循环再生（变温吸附）、减压循环再生（变压吸附）、溶剂置换再生等。

当气流速度低于吸附剂的悬浮速度时，吸附剂颗粒基本处于静止状态，属于固定床范围；当气流速度与吸附剂的悬浮速度相等时，吸附剂颗粒处于激烈的上下翻腾状态，并在一定时间内运动，属于流化床范围；当气流速度远远超过吸附剂的悬浮速度时，固体颗粒浮起后不再返回原来的位置而被输送走，属于移动床范围。目前通风有害气体净化处理以固定床应用最为广泛。

1. 固定床吸附装置

固定床是将吸附剂固定在吸附器的某一部位上，在其静止不动的情况下进行吸附操作的，常见的固定床吸附装置如图 6-17 所示。其最大优点是：设备结构简单，吸附剂磨损小。但也存在一些缺点：①间歇操作，吸附层穿透后要更换吸附剂，操作必须周期性地切换，因而要配置较多的进出口阀门，操作复杂；②需要设置备用设备，当一部分吸附器进行吸附时，要有一部分吸附器进行再生，设备庞大，生产强度低，总吸附剂用量大；③吸附剂导热性差，吸附时产生的吸附热不易导出，操作时容易出现局部床层过热，再生时不易加热升温和冷却降温，升温及变温再生困难。④热量利用率低，采用厚床层时压力损失较大，能耗增加。

如果有害气体浓度较低，而且挥发性不大，可不考虑吸附剂再生，在保证安全的情况下把吸附剂和吸附质一起丢弃。对工艺要求连续工作的，应设双床或三床吸附系统，其中一个或两个吸附床分别进行再生，其余的进行吸附，如图 6-18 所示。

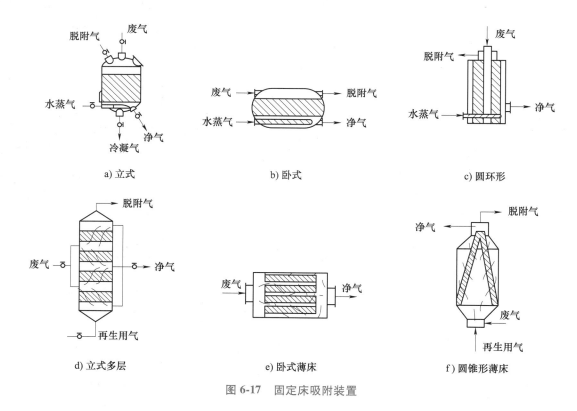

图 6-17　固定床吸附装置

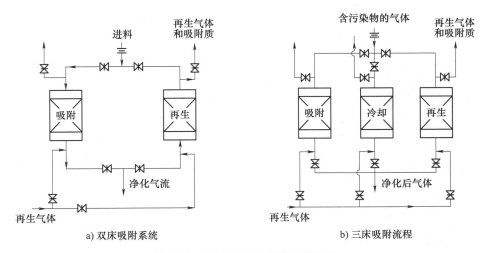

图 6-18　半连续式固定床吸附流程

2. 移动床吸附装置

移动床是指固体吸附剂在吸附床中不断移动，固体和气体都以恒定的速度流过吸附器，如图 6-19 所示。其优点在于：①吸附过程是连续的，处理气量大，吸附剂可循环使用，适用于稳定、连续、量大的气体净化；②气、固两相接触良好，不致发生沟流和局部不均匀现象，克服了固定床局部过热的缺点；③吸附剂在下降过程中，经历了冷却、降温、吸附、增浓、汽提、再生等阶段，在同一设备内完成了吸附、脱附（再生）过程。移动床的缺点在于：动力和热量消耗较大，吸附剂磨损较为严重，故设备投资和运行费用均较高。

3. 流化床吸附装置

流化床是指吸附剂在多层流化床吸附器中，借助于被净化气体的较大气流速度，使其悬浮呈流态化状态。基本流程如图 6-20 所示，废气从进口管以一定的速度进入锥体，气体通过筛板向上流动，将吸附剂吹起，在吸附段完成吸附过程，吸附后的气体进入扩大段，由于气流速度降低，固体吸附剂又回到吸附段，而净化后的气体从出口管排出。流化床的运动形式使其具有独特的优点：①流体与固体的强烈扰动使吸附剂与气体接触相当充分，大大强化了气固传质，提高了设备的生产能力；②气体和固体同处于流化状态，不仅可使床层温度分布均匀，而且可以实现大规模的连续生产。但是，流化床也有其固有缺点：流速高时，会使吸附剂和容器磨损严重，并且排出的气体中含有吸附剂粉末，故后面必须加除尘设备，有时直接装在流化床的扩大段内。

4. 蜂轮式吸附装置

蜂轮式吸附装置是一种新型的有害气体净化装置，适用于低浓度、大风量、低温有机废气，具有体积小、质量轻、操作简便等优点。图 6-21 所示是蜂轮式吸附装置原理图。蜂轮通常是先用活性炭素纤维加工成 0.2mm 厚的纸，再压制成蜂窝状卷绕而成。蜂轮的端面分隔为吸附区和再生区。使用时，废气通过吸附区，有害气体被吸附。再生时，把 $100 \sim 130\,^{\circ}\mathrm{C}$ 的热空气通过解吸区，使有害气体解吸，活性炭素纤维再生。随蜂轮缓慢转动，吸附区和再生区不断更新，可连续工作。排出的废气量仅为处理气体量的 1/10 左右。浓缩的有害气体再用燃烧、吸收等方法进一步处理。活性炭纤维素如用于吸附酮类溶剂，由于产生大量吸附热而容易着火，因此可改用沸石或陶瓷纤维等为基材。在处理高沸点有害气体时，会使蜂轮材料劣化，宜用活性炭做预处理。

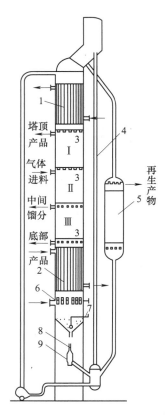

图 6-19　移动床吸附装置

1—冷却器　2—脱附塔　3—分配板　4—提升管
5—再生器　6—吸附剂控制装置　7—固粒料
面控制器　8—封闭装置　9—出料阀门

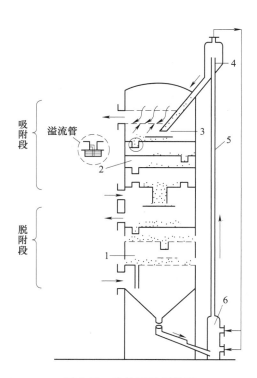

图 6-20　流化床吸附装置

1—脱附器　2—吸附器　3—分配板
4—料斗　5—空气提升机构　6—冷却器

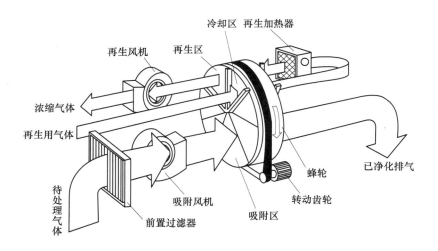

图 6-21　蜂轮式吸附装置原理图

5. 设计吸附装置应注意的问题

1）吸附剂的吸附能力通常用平衡吸附量和平衡保持量表示。平衡吸附量是指在一定的温度、压力（25℃、101.3kPa）下污染空气通过一定量的吸附剂时，吸附剂所能吸附的最大气体量，通常以吸附剂的质量分数表示。平衡保持量是指已吸附饱和的吸附剂让同温度的清洁干空气连续 6h，通过该吸附层后，在吸附层内仍保留的污染气体量。

计算吸附层的穿透时间时，对进口浓度高、活性炭再生利用的场合，如有机溶剂回收装置，吸附能力以平衡吸附量和平衡保持量的差计算。对进口浓度低、活性炭不再利用的场合，如大多数通风排气或进气系统，要求即使是清洁空气时，其吸附的有害气体也不会析出，因此要按平衡保持量计算。

对吸附剂不进行再生的吸附器，吸附剂的连续工作时间按下式计算：

$$t = \frac{10^6 \times SW\beta}{\eta L y_1} \tag{6-32}$$

式中　W——吸附层内吸附剂的质量（kg）；

S——平衡保持量（%），见表 6-7；

η——吸附效率，通常取 $\eta = 1.0$；

L——通风量（m^3/h）；

y_1——吸附器进口处有害气体浓度（mg/m^3）；

β——动活性与静活性之比，近似取 $\beta = 0.8 \sim 0.9$。

表 6-7　活性炭对某些气体在 20℃、101.3kPa 时的平衡保持量 S

污染气体	分子式	相对分子质量	S 值（%）	污染气体	分子式	相对分子质量	S 值（%）
乙醛	C_2H_4O	44.1	7	三氯乙烯	C_2HCl_3	131.4	5
丙烯醛	C_4H_4O	56	15	己烷	C_6H_{13}	85	16
醋酸乙酯	$C_7H_{14}O_2$	130.2	34	甲苯	C_7H_8	92	29
丁酸（香蕉水）	$C_4H_3O_2$	88.1	35	二氧化硫	SO_2	64	10
四氯化碳	CCl_4	153.8	45	氨	NH_3	17	1.3
乙基醋酸	$C_4H_6O_2$	88.1	19	氯	Cl_2	71	2.2
乙硫醇	C_2H_6S	62.1	28	硫化氢	H_2S	34	1.4
桉树脑	$C_{10}H_8O$	154.2	20	苯	C_6H_6	78.11	23

2）为避免频繁更换吸附剂，吸附剂不再生吸附器连续工作时间应不小于 3 个月。

3）排气温度过高，会影响吸附剂的吸附能力，需做预处理。

4）吸附器断面上应保持气流分布均匀，为保证吸附层有较高的动活性和减少流动阻力，通过吸附层的空塔速度不宜过高，通常采用 0.30～0.50m/s。但是吸附层厚度与断面面积之比不宜过小，以免气流分布不均匀。

5）通风排气中同时含有粉尘和雾滴时，应预先经空气过滤器去除。

6）活性炭吸附装置也常用于进气净化，以除去其中的有害气体或有臭味的气体。

6.4　有害气体的高空排放

有害气体净化很难做到 100%，某些有害气体至今仍缺乏经济有效的净化方法，在不得已的情况下，只好将未经净化或净化不完全的废气排入大气，进行扩散稀释，使降落到地面的有害气体浓度（包括累积量）不超过"居住区大气中有害物质最高容许浓度"。必须指出的是，当有害气体降落到地面后，会在地表附近累积，使其浓度上升。

通常排气立管排出的有害气体具有一定的速度和温度，在惯性力及热浮力的作用下先上升到一定高度，然后再在风和湍流的作用下向下风向扩散。影响有害气体在大气中扩散的因素很多，主要有排气立管高度、烟气抬升高度、大气温度分布、大气风速、烟气温度、周围建筑物高度及布置等。由于影响因素的复杂性，目前还缺乏统一的烟气抬升高度计算式，大多数是半经验性计算式，有很大的局限性。现有的计算公式都是以电站、工业炉的高大烟囱为对象的，对低矮的通风排气立管并不完全适用。为了使初学者对影响大气扩散的因素有所了解，下面介绍一种较为简单的计算方法。

假设污染物在大气中的扩散过程分为两个阶段，第一阶段只做纵向扩散，第二阶段再做横向扩散，如图6-22所示。通风排气立管的有效高度 H_y 等于排气立管几何高度 H 与抬升高度 ΔH 之和，有害气体降落到地面时的最大浓度为 y_{max}，地面最大浓度点距排气立管的距离为 x_{max}。

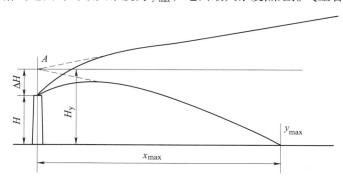

图 6-22　烟气在大气中的扩散示意图

对于地形平坦，大气处于中性状态，排气热释放率 $Q_h<2100kJ/s$ 或排气与环境空气温差 $\Delta T=T_p-T_a<35K$ 的排放源，烟气抬升高度可按霍兰德（Holland）公式计算：

$$\Delta H = 1.5\frac{v_{ch}d}{\overline{u}} + 9.56\times10^{-3}\frac{Q_h}{\overline{u}} = \frac{v_{ch}d}{\overline{u}}\left(1.5+2.7\frac{T_p-T_a}{T_p}d\right) \tag{6-33}$$

式中　v_{ch}——排气立管出口处排气流速（m/s）；

$\overline{u}$——排气立管出口处大气平均风速（m/s）；

d——排气立管出口直径（m）；

Q_h——排气热释放率（kJ/s）；

T_p——排气立管出口处排气温度（K）；

T_a——排气立管出口处大气温度（K）。

由于通风排气立管高度较低，可近似认为 T_a 等于地面附近大气温度。

$\overline{u}$ 无实测数据时，可按下式计算：

$$\overline{u} = u_{10}\left(\frac{H}{10}\right)^{n/(2-n)} \tag{6-34}$$

式中　u_{10}——距地面10m高度处的平均风速（m/s）；

H——排气立管出口距地面距离（m）。

大气状态参数，见表6-8。

排气热释放率 Q_h 按照我国《制定地方大气污染物排放标准的技术方法》（GB/T 3840—1991）规定计算：

$$Q_h = 0.35 p_a L \frac{T_p - T_a}{T_p} \tag{6-35}$$

式中 p_a——大气压力（hPa）；

L——废气排放量（m^3/s）。

式（6-33）第一项是考虑气体惯性造成的上升高度，第二项是考虑气体浮力造成的上升高度。采用霍兰德公式计算非中性气相条件时建议做如下修正：对于稳定大气，ΔH 应减少 10%~20%，对于不稳定大气，ΔH 应增加 10%~20%。虽然国内外学者都认为，上述计算式对高烟囱强热源偏差较大，对低矮的烟囱弱热源偏保守。但由于公式简单实用，广泛应用于中小型工厂。

对于平原地区，中性状态和连续排放的单一点源，有害气体降落到地面时的最大浓度 y_{max}（mg/m^3）可用简化的萨顿扩散式计算：

$$y_{max} = \frac{235M}{\bar{u} H_y^2} \cdot \frac{C_z}{C_y} \tag{6-36}$$

式中 M——有害气体排放量（g/s）；

H_y——排气筒的有效高度（m）；

C_y、C_z——水平和垂直方向的扩散参数，见表 6-8。

表 6-8 大气状态参数

污染源距地面高度（m）	强烈不稳定 $n=0.2$		弱不稳定或中性状态 $n=0.25$		中等逆温 $n=0.33$		强烈逆温 $n=0.5$	
	C_y	C_z	C_y	C_z	C_y	C_z	C_y	C_z
0	0.37	0.21	0.21	0.12	0.21	0.074	0.080	0.047
10	0.37	0.21	0.21	0.12	0.21	0.074	0.080	0.047
25	0.21		0.12		0.074		0.074	
30	0.20		0.11		0.070		0.044	
45	0.18		0.10		0.062		0.040	
60	0.17		0.095		0.057		0.037	
75	0.16		0.086		0.053		0.034	
90	0.14		0.077		0.045		0.030	
100	0.12		0.060		0.037		0.024	

地面最大浓度点距排气立管的距离：

$$x_{max} = \left(\frac{H_y}{C_z} \right)^{2/(2-n)} \tag{6-37}$$

设计排气筒时，可先预选排气筒几何高度，然后计算抬升高度和有效高度，最后再核算选取的几何高度是否合适，如不合适需返回重新选择几何高度。同时，要注意以下环保要求：

1）为了避免出现有害气体卷入周围建筑物造成的涡流区内，排气立管高度应是邻近建筑物高度的 2 倍；排放各种生产工艺过程中产生的气态污染物的排气立管高度一般不得低于 15m，否则该排气立管应按无组织排放源对待。

2）有多个同类污染排放源时，因排气扩散式叠加也是成立的，所以只要把各个污染排放源产生的浓度分布简单叠加即可。当设计的几个排气立管相距较近时，可采用集合（多管）排气立管，以便增加抬升高度。

3）为了利于排气抬升，当 ΔT 较小时，为提高 ΔH，应适当提高出口流速。排气立管出口流速不得低于该高度处平均风速的 1.5 倍，或者取排气立管出口流速设计值的上限，可取 20~30m/s。

应当指出，上述排气立管高度计算公式具有一定的适用范围，在一般情况下，应优先选用国家标准中推荐的公式计算或按有关国家标准规范要求确定高度，对于特殊气象条件及特殊的地形应根据实际情况确定。

【例 6-5】 已知某通风排气系统的排风量为 $1.45m^3/s$，排气中 SO_2 浓度为 $2800mg/m^3$，地面附近大气温度 $t_w = 20℃$；排气温度 $t_p = 40℃$；10m 处大气风速 $u_{10} = 4m/s$，大气为中性状态。要求地面附近 SO_2 最大浓度不超过环境空气中污染物标准要求（一级），计算必需的排气立管高度。

【解】 根据《环境空气质量标准》（GB 3095—2012），环境空气中 SO_2 最高允许浓度（一次）$y_{max} = 0.05mg/m^3$。假设排气立管 $H' = 60m$，由表 6-8 查得大气状态参数 $n = 0.25$、$C_y = C_z = 0.095$。

在 60m 高度处的大气平均风速为

$$\bar{u} = u_{10}\left(\frac{H}{10}\right)^{n/(2-n)} = 4\times\left(\frac{60}{10}\right)^{0.25/(2-0.25)} = 5.17m/s$$

SO_2 排放量 $M = 1.45\times2800mg/s = 4.06\times10^3mg/s = 4.06g/s$

根据式（6-36）可得排气立管的有效高度

$$H_y = \sqrt{\frac{235M}{\bar{u}y_{max}}\cdot\frac{C_z}{C_y}} = \sqrt{\frac{235\times4.06}{5.17\times0.05}\times\frac{0.095}{0.095}}m = 60.75m$$

假设排气立管出口处流 $v_{ch} = 15m/s$，则

排气立管出口直径

$$d = \sqrt{\frac{4L}{\pi v_{ch}}} = \sqrt{\frac{4\times1.45}{3.14\times15}}m = 0.35m$$

排气立管出口处大气温度 $t_a \approx t_w = 20℃$。

排气热释放率

$$Q_h = 0.35P_aL(T_p-T_a)/T_p = [0.35\times1013\times1.45\times(313-293)/313]kJ/s = 32.85kJ/s$$

排气的抬升高度

$$\Delta H = 1.5\frac{v_{ch}d}{\bar{u}}+9.56\times10^{-3}\frac{Q_h}{\bar{u}}$$

$$= \left(1.5\times\frac{15\times0.35}{5.17}+9.56\times10^{-3}\times\frac{32.85}{5.17}\right)m = 1.56m$$

必需的排气立管的几何高度

$$H = H_y - \Delta H = (60.75-1.56)m = 59.19m$$

计算值与假设值基本一致，取排气立管高度 $H = 60m$。

地面最大浓度点距排气立管距离

$$x_{max} = \left(\frac{H_y}{C_z}\right)^{2/(2-n)} = \left(\frac{60.75}{0.095}\right)^{\frac{2}{2-0.25}}m = 1609m$$

习　题

1. 有害气体的净化方式有哪些？各有什么特点？

2. 吸收法和吸附法的区别是什么？它们各适用于什么场合？

3. 亨利定律表达式有几种？它们之间有何联系？

4. 相平衡在吸收过程中有何应用？

5. 气体吸收的推动力是什么？吸收推动力有几种表示方法？如何计算吸收塔的吸收推动力？

6. 吸收操作中对吸收剂有什么要求？

7. 若气液两相能充分完全的接触，则吸收过程的极限是什么？

8. 画出吸收过程的操作线和平衡线，并利用它们分析该吸收过程的特点。

9. 简述双膜理论的基本点，根据双膜理论分析提高吸收效率及吸收速率的方法。

10. 吸附分离的基本原理是什么？

11. 什么是吸附剂的静活性和动活性？如何提高吸附层的动活性？

12. 简述吸附平衡的定义。平衡吸附量如何计算？

13. 在乙醇和水的混合溶液中，已知乙醇的质量分数为 92%，求乙醇的摩尔分数和摩尔比。

14. 某通风排气系统中，NO_2 浓度为 2000mg/m^3，排气温度为 50℃，试把该浓度用摩尔比表示。

15. 在 $p = 1atm$、$t = 20℃$ 时测得氨在水中的平衡数据为：浓度为 $0.5gNH_3/100gH_2O$ 的稀氨水上方的平衡分压为 0.4kPa，在该浓度范围下相平衡关系可用亨利定律表示。试求 E、H、m 分别为多少？

16. SO_2-空气混合气体在 $p = 1atm$、$t = 20℃$ 时与水接触，当水溶液中 SO_2 浓度达到 2.5%（质量分数）时，气液两相达到平衡，已知相平衡系数 $m = 38$，求这时气相中 SO_2 分压力（kPa）。

17. 用一个吸收塔吸收混合废气中的气态污染物 A，已知 A 在气、液两相中的平衡关系为 $y^* = x$。气体入口含量为 $y_1 = 0.1$，液体入口含量为 $x_2 = 0.01$。如果要求吸收率达到 80%，求最小液气比。

18. 在逆流吸收塔内用清水吸收混合气体的 SO_2。已知 $t = 20℃$，$p_z = 1atm$，混合气体的总流量为 10000m^3/h，SO_2 的体积分数为 2%。要求 SO_2 的吸收率为 95%，若吸收剂用量为最小用量的 1.5 倍，试计算实际用水量和出塔液相浓度。

19. 在总压为 100kPa、温度为 30℃ 时，用清水吸收混合气体中的氨，气相传质系数 $k_G = 3.84 \times 10^{-6} kmol/(m^2 \cdot s)$，液相传质系数 $k_L = 1.83 \times 10^{-4} kmol/(m^2 \cdot s)$，假设此操作条件下的平衡关系服从亨利定律，测得液相溶质摩尔分数为 0.05，其气相平衡分压为 6.7kPa。求总传质系数，并分析该过程的控制因素。

20. 某城市火电厂的烟囱高 100m，出口内径为 5m。出口烟气流速度为 12.7m/s，温度为 140℃，烟囱出口处风速为 6.0m/s。大气温度为 20℃，气压为 978.4kPa，试确定烟气抬升高度及有效高度。

参 考 文 献

[1]　孙一坚，沈恒根. 工业通风 [M]. 4 版. 北京：中国建筑工业出版社，2010.

[2]　王汉青. 通风工程 [M]. 2 版. 北京：机械工业出版社，2018.

[3]　王新泉. 通风工程学 [M]. 北京：机械工业出版社，2008.

[4]　徐玉党. 室内污染控制与洁净技术 [M]. 重庆：重庆大学出版社，2006.

[5]　陆耀庆. 实用供热空调设计手册 [M]. 2 版. 北京：中国建筑工业出版社，2008.

[6]　孙一坚. 简明通风设计手册 [M]. 北京：中国建筑工业出版社，1997.

[7]　王驰. 典型有毒有害气体净化技术 [M]. 北京：冶金工业出版社，2019.

[8]　许居鹓. 机械工业采暖通风与空调设计手册 [M]. 上海：同济大学出版社，2007.

[9]　唐中华. 通风除尘与净化 [M]. 北京：中国建筑工业出版社，2009.

[10]　王家德，成卓韦. 大气污染控制工程 [M]. 北京：化学工业出版社，2019.

[11]　王丽萍，赵晓亮，田立江. 大气污染控制工程 [M]. 徐州：中国矿业大学出版社，2018.

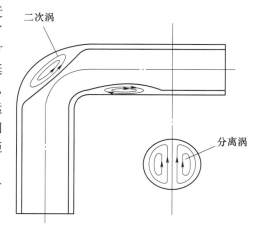

第 7 章
工业通风系统设计

7.1 风管内的空气流动阻力

风管内的空气流动阻力有两种：一种是由于空气与管壁间的摩擦而产生的能量损失，称为摩擦阻力或沿程阻力；另一种是空气流经风管中的管件及设备时，由于流速的大小和方向变化以及产生涡流造成比较集中的能量损失，称为局部阻力。

在工业通风系统中，局部阻力占比往往超过 50%，正确选用、合理连接局部阻力构件不仅关系到系统阻力（也即系统能耗），也影响系统噪声、积灰、安全性能。

7.1.1 局部构件的选用

1. 弯头

布置管道时，应尽量取直线，减少弯头。圆形风管弯头的曲率半径一般应大于 $1\sim2$ 倍的管径。气流经过弯头转弯时，由于惯性在弯头的外侧和内侧会形成两个涡流区，如图 7-1 所示。

另外，由于风管中心处的气流速度比管壁附近的大，因此在转弯时的离心力也较大，从而产生了力矩，引起气流成对地旋转（二次流），其旋转方向是由中心向外，气流的这种旋转运动，有时要延续到 $(10\sim15)d$ 的长度后才结束。有关试验表明，随着弯头弯曲半径的增大，涡流区和气流的旋转运动将减弱。但曲率半径太大，将使弯头占据的空间增多。风管中弯头的曲率半径 R 常取 $(1\sim2)d$。矩形弯头断面的长宽比越大，阻力越小。

圆形风管弯头、矩形风管弯头、设有导流叶片的直角弯头分别如图 7-2～图 7-4 所示。

2. 三通

三通的作用是使气流分流或合流，前者称为压气三通，后者称为吸气三通。合流三通内直管的气流速度大于支管的气流速度时，会发生直管气流引射支管气流的作用，即流速大的直管气流失去能量，流速小的支管气流得到能量，因而支管的局部阻力系数有时出现负值。但是，不可能同为负值。必须指出，引射过程会有能量损失，为减小三通的局部阻力，应避免出现引射现象。

为减小三通的局部阻力，还应注意支管和干管的连接（见图 7-5），减小其夹角。同时还应尽量使支管和干管内的流速保持相等。

图 7-1 弯头内气流流动

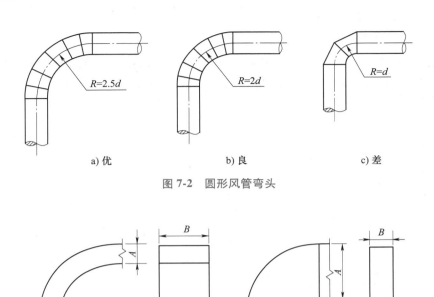

a) 优　b) 良　c) 差

图 7-2　圆形风管弯头

a) 优　b) 差

图 7-3　矩形风管弯头

图 7-4　设有导流叶片的直角弯头

a) 优　b) 不良　c) 差

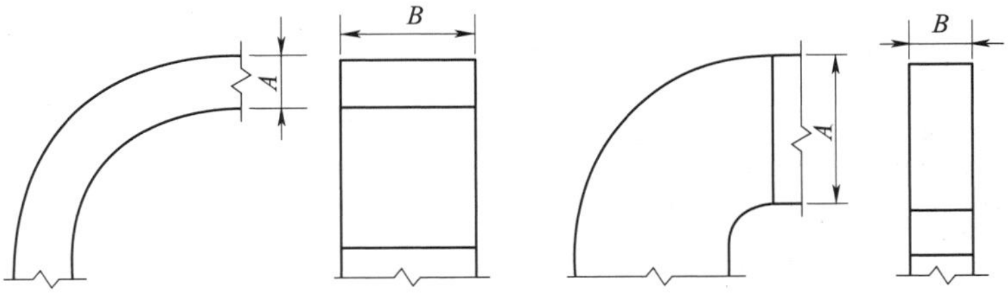

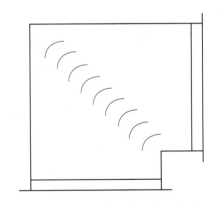

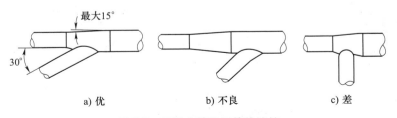

图 7-5　三通支管和干管的连接

7.1.2 局部构件的连接

局部构件在相互连接时，应尽量避免在接管处产生局部涡流，从而避免不必要的局部阻力损失所引起的风机能耗及喘振、过载等风机、电机事故。

1）风机吸入侧的连接如图 7-6 所示。

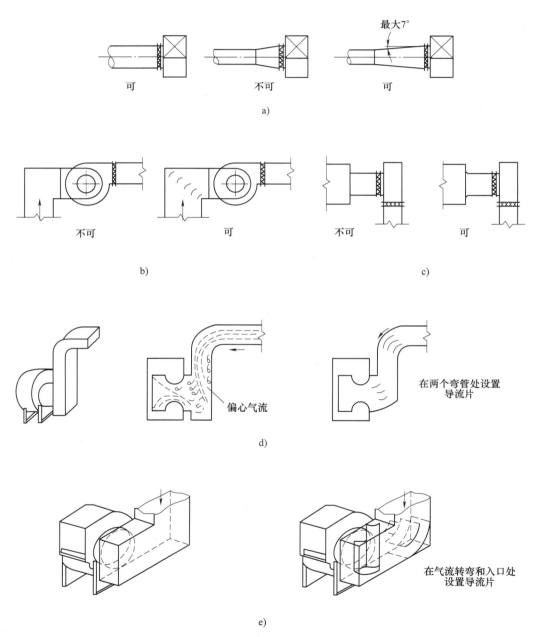

图 7-6 风机吸入侧的连接

2）风机压出侧的连接如图 7-7 所示。

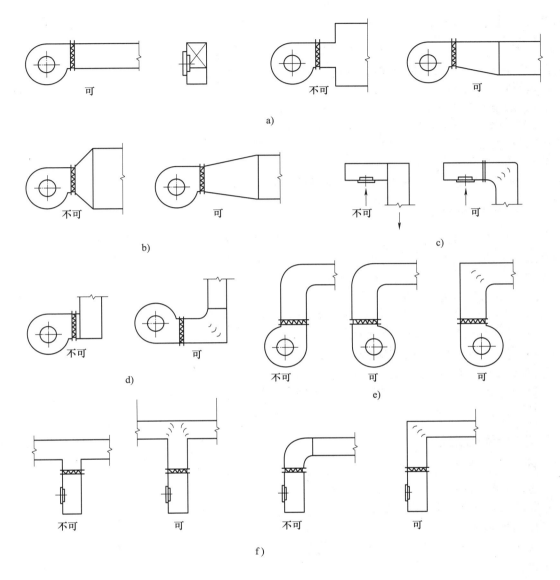

图 7-7 风机压出侧的连接

7.2 通风管道的水力计算

通风管道的水力计算是在系统和设备布置、风管材料、各送排风点的位置和风量均已确定的基础上进行的。水力计算分为校核计算和设计计算两类，校核计算应该是已知管径和流量，计算风压是否满足要求。而设计计算是已知风量，确定管径和阻力。水力计算是通风管道系统设计的基本手段，是管网设计质量的基本保证。

风管水力计算的方法有压损平均法、静压复得法和假定流速法等，目前常用的是假定流速法。

7.2.1 压损平均法

压损平均法的特点在于将已知的总作用压头按干管长度平均分配给每一管段，以此确定管段阻力，再根据每一管段的风量确定风管断面尺寸。如果风管系统所用风机压头已定，或对分支管路进行阻力平衡计算，此法较为方便。压损平均法的基本步骤：

1）绘制管网轴测图，确定最不利环路。

2）计算最不利环路单位管长的压力损失。

3）根据最不利环路单位管长压力损失和各管段流量，确定各管段管径。

4）确定并联支路的资用压头，计算单位管长的压力损失。

5）根据支路管路单位管长的压力损失和各管段流量，确定支管管径。

7.2.2 静压复得法

静压复得法的特点是，通过改变管道截面尺寸，降低流速，克服管段阻力，维持所要求的管内静压。静压复得法适用于均匀送、排风的管道设计。其基本步骤：

1）确定管道上各孔口的出流速度。

2）计算各孔口处的静压 p_j。

3）顺着管内流向，假定第一孔口处管内流速（如按照气流组织所需的射程要求给出风速值），计算此处管内全压 p_{q1} 和管道断面尺寸。

4）计算第一孔口到第二孔口的阻力 Δp_{1-2}。

5）计算第二孔口处的动压 $p_{d2} = p_{q1} - \Delta p_{1-2} - p_j$。

6）计算第二孔口处的管内流速，确定该处的管道断面尺寸。

7）以此类推，直到确定最后一个孔口处的管道断面尺寸。

7.2.3 假定流速法

假定流速法的特点在于先按技术、经济要求（一般为经济性、噪声或除尘要求）选定风管的流速，再根据风管的风量确定风管的断面尺寸和阻力。

假定流速法的计算步骤和方法如下：

1. 确定最不利环路

绘制通风或空调系统的轴测图，对各管段进行编号，标注长度和风量，确定最不利环路。

管段长度一般按两管件中心线长度计算，不扣除管件（如三通、弯头）本身的长度。

2. 确定合理的空气流速

管内流速对通风系统的经济特性有较大影响。流速高，风管断面小，材料耗用少，建造费用小；但系统阻力大，动力消耗大，运行费用增加，加剧管道磨损，增大噪声。流速低，阻力小，动力消耗少；但风管断面大，材料和建造费用大，占用空间也增大，除尘系统流速过低会使粉尘沉积堵塞管道。因此，必须按全面的技术经济确定比较合理的流速。假定流速法的流速，需要区分通风系统使用场合，按照消声要求、经济要求或除尘要求选取，详见相关设计手册或附录。

3. 确定最不利环路各管段的管径和阻力

4. 并联管路的阻力平衡

一般通风系统，两支管的阻力差不应超过 15%；除尘系统不应超过 10%。若超过上述规定，需进行阻力平衡计算，方法如下：

（1）调整支管管径 通过调整支管管径改变支管阻力，达到阻力平衡。

$$D' = D \left(\frac{\Delta p}{\Delta p'} \right)^{0.225} \tag{7-1}$$

式中　D'——调整后的管径（mm）；

　　　D——原设计的管径（mm）；

　　　Δp——原设计的支管阻力（Pa）；

　　　$\Delta p'$——要求达到的阻力（Pa）。

应当指出，采用本方法时，不宜改变三通支管的管径，可在三通支管上先增设一节渐缩（扩）管，以免引起三通局部阻力变化。

（2）调节阀门　通过改变阀门的开度，调节管道的阻力，从理论上讲是一种简单易行的方法。必须指出，对一个多支管的通风空调系统进行实际调试，是一项复杂的技术工作。必须进行反复的调整、测试才能完成，达到预期的流量分配。另外，调节阀门是有使用条件的，不是万能的，通常情况下，阀门是在不平衡率范围内进行调节的。

（3）计算系统总阻力　最不利环路所有串联管段阻力（包括设备阻力）之和，即为管网系统的总阻力 Δp。根据流体力学理论，管网阻力特性曲线方程为

$$\Delta p = SL^2 \tag{7-2}$$

式中　S——管网阻抗（kg/m^7）；

　　　L——管网总流量（m^3/s）。

管网阻抗与管网几何尺寸及管网中的摩擦阻力系数、局部阻力系数、流体密度有关。当这些因素不变时，管网阻抗 S 为常数。根据计算的管网总阻力 Δp 和要求的总流量 L，即可用下式计算管网阻抗，获得管网特性曲线：

$$S = \frac{\Delta p}{L^2} \tag{7-3}$$

不计算管段阻力和管网总阻力，而先计算各管段阻抗，再按如下串并联管路的阻抗关系计算管网阻抗，也可获得管网特性曲线。

$$S_i = \frac{8 \left(\lambda \dfrac{l}{d_i} + \sum \xi_i \right) \rho_i}{\pi^2 d_i^4} \tag{7-4}$$

式中　λ——摩擦阻力系数；

　　　l——管段长度（m）；

　　　d_i——i 管段的管径（m）；

　　　ξ_i——i 管段的局部阻力系数；

　　　ρ_i——i 管段气体的密度（kg/m^3）。

并联管路：

$$S^{-\frac{1}{2}} = \sum S_i^{-\frac{1}{2}} \tag{7-5}$$

串联管路：

$$S = \sum S_i \tag{7-6}$$

式（7-4）~式（7-6）表明，管网中任何一管段的有关参数变化，都会引起整个管网特性曲线的变化，从而改变管网的总流量和管段的流量分配，这决定了管网调整的复杂性。可以从理论进一步证明，管网设计时不做好阻力平衡，完全依靠调节阀门流量的做法难以奏效，尤其是并联管路较多的管网。

获得管网特性曲线后即可结合风机的性能曲线为管网匹配动力设备。

（4）选择风机　根据输送气体的性质、系统的风量和阻力确定风机的类型。例如输送清洁空气，选用一般的风机；输送有爆炸危险的气体或粉尘，选用防爆风机。

考虑安全余量，风机风量、风压分别为

$$p_f = K_p \Delta p \tag{7-7}$$

$$L_f = K_L \Delta L \tag{7-8}$$

式中　p_f——风机的风压（Pa）；

L_f——风机风量（m^3/h）；

K_p——风压附加系数，一般的送排风系统 $K_p = 1.1 \sim 1.15$；除尘系统 $K_p = 1.15 \sim 1.20$；

K_L——风量附加系数，一般的送排风系统 $K_L = 1.1$；除尘系统 $K_L = 1.1 \sim 1.15$；

Δp——系统的总阻力（Pa）；

ΔL——系统的总风量（m^3/h）。

当风机在非标准状态下工作时，应按下式对风机性能进行换算，再以此参数从风机样本上选择风机。

$$L_f' = L_f \tag{7-9}$$

$$p_f = p_f' \left(\frac{\rho'}{1.2} \right) \tag{7-10}$$

式中　L_f——标准状态下风机风量（m^3/h）；

L_f'——非标准状态下风量（m^3/h）；

p_f——标准状态下风机的风压（Pa）；

p_f'——非标准状态下风机的风压（Pa）；

ρ'——非标准状态下空气的密度（kg/m^3）。

当选好风机后，根据风机非标准状况下的风压和风量计算电动机功率，再以此为参照从样本上选取电动机。

$$N = \frac{L_f' p_f'}{3600 \eta \eta_m} K \tag{7-11}$$

$$N_y = \frac{L_f' p_f'}{3600} \tag{7-12}$$

$$\eta = \frac{N_y}{N} \tag{7-13}$$

式中　N——电动机的轴功率（W）；

L_f'——非标准状态下的风机风量（m^3/h）；

N_y——风机的有效功率（W）；

η——全压效率，由于风机在运行过程中要有能量损失，故消耗在风机轴上的轴功率（风机的输入功率）N 要大于有效功率 N_y；

η_m——风机的机械效率；

K——电动机容量安全系数。

风机性能参数（或特性曲线）通常是按特定的环境参数（温度、大气压）给出的，如常温风机测试的环境气体条件为 20℃，1atm（或 $10^4 mmH_2O$）；锅炉风机测试的环境气体条件为 200℃，1atm（或 $10^4 mmH_2O$）。风机使用时，由于使用工况下的环境温度、环境气体压

力与测试条件不同，输送气体的密度与测试条件下的气体密度有差异，风机的电动机功率要
修正，如下：

$$N_2 = N_1 \frac{\rho_2}{\rho_1}$$ （7-14）

式中　N_2——标准工况下的电动机功率（W）；

　　　　N_1——运行工况下的电动机功率（W）；

　　　　ρ_1——标准工况下的空气密度（kg/m³）；

　　　　ρ_2——运行工况下的空气密度（kg/m³）。

当运行工况的输送气体温度小于测试工况温度时，$\rho_1 < \rho_2$，风机标配电动机功率偏小，
不能满足风机正常运行的需求；反之，风机标配电动机功率偏大，运行时能耗增加。

【例 7-1】　图 7-8 所示为通风除尘系统。风管用钢板制作，输送含有水泥的空气，气体
温度为常温。该系统采用脉冲喷吹清灰袋式除尘器，除尘器阻力 $\Delta p_c = 1200\text{Pa}$。对该系统进
行水力计算，并选择风机。

【解】

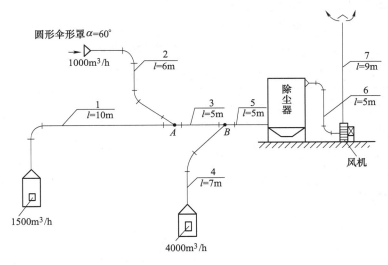

图 7-8　通风除尘系统

1）对各管段进行编号，标出管段长度和各排风点的排风量。

2）选定最不利环路，本系统选择 1—3—5—除尘器—6—风机—7 为最不利环路。

3）根据各管段的风量及选定的流速，确定最不利环路上各管段的断面尺寸和单位长度摩擦阻力。

根据附表 G-3，输送含有水泥的空气时，风管内最小风速为：垂直风管为 12m/s、水平风管
为 18m/s。

考虑到除尘器及风管漏风，管段 6 及 7 的计算风量为（6500×1.05）m³/h=6825m³/h。

管段 1：根据 $L_1 = 1500\text{m}^3/\text{h}(0.42\text{m}^3/\text{s})$、$v_1 = 18\text{m/s}$，由附录 G.2 查出管径和单位长度摩擦
阻力分别为 $D_1 = 170\text{mm}$，$R_{m1} = 23.2\text{Pa/m}$。所选管径应尽量符合附录 G.3 的通风管道统一规格。

同理可查得管段 3、5、6、7 的管径和比摩阻（单位长度摩擦阻力），具体结果见表 7-1。

4）确定管段 2、4 的管径及单位长度摩擦阻力，见表 7-1。

5）查参考文献［2］表 11.3-1，确定各管段的局部阻力系数。

① 管段 1：

设备密闭罩 $\zeta = 1.0$（对应接管动压）。

90°弯头（$R/D = 1.5$）：一个，$\zeta = 0.17$。

直流三通（1—3）如图 7-9 所示。根据 $F_1 + F_2 \approx F_3$，$\alpha = 30°$得

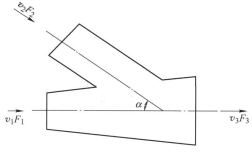

图 7-9　直流三通（一）

$$\frac{F_2}{F_3} = \left(\frac{140}{225}\right)^2 = 0.40$$

$$\frac{L_2}{L_3} = \frac{1000}{2500} = 0.4，查得 \zeta_{13} = 0.59$$

$$\sum \zeta = 1.0 + 0.17 + 0.59 = 1.76$$

② 管段 2：

圆形伞形罩：$\alpha = 60°$，$\zeta = 0.09$。

90°弯头（$R/D = 1.5$）：一个，$\zeta = 0.17$。

60°弯头（$R/D = 1.5$）：一个，$\zeta = 0.15$。

直流三通（2—3）如图 7-9 所示，$\zeta_{23} = 0.158$。

$$\sum \xi = 0.09 + 0.17 + 0.15 + 0.158 = 0.568$$

表 7-1　风管系统水力计算

管段编号	流量 $/[m^3/h$ $(m^3/s)]$	长度 l/m	管径 D/mm	流速 $v/(m/s)$	动压 p_4 /Pa	局部阻力系数 $\sum \xi$	局部阻力 Z/Pa	比摩阻 R_m $/(Pa/m)$	摩擦阻力 $R_m L/Pa$	管段阻力 $(R_m l + Z)$ /Pa
1	1500(0.42)	10	170	18	194.4	1.76	342.1	23.2	232	574.1
3	2500(0.69)	5	220	18	194.4	0.58	112.8	17.5	87.5	219.7
5	6500(1.81)	5	350	18	194.4	0.60	116.6	10.2	51	167.6
6	6825(1.90)	5	440	12	86.4	0.47	40.6	3.5	17.5	58.1
7	6825(1.90)	9	440	12	86.4	0.60	51.8	3.5	31.5	83.3
2	1000(0.28)	6	140	18	194.4	0.568	110.4	33.2	199.2	309.6
4	4000(1.11)	7	280	18	194.4	1.73	336.3	13.5	94.5	430.8
2′	1000(0.28)	6	120	24.5	360.15	0.568	204.6	59.3	355.8	560.4
4′	4000(1.11)	7	240	24.5	361.2	1.73	624.9	27.1	189.7	814.6
除尘器										1200

③ 管段 3：

直流三通（3—5）如图 7-10 所示。$F_3 + F_4 = F_5$，$\alpha = 30°$。

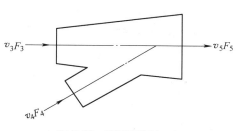

图 7-10　直流三通（二）

$$\frac{F_3}{F_4} = \left(\frac{280}{350}\right)^2 = 0.64$$

$$\frac{L_3}{L_4} = \frac{2500}{4000} = 0.625$$

$$\zeta_{35} = 0.63$$

④ 管段4：

设备密闭罩：$\xi = 1.0$。

90°弯头（$R/D = 1.5$）：一个，$\zeta = 0.17$。

直流三通（4—5）如图7-10所示，$\zeta_{45} = 0.56$。

$$\sum \xi = 1.0 + 0.17 + 0.56 = 1.73$$

⑤ 管段5：

除尘器进口变径管（扩散管）：除尘器进口尺寸为300mm×800mm，变径管长度为500mm，则

$$\tan\alpha = \frac{1}{2} \times \frac{800 - 380}{500} = 0.42$$

$$\alpha = 22.7°$$

$$\zeta = 0.60$$

⑥ 管段6：

除尘器出口变径管（渐缩管）：除尘器进口尺寸为300mm×800mm，变径管长度为400mm，则

$$\tan\alpha = \frac{1}{2} \times \frac{800 - 420}{400} = 0.475$$

$$\alpha = 25.4°$$

$$\zeta = 0.10$$

90°弯头（$R/D = 1.5$）：两个，$\zeta = 2 \times 0.17 = 0.34$

风机进口渐缩管：先近似选一台风机，风机进口直径 $D_1 = 500$mm，变径管长度 $L = 300$mm。

$$\frac{F_0}{F_6} = \left(\frac{500}{420}\right)^2 = 1.42$$

$$\tan\alpha = \frac{1}{2} \times \frac{500 - 420}{300} = 0.13$$

$$\alpha = 7.4°$$

$$\zeta = 0.03$$

$$\sum \xi = 0.10 + 0.34 + 0.03 = 0.47$$

⑦ 管段7：

风机出口渐扩管：风机出口尺寸为410mm×315mm，$D_7 = 420$mm。

$$\frac{F_7}{F_{出}} = \frac{0.138}{0.129} = 1.07$$

$$\zeta \approx 0$$

带扩散管的伞形风帽（$h/D = 0.5$）：$\zeta \approx 0.60$。

$$\sum \zeta \approx 0.60$$

6）计算各管段的沿程摩擦阻力和局部阻力。计算结果见表7-1。

7）对并联管路进行阻力平衡计算：

① 汇合点 A。$\Delta p_1 = 574.1$Pa，$\Delta p_2 = 309.6$Pa。

$$\frac{\Delta p_1 - \Delta p_2}{\Delta p_1} = \frac{574.1 - 309.6}{574.1} = 46.1\% > 10\%$$

为使管段 1、2 达到阻力平衡，改变管段 2 的管径，增大其阻力。

根据式（7-1），得：

$$D_2' = D_2 \left(\frac{\Delta p_2}{\Delta p_2'}\right)^{0.225} = 140 \times \left(\frac{309.6}{574.1}\right)^{0.225} mm = 121.8mm$$

根据通风管的统一规格，取 $D_2'' = 120mm$，其对应阻力为 560.4Pa，见表 7-1。

$$\frac{\Delta p_1 - \Delta p_2}{\Delta p_1} = \frac{574.1 - 560.4}{574.1} = 2.4\% < 10\%$$

符合要求。

② 汇合点 B。

$$\Delta p_1 + \Delta p_3 = (574.1 + 219.7)Pa = 793.8Pa$$

$$\Delta p_4 = 430.8Pa$$

$$\frac{(\Delta p_1 + \Delta p_3) - \Delta p_4}{(\Delta p_1 + \Delta p_3)} = \frac{793.8 - 430.8}{793.8} = 45.7\% > 10\%$$

此时不符合要求，为使管段 1、3 和管段 4 达到阻力平衡，改变管段 4 的管径，增大其阻力。

根据式（7-1），得：

$$D_4' = D_4 \left(\frac{\Delta p_4}{\Delta p_4'}\right)^{0.225} = 280 \times \left(\frac{430.8}{739.8}\right)^{0.225} mm = 244.0mm$$

根据通风管的统一规格，取 $D_4' = 240mm$，其对应阻力为 814.6 Pa，见表 7-1。

$$\frac{\Delta p_4 - (\Delta p_1 + \Delta p_3)}{\Delta p_4} = \frac{814.6 - 739.8}{814.6} = 2.55\% < 10\%$$

8）计算系统的总阻力：

$$\Delta p = \sum(R_m l + Z) = (574.1 + 219.7 + 167.6 + 58.1 + 83.3 + 1200)Pa = 2302.8Pa$$

9）选择风机：

风机风量：

$$L_f = 1.15L = (1.15 \times 6825)m^3/h = 7848.8m^3/h$$

风机风压：

$$p_f = 1.15\Delta p = (1.15 \times 2302.8)Pa = 2648.2Pa$$

选用 Y9-38-4.5 风机，$L_f = 7896m^3/h$，$p_f = 2976Pa$。

风机转速 $n = 2900r/min$，联轴器传动。

配用 Y160M-2-2 型电动机，电动机功率 $N = 15kW$。

【例 7-2】 现有一个长 $A = 1m$，宽 $B = 0.8m$，高 $H = 800mm$ 的酸性镀铜槽，槽内溶液温度等于室温。由另一长 $A = 1m$，宽 $B = 0.6m$，高 $H = 800mm$ 的酸性镀镍槽，槽内温度等于室温。该系统的系统图如图 7-11 所示，其中 $L_1 = L_4 = L_7 = 1.7m$，$L_2 = L_5 = L_8 = 1.2m$，$L_3 = 2.8m$，$L_6 = L_9 = 2.0m$，$L_{10} = 18.6m$，见表 7-2。试算该槽边罩排风系统。确定风管截面形状、风管尺寸、有害气体处理设备型号、系统阻力和风机型号。

【解】 酸性镀铜槽：因 $B > 700mm$，采用双侧槽边排风罩。根据国家设计标准，条缝式槽边排风罩的断面尺寸（$E \times F$）共有三种：250mm×200mm，250mm×250mm，200mm×200mm。本题选用 $E \times F = 250mm \times 250mm$。

控制风速：根据附录 F 选取酸性镀铜槽的控制风速为

$$v_x = 0.3\text{m/s}$$

总排风量：

$$L = 2v_x AB \left(\frac{B}{2A}\right)^{0.2} = \left[2 \times 0.3 \times 1 \times 0.8 \times \left(\frac{0.8}{2}\right)^{0.2}\right] \text{m}^3/\text{s} = 0.40\text{m}^3/\text{s}$$

每一侧的排风量：

$$L' = \frac{1}{2}L = \frac{1}{2} \times 0.40\text{m}^3/\text{h} = 0.20\text{m}^3/\text{s}$$

假设条缝口速度 $v_0 = 8\text{m/s}$。采用等高条缝，条缝口面积：

$$f = L'/v_0 = (0.20/8)\text{m}^2 = 0.025\text{m}^2$$

条缝口高度：

$$h_0 = f/A = 0.025\text{m} = 25\text{mm}$$

$$f/F_t = 0.025/(0.25 \times 0.25) = 0.40 > 0.3$$

为保证条缝口上速度分布均匀，在一侧分设两个罩，设两根立管。

因此

$$f'/F_t = \frac{f/2}{F_t} = \frac{0.025/2}{0.25 \times 0.25} = 0.2 < 0.3$$

阻力

$$\Delta p = \zeta \frac{v_0^2}{2}\rho = \left(2.34 \times \frac{8^2}{2} \times 1.2\right)\text{Pa} = 90\text{Pa}$$

酸性镀镍槽：因 $B < 700\text{mm}$，采用单侧槽边排风罩。选用 $E \times F = 250\text{mm} \times 250\text{mm}$。

控制风速：根据附录 F 选取酸性镀镍槽的控制风速为

$$v_x = 0.35\text{m/s}$$

总排风量：

$$L = 2v_x AB \left(\frac{B}{2A}\right)^{0.2} = \left[2 \times 0.35 \times 1 \times 0.6 \times \left(\frac{0.6}{2}\right)^{0.2}\right] \text{m}^3/\text{s} = 0.33\text{m}^3/\text{s}$$

假设条缝口速度 $v_0 = 10\text{m/s}$。采用等高条缝，条缝口面积：

$$f = L'/v_0 = 0.33/10 = 0.033\text{m}^2$$

条缝口高度：

$$h_0 = f/A = 0.033\text{m} = 33\text{mm}$$

$$f/F_t = 0.033/(0.25 \times 0.25) = 0.528 > 0.3$$

为保证条缝口上速度分布均匀，在一侧分设两个罩，设两根立管。

因此

$$f'/F_t = \frac{f/2}{F_t} = \frac{0.033/2}{0.25 \times 0.25} = 0.26 < 0.3$$

阻力

$$\Delta p = \zeta \frac{v_0^2}{2}\rho = (2.34 \times \frac{10^2}{2} \times 1.2)\text{Pa} = 140.4\text{Pa}$$

根据所处理的气体为酸性废气，所需处理的气体量为 $0.760\text{m}^3/\text{s}$，选择 XST-Ⅱ 型酸性气体净化塔，规格为 3，处理废气量为 $3000\text{m}^3/\text{h}$，配套风机型号为 GBF4-72-12，电动机功率为 2.2kW，余压为 150Pa。

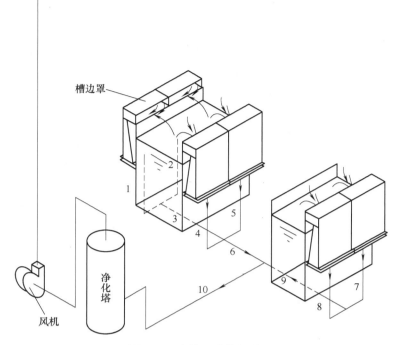

图 7-11　净化系统的系统图

表 7-2　各管段风量、长度统计

管段	风量/（m³/s）	长度/m
1	0.10	1.7
2	0.10	1.2
3	0.20	2.8
4	0.10	1.7
5	0.10	1.2
6	0.40	2.0
7	0.17	1.7
8	0.17	1.2
9	0.34	2.0
10	0.74	18.6

最不利环路为 1—3—10，对最不利环路进行水力计算。

最不利环路 1—3—10 的阻力约为 90Pa，满足要求。

该系统水力计算见表 7-3。

表 7-3　该系统水力计算

管段	流量/（m³/h）	长度/m	管径/mm	截面面积/m²	流速/（m/s）	比摩阻/（Pa/m）	沿程阻力/Pa	动压/Pa	局部阻力构件	局部阻力系数	局部阻力/Pa	阻力和/Pa
1	360	1.2	160	0.02	5.0	2.2	2.7	14.8	变径、弯头、三通	1.1	16.3	19.0
2	360	1.2	160	0.02	5.0	2.2	2.7	14.8	变径、三通	1.1	16.3	19.0
3	720	0.8	220	0.04	5.3	1.6	1.3	16.6	弯头、四通	0.6	10.0	11.2

（续）

管段	流量/(m³/h)	长度/m	管径/mm	截面面积/m²	流速/(m/s)	比摩阻/(Pa/m)	沿程阻力/Pa	动压/Pa	局部阻力构件	局部阻力系数	局部阻力/Pa	阻力和/Pa
4	720	1.2	160	0.02	5.0	2.2	2.7	14.8	变径、弯头、三通	1.1	16.3	19.0
5	720	1.2	160	0.02	5.0	2.2	2.7	14.8	变径、三通	1.1	16.3	19.0
6	1440	2.0	280	0.06	6.5	1.8	3.6	25.3	四通	0.5	12.7	16.3
7	612	1.2	180	0.03	6.7	3.3	4.0	26.8	变径、弯头	0.4	10.7	14.7
8	612	1.2	180	0.03	6.7	3.3	4.0	26.8	变径、三通	0.4	10.7	14.7
9	1224	2.0	280	0.06	5.5	1.3	2.7	18.3	变径、四通	0.7	12.8	15.5
10	2664	18.5	400	0.13	5.9	1.0	18.7	20.8	弯头×5、变径×2	2.6	54.1	72.8
最不利管路 1—3—6—10 阻力												119.33

7.3　风管设计

7.3.1　风管分类

1）按制作材料分类：分为金属风管（钢、不锈钢、铝）、非金属风管（无机玻璃钢、有机玻璃钢、硬聚氯乙烯、聚丙烯、织物布风管）和复合材料风管（酚醛板、玻璃纤维、玻镁板、钢板内衬玻璃纤维）。［根据《通风管道技术规程》（JGJ/T 141—2017）2.0.3］。

2）按工作压力分类：分为微压系统、低压系统、中压系统和高压系统。风管系统的工作压力及密封要求见表7-4。

表 7-4　风管系统的工作压力及密封要求

类别	风管系统工作压力 p/Pa		密 封 要 求
	管内正压	管内负压	
微压	$p \leqslant 125$	$-125 \leqslant p$	接缝及接管连接处严密
低压	$125 < p \leqslant 500$	$-500 \leqslant p < -125$	接缝及接管连接处应严密，密封面宜设在风管正压侧
中压	$500 < p \leqslant 1500$	$-1000 \leqslant p < -500$	接缝及接管连接处增加密封措施
高压	$1500 < p \leqslant 2500$	$-2000 \leqslant p < -1000$	所有的拼接缝及接管连接处，均应采取密封措施

3）按管道截面形状分类：分为圆形风管、矩形风管、螺旋圆形风管、扁圆形风管。

7.3.2　风管设计的基本要求

（1）防火要求　《建筑设计防火规范》（GB 50016—2014）（2018 年版）指出："通风、空气调节系统的管道等，应采用不燃烧材料制作，但接触腐蚀性介质的风管和柔性接头，可采用难燃材料制作；体育馆、展览馆、候机（车、船）建筑（厅）等大空间建筑，单、多层建筑和丙、丁、戊厂房内通风、空气调节系统的风管，当不跨越防火分区且在穿越房间隔墙处设置防火阀时，可采用难燃材料制作"。所以，在选择通风、空调系统风管的材质时，务必采用不燃烧材料制作。

（2）强度要求　风管强度应满足微压和低压风管在 1.5 倍的工作压力，中压风管在 1.2 倍的工作压力且不低于 750Pa，高压风管在 1.2 倍的工作压力下保持 5min 及以上，接缝处无开裂，整体结构无永久性的变形及损伤为合格。测试净化空调系统风管漏风量时，高压风管和空气洁净度等级为 1~5 级的系统应按高压风管进行检测，工作压力不大于 1500Pa 的 6~9 级的系统应按中压风管进行检测。

（3）风管保温、保冷要求

1）具有下列情况之一的设备、管道及附件应进行保温：设备与管道的外表面温度高于 50℃ 时（不包括室内供暖管道）；热介质必须保持一定状态或参数时；不保温时热损耗量大，且不经济时；安装或敷设在有冻结危险场所时；不保温时散发的热量会对厂房温度、湿度参数产生不利影响时。

2）具有下列情况之一的设备、管道及附件应进行保冷：冷介质低于常温，需要减少设备与管道的冷损失时；冷介质低于常温，需要防止设备与管道表面结露时；需要减少冷介质在生产和运输过程中的温升或汽化时；不保冷时散发的冷量会对厂房温度、湿度参数产生不利影响时。

7.4　均匀送、排风管道的设计计算

均匀送风管道的计算方法很多，下面介绍一种近似的计算方法。

7.4.1　均匀送风管道的设计原理

1. 空气通过侧孔的流速

风道内静压产生的空气流速 v_j（m/s）为

$$v_j = \sqrt{\frac{2p_j}{\rho}} \tag{7-15}$$

风道内动压产生的空气流速 v_d（m/s）为

$$v_d = \sqrt{\frac{2p_d}{\rho}} \tag{7-16}$$

式中　p_j——风管内空气的静压（Pa）；

　　　p_d——风管内空气的动压（Pa）。

2. 空气的实际流速

风管内流动的空气，在管壁的垂直方向受到气流静压作用，如果在管的侧壁开孔，由于孔口内外静压差的作用，空气会在垂直管壁方向从孔口流出。但由于受到原有管内轴向流速的影响，其孔口出流方向并非垂直于管壁，而是以合成速度沿风管轴线成一定角度的方向流出，如图 7-12 所示。

孔口出流与风管轴线间的夹角 α（出流角）：

$$\tan\alpha = \frac{v_j}{v_d} = \sqrt{p_j/p_d} \tag{7-17}$$

孔口实际流速：

$$v = \frac{v_j}{\sin\alpha} \tag{7-18}$$

孔口流出风量：

$$L_0 = 3600\mu f v \tag{7-19}$$

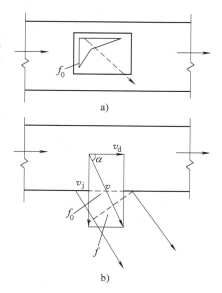

图 7-12　侧孔出流状态

式中　μ——孔口的流量系数；

　　　f——孔口在气流垂直方向上的投影面积（m^2），由图 7-12 可知

$$f = f_0 \sin\alpha = f_0 \frac{v_j}{v} \tag{7-20}$$

式中　f_0——孔口面积（m^2）。

　　式（7-19）可改写为

$$L_0 = 3600\mu f_0 \sin\alpha v = 3600\mu f_0 v_j$$
$$= 3600\mu f_0 \sqrt{\frac{2p_j}{\rho}} \tag{7-21}$$

空气在孔口面积 f_0 上的平均流速 v_0：

$$v_0 = \frac{L_0}{3600 f_0} = \mu v_j \tag{7-22}$$

　　对于断面不变的矩形送（排）风时，风口上的速度分布如图 7-13 所示。在送风管上，从始端到末端管内流量不断减小，动压相应下降，静压增大，使条缝口出口流速不断增大；在排风管上，则是相反，因管内静压不断下降，管内外压差增大，条缝口入口流速不断增大。

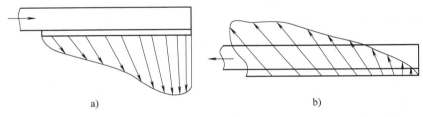

a)　　　　　　　　　　　　b)

图 7-13　从条缝口吹出和吸入的速度分布

　　分析式（7-21）可以看出，要实现均匀送风，可采取以下措施：

　　1）送风管断面面积 F 和孔口面积 f_0 不变时，管内静压会不断增大，可根据静压变化，在孔口上设置不同的阻体，使不同的孔口具有不同的压力损失（即改变流量系数），如图 7-14a、b 所示。

　　2）孔口面积 f_0 和 μ 值不变时，可采用锥形管道改变送风管断面面积，使管内静压基本保持不变，如图 7-14c 所示。

　　3）送风管断面面积 F 及 μ 值不变时，可根据管内静压变化，改变孔口面积 f_0，如图 7-14d、e 所示。

　　4）增大送风管断面面积 F，减小孔口面积 f_0。对于图 7-14f 所示的条缝形风口，试验表明，当孔口面积与送风管断面面积之比 $f_0/F < 0.4$ 时，始端和末端出口流速的相对误差在 10% 以内，可近似认为是均匀分布的。

7.4.2　实现均匀送风的基本条件

　　从式（7-21）可以看出，对侧孔面积 f_0 保持不变的均匀送风管，要使各侧孔的送风量保持相等，必须保证各侧孔的静压 p_j 和流量系数 μ 相等；要使出口气流尽量保持垂直，要求出流角 α 接近 90°。下面分析如何实现上述要求：

　　（1）保持各侧孔静压相等　如图 7-15 所示有两个侧孔，列两个断面的能量方程式如下：

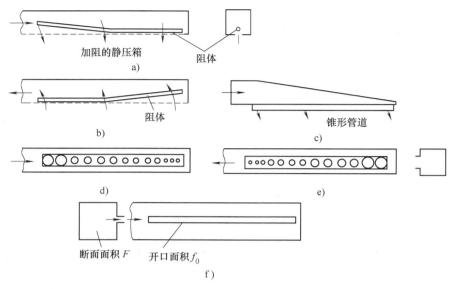

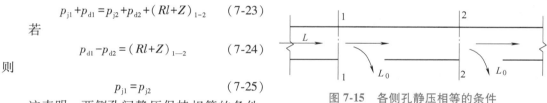

图 7-14　实现均匀送（排）风的方式

$$p_{j1} + p_{d1} = p_{j2} + p_{d2} + (Rl+Z)_{1-2} \quad (7\text{-}23)$$

若

$$p_{d1} - p_{d2} = (Rl+Z)_{1-2} \quad (7\text{-}24)$$

则

$$p_{j1} = p_{j2} \quad (7\text{-}25)$$

图 7-15　各侧孔静压相等的条件

这表明，两侧孔间静压保持相等的条件：
两侧孔间的动压降等于两侧孔间的压力损失。

（2）保持各侧孔流量系数相等　流量系数 μ 与孔口形状、出流角 α 及孔口流出风量与孔口前风量之比（称为孔口的相对流量）有关。

如图 7-16 所示，在 $\alpha \geqslant 60°$、$L_0/L = 0.1 \sim 0.5$ 范围内，对于锐边的孔口可近似认为 $\mu \approx 0.6 \approx$ 常数。

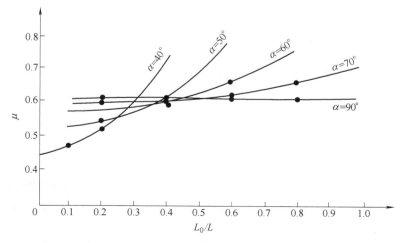

图 7-16　锐边孔口的 μ 值

（3）增大出流角 α　风管中的静压与动压之比值越大，气流在孔口的出流角 α 也就越大，出流方向接近垂直；比值减小，气流会向一个方向偏斜，这时即使各侧孔风量相等，也达不到均匀送风的目的。

要保持 $\alpha \geqslant 60°$，必须使 $p_j/p_d \geqslant 3.0$（$v_j/v_d \geqslant 1.73$）。在要求高的工程，为了使空气出流方向垂直管道侧壁，可在孔口处装置垂直于侧壁的挡板，或把孔口改成短管。

7.4.3　局部阻力系数和流量系数

通常可以把侧孔送风管道认为是支管长度为零的三通。当空气从侧孔出流时产生两种局部阻力，即直通部分的局部阻力和侧孔局部阻力。

直通部分的局部阻力系数 ζ 可由表 7-5 查出，表中数据由试验求得，表中 ζ 值对应侧孔前的管内动压。

从侧孔或条缝出流时，孔口的流量系数可近似取 $\mu = 0.6 \sim 0.65$。

表 7-5　空气流过侧孔直通部分的局部阻力系数

$L \rightarrow \boxed{} \rightarrow L_1$ ↓L_0	L_0/L	0	0.1	0.2	0.3	0.4	0.5	0.6	0.7	0.8	0.9	1
	ξ	0.15	0.05	0.02	0.01	0.03	0.07	0.12	0.17	0.23	0.29	0.35

7.4.4　均匀送风管道的计算方法

【例 7-3】　图 7-17 所示为某车间总送风量 $12000 \text{m}^3/\text{h}$ 的矩形变截面钢制均匀送风管道，采用 10 个等面积的侧孔送风，孔间距为 1.8m。试确定其孔口面积、各断面直径及总阻力。

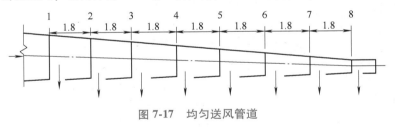

图 7-17　均匀送风管道

【解】　1）根据室内对送风速度的要求，拟定孔口平均流速 v_0，计算出静压速度 v_j 和侧孔面积 f_0。

设侧孔的平均出流速度 $v_0 = 5.0 \text{m/s}$，则侧孔面积

$$f_0 = \frac{L_0}{3600 v_0} = \frac{12000}{10 \times 3600 \times 5.0} \text{m}^2 = 0.067 \text{m}^2$$

侧孔静压流速

$$v_j = \frac{v_0}{\mu} = \frac{5.0}{0.6} \text{m/s} = 8.33 \text{m/s}$$

侧孔应有的静压

$$p_j = \frac{v_j^2 \rho}{2} = \frac{8.33^2 \times 1.2}{2} \text{Pa} = 41.63 \text{Pa}$$

2）按 $v_j/v_d \geqslant 1.73$ 的原则设定 v_{d1}，求出第一侧孔前管道断面 1 处直径 D_1（或断面尺寸）。

设断面 1 处管内空气流速 $v_{d1}=4.5\text{m/s}$，则 $\dfrac{v_{j1}}{v_{d1}}=\dfrac{8.33}{4.5}=1.85>1.73$，出流角 $\alpha=62°$。

断面 1 动压：

$$p_{d1}=\frac{4.5^2\times1.2}{2}\text{Pa}=12.15\text{Pa}$$

断面 1 直径：

$$D_1=\sqrt{\frac{12000}{3600\times4.5\times3.14/4}}\text{m}=0.97\text{m}$$

断面 1 处全压：

$$p_{q1}=(41.63+12.15)\text{Pa}=53.78\text{Pa}$$

3）计算管段 1—2 的阻力 $(Rl+Z)_{1-2}$，再求出断面 2 处的全压。

$$p_{q2}=p_{q1}-(Rl+Z)_{1-2}=p_{d1}+p_{j}-(Rl+Z)_{1-2}$$

① 管段 1—2 的摩擦阻力。已知风量 $L=10800\text{m}^3/\text{h}$，管径应取断面 1、2 的平均直径，但 D_2 未知，近似以 $D_1=970\text{m}$ 作为平均直径。查附录 H 得：$R_{m1}=0.17\text{Pa/m}$。

摩擦阻力为

$$\Delta p_{m1}=R_{m1}l_1=(0.17\times1.8)\text{Pa}=0.31\text{Pa}$$

② 管段 1—2 的局部阻力。空气流过侧孔直通部分的局部阻力系数由表 7-5 查得：当 $\dfrac{L_0}{L}=\dfrac{1200}{12000}=0.1$ 时，用插入法得 $\zeta=0.05$。

局部阻力：

$$Z_1=(0.05\times12.15)\text{Pa}=0.61\text{Pa}$$

③ 管段 1—2 的阻力。

$$\Delta p_1=R_{m1}l_1+Z=(0.31+0.61)\text{Pa}=0.92\text{Pa}$$

④ 断面 2 全压。

$$p_{q2}=p_{q1}-(R_{m1}l_1+Z)=(53.78-0.92)\text{Pa}=52.86\text{Pa}$$

4）根据 p_{q2} 得到 p_{d2}，从而算出断面 2 处直径。管道中各断面的静压相等（均为 p_j），故断面 2 处的动压为

$$p_{d2}=p_{q2}-p_{j}=(52.86-41.63)\text{Pa}=11.23\text{Pa}$$

断面 2 流速

$$v_{d2}=\sqrt{\frac{2\times11.23}{1.2}}\text{m/s}=4.33\text{m/s}$$

断面 2 直径

$$D_2=\sqrt{\frac{10800}{3600\times4.33\times3.14/4}}\text{m}=0.94\text{m}$$

5）计算管段 2—3 的阻力 $(Rl+Z)_{2-3}$ 后，可求出断面 3 直径 D_3。

以风量 $L=9600\text{m}^3/\text{h}$、断面直径 $D_2=940\text{mm}$ 查附录 H 得：$R_{m2}=0.155\text{Pa/m}$。

管段 2—3 的摩擦阻力

$$\Delta p_{m2}=R_{m2}l_2=(0.155\times1.8)\text{Pa}=0.28\text{Pa}$$

管段 2—3 的局部阻力

$$Z_2 = (0.042 \times 11.23) \, \text{Pa} = 0.47 \, \text{Pa}$$

管段 2—3 的阻力

$$\Delta p_2 = R_{m2} l_2 + Z_2 = (0.28 + 0.47) \, \text{Pa} = 0.75 \, \text{Pa}$$

断面 3 的全压

$$p_{q3} = p_{d2} - (R_{m2} l_2 + Z_2) = (52.86 - 0.75) \, \text{Pa} = 52.11 \, \text{Pa}$$

断面 3 的动压

$$p_{d3} = p_{q3} - p_j = (52.11 - 41.63) \, \text{Pa} = 10.48 \, \text{Pa}$$

断面 3 的流速

$$v_{d3} = \sqrt{\frac{2 \times 10.48}{1.2}} \, \text{m/s} = 4.2 \, \text{m/s}$$

断面 3 的直径

$$D_3 = \sqrt{\frac{9600}{3600 \times 4.2 \times 3.14/4}} \, \text{m} = 0.9 \, \text{m}$$

依此类推，继续计算各管段阻力 $(R_m l + Z)_{3-4}$，…，$(R_m l + Z)_{(n-1)-n}$，可求得其余各断面直径 D_1，…，D_{n-1}，D_n。最后把各断面连接起来，成为一条锥形风管。

断面 1 应具有的全压为 53.78Pa，即为此均匀送风管道的总阻力。

必须指出，在计算均匀送风管道时，为了简化计算，可以把每一管段起始面的动压作为该管段的平均动压，并假定侧孔流量系数 μ 和摩擦阻力系数 λ 为常数。

7.5　气力输送系统的管道计算

气力输送是利用气流输送物料的一种输送方式，同时它也是一种有效的防尘措施，受到普遍重视。车间内部和外部的粉（粒）状物料输送，如水泥、粮食、煤粉、型砂、烟丝等已广泛采用气力输送。

7.5.1　气力输送系统的特点

一般的气力输送系统，按其装置的形式和工作特点可分为吸送式、压送式、混合式和循环式四类。根据系统工作压力的不同，吸送式系统可分为低压（即低真，真空度小于 9.8kPa）吸送式和高压（即高真，真空度为 40~60kPa）吸送式系统两种；压送式系统也可分为低压和高压压送式系统两种。

（1）吸送式系统　低压吸送式系统如图 7-18 所示。风机启动后，系统内形成负压，物料和空气一起被吸入受料器，沿输料管送至分离器（设在卸料目的地），分离器分离下来的物料存入料仓，含尘空气则经除尘器净化后再通过风机排入

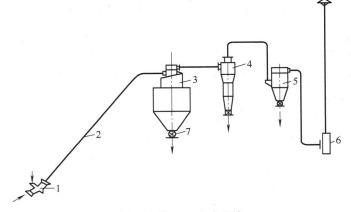

图 7-18　低压吸送式系统

1—受料器　2—输料管　3—分离器　4、5—除尘器　6—风机　7—卸料器

大气。整个系统在负压下工作，所以也称负压气力输送系统。

低压吸送式系统结构简单，使用维修方便，应用广泛。由于输送量小，它的输送距离和输料量有一定限制。

吸送式系统有以下特点：

1）适用于数处进料向一处输送，或输送位于低处的物料。

2）进料方便，受料器构造简单。

3）风机或真空泵的润滑油不会污损物料。

4）对整个系统以及分离器下部卸料器的气密性有较高的要求。

（2）压送式系统　压送式系统分为以风机为动力的低压压送式和以压缩空气为动力的高压压送式系统。低压压送式系统如图 7-19 所示，图 7-20 所示是在低压压送式系统中应用较广的一种受料器，加料量可由叶轮的转速调节，加料口密封性较好。这种受料器的工作原理和引射器相同，利用空气引射物料。

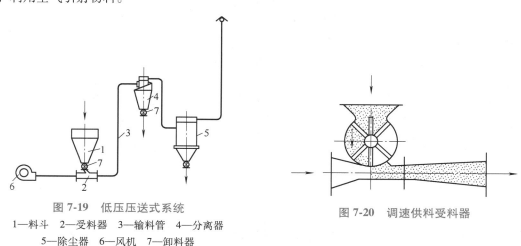

图 7-19　低压压送式系统

1—料斗　2—受料器　3—输料管　4—分离器
5—除尘器　6—风机　7—卸料器

图 7-20　调速供料受料器

压送式系统适宜用作将集中的物料向几处分配的物料分配系统，如卷烟厂卷烟机用的烟丝风送系统等。

7.5.2　气力输送系统的管道阻力计算

在气力输送系统中，由气流带动粉（粒）状物料一起流动，这种气流称为气固两相流。由于存在物料的运动，两相流的流动阻力要比单相气流大。为简化计算，在进行气力输送系统的管道阻力计算时，可以近似把两相流的流动阻力看作单相气流的阻力与物料颗粒运动引起的附加阻力之和。

（1）受料器的阻力

$$\Delta p_1 = (C + \mu_1)\frac{v^2 \rho}{2} \tag{7-26}$$

式中　μ_1——料气比（kg/kg）；

　　　v——输送风速（m/s）；

　　　ρ——空气的密度（kg/m³）；

　　　C——与受料器构造有关的系数，通过试验求得，可采用下列数据：水平型受料器 $C =$

1.1~1.2；各种吸嘴 $C = 3.0 \sim 5.0$。

料气比 μ_1 也称混合比，是单位时间内通过输料管的物料量与空气量的比值，所以也称料气流浓度，以下式表示：

$$\mu_1 = \frac{G_1}{G} = \frac{G_1}{L\rho} \tag{7-27}$$

式中　G_1——输料量（kg/s 或 kg/h）；

　　　G——质量空气（流）量（kg/s 或 kg/h）；

　　　L——体积空气（流）量（m³/s 或 m³/h）。

料气比的大小关系到系统工作的经济性、可靠性和输料量的大小。料气比大，所需输送风量小，因而管道、设备小，动力消耗少，在相同的输送风量下输料量大。设计气力输送系统时，在保证正常运行的前提下，应力求达到较高的料气比。但是，提高料气比要受到管道堵塞和气源压力等条件的限制。

根据经验，一般低压吸送式系统 $\mu_1 = 1 \sim 4$，低压压送式系统 $\mu_1 = 1 \sim 10$。

气力输送系统管路内的空气流速称为输送风速，输送风速的大小对系统的正常运行和能量消耗有很大影响，通常根据经验确定，见表7-6。输送的物料粒径、密度、含湿量、黏性较大时，或系统的规模大、管路复杂时，应采用较大的输送风速。

表 7-6　物料的悬浮速度及输送速度

物料名称	平均粒径 /mm	密度 /(kg/m³)	容积密度 /(kg/m³)	悬浮速度 /(m/s)	输送风速 /(m/s)
稻谷	3.58	1020	550	7.5	16~25
小麦	4~4.5	1270~1490	600~810	9.8~11.0	18~30
大麦	3.5~4.2	1230~1300	600~700	9.0~10.5	15~25
大豆		1180~1220	560~760	10	18~30
花生	21×12	1020	620~640	12~14	16
茶叶		800~1200			13~15
煤粉		1400~1600			15~22
煤屑					20~30
煤灰	0.01~0.3	2000~2500			20~30
砂		2600	1410	6.8	25~35
水泥		3200	1100	10~15	10~25
潮模旧砂（含水率3%~5%）		2500~2800			22~28
干模旧砂、干新砂					17~25
陶土、黏土		2300~2700			16~23
锯末、刨花		750			12~19
钢丸	1~3	7800			30~40

（2）空气和物料的加速阻力　加速阻力是指空气和物料由受料器进入输料管后，从初速零分别加速到最大速度 v 和 v_1 所消耗的能量，按下式计算：

$$\Delta p_2 = (1 + \mu_1 \beta) \frac{v^2 \rho}{2} \tag{7-28}$$

式中 β——系数。

$$\beta = \left(\frac{v_1}{v}\right)^2 \qquad (7\text{-}29)$$

式中 v_1——物料速度（m/s）；

v——空气流速（m/s）。

物料速度 v_1 按下式计算：

$$\frac{v_1}{v} = 0.9 - \frac{7.5}{v} \qquad (7\text{-}30)$$

（3）物料的悬浮阻力 为了使输料管内的物料处于悬浮状态所消耗的能量称为悬浮阻力。悬浮阻力只存在于水平管和倾斜管。

水平管的悬浮阻力为

$$\Delta p_3' = \mu_1 \rho g l \frac{v_f}{v_1} \qquad (7\text{-}31)$$

与水平面夹角为 α 的倾斜管的悬浮阻力为

$$\Delta p_3'' = \mu_1 \rho g l \frac{v_f}{v_1} \cos\alpha \qquad (7\text{-}32)$$

式中 v_f——悬浮速度（m/s）。

气流的悬浮速度在数值上等于物料的沉降速度。

（4）物料的提升阻力 在垂直管和倾斜管内，把物料提升一定高度所消耗的能量称为提升阻力。

$$\Delta p_4 = \frac{G_1 g h}{L} = \frac{G_1 g h}{G/\rho} = \mu_1 \rho g h \qquad (7\text{-}33)$$

式中 h——物料提升的垂直高度（m）。

若物料从高处下落，则 Δp_4 为负值。

（5）输料管的摩擦阻力 摩擦阻力包括气流的阻力和物料引起的附加阻力两部分。

$$\Delta p_5 = \Delta p_m + \Delta p_m l = (1 + K_1 \mu_1) R_m l \qquad (7\text{-}34)$$

式中 K_1——与物料性质有关的系数，见表7-7；

R_m——输送空气时单位长度摩擦阻力（Pa/m）；

l——输料管长度（m）。

表 7-7 摩擦阻力附加系数 K_1 值

物料种类		输送风速/(m/s)	料气比 μ_1	K_1
细粒状物料		25~35	3~5	0.5~1.0
粒状物料	低压吸送	16~25	3~8	0.5~0.7
	高压吸送	20~30	15~25	0.3~0.5
粉状物料		16~32	1~4	0.5~1.5
纤维状物料		15~18	0.1~0.6	1.0~2.0

（6）变管阻力

$$\Delta p_6 = (1 + K_0 \mu_1) \xi \frac{v^2 \rho}{2} \qquad (7\text{-}35)$$

式中　ξ——弯管的局部阻力系数，参见参考文献［2］表 11.33-1；

　　　K_0——与弯管布置形式有关的系数，见表 7-8。

表 7-8　弯管局部阻力附加系数 K_0 值

弯管布置形式	K_0
垂直（向下）弯向水平（90°）	1.0
垂直（向上）弯向水平（90°）	1.6
水平弯向水平（90°）	1.5
水平弯向垂直（90°）	2.2

（7）分离器阻力

$$\Delta p_7 = (1 + K\mu_1)\zeta\frac{v^2\rho}{2} \tag{7-36}$$

式中　v——分离器入口风速（m/s）；

　　　ζ——分离器的局部阻力系数；

　　　K——与分离器入口风速有关的系数，如图 7-21 所示。

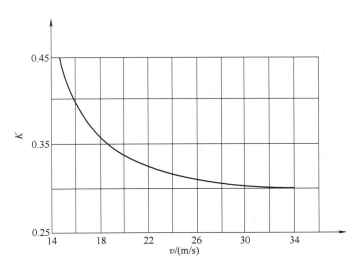

图 7-21　局部阻力附加系数 K 值

（8）其他部件的阻力　其他部件（如变径管等）的阻力可按式（7-36）计算。式中 ξ 为各部件的局部阻力系数；K 值由图 7-21 查得。

图 7-22 中给出了采用吸送式气力输送系统把分开设置的两组除尘器灰斗收尘输送到大储料仓的工程实例。

除尘器捕集的粉尘在灰斗 1 处由回转卸料阀 2 通过螺旋输送机 3 进入气力输送系统，经输料漏斗 4、喉管 5、管道 6 和 7 进入受料罐 12、高效旋风分离器 13 被分离收入大储料仓 20，排出废气经过袋式除尘器 14 后排空。收集后粉尘经大储料仓下设置的圆盘给料机 21、带式输送机 22 送至输灰车辆外送。

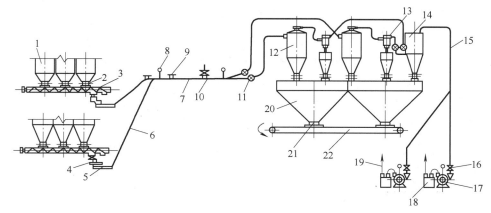

图 7-22　吸送式气力输送系统工程实例示意图

1—除尘器灰斗　2—回转卸料阀　3—螺旋输送机　4—输料漏斗　5—喉管
6—支管　7—干管　8—真空表　9—清扫孔　10—空吸旋塞阀　11—球阀
12—受料罐　13—高效旋风分离器　14—袋式除尘器　15—风管
16—入口闸门　17—水环式真空泵　18—汽水分离器　19—排风管
20—大储料仓　21—圆盘给料机　22—带式输送机

7.6　通风除尘系统运行特性的计算分析

由于各种原因，通风除尘系统在运行过程中，需对风量进行运行调节。要改变风机的运行风量，就需要改变风机的工作点。要改变风机的工作点，可以通过改变管路的特性曲线或改变风机的特性曲线来实现。

1. 阀门调节

它是通过调节阀门开度，改变管网的特性，从而改变风机的工作点。如图 7-23a 所示，管网特性曲线从 C_2 变化为 C_1，风机的工作点从 A_2 变化为 A_1，风机的风量则由 L_2 变化为 L_1。这种方法简单易行，但部分能量（两条曲线间风压差 Δp）消耗在阀门上，不节能。它仅适用于风量小的系统。

2. 转速调节

该方法是通过调整风机转速改变风机的特性曲线。例如，当风机转速由 n_2 变化为 n_1 时，风机特性曲线 n_2 变化为曲线 n_1，风机的工作点由 A_2 变化为 A_1，风量由 L_2 变化为 L_1，如图 7-23b 所示。

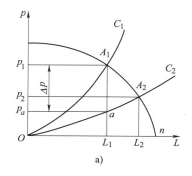

a)

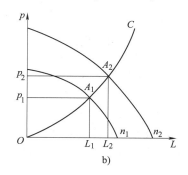

b)

图 7-23　风机工作的调整

在相似工况点上（风机效率保持相等）风机的转速与风量、风压、功率的关系如下式所示：

$$\frac{L_1}{L_2}=\frac{n_1}{n_2};\frac{p_1}{p_2}=\left(\frac{n_1}{n_2}\right)^2;\frac{N_1}{N_2}=\left(\frac{n_1}{n_2}\right)^3 \quad (7\text{-}37)$$

当 $L_1=0.8L_2$ 时，$N_1=0.512N_2$，风机的能耗仅为原能耗的一半。目前，常采用的改变转速的方法有改变带轮的转速比、采用液力耦合器、变速电动机等。

随着科学技术的发展，变频器价格下降，变频调速节能控制方法已得到广泛应用。交流电动机转速和供电频率间存在以下关系：

$$n=\frac{60f(1-S)}{M} \quad (7\text{-}38)$$

式中 n——电动机的转速（r/min）；

　f——电动机供电频率（Hz）；

　M——电动机极对数；

　S——转差率。

由式（7-38）可知，转速 n 与频率 f 成正比，只要改变频率即可改变电动机的转速，当频率 f 在 0～50Hz 变化时，电动机转速调节范围非常宽。变频调速就是通过改变电动机电源频率实现速度调节的。实际应用中，如果仅降低频率，电动机绕组的电流将会随之增大，特别当频率降到较低时，电动机易被烧坏。当风机转速变化过大时，风机的效率也会相应下降。因此采用变转速运行时，风机转速不宜低于设计转速的 50%～60%。

在通风除尘系统中，常见的风量调节有以下几种情况：

1）由于计算不周或选型不当，系统实际风量会大大超出设计值。风机可采用变频调速控制实现节能运行。风机采用变频控制，可根据负荷变化调节风机转速，达到系统最优控制。

以某工厂排风系统为例，根据设计计算，有：

系统排风量 $L_1=12000\text{m}^3/\text{h}$，系统阻力 $\Delta p_1=1500\text{Pa}$。

要求风机的风量 $L_2=K_L L_1=(1.1\times12000)\text{m}^3/\text{h}=13200\text{m}^3/\text{h}$。

要求风机的风压 $p_2=K_p\Delta p_1=(1.15\times1500)\text{Pa}=1725\text{Pa}$。

查样本选风机，选用风机的参数为：

风量 $L_f=13850\text{m}^3/\text{h}$，风压 $p_f=2100\text{Pa}$，电动机功率 $N=15\text{kW}$，电动机转速 $n=1450\text{r/min}$。

系统运行后经实测，实际运行风量 $L_f'=15300\text{m}^3/\text{h}$，风机实际风压 $p_f'=1976\text{Pa}$，电动机实际功率 $N'=13.2\text{kW}$。

为实现排风系统在设计风量下的节能运行，风机采用变频调速控制。变频调速后电动机实际转速 $n_2=(12000/15300)\times1450\text{r/min}=1137\text{r/min}$，风机节能控制的运行工况对比见表7-9。

电费按 0.75 元/（kW·h）计，该系统全年可节省电费 20517 元，变频器投资在一年内即可全部回收。

表 7-9　风机节能控制运行工况对比

对比项	原风机运行工况	变频调速后运行工况	对比项	原风机运行工况	变频调速后运行工况
风量/（m³/h）	15300	12000	电动机功率/kW	13.2	6.36
风压/Pa	1976	1214	全年运行时间/h	16×250=4000	4000
电动机转速 /（r/min）	1450	1137	全年节电量 /（kW·h/a）	—	27356

2）某些环境中有害物质的散发量是不稳定的，如地下停车库在平时排风时，随着汽车出入频率的变化，车库内气流中 CO 气体的浓度会随之变化。在排风（烟）风机进口前风道内安装 CO 气体传感器，用于检测气流中的 CO 气体浓度，当其浓度超过设定的调节值时，调节器可以发送信号给变频器，变频器则根据信号大小改变电流频率和电动机的转速，进而调节排风（烟）风机和送风机的转速，从而达到调节风量的目的，变频调节系统如图 7-24 所示。

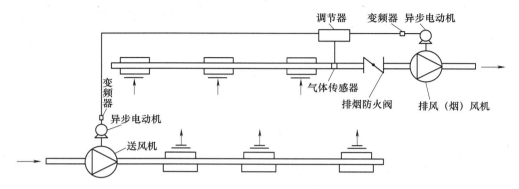

图 7-24　采用变频技术的地下汽车库变风量通风排烟系统示意图

同一系统有多个排风点，各排风点并不同时工作，可根据最不利环路上排风罩口静压变化控制排风风量，前提是各排风点上应设电动阀。对关断的排风点特别注意要设置密闭性能好的阀门，便于操控。对于风量具有周期性变化的工艺排风，在不同工作阶段可采用变频调速实现风机变风量节能运行。

习　题

1. 有一矿渣混凝土通风管道，宽 1.2m，高 0.8m，管内风速为 9m/s，空气温度为 25℃，计算其比摩阻（单位长度摩擦阻力）R_m。

2. 某矩形风管的断面尺寸为 400mm×200mm，管长 10m，风量为 0.9m³/s，在 $t=20℃$ 的工况下运行，如果采用薄钢板或混凝土（$K=3.0mm$）制风管，计算其摩擦阻力。空气在冬季加热至 50℃，夏季冷却至 10℃，该矩形风管的摩擦阻力有何变化？

3. 某通风系统如图 7-25 所示，起初只设 a 和 b 两个排风点。已知 $L_a=L_b=0.7m^3/s$，$\Delta p_{ac}=\Delta p_{bc}=280Pa$，$\Delta p_{cd}=120Pa$。因工作需要，又增设排风点 e，要求 $L_e=0.5m^3/s$。如在设计中管段 de 阻力 Δp_{de} 分别为 350Pa 和 400Pa（忽略 d 点三通直通部分的阻力），试问此时实际的 L_a 和 L_b 各为多少？

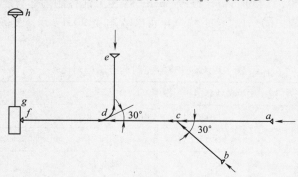

图 7-25　某通风系统

4. 对图 7-25 所示的排风系统进行水力计算并选择风机。已知 $L_a = L_b = 0.5 \text{m}^3/\text{s}$，$L_e = 0.4 \text{m}^3/\text{s}$，$l_{ac} = l_{bc} = 8\text{m}$，$l_{cd} = 9\text{m}$，$l_{ed} = 12\text{m}$，$l_{df} = 7\text{m}$，$l_{gh} = 5\text{m}$，局部排风罩为圆伞形罩（扩张角 $\alpha = 60°$）；锥形风帽 $\zeta = 1.8$（管内输送 $t = 30℃$ 的空气）；风管材料为薄钢板。

5. 为什么不能根据矩形风管的流速当量直径 D_v 及风量 L 查线算图求风管的比摩阻（单位长度摩擦阻力）R_m？

6. 为什么进行通风管道设计时，并联支管汇合点上的压力必须保持平衡（即阻力平衡）？如设计时不平衡，运行时是否会保持平衡？对系统运行有何影响？

7. 某矩形断面的均匀送风管，总长 $l = 14\text{m}$，总送风量 $L = 9800 \text{m}^3/\text{h}$。均匀送风管上设有 8 个侧孔，侧孔间的间距为 1.5m。确定该均匀送风管的断面尺寸、阻力及侧孔的尺寸。

8. 某工厂全部设备从上海迁至青海西宁，当地大气压力 $B = 77.5\text{kPa}$。如对通风除尘系统进行测试，试问其性能（系统风量、阻力、风机风量、风压、轴功率）有何变化？

9. 输送非标准状态空气的通风系统，采用设计风量和系统压力损失查询选用风机时，风机性能样本中给出的风量、全压、电动机的轴功率应进行核算，从理论上加以说明。

10. 某厂铸造车间采用低压吸送式系统，输送温度为 100℃ 的旧砂，如图 7-26 所示。要求输料量 $G_1 = 1000 \text{kg/h}$（3.05kg/s），已知物料密度 $\rho_1 = 2660 \text{kg/m}^3$，输料管倾角为 70°，车间内空气温度为 25℃，不计管道散热；$\mu_1 = 2.0$；第一级分离器进口风速 $v_1 = 20 \text{m/s}$、局部阻力系数 $\zeta = 3.2$；第二级分离器进口风速 $v_2 = 18 \text{m/s}$、局部阻力系数 $\zeta_2 = 5.8$；第三级袋式除尘器阻力 $\Delta p = 1200\text{Pa}$，第一、二级分离器效率均为 85%。计算该气力输送系统的总阻力（受料器阻力系数 $C = 1.5$）。

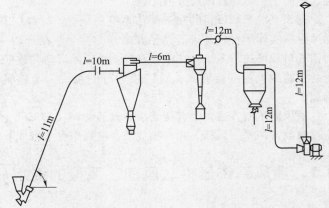

图 7-26　某厂铸造车间低压吸送式系统

参 考 文 献

［1］　李龙宇，李强民. 置换通风的原理及应用［J］. 通风除尘，1996（1）：27-31.

［2］　陆耀庆. 实用供热空调设计手册［M］. 2 版. 北京：中国建筑工业出版社，2008.

［3］　孙一坚. 简明通风设计手册［M］. 北京：中国建筑工业出版社，1997.

［4］　吴萱. 供暖通风与空气调节［M］. 北京：北京交通大学出版社，2006.

［5］　付祥钊，肖益民. 流体输配管网［M］. 3 版. 北京：中国建筑工业出版社，2010.

第 8 章
通风除尘系统的测试

工业通风除尘系统中涉及许多基本的物理量，有关气体性质的物理量有：压力、流速、流量、温度、湿度以及气体中含尘浓度和有害气体浓度等；有关粉尘性质的物理量有：密度、黏性、电阻率、爆炸性以及分散度等。

通风系统的测试目的在于评估系统的性能，以确保其符合设计的各项要求，同时也可作为通风设施实际运行后是否需要保养维修的参考。在开始一个新车间通风除尘系统的设计前，有时需要对现场进行测试，获取必要的上述原始资料和数据；待系统施工完毕正式运行前，需对系统各支路的风量进行调试；对已经运行的系统，通过测试可了解运行情况，及时发现存在的问题。

通风测试的方法主要有视流法、试验测试法和 CFD 模拟法。本章将重点介绍通风除尘系统主要参数（风量、风压、颗粒物性质、空气中含尘浓度等）的试验测试方法。

8.1 通风系统压力、风速、风量的测定

8.1.1 测量断面和测点

1. 测量断面的选择

通风管道内风速及风量的测定，可通过测量管内压力换算求得。但要得到管道中气体的真实压力值，需合理选择测量断面，尽可能减少气流扰动对测量结果的影响。根据流体力学理论，测量断面应选择在气流平稳的直管段上，尽量避开管道弯曲部位和断面形状急剧变化的部位。当测量断面设在弯头、三通等异形部件前面（相对气流运动方向）时，距这些部件的距离需大于管道直径的 2 倍；设在这些部件的后面时，应大于管道直径的 4 ~ 5 倍，如图 8-1 所示。当现场条件无法满足以上要求时，可根据以上原则选取适当断面并增加测点密度。

测定动压时，如发现任何一个测点出现零位或负值，表明气流不稳定，存在涡流，该断面不宜作为测定断面。如果气流方向偏出风管中心线 15°以上，该断面也不宜作测量断面（检查方法：皮托管端部正对气流方向，慢慢摆动皮托管使动压值最大，这时皮托管与风管外壁垂线的夹角即为气流方向与风管中心线的偏离角）。选择测量断面时，还应考虑测定操作的方便和安全。

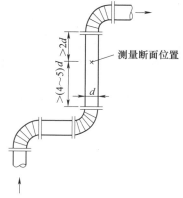

图 8-1　测点布置示意图

2. 测点的布置

由于空气是黏性流体，其速度在管道断面上的分布是不均匀的，进而导致管道断面上的压

力分布也是不均匀的。因此，必须在同一断面上进行多点测量，求出该断面的平均值。

（1）矩形管道　可将矩形管道断面划分为若干等面积的小矩形，测点布置在小矩形的中心，如图 8-2 所示。通常，小矩形的长度约为 200mm。但当烟道面积较大时，测点数也可按表 8-1 选取。

表 8-1　矩形烟道的分块和测点数

烟道断面面积/m²	断面面积划分数	测点数	划分小格一边的长度/m
1 以下	2×2	4	≤0.5
1~4	3×3	9	≤0.667
4~9	4×3	12	≤1
9~16	4×4	16	≤1
16~20	4×5	20	≤1

（2）圆形管道　将管道测定断面分成一定数量的等面积同心环，测点设置在断面相互正交的两条直线上，侧孔设在正交直线的壁面上，如图 8-3 所示。同心环上各测点距中心的距离可按下式计算：

$$r_i = r_0 \sqrt{\frac{2i-1}{2n}} \tag{8-1}$$

式中　r_0——风管的半径（mm）；

　　　r_i——风管中心到第 i 点的距离（mm）；

　　　i——从风管中心算起的同心环顺序号；

　　　n——同心环数量。

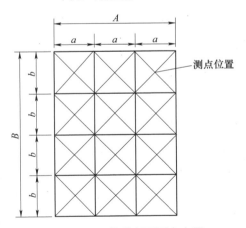

图 8-2　矩形管道断面测点布置

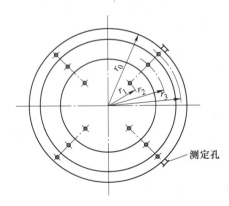

图 8-3　圆形管道断面测点布置

圆环数量习惯上根据管径大小划分。一般通风管道可按表 8-2 选取。烟道面积较大，环数可适当少一些，按表 8-3 选取。

表 8-2　圆形风道的分环数[3]

风管直径/mm	≤300	300~500	500~800	850~1100	>1150
划分环数 n	2	3	4	5	6
测点数量	8	12	16	20	24

表 8-3　圆形烟道的分环数[2]

烟道直径/m	≤0.5	0.5~1	1~2	2~3	3~5
划分环数 n	1	2	3	4	5
测点数量	4	8	12	16	20

【例 8-1】　已知风管直径 $D=400$mm，确定风管断面上各测点位置。

【解】　根据表 8-2 划分三个同心环，如图 8-3 所示。

$$r_1 = 200 \times \sqrt{\frac{2 \times 1 - 1}{2 \times 3}} \text{mm} = 82 \text{mm}$$

$$r_2 = 200 \times \sqrt{\frac{2 \times 2 - 1}{2 \times 3}} \text{mm} = 141 \text{mm}$$

$$r_3 = 200 \times \sqrt{\frac{2 \times 3 - 1}{2 \times 3}} \text{mm} = 183 \text{mm}$$

为简化计算，表 8-4 列出了用管径分数表示的各测点至管道内壁的距离。

表 8-4　圆风管测点与管壁距离系数（以管径为基数）

测点序号	同心环数				
	2	3	4	5	6
1	0.933	0.956	0.968	0.975	0.98
2	0.75	0.853	0.895	0.92	0.93
3	0.25	0.704	0.806	0.85	0.88
4	0.067	0.296	0.68	0.77	0.82
5		0.147	0.32	0.66	0.75
6		0.044	0.194	0.34	0.65
7			0.105	0.226	0.36
8			0.032	0.147	0.25
9				0.081	0.177
10				0.025	0.118
11					0.067
12					0.021

测点越多，测量精度就越高，但测定工作量大。应在保证满足精度的前提下，尽量减少测点数。

8.1.2　管内压力的测量

通风管内气体的压力（全压、静压与动压）可用测压管将压力信号取出，传递到压力计上读出。取信号的为皮托管，读数的仪器是不同测量范围和精度的微压计。皮托管与微压计的连接如图 8-4 所示。皮托管的管头应迎向气流，轴线应与气流平行，其偏差不大于 5°，每次需反复测定 3 次，取其平均值。

通风系统测定中，一般采用斜管式微压计。在靠近通风机的管段上，当压力值超过它的量程时，可采用 U 形压力计，连接方法如图 8-5 所示。

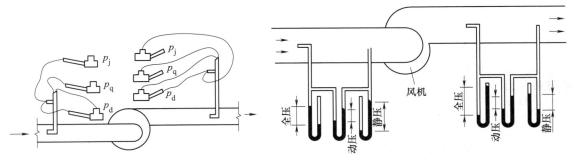

图 8-4　皮托管与微压计的连接　　　　图 8-5　U 形压力计的连接方法

按上述方法测得断面上各点的压力值后，可按下式求出该断面的平均值：

平均动压

$$p_{\mathrm{d}} = \frac{p_{\mathrm{d1}} + p_{\mathrm{d2}} + \cdots + p_{\mathrm{d}n}}{n} \tag{8-2}$$

平均全压

$$p_{\mathrm{q}} = \frac{p_{\mathrm{q1}} + p_{\mathrm{q2}} + \cdots + p_{\mathrm{q}n}}{n} \tag{8-3}$$

平均静压

$$p_{\mathrm{j}} = \frac{p_{\mathrm{j1}} + p_{\mathrm{j2}} + \cdots + p_{\mathrm{j}n}}{n} \tag{8-4}$$

式中　p_1、p_2，$\cdots$，p_n——各测点的动压值（Pa）；

p_{q1}，p_{q2}，$\cdots$，$p_{\mathrm{q}n}$——各测点的全压值（Pa）；

p_{j1}，p_{j2}，$\cdots$，$p_{\mathrm{j}n}$——各测点的静压值（Pa）；

n——测点数。

由于全压等于动压与静压的代数和，可只测其中两个值，另一值通过计算求得。

通常管道测定断面，同一断面上静压变化较小，静压测定除用皮托管外，也可直接在管壁上开凿小孔测试。不产生堵塞的情况下，静压测孔的直径尽量小，一般不宜超过 2.0mm。钻孔必须与通风管壁垂直，圆孔周围不应有毛刺。

数字式压差计是利用压力敏感元件（简称压敏元件）将被测压力信号转换成各种电信号，如电阻、频率、电荷量等。该方法具有较好的静态和动态性能，量程范围大、线性好，便于进行压力的自动控制，尤其适用于压力变化快和高真空、超高压的测量。数字式压差计主要有压电式压差计、电阻式压差计、振频式压差计等。

8.1.3　风速的测定

常用的测定管道内风速的方法分为间接式和直读式两类。

（1）间接式　先测得管内某点动压 p_{d}，再用下式算出该点的流速 v。

$$v = \sqrt{\frac{2p_{\mathrm{d}}}{\rho}} \tag{8-5}$$

式中 ρ——管道内空气的密度（kg/m³）。

平均流速 v_{pj} 是断面上各测点流速的平均值，即

$$v_{pj} = \sqrt{\frac{2}{\rho}} \left(\frac{\sqrt{p_{d1}} + \sqrt{p_{d2}} + \cdots + \sqrt{p_{dn}}}{n} \right) \qquad (8-6)$$

式中 n——测点数。

该方法虽然较烦琐，但精度高，在通风管道系统中常用，尤其适用于流速较高的场合。在用测压管、微压计测量较低风速时，误差会较大。通常当气流速度大于 5m/s 时，应使用精度高的补偿式微压计。

测试时，应关注微压计的测试精度问题，如在标准状态下（20℃、1.013×10^5 Pa），空气密度值为 1.205kg/m³（皮托管校核系数为 $K=1$），则某测点的流速为 $v = 1.288\sqrt{p_d}$。当微压计的最小分度为 0.2mmH₂O（1.962Pa）时，所能测出的流速为 $v = (1.288 \times \sqrt{1.962})$ m/s = 1.8m/s。因此当管道内的流速小于 1.8m/s 时，就不能采用测压法确定流速。

（2）直读式　常用的直读式测速仪有热球式热电风速仪和热线式热电风速仪，是一种便携式、智能化、多功能的低风速测量仪表。其传感器的测头是镍铬丝弹簧圈，圈内有一对镍铬–康铜热电偶，用低熔点的玻璃将其包成球或不包仍为线状。测头用电加热，其温升会受到周围气流速度的影响，根据测头温升大小得到气流的速度值。

该类仪器的测量范围为 0.05~30m/s，测头的反应时间小于 3s。

其他的直读式测速仪还有超声波式和叶轮式等。通常，风速仪的热敏式探头用于 0~5m/s 的精确测量；转轮式探头测量 5~40m/s 的流速效果最理想。

8.1.4 管内流量的计算

得到管内的平均流速，即可按下式计算管内流量 L：

$$L = v_{pj} F \qquad (8-7)$$

式中 F——管道断面面积（m²）。

管内气体的流速和体积流量与温度和大气压力有关，因此在测定非常温气体流量时，还需同时测试气体温度和大气压力。

实验室进行管内流量测量时，还可使用孔板流量计、喷嘴、进口流量管、弯头流量计、超声波流量计等其他的测量装置。

8.1.5 用于含尘气流的测压管

标准的皮托管只适用于无尘气流的测量，当测量含尘气流时，为避免堵塞，可采用 S 形皮托管。

S 形皮托管的结构如图 8-6 所示，由两个相同的不锈钢管或其他金属管并联组成，测量端有两个方向相反的开口。迎向气流的开口测得的是气流的全压，背向气流的开口测得的是气流的静压。S 形皮托管在使用前须在标准风洞中采用标准皮托管进行校正，其速度和动压校正系数分别为

速度校正系数

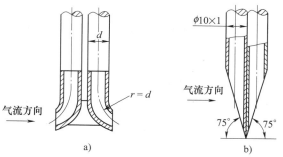

图 8-6　S 形皮托管

$$K = \frac{v_{\text{N}}}{v} \tag{8-8}$$

动压校正系数

$$K^2 = \frac{p_{\text{dN}}}{p_{\text{dS}}} \tag{8-9}$$

式中　v_{N}——标准皮托管测定的风速（m/s）；

　　　　v——S 形皮托管测出的风速（m/s）；

　　　　p_{dN}——标准皮托管测到的动压值（Pa）；

　　　　p_{dS}——S 形皮托管测到的动压值（Pa）。

管道内实际的动压值为 $p_{\text{d}} = K^2 p_{\text{dS}}$。S 形皮托管不易被尘粒堵塞，可在大直径风管中使用，在污染源及除尘系统监测中被广泛使用。

不同的 S 形皮托管，修正系数不同，动压修正系数一般为 0.80~0.85。同一根 S 形皮托管在不同的流速范围内修正系数也略有变化。一般在 5.0~30m/s 的流速范围内校正。S 形皮托管的测孔有方向性，两个开口的朝向必须和校正的朝向一致，不得随意颠倒。

8.2　局部排风罩性能参数的测定

8.2.1　罩口速度的测定

排风罩罩口风速的测定一般采用匀速移动法和定点法测定。匀速移动法常采用叶轮式风速仪按照图 8-7 所示的路径慢慢匀速移动，移动中风速仪不得离开测定断面，得到罩口平均风速；适用于罩口面积小于 0.3m² 的吸尘罩。须进行三次，取平均值。

定点测定法是采用热球或热线风速仪在等分面积的中心进行测定。对于矩形排风罩罩口，断面面积小于 0.3m² 的罩口，分为 6 个面积相等的小块；断面面积大于 0.3m² 的罩口，分为 9~12 个面积相等的小块，每个小块的面积小于 0.06m²。对于条缝形排风罩，在高度方向至少应有两个测点；长度方向布置若干个测点，每个测点的间距不大于 200mm。对于圆形排风罩，至少取 5 个测点。各种形式罩口的测点布置如图 8-8 所示。取各测点速度的平均值为排风罩罩口速度值。

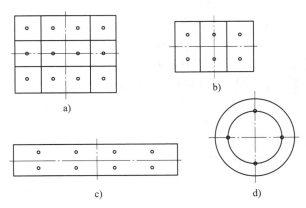

a)

b)

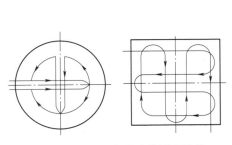

c)

d)

图 8-7　罩口平均风速的测定路线　　　　图 8-8　各种形式排风罩罩口的测点布置

8.2.2　排风罩压力损失和风量的测定

（1）压力损失的测定　排风罩压力损失的测定装置如图 8-9a 所示。图 8-9a 中 0—0 断面和

1—1 断面的全压差即为排风罩的压力损失 Δp。

$$\Delta p = p_0 - p_1 = 0 - (p_{j1} + p_{d1}) = \zeta \frac{v_1^2}{2}\rho = \zeta p_{d1} \tag{8-10}$$

式中　　　p_0——断面 0 的全压（Pa）；

　　p_1、p_{j1}、p_{d1}——断面 1 上的全压、静压和动压（Pa）；

　　　　　v_1——断面 1 上的平均速度值（m/s）；

　　　　　ζ——局部排风罩的局部阻力系数。

（2）风量的测定　排风罩流量的测定装置如图 8-9a 和 b。图 8-9a 所示为测定得到断面 1 的动压，计算得到断面 1 的速度值，然后计算风量。图 8-9b 所示为静压法，其原理从式（8-10）可推导得到

$$p_{d1} = \frac{1}{\zeta + 1}|p_{j1}| \tag{8-11}$$

$$\sqrt{p_{d1}} = \frac{1}{\sqrt{\zeta + 1}}\sqrt{|p_{j1}|} = \mu\sqrt{|p_{j1}|} \tag{8-12}$$

式中　μ——排风罩的流量系数。

对于形状一定的排风罩，ζ 和 μ 均为定值。典型排风罩的流量系数可查阅参考文献 [1] 得到。

如果已知排风罩的流量系数，即可测定管口处的静压，计算得到排风罩的风量。许多流量计也是根据该原理设计的。

局部排风罩的排风量

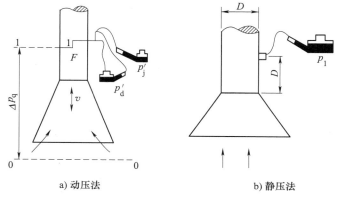

a) 动压法　　　　　　b) 静压法

图 8-9　排风罩压力损失
和风量的测定装置

$$L = v_1 F = \sqrt{\frac{2p_{d1}}{\rho}} \times F = \mu\sqrt{\frac{2|p_{j1}|}{\rho}}F \tag{8-13}$$

排风系统风量调试过程中，对有多个形状相同的排风罩，用动压法测定风量后再对各排风罩的风量进行调整较为麻烦。此时可采用静压法，提前计算各排风罩需要的静压值，然后通过调整各排风罩的静压值得到所需要的排风量。上述原理也适用于送风系统风量的调节，如均匀送风系统中，要保持各送风口的风量相等，只需调整出口处的静压，使其保持相等。

【例 8-2】　某排风罩的连接管直径 $d = 260\text{mm}$，测定得到连接管上的静压 $p_j = -25\text{Pa}$，烟气温度 $t = 35℃$，一个大气压，查到其流量系数 $\mu = 0.9$，求该排风罩的排风量。

【解】　管道截面面积为

$$F = \frac{\pi}{4}d^2 = \frac{\pi}{4} \times (0.26)^2\text{m}^2 = 0.0531\text{m}^2$$

烟气的密度值为

$$\rho = \left(1.205 \times \frac{273.15 + 20}{273.15 + 35}\right)\text{kg/m}^3 = 1.1463\text{kg/m}^3。$$

排风罩排风量为：

$$L=\mu\sqrt{\frac{2\,|p_j|}{\rho}}\,F=\left(0.9\times\sqrt{\frac{2\times|-25|}{1.1463}}\times0.0531\right)\mathrm{m^3/s}=0.3156\mathrm{m^3/s}$$

8.3　颗粒物性质的测定

颗粒物的性质对通风除尘系统的设计和运行都至关重要，包含的参数也较多，有密度、黏性、分散度和电阻率等，以下介绍部分常用参数的一般测定方法，颗粒物物性测定的详细内容可参阅参考文献 [2]。

8.3.1　粉尘样品的分取

粉尘物性的测定必须以具体的粉尘为对象，从尘源处收集来的粉尘，需随机分取处理，以便使粉尘样具有良好的代表性。样品的分取方法主要有：圆锥四分法、流动切断法和回转分取法等。

圆锥四分法是采用漏斗，将粉尘下落到水平板上堆积成圆锥体，再将圆锥体分成四等份，取其对角线上的两份混合，重新堆成圆锥体再分成四份，取对角线上两份混合。重复该过程 2~3 次，最后取其任意对角线上的两份作为测试粉尘样品。

当现场取样量较少时，可采用流动切断法确定测试样品。将粉尘放入漏斗，用容器在漏斗下部左右移动随机接取一定量的粉尘作为分析测试样品。

回转分取法是将从漏斗出来的粉尘均匀落入下部的一个圆盘，圆盘分成了八个部分（见图 8-10），取其中的一个部分作为分析测试样品。

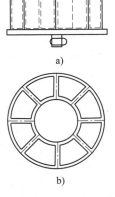

图 8-10　回转分取法

8.3.2　粉尘密度的测定

粉尘密度有真密度和容积密度（表观密度、堆积密度）之分，颗粒物在空气中的沉降或悬浮与真密度关系密切，对除尘设备的选择具有重要影响；而堆积密度对除尘设备灰斗的设计具有决定性作用。

1. 粉尘真密度的测定

粉尘真密度的测定多采用液相置换法，也有采用气相加压法的。以下主要介绍液相置换法测定粉尘真密度的原理和方法。

测试原理是将粉尘样置于比重瓶内，注入某种液体，排除粉尘之间的气体得到粉尘的体积，然后根据称得的粉尘质量计算粉尘的密度值，如图 8-11 所示。为能将气体尽可能彻底排除，通常采用抽真空或煮沸的形式。而注入液体的选择要求浸入液易于渗入粉尘之间但又不使粉尘溶解、膨胀和产生化学变化，一般使用蒸馏水、酒精、苯等液体。

具体方法如下：

首先称出比重瓶（一般的容量为 25~100ml）的质量 m_0；加入烘干的粉尘样（约占比重瓶体积的 1/3），称出其质量 m_{cp}（=尘+瓶）；注入液体（至比重瓶约 2/3 容积处），然后置于密闭容器中抽真空，直至容器内的真空度达到使瓶中液体沸腾，保持使瓶中气体充分排出为止。停止抽气，取出比重瓶再次注满液体，称重得到质量 m_2（=尘+液+瓶）。洗净比重瓶，注满液体，得到

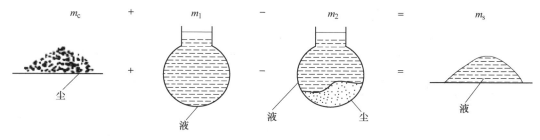

$$m_c \quad + \quad m_1 \quad - \quad m_2 \quad = \quad m_s$$

图 8-11　测定粉尘真密度的示意图

其质量 m_1（=浸入液+比重瓶）。

则粉尘样的体积即为排出水的体积，可通过下式计算：

$$V_c = \frac{m_s}{\rho_s} = \frac{m_1 + m_c - m_2}{\rho_s} = \frac{m_1 + (m_{cp} - m_0) - m_2}{\rho_s} \tag{8-14}$$

粉尘真密度 ρ_p 可由下式计算：

$$\rho_p = \frac{m_c}{V_c} = \frac{m_{cp} - m_0}{V_c} \tag{8-15}$$

式中　ρ_s——浸入液体的密度（kg/m³）；

　　　　m_s——满液瓶中加入尘后排出的水的质量（kg）；

　　　　V_c——粉尘样的体积（m³）。

测定时应同时测定 2 或 3 个样品，然后求平均值。每两个样品的相对误差不应超过 2.0%。

2. 粉尘容积密度的测定

粉尘在自然堆积状态下单位体积的质量称为粉尘的容积密度，计算公式为

$$\rho_B = \frac{m_{cp} - m_0}{V} \tag{8-16}$$

式中　m_{cp}——盛有粉尘的量筒质量（kg）；

　　　　m_0——量筒质量（kg）；

　　　　V——量筒的容积（m³）。

考虑到粉尘颗粒物在不同堆积状态下占有不同的体积，故测试时将颗粒物由一定高度（约 115mm）落入量筒内，用刮刀刮平，再称重求得 m_{cp}。通常测量三次，取三次样的平均值进行密度计算，精度要求三次测得量筒中的粉尘最大绝对误差不大于 1g。

8.3.3　粉尘颗粒物粒径的测定

粉尘粒径大小与除尘技术密切相关，通风除尘技术中涉及的粉尘粒径范围很广（从 1μm 以下到上百微米），加之粉尘物理、化学特性多样，导致其测试方法繁多。基于不同的测试原理，不同的测试方法给出的颗粒物粒径的物理意义也不同。例如，筛分法和显微电镜法测得的是颗粒物的投影径（定向径、长径、短径等）；电导法（库尔特法）测定的是等体积径；沉降法得到的是斯托克斯粒径；光衍射法测定得到的是投影圆当量径。由于多数颗粒物并非球体，不同测定方法得到的颗粒物粒径，通常没有可比性。表 8-5 所示为各种测定方法的归纳。

以下介绍通风工程中颗粒物粒径测试常用的几种方法。

1. 沉降法

沉降法根据沉降力分为三类：重力沉降法（吸移管、比重计、沉降天平、Werner 管等）、离心沉降法（Bahco 粒径分析仪等）和惯性冲击法。

表 8-5　粉尘粒径常用测定方法

类别	测定方法		测定粒径范围 /μm	测定粒径	分布基准	适用场合
显微镜法	电子显微镜		0.001~0.5	d_J	面积或个数	实验室
	光学显微镜		0.5~100		面积或个数	实验室
细孔通过法	电导法		0.3~500	d_V	体积	实验室
	光散射法		0.5~9000		个数	现场
筛分法	筛分		40~60 以上	d_A	计重	实验室
沉降法	液体介质	粒径计法	<100	d_{st}	计重	实验室
		移液法	0.5~60		计重	实验室
		沉降天平法	0.5~60		计重	实验室
		光透过法	0.5~60		面积	实验室
	气体介质	重力沉降法	1~100		计重	实验室
		离心沉降法	1~70		计重	实验室、现场
		惯性冲击法	0.3~20		计重	现场
超细粉尘分级	扩散法		0.01~2.0		个数	现场
	电迁移率法		0.0032~1.0		计重	现场

注：d_J 为投影面积径；d_V 为等体积径；d_A 为筛分径；d_{st} 为斯托克斯径。

（1）沉降天平法　沉降天平法是利用不同粒径颗粒物在液体介质中不同的沉降速度对颗粒物进行分级的，其原理如图 8-12 所示。将不同粒径（如 d_1、d_2、d_3、d_4）的尘粒均匀分散在液体中，呈悬浮液。由于颗粒不同的沉降速度，在相同沉降距离 H 内，它们的沉降时间分别为 τ_1、τ_2、τ_3、τ_4。不同粒径的尘粒，其沉降量与时间的函数关系可用直线 I、II、III、IV 表示。将不同粒径尘粒的沉降线叠加，可得到全部尘粒的合成沉降曲线 $0PQRN$。根据几何原理可得到：直线 $0P$ 和 PQ 的斜率差就是 d_1 尘粒的沉降率 $\dfrac{\mathrm{d}W_1}{\mathrm{d}\tau}$，其沉降总量为 $\tau_1\dfrac{\mathrm{d}W_1}{\mathrm{d}\tau}$，在图 8-12 中用纵坐标（$W_1$~0）表示。同理，（$W_1$~$W_2$）即为 d_2 的沉降总量；（W_4~0）为全部尘

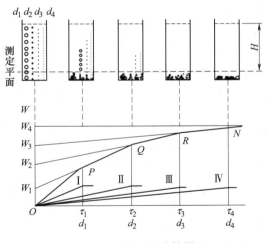

图 8-12　沉降天平法的原理

粒的总沉降量。将某一粒径（d_i）尘粒的沉降量 ΔW_i 除以总沉降量 W 就得到该粒径下尘粒所占的质量分数。

通常颗粒物的粒径分布是连续的，得到的沉降曲线如图 8-13 所示。曲线的坐标原点是颗粒物开始沉降的点，横轴为尘粒沉降所需时间；纵轴为尘粒沉降的累计质量。根据沉降曲线即可计算得到尘粒的粒径分布。先进的沉降天平可直接给出粒径分布。

（2）惯性冲击法　惯性冲击法的原理如图 8-14 所示，是利用惯性冲击使粉尘分级的。含尘

气流从高速喷嘴中喷出遇到隔板改变流动方向进行绕流。气流中惯性大的尘粒会脱离气流撞击并沉积在隔板上。将多个喷嘴串联，并逐渐减小喷嘴直径和喷嘴与隔板的间距，在各级隔板上就会沉积不同粒径的尘粒。

　　用上述原理测定颗粒物粒径分布的仪器称为串联冲击器，可直接测定管道内的颗粒物浓度和粒径分布，与其他仪器相比，所需要的尘样少，尤其适用于测试高效除尘器出口处的颗粒物粒径分布。

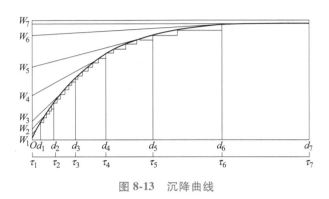

图 8-13　沉降曲线

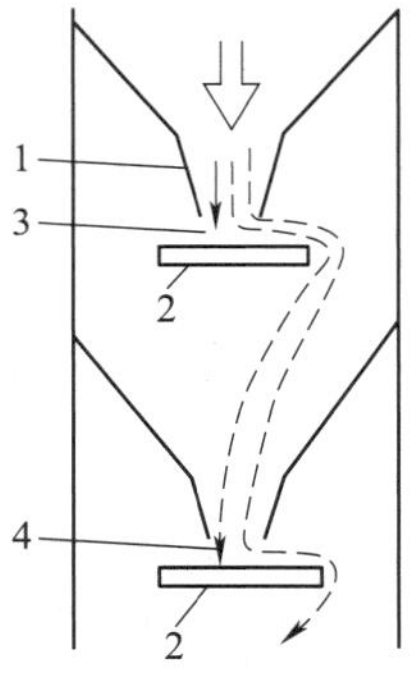

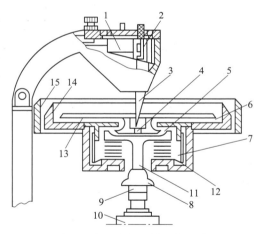

图 8-14　惯性冲击法的原理

1—喷嘴　2—隔板　3—粗
大尘粒　4—细小尘粒

　　（3）离心沉降法　离心沉降法是利用不同粒径的颗粒物在高速旋转时所受到的离心力不同而使粒子分离的，测定时间短，操作简单。测定仪器称为离心分级机（又称 Bahco 粒径分析仪），其结构示意图如图 8-15 所示。

　　试验粉尘置于带金属筛的试料容器 1 中，由金属筛网除去 0.4mm 以上的粗大粒子，然后均匀送入供料漏斗 3，经过小孔 4 落入旋转通道 5。旋转通道以 3500r/min 的转速旋转，尘粒便在惯性离心力的作用下向外侧移动，进入分级室 7。电动机带动旋转通道高速旋转的同时还带动辐射叶片转动，转动的辐射叶片吸引外部空气从节流装置 8 进入，经均流片 12、分级室 7、气流出口 6，最后从上部边缘 14 排出。在分级室 7 内，尘粒既受到惯性离心力的作用，还受到外部向心气流的作用。如果尘粒受到的惯性离心力大于向心气流的作用力，尘粒就会落入分级室内，否则会随向心气流最后被吹出离心分级机。常用的离心分级机带有一套节流片（共 7 片），通过变换节流片即可以改变通过分级机的风量。由最小风量开始，逐渐加大风量，就可以由小到大逐级将颗粒物由分级机吹出，使颗粒物由小到大逐渐分级。两次分级的质量差就是被吹出的尘粒质量，即两次分级所对应的尘粒粒径间隔之间的颗粒物质量。

图 8-15　离心分级机的结构示意图

1—带金属筛的试料容器　2—带调节螺钉的垂
直遮板　3—供料漏斗　4—小孔　5—旋转通道
6—气流出口　7—分级室　8—节流装置　9—节流片
10—电动机　11—圆柱状芯子　12—均流片
13—辐射叶片　14—上部边缘　15—保护圈

由于尘粒所受到的惯性离心力与尘粒密度有关，厂家通常用标准粉尘进行仪器标定，以确定每一节流片对应的颗粒物粒径。但试验中的尘粒密度与标准粒子不同时，可用下式进行修正：

$$d_c = d'_c \sqrt{\frac{\rho'_c}{\rho_c}} \tag{8-17}$$

式中　d_c——某一节流片对应的实际粒子的分级粒径（μm）；

　　　d'_c——某一节流片对应的标准粒子的分级粒径（μm）；

　　　ρ'_c——标准粒子的真密度（kg/L），一般为 $1kg/L$；

　　　ρ_c——实际粒子的真密度（kg/L）。

一般每次试验所需的尘样为 $10 \sim 20g$，分级一次所需的时间为 $20 \sim 30min$。每次分级后，需将分级室内残留的粒子刷出，称重。然后再放入分级机中在新的风量下进行分级，直到分级结束。称重至少采用万分之一天平。

某一粒径间隔内的尘粒所占的质量分数可通过下式计算：

$$d\phi_i = \frac{(G_{i-1}+G_0)-(G_i+G_0)}{G} \times 100\% = \frac{(G_{i-1}-G_i)}{G} \times 100\% \tag{8-18}$$

式中　$d\phi_i$——在 $d_{ci-1} \sim d_{ci}$ 的粒径间隔内的尘粒所占的质量分数；

　　　G——试验粉尘的质量（g）；

　　　G_0——第一级分离时残留在加料容器金属筛网上的尘粒质量（g）；

　　　G_i——第 i 次分离后在分级室内残留的尘粒质量（g）；

　　　G_{i-1}——第 $i-1$ 次分离后在分级室内残留的尘粒质量（g）。

离心分级机操作简单，重现性好，适用于松散性粉尘的粒径分析，如滑石粉、石英粉、煤粉等。由于其分离尘粒的机理与旋风除尘器类似，故旋风除尘器试验用的粒子用它进行测定较为适宜。离心分级机不适用于测定黏性较大的颗粒物或粒径 $\leqslant 1\mu m$ 的尘粒。

2. 光散射法

根据光的散射原理测量颗粒物粒径的仪器有激光粒度分析仪，目前是一种比较通用的粒度分析仪器，特点是测量的动态范围宽、测量速度快、操作方便，尤其适合测量粒度分布范围宽的固态或液态雾滴。对粒度均匀的粉体，应慎重选用。

由于激光具有很好的单色性和极强的方向性，所以在没有阻碍的无限空间中激光将会照射到无穷远的地方，并且在传播过程中很少有发散的现象。但是当光束遇到颗粒阻挡时，一部分光将发生散射现象，散射光的传播方向将与主光束的传播方向形成一个夹角 θ，θ 角的大小与颗粒的大小有关，颗粒越大，产

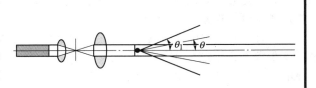

图 8-16　不同粒径的颗粒产生不同角度的散射光

生的散射光的 θ 角就越小；反之，产生的散射光的 θ 角就越大，如图 8-16 所示。同时，散射光的强度代表了该粒径颗粒的数量。这样，测量不同角度上的散射光的强度，就可以得到样品的粒径分布了。

8.3.4　颗粒物电阻率的测定

颗粒物的电阻率值受到其所处状态（烟气温度、湿度和成分等）的影响，因此在实验室测定颗粒物电阻率时应尽可能还原现场的实际烟气条件，具体要求如下：

1）模拟电除尘器内粉尘的沉积状态，即粉尘层的形成是在电场作用下荷电粉尘逐渐堆积而成的。

2）模拟电除尘器内的气体状态（烟气温度、湿度、气体成分等）。

3）模拟电除尘器内的电气工况，即在高压电场中的电压和电晕电流。

实际测量中，要完全满足以上三个条件是比较困难的，不同的仪器及测试方法在试图满足以上条件时各有侧重。故，不同方法测出的粉尘电阻率值差别较大。

粉尘电阻率通过间接测定，即先测出通过粉尘层的电流、电压和粉尘层的几何尺寸，然后通过下式计算得到粉尘的电阻率：

$$R_{\rm b} = \frac{A}{\delta}\frac{V}{I} = \frac{A}{\delta}R = KR \tag{8-19}$$

式中　$R_{\rm b}$——粉尘电阻率（$\Omega\cdot{\rm cm}$）；

　　　R——电阻（Ω）；

　　　A——粉尘层面积（${\rm cm}^2$）；

　　　δ——粉尘层的厚度（cm）；

　　　V——施加于粉尘层上的电压（V）；

　　　I——通过粉尘层的电流（A）；

　　　K——电阻率测定仪的几何参数（cm）。

用作测定的尘样可以是圆形、矩形、薄层或圆筒状，层厚为 0.5～5mm，具体视采用的方法（现场或实验室）即实验仪器而定。

平板（圆盘）电极法是目前实验室中采用较多的一种方法，仪器结构如图 8-17 所示。在内径为76mm、深 5.0mm 的圆盘内装上测试尘样，圆盘底部接高压电源。尘样上表面放置一盘式电极，盘式电极上连接一根导杆，使圆盘能上下移动，导杆的端部用导线串联一电流表并与接地极连接。电极外周有一圆环，圆环与圆盘之间存在 0.80mm 的间隙（或氧化硅、氧化铝、云母等绝缘材料），其作用是消除边缘效应。

测定时，将尘样自然填充到圆盘内，用刮片刮平，逐渐增大粉尘层的施加电压至击穿，取 90% 击穿电压时的电压和电流作为计算粉尘电阻率的数据。根据需要，可将圆盘放置于可调温、调湿及气体成分的测定箱内进行测定。

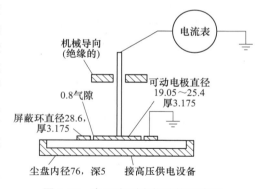

图 8-17　电阻率测定仪结构示意图

粉尘的其他性质（如磨损性、爆炸性、浸润性、黏性、堆积角等）的测定可参照参考文献 [1，2]。

8.4　粉尘浓度的测定

粉尘浓度的测定对通风除尘系统意义重大，主要内容包括：

1）工作区粉尘浓度的测定，检验室内工作区是否达到国家卫生标准的要求。

2）粉尘排空浓度的测定，检验排放浓度是否达到国家排放标准的要求。

3）除尘器除尘效率的测定，评价除尘器的工作性能。

8.4.1　工作区粉尘浓度的测定

工作区粉尘浓度测定常采用滤膜测尘法，操作简单、精度高、费用低、易于在工厂企业中推广。其他还有 β 射线法、压电晶体测尘法及光散射法等，这些方法测尘时间短，可直接显示结果。

1. 滤膜测尘法

滤膜测尘装置由滤膜采样头、压力计、温度计、流量计、抽气机等组成，如图 8-18 所示。当抽气机启动后，工作区的含尘气体被吸入，粉尘被阻留在滤膜采样头内的滤膜表面上。滤膜是用带有电荷的高分子聚合物制作的过滤材料，阻尘率高达 99% 以上，同时具有阻力小、不需烘干恒重等优点。空气中粉尘浓度 ≤50mg/m³ 时，用直径 37mm 或 40mm 的滤膜；粉尘浓度 >50mg/m³ 时用直径 75mm 的滤膜。滤膜采样头的结构如图 8-19 所示。

采用转子流量计来测定采样流量，采样流量一般控制在 10～13L/min，采样时间 10～20min。采样流量需换算成标准状态下的流量。

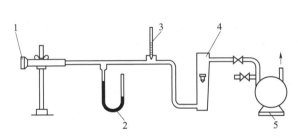

图 8-18　工作区含尘浓度的测定装置
1—滤膜采样头　2—压力计　3—温度计
4—流量计　5—抽气机

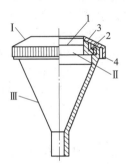

图 8-19　滤膜采样头的结构
Ⅰ—顶盖　Ⅱ—滤膜夹　Ⅲ—漏斗
1—滤膜　2—固定盖
3—锥形环　4—螺钉底座

根据滤膜采样前后增加的质量和采样的空气量，计算空气中的含尘浓度为

$$y = \frac{G_2 - G_1}{V_0} \times 10^3 \qquad (8\text{-}20)$$

式中　y——工作区的含尘浓度（mg/m³）；

　　　G_1——采样前滤膜质量（mg）；

　　　G_2——采样后滤膜质量（mg）；

　　　V_0——换算成标准状态后的抽气量（L）。

测试时，两个平行样品测定得到的含尘浓度偏差小于 20%，则为有效样品，取平均值作为该采样点的含尘浓度。

考虑流量计在非标定工况下运行，流量计的实际流量 L_j 应为

$$L_j = L_1 \left(\frac{B_j}{B + p_1}\right)^{\frac{1}{2}} \left(\frac{273 + t_1}{273 + t_j}\right)^{\frac{1}{2}} \qquad (8\text{-}21)$$

式中　t_j——标定流量计时的气体温度，一般为 20℃；

　　　B_j——标定流量计时的气体压力，一般为 101.3kPa；

　　　B——当地大气压力（kPa）；

L_1——转子流量计的读数（L/min）；

t_1——烟气温度（℃）；

p_1——流量计前压力计的读数（kPa）。

采样头采集的实际气体量 V_τ（L）为

$$V_\tau = L_j \tau \tag{8-22}$$

式中 τ——测定时间（min）。

将 V_τ 换算成标准状态下，则采气量 V_0（L）为

$$V_0 = V_\tau \left(\frac{B+p_1}{273+t_1} \right) \left(\frac{273}{101.3} \right) \tag{8-23}$$

为准确评价工人对粉尘颗粒物的实际暴露剂量和评价粉尘对人体的危害，可采用一种小型个体粉尘采样器。将装有滤膜的采样头直接固定在工人胸前至锁骨附近的呼吸带，工人进入岗位后立即打开仪器，离开岗位时关闭仪器停止采样。记录测定时间、滤膜增重及流量，即可计算出在整个工作时间内，工人所接触的空气中平均含尘浓度。

【例8-3】 假设某车间空气温度为31℃，大气压力为95.7kPa。如果以15L/min的采样流量持续采样60min，流量计前的压力计读数为-3.5kPa，采样前滤膜质量为44.7mg，采样后滤膜质量为55.6mg，试计算空气中的含尘浓度。

【解】 流量计的读取流量为 $L' = 15$L/min，其实际流量为

$$L = L' \sqrt{\frac{101.3 \times (273+t)}{(B+P) \times (273+20)}} = 15 \times \sqrt{\frac{101.3 \times (273+31)}{(95.7-3.5) \times (273+20)}} \text{L/min} = 16.02 \text{L/min}$$

实际的抽气量为

$$V = L\tau = (16.02 \times 60) \text{L} = 961.2 \text{L}$$

换算成标准状态下的体积为

$$V_0 = \left(961.2 \times \frac{273}{273+31} \times \frac{95.7-3.5}{101.3} \right) \text{L} = 785.64 \text{L}$$

空气中含尘浓度为

$$y = \left(\frac{55.6-44.7}{785.64} \times 10^3 \right) \text{mg/m}^3 = 13.87 \text{mg/m}^3$$

---

2. 光散射法

光散射法是一种快速测定粉尘浓度的方法，适用于工作场所中总粉尘浓度和呼吸性粉尘浓度的快速测定。

测试原理是根据光散射的原理，散射光的强度与空气中粉尘质量浓度成比例，并通过电路将光信号转换成电信号，从而显示出空气中粉尘的相对质量浓度值，再通过使用已知的校正系数对测量结果进行校正，可计算出工作场所中空气的粉尘质量浓度。

光散射式粉尘仪可测量粉尘的瞬时浓度及一定时间间隔内的平均浓度，测量范围为 $0 \sim 400$mg/m^3，测定精度≤±10%。其缺点是对不同的颗粒物，需进行专门的标定。

8.4.2 管道内粉尘浓度的测定

1. 采样装置

管道内粉尘浓度的测定可采用图8-20所示的装置。与工作区含尘浓度测定装置不同的是，

该装置在滤膜采样头前还需要设置采样管（也称引尘管）。采样管头部设置可更换的尖嘴形采样头，如图 8-21 所示。滤膜采样器在滤膜夹内增设圆锥形漏斗，如图 8-22 所示。在高浓度场合下，需采用图 8-23 所示的滤筒收集尘样。滤筒的集尘面积大、容尘量大、阻力小、过滤效率高，对 $0.30\sim0.50\mu m$ 的粒子捕集效率可高达 99.5% 以上。可根据不同的应用场合选择耐受不同温度的滤筒。

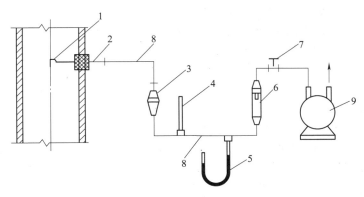

图 8-20 管道采样装置示意图

1—采样头 2—采样管 3—滤膜采样器 4—温度计 5—压力计
6—流量计 7—螺旋夹 8—橡胶管 9—抽气机

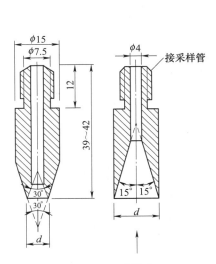

图 8-21 采样头

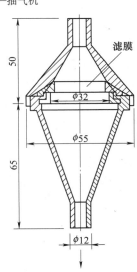

图 8-22 管道采样的滤膜采样器

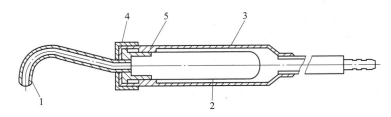

图 8-23 滤筒及滤筒夹

1—采样嘴 2—滤筒 3—滤筒夹 4—外盖 5—内盖

根据集尘装置（滤膜、滤筒）位置的不同，采样方式可分为管内采样和管外采样。滤膜或滤筒放置在管外的称为管外采样，常用于常温下通风除尘系统的测定；放置在管内的称为管内采样，常用于高温烟气的测定。管内采样时，尘粒通过采样嘴直接进入集尘装置，沿途没有损耗；而管外采样时，尘粒会在管壁上沉积，造成测试数据偏小，特别遇到高温高湿气体，采样管内容易产生冷凝水，尘粒易黏附在管壁上造成采样管的堵塞。

与工作区含尘浓度测试不同的是，管道内含尘气流的采样还需要遵循以下两个原则：①等速采样，即采样头进口处的采样速度应等于风管内该点的气流速度值；②多点采样，考虑到风管断面上速度场分布的不均匀性，必须在风管测定断面上多点取样，求风管断面上的平均含尘浓度。

2. 等速采样

为得到具有代表性的尘样，风管内采样时要求将采样头进口正对含尘气流，其轴线与气流方向的偏斜角度不得大于±5°；否则，将有部分较大颗粒（粒径大于 4.0μm）因惯性无法进入采样头，致使采集的颗粒物浓度低于实际值。同样，采样头进口处的采样速度必须等于风管内该点的气流速度，即"等速采样"；否则，较大尘粒会因为惯性影响不能完全沿流线运动，失去进入采样头的机会，导致尘样不能真实反映风管内的尘粒分布。

图 8-24 给出了采样速度大于、等于及小于风管内采样点处气流速度时粒子的运动情况。采样速度大于气流速度（$v > v_0$）时，采样头边缘处的部分粗大粒子（$>3.0 \sim 5.0\mu m$）由于惯性不能随气流改变方向进入采样头内，而是沿着原有的方向继续前进，使测定结果较实际情况偏低。当采样速度小于气流速度（$v < v_0$）时，处于采样头边

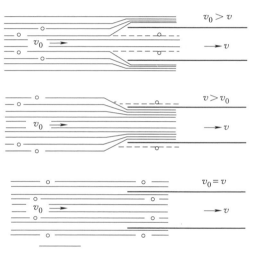

图 8-24　不同采样速度时粒子运动情况

缘处的部分粗大粒子本应随气流扰流，却由于惯性作用继续前进进入采样头内，使测定结果偏高。只有当 $v = v_0$ 时，采样管内收集到的含尘气流样品才能真实反映风管内气流的实际含尘情况。

实际测定时要完全做到等速采样是较为困难的，研究证明：当采样速度与风管内气流速度的误差控制在-5.0% ~ +10%时，引起的误差就可以忽略。采样速度高于气流速度所造成的误差要小于采样速度低于气流速度时的误差。

为做到等速采样，常采用的方法有预测流速法、静压平衡法和动压平衡法等。下面主要介绍前两种：

（1）预测流速法　首先测试得到测定断面上各测点的气流速度值，再根据各测点速度及采样头进口直径计算出各采样点的流量值，进行采样。为适应不同的气流速度，采样头通常有 4mm、5mm、6mm、8mm、10mm、12mm 和 14mm 的一组，采样头做成渐缩锐边圆形，锐边角度一般为 30°。

等速采样的抽气量 $L(\mathrm{L/min})$ 可通过下式计算：

$$L = \frac{\pi}{4}\left(\frac{d}{1000}\right)^2 v \times 60 \times 1000 = 0.047 vd^2 \tag{8-24}$$

（2）静压平衡法　当管道内气流速度波动较大时，采样预测流速法难以得到准确的结果。

此时，可采用等速采样头，其结构如图 8-25 所示。采样头内、外壁面各有一根静压管，只要采样头内外的静压差保持相等，则采样头内的气流速度就等于风管内的气流速度（即采样头内外的动压相等）。加工精度较好的锐角边缘采样头可近似认为气流通过时的阻力为零，因此上述的假定是基本成立的。

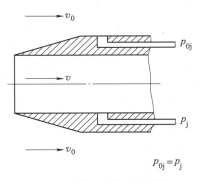

图 8-25　等速采样头的结构

采用等速采样头采样时，只要在测定过程中调节采样流量，使采样头内、外的静压相等，就可以做到等速采样，这样可大大简化操作，缩短测试时间。由于等速采样头是采用静压而非采样流量确定等速情况的，故其瞬时流量在不断变化，采样流量的记录仪也应采用累计流量计，而不是瞬时流量计。目前该方法主要用于工况不太稳定的锅炉烟气等的测定。

3. 采样点布置

管内含尘浓度的测定需充分考虑管内气流的流动状况和管内粒子的分布情况。研究表明：颗粒物在管道内某一横断面上的分布是不均匀的，垂直管内由管中心向管壁逐渐增加；而水平管内，由于重力影响，下部区域的大颗粒较多，且其含尘浓度也较上部大。故在垂直管段采样要比在水平管道采样好，而且必须进行多点采样。目前常用的采样方法如下：

（1）多点采样法　分别在制定的每个采样点采样，然后计算出断面的平均含尘浓度。这样的方法还可以充分了解管道断面上的粒子分布情况，找到平均浓度点的位置，但缺点是测试时间长、工序烦琐。

（2）移动采样法　在已定的多个采样点上，用同一个集尘装置用相同的时间移动采样头连续采样。由于各测点气流速度不同，需不断调整采样流量，每个测点的采样时间不少于 2min。由于滤膜或滤筒上随着粉尘的积聚，阻力也在不断变化，因此必须随时迅速调整流量，以保证各测点采样流量维持稳定。该方法测定结果精度较高，目前得到较多应用。

（3）平均流速点采样法　以管道测定断面上的气流平均流速点作为代表性的采样点进行等速采样，将其测定结果作为断面上的平均含尘浓度。

（4）中心点采样法　以风管中心点作为代表点进行等速采样，并以此点的粒子浓度值作为测定断面的平均浓度。

对于风管内含尘浓度变化较快的场合，采用平均流速点采样法和中心点采样法得到的结果较为接近实际。

8.4.3　高温烟气中含尘浓度的测定

1. 高温测尘的特点

工业场合中不可避免地经常遇到高温、高湿的气体环境，如锅炉及工业炉烟气管道中烟气的温度、压力、含湿量及烟气的成分较为复杂，采用的测试装置和方法较常温测试复杂些。

图 8-26 给出了一种高温测尘的采样装置，它与常温测尘有如下不同：

1）高温烟气常常也是高湿烟气，为避免结露，需在流量计前设置不同形式的吸湿器去除烟气中的水蒸气。

2）采样装置内的高温高湿烟气参数是变化的，需要根据温度、湿度以及压力等的变化对流量计读数进行修正。

3）须根据高温烟气的温度值选择不同的滤筒，如玻璃纤维滤筒或刚玉滤筒。

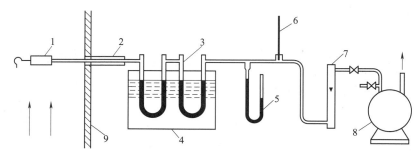

图 8-26　高温测尘采样装置示意图

1—滤筒　2—采样管（加热或保温）　3—吸湿器　4—冷却器　5—压力计

6—温度计　7—流量计　8—抽气机　9—烟道

高温烟气中的测尘，多采用管内采样，即滤筒在管内，这样是为了避免烟气中的水蒸气在采样管内冷凝结露。如果采用管外采样，则必须设置保温措施或增设加热装置。

为简化高温高湿烟气含尘浓度测试的计算，做以下假设：

1）烟气状态变化符合理想气体状态方程。

2）忽略烟气成分对整个计算的影响，将烟气看成干空气和水蒸气的混合体。一般情况下，烟气中 CO_2 浓度高，O_2 浓度低，而且还含有其他各种气体成分，但研究表明：它们对整个计算的影响不大。

3）测试系统具有较好的严密性，无漏气现象。

2. 烟气中含湿量的测定

高温高湿烟气冷凝产生的凝结水进入流量计会导致流量计转子失灵，故必须设置吸湿装置，并测定烟气中的含湿量。

常用的烟气含湿量测定方法有称重法、干湿球温度法和冷凝法，主要介绍前两种。

（1）称重法　称重法就是假定烟气中的水蒸气 100% 被吸湿剂所吸收，吸湿管的增重就是烟气中所含的水蒸气量。常用的吸湿剂有硅胶、五氧化二磷和氯化钙等，特点是只吸收水蒸气而不吸收其他气体。

图 8-26 中的吸湿器 3 通常由两个吸湿管串联组成。测试时，在吸湿剂上部需充填少量的玻璃棉以防止吸湿剂的飞散，吸湿管在正式测试前应保持严密，避免漏气吸湿产生的误差。

正式测尘前，先测试烟气的含湿量。烟气流量设定为 1.0L/min，记录烟气温度、压力和流量值。测试完毕后，对吸湿管称重，利用下式计算烟气中水蒸气的体积分数 x_{sw}：

$$x_{sw} = \frac{1.24G_w}{V_d \dfrac{273}{273+t_1}\dfrac{B+p_1}{101.3} + 1.24G_w} \times 100\% \qquad (8-25)$$

式中　1.24——标准状态下，1g 水蒸气所占有的体积（L/g）；

　　　G_w——吸湿管所吸收的水蒸气量（g）；

　　　V_d——测试状态下抽取的干烟气体积（L）；

　　　B——当地大气压力（kPa）；

　　　t_1——流量计前烟气的温度（℃）；

　　　p_1——流量计前烟气的压力（kPa）。

称重法的测试精度高，但由于吸湿剂对水蒸气的吸收速率随温度增高而减少，故称重法测定含湿量时需设置冷却装置。

（2）干湿球温度法　此法是利用烟气的干湿球温度值计算烟气中的水蒸气含量，只在烟气温度不超过 95℃ 时才能应用。具体装置如图 8-27 和图 8-28 所示。测试时，烟气以大于 2.5m/s 的速度流经干湿球温度计，待温度计读数稳定后读取干湿球数据，按下式计算烟气中水蒸气的体积分数：

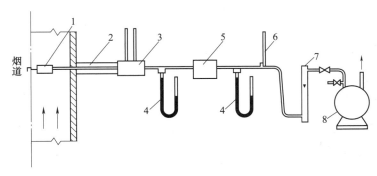

图 8-27　干湿球温度计测湿装置

1—滤筒　2—采样管（保温或加热）　3—干湿球温度计　4—压力计
5—干燥器　6—温度计　7—流量计　8—抽气机

$$x_{sw} = \frac{p_{bv} + a(t_c - t_b)B_b}{B_g} \times 100\% \qquad (8\text{-}26)$$

式中　p_{bv}——温度为 t_b 时饱和水蒸气压力（kPa）；

$\quad\quad B_b$——通过湿球表面的烟气绝对压力（kPa）；

$\quad\quad B_g$——烟道内烟气的绝对静压（kPa）；

$\quad\quad t_c$——干球温度（℃）；

$\quad\quad t_b$——湿球温度（℃）；

$\quad\quad a$——系数，$a = 0.00066$。

3. 流量计读数的修正及采气量的计算

流量计的读数在高温测尘时需要根据烟气的温度和压力进行修正。修正公式为

$$L_1 = L\frac{B + p_2}{B + p_1} \times \frac{273 + t_1}{273 + t_2}(1 - x_{sw}) \qquad (8\text{-}27)$$

式中　L_1——烟气经去湿及沿途冷却后，通过流量计的实际流量（L/min）；

$\quad\quad L$——根据式（8-21）得到的采样头的抽气量（L/min）；

$\quad\quad p_1$——流量计前压力计的读数（kPa）；

$\quad\quad p_2$——烟道内烟气的静压（kPa）；

$\quad\quad B$——当地大气压力（kPa）；

$\quad\quad t_1$——流量计前的烟气温度（℃）；

$\quad\quad t_2$——烟道内烟气的温度（℃）。

$\quad\quad x_{sw}$——烟气中所含水蒸气的体积分数（%）。

计算烟尘含尘浓度时，单位应为标准状态下每立方米干空气中所含有的颗粒群质量。

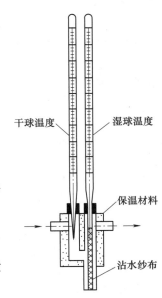

图 8-28　干湿球测
温装置示意图

（图中标注：干球温度　湿球温度　保温材料　沾水纱布）

8.5 除尘器的性能测定

除尘器的性能主要有除尘器的处理风量、除尘效率、所需克服的阻力以及除尘器的漏风系数和排空浓度等，同时还必须掌握含尘气体的性质和粉尘颗粒物的性质。不同类型的除尘器有不同的测试要求。

测定断面通常设置在除尘器进口、出口的管段上，如图8-29所示。

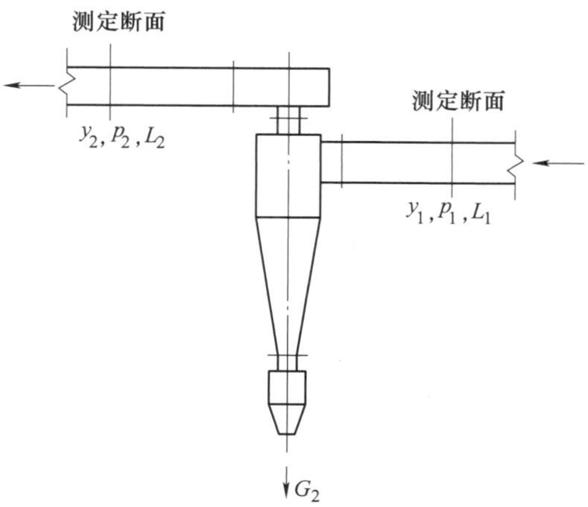

8.5.1 除尘器处理风量的测定

除尘器的处理风量是其处理气体能力的指标，通常以除尘器进口的流量为依据。除尘器的漏风量及清灰系统引入的风量均不计入处理风量内。

8.5.2 除尘器气密性和漏风率的测定

1. 气密性的测定

除尘器在运行过程中，任何漏风都会造成能耗的浪费及非正常的除尘效果。除尘器气密性试验有两种方法：一种是定性法，将烟雾弹释放出的大量烟雾鼓入除尘器，检查壳体面是否有白烟泄漏，并对泄漏部位进行处理；另一种是定量法，用于对除尘工程质量要求严格的场合，其泄漏率计算公式为

$$\alpha = \frac{1}{\tau}\left(1 - \frac{B+p_2}{B+p_1} \times \frac{273+t_1}{273+t_2}\right) \times 100\% \tag{8-28}$$

式中 α——每小时平均泄漏率（%）；

τ——检测时间（h），不小于1h；

B——当地大气压力（kPa）；

p_1——试验开始时设备内的表压（一般按风机压力选取）（kPa）；

p_2——试验结束后设备内的表压（kPa）；

t_1——试验开始时温度（℃）；

t_2——试验结束时温度（℃）。

对大中型除尘器，大多要求进行气密性试验，并控制静态泄漏率应小于1%。

2. 漏风率的测定

除尘器一旦漏风会对除尘器的性能具有较大的影响，因此除尘器的制作标准中对漏风量指标制定了严格的标准。如离心式除尘器漏风率不大于2%；回转反吹类袋式除尘器漏风率≤3%；脉冲喷吹类袋式除尘器漏风率≤3%，其中的气箱和长袋式漏风率≤4%；滤筒式除尘器漏风率≤2%；电除尘本体漏风率≤3%等。

漏风率的测定方法有风量平衡法、热平衡法和碳平衡法等，但最常用的是风量平衡法。只要测出除尘器进口、出口的风量，漏风率 ε_1 就可用下式计算：

$$\varepsilon_1 = \frac{L_2 - L_1}{L_1} \times 100\% \tag{8-29}$$

图 8-29 除尘器性能测定图

式中 L_1——除尘器进口处干气体流量（m^3/h）；

$\qquad$ L_2——除尘器出口处干气体流量（m^3/h）。

采用风量平衡法测定漏风率时，应注意温度变化对气体体积的影响。其次对反吹清灰的袋式除尘器，清灰风量需从除尘器出口风量中扣除。

袋式除尘器漏风率的指标是按袋式除尘器净气室负压为 2000Pa 制定的，如果实测值偏离，需按下式进行修正：

$$\varepsilon = 44.72 \frac{\varepsilon_1}{\sqrt{p}} \tag{8-30}$$

式中 ε——漏风率（%）；

$\qquad$ ε_1——实测漏风率（%）；

$\qquad$ p——实测净气室内平均负压（Pa），取绝对值。

8.5.3 除尘器效率的测定

现场测定时，一般用浓度法测定除尘器的全效率。除尘器全效率的计算公式为

吸入段（$L_1 < L_2$）时：

$$\eta = \frac{y_1 L_1 - y_2 L_2}{y_1 L_1} \times 100\% \tag{8-31}$$

压出段（$L_1 > L_2$）时：

$$\eta = \frac{y_1 L_1 - y_1(L_1 - L_2) - y_2 L_2}{y_1 L_1} \times 100\% = \frac{L_2}{L_1}\left(1 - \frac{y_2}{y_1}\right) \times 100\% \tag{8-32}$$

式中 y_1——除尘器进口处的平均含尘浓度（mg/m^3）；

$\qquad$ y_2——除尘器出口处的平均含尘浓度（mg/m^3）。

测定除尘器分级效率时，需首先测出除尘器进口、出口的颗粒物粒径分布或进口和灰斗中颗粒物的粒径分布，最后计算出除尘器的分级效率。在给出除尘器效率时，应同时给出颗粒物的性能指标（如真密度、粒径分布、电阻率等）以及除尘系统的运行工况参数。

8.5.4 除尘器阻力的测定

除尘器前后的全压差就是除尘器的阻力值，通过下式计算：

$$\Delta p = p_1 - p_2 \tag{8-33}$$

式中 p_1——除尘器进口处的平均全压（Pa）；

$\qquad$ p_2——除尘器出口处的平均全压（Pa）。

习 题

1. 试给出通风系统风量测定时，测量断面和测点的布置原则。
2. 管道中含尘浓度的测定如何做到等速采样？为什么必须等速采样？
3. 在现场对除尘器分级效率进行测定时，其测定步骤和计算方法是什么？
4. 管内含尘浓度测定时，为什么要采取多点等速采样？
5. 测试粉尘的排空浓度时，为什么需要换算成标准状态？
6. 针对图 8-30 所示的管路（直径 $D = 800mm$），需要测定系统风量，试确定测试断面和断面上各测点的位置。

7. 某局部排风系统有三个结构完全相同的排风罩，如图 8-31 所示。测得系统的总风量为 $L = 3\text{m}^3/\text{s}$，A 点静压 $p_A = -160\text{Pa}$；B 点静压 $p_B = -175\text{ Pa}$；C 点静压 $p_C = -160\text{Pa}$。求各排风罩的排风量。

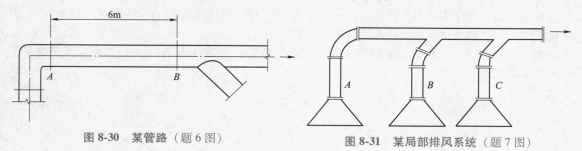

图 8-30　某管路（题 6 图）　　　　　图 8-31　某局部排风系统（题 7 图）

8. 针对图 8-31 所示的局部排风罩，试设计其性能（风量、阻力系数）的测试方案。如果需要保证三个排风罩额定的排风量，如何进行调试？

9. 针对图 8-32 所示的除尘器，试给出其性能（处理风量、漏风率、阻力和除尘效率）的详细测试方案。

10. 对某局部排风罩（见图 8-32）进行测试，测试温度 20℃，连接管的管径为 320mm，测得 A—B 断面的静压为 -28Pa，平均动压为 23.7Pa，试计算该排风罩的排风量和局部阻力系数。

11. 对某车间含尘浓度进行测定，测试得到：空气温度 $t = 27℃$，大气压力 $B = 100.76\text{kPa}$，采样时转子流量计读数为 19.5L/min，流量计前温度 $t = 27℃$，压力 $p_1 = 2.7\text{kPa}$，采样时间为 20min，采样前滤膜重为 37.8mg，采样后滤膜重为 42.8mg，试计算该车间内空气中的含尘浓度。

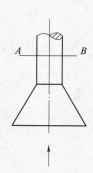

图 8-32　某局部排风罩（题 10 图）

12. 在 20℃ 的蒸馏水中测定某粉尘样的真密度，两次测定的数据见表 8-6。

表 8-6　两次测定的某粉尘样的真密度

瓶号	瓶重 m_0/g	（瓶+尘）重 m_3/g	（瓶+尘+液）重 m_2/g	（瓶+液）重 m_2/g
1	1825	2525	6860	6534
2	1768	2387	6572	6389

求该粉尘样的平均真密度。

13. 使用离心分级机测定某粉尘样的粒径分布。各节流片对应的标准粒子直径见表 8-7。标准颗粒物的密度 $\rho'_c = 1\text{kg/L}$，试验粉尘样的质量 $G = 10\text{g}$，其密度 $\rho_0 = 2.768\text{kg/L}$。第一次分级时，剩余在筛网上的粗粒子质量 $G_0 = 0.0312\text{g}$，各级分离后残留颗粒物质量见表 8-7。

表 8-7　各级分离后残留颗粒物质量

节流片号数	18#	17#	16#	14#	12#	8#	4#	0#
对应标准直径/μm	8.1	5.0	10.2	17.7	25.1	38.2	51.5	60.3
残留颗粒物质量/g	9.9688	8.8203	6.8324	4.5816	3.1831	2.0184	1.3524	0.9586

求：1）对应于各节流片的实际尘粒直径。

2）当颗粒物按粒径为 <2μm、2~5μm、5~10μm、10~15μm、15~20μm、20~30μm、>30μm 分组时，计算各粒径间隔内颗粒物所占的质量分数。

14. 已知某除尘风管直径 $d = 210\text{mm}$，其管内气体流量 $L = 0.65\text{m}^3/\text{s}$，需测定气体的含尘浓度。如果用

6mm 采样头在平均流速点采样，试确定等速采样时的抽气量。

15. 已知某烟道内：烟温 $t_s = 148℃$，静压 $p_s = -2.6kPa$，需进行等速采样测定其含尘浓度。考虑到高温高湿烟气，流量计前设有吸湿器。测得：流量计前烟温 $t_1 = 29℃$，烟气静压 $p_1 = -8.3kPa$，大气压力 $B = 100.76kPa$，烟气中水蒸气所占体积分数 $x_{sw} = 14.6\%$。如果用 5mm 采样头在流速 $v = 16m/s$ 的测点上采样，试计算等速采样时的流量计读数。

参 考 文 献

[1] 张殿印，张学义. 除尘技术手册 [M]. 北京：冶金工业出版社，2002.

[2] 谭天佑，梁凤珍. 工业通风除尘技术 [M]. 北京：中国建筑工业出版社，1984.

[3] 孙一坚，沈恒根. 工业通风 [M]. 4 版. 北京：中国建筑工业出版社，2010.

[4] 国家安全生产监督管理总局. 工作场所空气中粉尘浓度快速检测方法——光散射法：WS/T 750—2015 [S]. 北京：煤炭工业出版社，2015.

[5] 中国机械工业联合会. 离心式除尘器：JB/T 9054—2015 [S]. 北京：机械工业出版社，2016.

[6] 中国机械工业联合会. 回转反吹类袋式除尘器：JB/T 8533—2010 [S]. 北京：机械工业出版社，2010.

[7] 中国机械工业联合会. 脉冲喷吹类袋式除尘器：JB/T 8532—2008 [S]. 北京：机械工业出版社，2008.

[8] 中国机械工业联合会. 滤筒式除尘器：JB/T 10341—2014 [S]. 北京：机械工业出版社，2015.

[9] 中国机械工业联合会. 电除尘器：JB/T 5910—2013 [S]. 北京：机械工业出版社，2014.

第 9 章
通风设计中的若干工程问题

9.1 事故通风

工业生产过程中，设备发生事故或故障时，会在瞬间释放大量的污染气体或爆炸性气体，必须设置事故排风装置及与事故排风系统联锁的泄漏报警装置。

事故通风宜由经常使用的通风系统和事故通风系统共同承担。事故发生时，必须保证能提供足够的通风量。事故通风的风量宜根据工艺设计要求通过计算确定，但换气次数不宜小于 12 次/h[1]。事故通风通风机的控制开关应分别设置在室内外便于操作的地点，并应符合国家现行的相关规范标准。

事故排风的吸风口应设置在有害气体或有爆炸危险的物质放散量可能最大或聚集最多的地点，同时对事故排风的死角处采取倒流措施。当事故可能产生的有害气体或蒸气较空气密度大时，吸风口应设置在离地面 0.3~1.0m 处；当放散的有害气体或蒸气较空气密度小时，吸风口应设在上部区域；当放散可燃的有害气体或蒸气时，吸风口应紧贴顶棚布置，其上缘距顶棚不得大于 0.4m[2]。

室外排风口应尽可能避免对人员的影响，远离门、窗及进风口和人员经常停留或经常通行的地点。室外排风口不得朝向室外空气动力阴影区和正压区。排风口应高于 20m 范围内最高建筑物的屋面 3m 以上。当其与机械进风口的水平距离小于 20m 时，应高于进风口 6m 以上。当排放出的空气中含有可燃气体和蒸气时，事故通风的排出风口距发火源不应小于 30m。

9.2 排风的回流问题

工业厂房的通风系统既有污染气体的室外排风口，也有进风的室外取风口，如果设计中考虑不当，则排出的污染气体会再次进入该建筑物内或进入相邻的其他建筑物内。如图 9-1 所示，

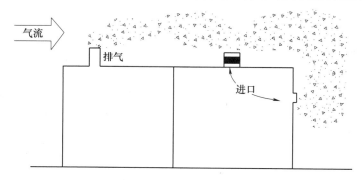

图 9-1 排风回流的示意图（一部分排气通过顶部和吸入口再次进入）

烟气排气的一部分从相邻建筑屋面及侧面的进风口进入建筑物内，恶化其室内的空气品质。

排风的回流问题是一个异常复杂的问题，涉及风速、风向、烟囱高度及其位置以及其他建筑物的进风口和排风口的特性。其中首要问题是要了解建筑物周围的空气流动问题。目前人们采用气体示踪技术、风洞试验以及 CFD 技术预测排风回流问题。

9.2.1　建筑物周围的气流流动

即使一个最简单的孤立方形建筑物，其周围的空气流动都是非常复杂的。随着建筑物高度的增加，迎面平均的风速值也会增大。Wilson[4] 提出一个衡量指标

$$R = B_{\mathrm{S}}^{0.67} B_{\mathrm{L}}^{0.33} \tag{9-1}$$

式中　B_{S}——建筑迎风面高度和宽度中的小者；

　　　B_{L}——建筑迎风面高度和宽度中的大者，当 $B_{\mathrm{L}} > 8B_{\mathrm{S}}$ 时，取 $B_{\mathrm{L}} = 8B_{\mathrm{S}}$。

一般情况下，建筑物顶部 $1.5R$ 的区域内，气流均会受到扰动。建筑物背面回流区的影响尺度范围大致为 $1.0R$，如图 9-2 所示。空气流过建筑物时，会在建筑物顶面、侧面和背风面形成空气动力阴影区，动力阴影区内存在负压闭合循环气流区，称为回流空腔。回流空腔的大小在烟囱设计中是一个重要的参数，在该区域内排放的污染物会随着涡流再次进入建筑物内。回流空腔的高度 H_{C} 和长度 L_{C} 可用下式计算：

$$H_{\mathrm{C}} = 0.22R \tag{9-2}$$

$$L_{\mathrm{C}} = 0.9R \tag{9-3}$$

多个建筑物相互影响时的空气动力阴影区域更加复杂。理论计算较为困难，多采用经验公式或可视化技术确定。

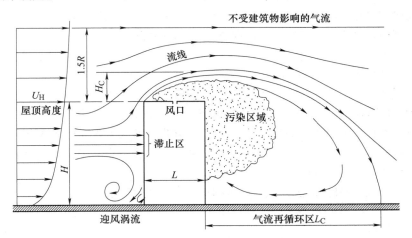

图 9-2　空气流过单体方形建筑物时的流场情况

9.2.2　防止烟气回流的措施

解决烟气回流污染最有效的方式是加强烟气净化，其次是采取有效措施最大限度地减少建筑物的烟气回流现象。

1. 烟囱高度的确定

已有的烟囱高度设计大多是以污染物的扩散为基础的。考虑不发生烟气回流，则烟囱高度应高于回流空腔的高度，并不应低于 15m[7]。

2. 烟囱出口气流速度的确定

当烟囱排烟口速度值低于风速时，烟气就会发生下沉现象。为阻止烟气下沉，烟囱出口气流速度需大于等于 1.5 倍的风速值[5]。同时雨滴的末端速度值一般为 10.2m/s[6]。综合考虑，排气筒出口风速宜采用 15~20m/s[7]。

例外情况是，为防止烟气中凝结性的具有腐蚀性的液滴排出，建议烟囱出口的气流速度小于 5m/s[8]。

合理布置排风口和进风口的相对位置是阻止烟气回流的关键。一般来说，排风口的最佳位置是在屋面上。其次，排风口也可设置在建筑的侧面，从迎风面直接排入下行的气流中。但此时可能造成排出烟气通过窗户及进口进入室内，造成室内污染物浓度的上升。具有多个不同高度屋面的建筑，排风口应布置在最高屋顶处。

防止烟气回流的一些指导原则[3,4]：

1）尽量避免将烟囱布置在屋面的边缘处，此处的烟气羽流易发生偏转进入屋面边缘的再循环涡流区中。

2）当排风建筑物处在上风侧时，下邻建筑物的下沉式屋顶比相同高度的平屋顶的污染物稀释程度好。

3）当较低相邻建筑物处在排风建筑物的上风侧时，有利于提高排风建筑物屋面的污染物稀释程度。

4）当烟气羽流处于风向上游相邻建筑引起的一个循环涡流区时，需采用较大的排风速度，形成射流稀释。

在某些情况下，选择一个大的集中排风系统比若干个小的排风系统要明智。大的排风系统通常具有更高的排风点，同时大的排风系统具有更大的烟气量，烟气的上升高度也更高。风帽的使用会抑制烟气的垂直扩散，导致烟气在水平方向的扩散和下沉。

9.3 机械排风的回用问题

设计中为考虑节能问题，可采用循环空气，但下列情况下不宜采用[1]：

1）空气中含有燃烧或爆炸危险的粉尘、纤维，含尘浓度大于或等于其爆炸下限的 25% 时。

2）对于局部通风除尘、排毒系统，在排风经净化后，循环空气中粉尘、有害气体浓度大于或等于其职业接触限值的 30% 时。

3）空气中含有病原体、恶臭物质及有害物质浓度可能突然增高的工作场所。

9.4 通风除臭[9]

9.4.1 通风除臭的现状及特点

恶臭是刺激嗅觉器官引起人们不愉快及损害生活环境的气味统称，主要成分为硫化氢、氨气、二硫化碳，主要来源于垃圾处理污水处理过程中有机物的分解。它们不仅让人们产生恶心感，同时还对人体具有毒害作用，所以须采用必要的通风措施严格控制它们的浓度。下面以垃圾焚烧发电厂和污水处理厂为例，对可能存在的恶臭源进行分析。

1. 垃圾焚烧发电厂恶臭源分析

（1）垃圾卸料大厅　垃圾卸料大厅车辆进出非常频繁，加上垃圾车的倒车和卸料等操作，是一个极易污染的区域。地面污染物主要是垃圾车的滴液，垃圾碎屑。空气污染物包括各个车辆中垃圾散发的恶臭，地面污染物散发的恶臭，未关闭严密的卸料门漏出的恶臭等。

（2）垃圾仓 垃圾仓是一个大空间密闭结构，垃圾储存量巨大。恶臭污染源主要是由于垃圾中的厨余物发酵产生的异味，其主要成分为硫化氢、氨气、二氧化硫和甲烷等。垃圾坑是整个电厂最大的垃圾散发源，是除臭的重点控制区域。

（3）渗滤液池冲洗通廊 冲洗通廊的恶臭来自渗滤液，臭味非常大。该区域有操作维护人员活动，间断有人。由于通廊处于地下密闭状态，除臭和通风十分重要。

（4）炉前区域（进料端） 焚烧炉炉前区域（进料端）由于垃圾臭味的外溢，臭味很大。该区域有操作维护人员活动，间断有人。

（5）炉后区域（出渣端） 焚烧炉炉后区域（出渣端）由于垃圾臭味和渣的恶臭外溢，臭味很大。

（6）除渣系统 焚烧炉除渣系统为湿式除渣系统，排除炉渣的过程中带有大量恶臭和雾气，对渣坑周边区域空气造成污染，同时雾气给渣吊操作人员带来很大不便，需要对恶臭及雾气进行一定的控制，将危害和影响降到最低。

（7）垃圾吊控制室及观光走道 垃圾吊控制室距离垃圾坑近，且长期有操作人员工作；观光走道有客人观光的需要，需要重点防臭。该区域同时需要相应的空调设施。

2. 污水处理厂恶臭源分析

城市污水处理厂的恶臭气体主要来自污水中各类化合物的生物降解过程。主要集中产生于进水区以及污泥处理区，除此之外，污水生化处理单元也产生部分的臭气。这些致臭物质主要有硫化氢及氨气等无机物，硫醇等含硫有机物，胺类、低脂肪酸、醛酮类以及卤代烃等有机物。其中对人体健康危害较大的有氨气、硫化氢、硫醇类、二甲基硫、三甲胺、甲醛、苯乙烯和酚类等。它们会对人体的神经系统、呼吸系统、循环系统等产生危害。

（1）进水区 进水区的臭气一部分是污水在管路的长距离输送过程中产生的。因为随着污水在管道中停留时间的增长，污水中的溶解氧逐渐被消耗而产生厌氧环境，此时厌氧微生物会大量繁殖，使得污水中的硫酸盐被还原而产生硫化氢气体，污水中的有机物被生物降解而产生氨气、胺类、硫醇、硫醚类等恶臭气体。另一部分是由于污水流经格栅时的水流扰动作用以及提升泵站的跌水现象，导致本来产生和溶解于污水中的硫化氢和氨气等恶臭气体大量地逸出。除此之外，格栅拦截的较大漂浮物中也含有较多的有机物，栅渣的堆积会造成有机物的发酵而产生臭气。

（2）污泥处理区 污泥处理区也是恶臭气体产生的主要场所之一。一方面，污泥的成分很复杂，污水中的持久性有机物等有害物质会随着污泥下沉，使污泥在自然堆放下散发出恶臭气体。另一方面，目前污泥的处理方法主要是污泥浓缩和机械脱水，而在污泥的脱水过程中，会释放出大量的臭气。

（3）污水处理区 污水处理区也会产生部分臭气，但是浓度比进水区和污泥处理区都低。只有在流量过高或者曝气不足时，才会出现厌氧区域而致使污水中的微生物通过还原作用产生硫化氢、氨气、硫醇及甲烷等恶臭气体。如污水处理采用的是厌氧工艺，那么产生恶臭气体是不可避免的。

9.4.2 通风除臭的设计原则

工业建筑通风除臭系统的设计应在工艺、通风空调和建筑等各专业的紧密配合下，针对不同场所的功能特征及其污染特点采取不同的恶臭污染防控措施。对恶臭的综合防治主要包括

"防""堵""消""排"等措施，主要设计原则如下：

1）分析确定各恶臭点的不同特性，针对各污染点恶臭程度、敏感性等特点，采取不同的方案。

2）主动控制与就地控制相结合，同时与可能的通风空调措施相结合。

3）针对焚烧炉的各种运行与停机工况采取不同的措施。

4）对有人和无人的场所区别对待。对有人的场所主要采用"防"臭的措施；对无人的场所主要采用"排"臭或"消"臭的措施。

5）工程造价合理，运行稳定，自动化水平高，废气达标排放。

9.4.3   恶臭污染控制技术

除臭的方式很多，根据除臭机理分类，有以下 4 个类型：

（1）感觉消臭类   此种消臭是用强烈的芳香成分使恶臭不被感觉出来。但感觉消臭类产品并不能有效消除对人体有害的臭气成分，臭气实际上依然存在。

（2）物理消臭类   物理消臭类：一是指将恶臭成分通过多孔介质的物理吸附去除，该方法采用活性炭、硅藻土等材料制成除臭剂，物理消臭时没有化学变化发生，缺点是吸附具有一定的选择性；另一是指采用通风空调类的技术措施，保持各污染场所的正压或负压梯度，以阻止恶臭的侵入或防止恶臭的弥散。

（3）化学消臭类   使恶臭成分与消臭成分发生化学反应而变成不臭的成分。这种方法把臭气分解，是一种彻底根除恶臭的方法。

（4）生物消臭类   这类除臭又可分为以下三种方式：

1）用生物杀菌剂之类的药剂，抑制细菌的繁殖，消除恶臭的发生源。缺点是生物杀菌剂对已存在的臭气一般不起除臭作用。

2）用细菌之类的微生物或生物酶将恶臭源的成分分解，达到除臭的目的。

3）用植物提取物除臭，即萃取植物中的有效成分并用以除臭。

9.5   通风系统设计中的 CFD 技术应用

计算流体力学（computational fluid dynamics，CFD）在通风气流组织的研究中获得了广泛应用，既可用于拟设计气流组织的性能分析，也可用于对已有气流组织的性能校核。CFD 通过求解以气流分布为基础的热流体输运方程，获得气流速度、温度、污染物浓度以及平均空气龄等参数的空间分布场，并在显示终端实现可视化，使得对室内气流组织的性能评估更加方便。

下面介绍吸收塔内部流场分布 CFD 数值模拟与优化设计案例。

1. 研究对象

通过 CFD 数值模拟的方法对旋风除尘器后接的吸收塔进行流场优化设计改造，为项目建设提供依据。

CFD 数值模拟按照 1∶1 比例进行建模，如图 9-3 所示，烟气经过旋风除尘器后进入蜗壳，然后进入吸收塔。

烟气进入吸收塔时，由于流体的旋转、转弯导致吸收塔下部流场不均匀，对烟气的吸收产生不均匀的现象。因此，针对吸收塔内部流场不均匀的现象，为保证吸收效率，在蜗壳与吸收塔处添加导流板，从而获得均匀的内部流场环境。

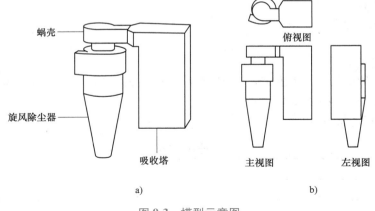

蜗壳

旋风除尘器

吸收塔

a)

俯视图

主视图   左视图

b)

图 9-3 模型示意图

2. 研究目标

为保证流场的均匀，获得较高的吸收效率，在吸收塔中部第一层催化剂入口位置保证流场速度分布的相对标准偏差小于 15%。

相对标准偏差

$$RSD = \frac{S}{X_0} \times 100\%$$ (9-4)

$$S = \sqrt{\sum_{i=1}^{N} (X_i - X_0)^2 / (N - 1)}$$ (9-5)

式中　RSD——相对标准偏差；

　　　S——标准偏差；

　　　X_0——所有测点的算术平均值；

　　　X_i——单点测量值；

　　　N——测点数量。

3. CFD 数值模拟

伴随着数值计算技术与计算机技术的快速发展与进步，数值模拟技术在各方面的应用逐步增加，包括大小空间的气流组织预测与改进、建筑外环境的流场计算与分析、设备的性能探索与研究等。CFD 数值模拟优点突出，具有研究速度快、模拟工况多、研究问题复杂、效率高、性价比高的特点，与全尺寸试验周期长、耗资多的缺点相比，适用于复杂的空气流动、流体流动及重复、周期长优化设计方案的设计，节省时间、人力、财力与物力。

4. 湍流模型的设置

利用 FULENT 17.0 作为数值模拟的计算工具，FULENT 系列的 17.0 版本可以精确地研究流体的流动、传热和污染等物理现象，准确地模拟空气流动、空气品质、传热等，从而有效减少设计成本，降低设计风险，缩短设计周期。

根据旋风除尘器、吸收塔内流场湍流特性的初步分析，建立基于 Boussinesq 假设基础上的 Reynolds 时均的气流运动特性的方程组，包括连续性方程、动量方程、能量方程、状态方程。为使方程封闭，湍流模型采用标准的 $\kappa\text{-}\varepsilon$ 双方程模型。其控制方程组如下：

$$\frac{\partial(\rho\varphi)}{\partial t} + \text{div}(\rho U\varphi) = \text{div}(\Gamma_\varphi \text{grad}\varphi) + S_\varphi$$ (9-6)

式中　ρ——密度；

　　　Γ_φ——广义扩散系数；

　　　S_φ——广义源项；

　　　U——速度矢量；

　　　φ——通用因变量，代表速度 u、运动黏度 v、湍流黏度 w、温度 T、湍流动能 k、湍流动能
　　　耗散率 ε、特征尺寸 l。

其控制方程展开见表 9-1。

表 9-1　控制方程展开式

名称	变量	Γ_φ	S_φ
连续性方程	1	0	0
x 速度	u	$\mu_{\text{eff}}=\mu+\mu_t$	$-\dfrac{\partial P}{\partial x}+\dfrac{\partial}{\partial x}\left(\mu_{\text{eff}}\dfrac{\partial u}{\partial x}\right)+\dfrac{\partial}{\partial y}\left(\mu_{\text{eff}}\dfrac{\partial v}{\partial x}\right)+\dfrac{\partial}{\partial z}\left(\mu_{\text{eff}}\dfrac{\partial w}{\partial x}\right)$
y 速度	v	$\mu_{\text{eff}}=\mu+\mu_t$	$-\dfrac{\partial P}{\partial y}+\dfrac{\partial}{\partial x}\left(\mu_{\text{eff}}\dfrac{\partial u}{\partial y}\right)+\dfrac{\partial}{\partial y}\left(\mu_{\text{eff}}\dfrac{\partial v}{\partial y}\right)+\dfrac{\partial}{\partial z}\left(\mu_{\text{eff}}\dfrac{\partial w}{\partial y}\right)$
z 速度	w	$\mu_{\text{eff}}=\mu+\mu_t$	$-\dfrac{\partial P}{\partial z}+\dfrac{\partial}{\partial x}\left(\mu_{\text{eff}}\dfrac{\partial u}{\partial z}\right)+\dfrac{\partial}{\partial y}\left(\mu_{\text{eff}}\dfrac{\partial v}{\partial z}\right)+\dfrac{\partial}{\partial z}\left(\mu_{\text{eff}}\dfrac{\partial w}{\partial z}\right)-\rho g$
湍流动能	k	$\alpha_k\mu_{\text{eff}}$	$G_k+G_B-\rho\varepsilon$
湍流耗散	ε	$\alpha_\varepsilon\mu_{\text{eff}}$	$C_{1\varepsilon}\dfrac{\varepsilon}{k}\left(G_k+C_{3\varepsilon}G_B\right)-C_{2\varepsilon}\rho\dfrac{\varepsilon^2}{k}-R_\varepsilon$
温度	T	$\dfrac{\mu}{Pr}+\dfrac{\mu_t}{\sigma_T}$	S_T

表中常数如下：

$$G_k=\mu_t S^2,\ S=\sqrt{2S_{ij}S_{ij}},\ S_{ij}=\frac{1}{2}\left(\frac{\partial u_j}{\partial x_i}+\frac{\partial u_i}{\partial x_j}\right),\ G_B=\beta_T g\frac{\mu_t}{\sigma_T}\frac{\partial T}{\partial y},\ \mu_t=\rho C_\mu\frac{k^2}{\varepsilon},$$

$$C_\mu=0.0845,\ C_{1\varepsilon}=1.42,\ C_{2\varepsilon}=1.68,\ C_{3\varepsilon}=\tanh\left|\frac{v}{\sqrt{u^2+w^2}}\right|,\ \sigma_T=0.85,\ \alpha_k=\alpha_\varepsilon$$

采用有限容积法进行方程离散，压力与速度的耦合采用 SIMPLEC 算法，其控制方程经过离散后为通式。模拟计算时，用变量的分布假设、差分格式、收敛因子的确定见表 9-2。

$$a_p\varphi=\sum_{nb}a_{nb}\varphi_{nb}+b \tag{9-7}$$

式中　nb——相邻网格；

　a_p、a_{nb}——φ 和 φ_{nb} 的系数；

　　　b——源项。

表 9-2　变量参数设置

变量	压力	动量	κ 方程	ε 方程
离散格式	标准	二阶差分	二阶差分	二阶差分
欠松弛系数	0.3~1.0	0.3~1.0	0.3~1.0	0.3~1.0
求解格式	压力 AMG	动量 AMG	κAMG	εAMG
循环类型	V 类型	Flex 类型	Flex 类型	Flex 类型

5. 网格划分与边界条件

通过网格划分软件 ICEM CFD 17.0 进行网格的划分，采用六面体网格与四面体网格结合进行网格的处理，在吸收塔、旋风除尘器下部进行六面体网格的划分，在蜗壳、旋风除尘器入口处由于犄角存在导致六面体网格质量较差，采用四面体网格进行划分。网格数量约为 280 万个，在边壁进行边界层的添加，通过 $Y+$ 的计算获得首层网格的尺寸为 9mm，在拐弯、导流板、流体变形大的区域进行网格的加密，网格划分示意图如图 9-4 所示。

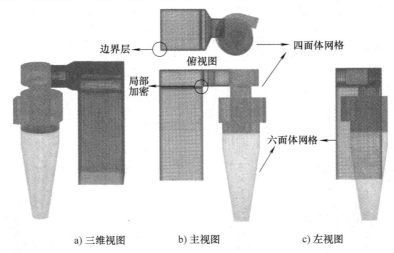

a) 三维视图　　　　b) 主视图　　　　c) 左视图

图 9-4　网格划分示意图

边界条件的设定：进口采用速度进口，出口采用自由出流，入口边界条件的设置见表 9-3。

表 9-3　入口边界条件的设置

烟气流量/(m³/h)	入口速度/(m/s)	烟气温度/℃
466831.5	30.65	440

6. CFD 数值模拟流场优化结果

为获得吸收塔内流场分布情况，在进行流场优化前通过数值模拟分析原始情况下吸收塔内的流场分布，并通过计算获得速度的相对标准偏差。测点布置如图 9-5 所示，计算方法采用式（9-6）、式（9-7）进行计算。

（1）优化前流场　在进行吸收塔流场优化前进行原始吸收塔内流场的模拟，获得优化前流场相关参数，为进行优化提供思路。为方便示意，将吸收塔侧面中部设置为 $Y=0$ 面，底部设置为 $Z=0$ 面，如图 9-6 所示。

吸收塔内流场分布受蜗壳与吸收塔连接部、吸收塔上部影响，分别获得蜗壳与吸收塔连接部（$Z=12500$）、吸收塔内（$Y=0$）速度场，为下一步优化提供思路的指导。

（2）优化后流场　烟气从蜗壳向吸收塔的流动过程中，由于离心力的存在导致蜗壳前侧速度较大，烟气向前侧偏转，进入吸收塔的烟气由于惯性存在同样发生烟气向吸收塔前侧偏转的现象。进入吸收塔后，惯性的存在导致吸收塔右侧的速度较大，吸收塔内部的流场不均匀。通过后期的数据统计发现，未优化前速度的相对标准偏差 RSD=59.2%，即速度流场均匀性较差。

通过以上分析，由于离心力、惯性力的存在导致速度流场均匀性较差，可以通过在蜗壳与吸收塔连接处、吸收塔上部转弯处进行流场的优化，主要方式为添加导流板。优化后的速度场如图 9-7 所示。

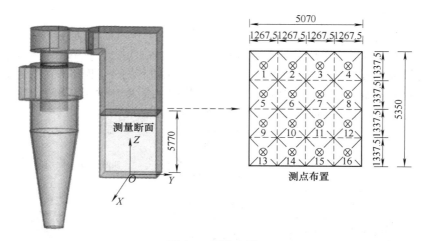

图 9-5　测点布置

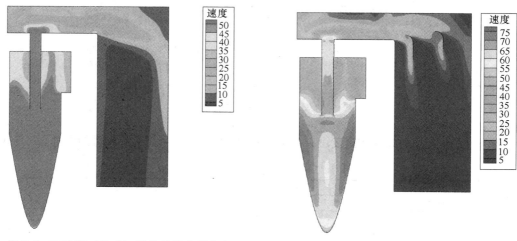

图 9-6　吸收塔（Y=0）优化前速度场分布　　　图 9-7　最终优化速度场云图

　　通过数值模拟的方法研究了吸收塔内速度流场的分布，获得了吸收塔内较为均匀的流场，吸收塔内部流场均匀性较差，需要进行导流板的设置优化流场。优化后速度的相对标准偏差为12.6%，符合流场均匀性的要求。

参 考 文 献

［1］　卫生部职业卫生标准专业委员会. 工业企业设计卫生标准：GBZ 1—2010 ［S］. 北京：人民卫生出版社，2010.

［2］　许居鹓，陆哲明，邝子强. 机械工业采暖通风与空调设计手册 ［M］. 上海：同济大学出版社，2007.

［3］　BURGESS W A, ELLENBECKER M J, TREITMAN R D. Ventilation for control of the work environment ［M］. 2nd ed. Hoboken：John Wiley & Sons, Inc, 2004.

［4］　WILSON D J. Flow patterns over flat-roofed buildings and application to exhaust stack design ［J］. ASHRAE Trans, 1979, 85 （2）：284-295.

［5］　CLARKE J H. The design and location of building inlets and outlets to minimize wind effect and building reentry of exhaust fumes ［J］. American Industrial Hygiene Association journal, 1965, 26 （3）：242-248.

［6］　LAWS J O，PARSONS D H. Relations of rain drop size to intensity［J］. Trans. Am. Geophys. Union，1943，26：452-460.

［7］　中华人民共和国住房和城乡建设部. 工业建筑供暖通风与空气调节设计规范：GB 50019—2015［S］. 北京：中国计划出版社，2015.

［8］　American Society of Heating，Refrigerating and Air-Conditioning Engineers. 1997 ASHRAE handbook：fundamentals［M］. ASHRAE，1997.

［9］　艾庆文，李先旺，吕晨峰，等. 垃圾焚烧发电厂通风除臭设计［J］. 暖通空调，2011，41（6）：72-75.

第 10 章

课程设计

10.1 课程设计的目的

通过课程设计，实现以下几个方面的实践教学目的：

1）基本掌握工业厂房通风供暖设计的内容、方法、步骤。

2）初步了解收集设计原始资料（包括室内空气参数要求、室外气象资料、工艺和土建资料）的方法。

3）了解、学会查找和应用本专业相关设计规范、标准、手册和相关参考书。

4）学会正确应用所学理论解决一般通风工程问题的方法步骤，学会全面综合考虑通风供暖工程设计。

5）提高设计计算和绘制工程图等方面的能力。

10.2 课程设计的内容和要求

10.2.1 设计对象

设计对象为××市电镀车间的通风除尘净化系统与供暖系统设计，气象资料可查相关文献。某电镀车间平面图及 A—A 剖面图如图 10-1 所示，生产设备见表 10-1。

10.2.2 技术参数

1. 工作制度及内部气候条件

该车间为两班工作制，内部气候条件如下：

（1）温度 冬季，14~18℃；夏季，不高于夏季室外通风计算温度3℃。

（2）湿度 冬季，湿作业部分取 $\psi = 65\%$，一般部分取 50%；夏季，不规定。

2. 工艺过程

电镀是对基体金属的表面进行装饰、防护，以及获取某些新的性能的一种工艺方法。已被工业各个部门所广泛采用。对于电镀本身来说，比较简单，但镀前的准备工作相当复杂。这是因为进行这种表面处理之前，必须非常彻底地去掉基体金属表面的油污和氧化物，否则会直接影响镀层的牢固性或使电镀无法进行。具体工艺过程描述如下：

1）对所有经过机械加工和热处理的零件进行表面清理，其方法有以下两种：机械处理和化学处理。

① 机械处理：体积较大的零件在喷砂室中去锈，体积较小的镀锌件在滚筒内用砂掺石灰清

除其上毛刺和氧化皮（湿法处理）。

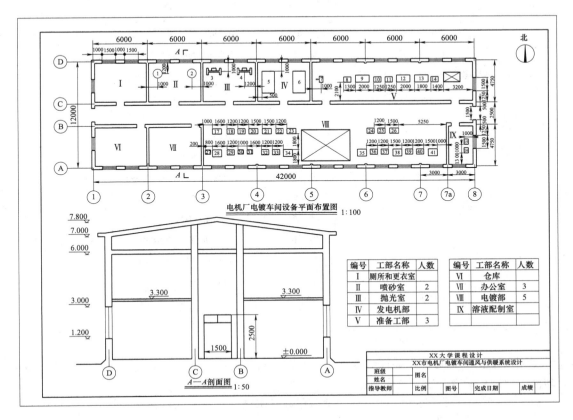

图 10-1　某电镀车间平面图及 *A—A* 剖面图

表 10-1　某电镀车间生产设备

工部名称	设备编号	设备名称	设备规格	溶液温度/℃	溶液性质
喷砂部	*1, 2	喷砂室	ϕ1000mm×650mm×750mm		
抛光部	*3, 4	抛光机	布轮 ϕ200mm，$N=0.8$kW		
发电室	5, 6	电动发电机	ZJ1500/750，$N=9$kW 机组效率 $\eta=0.625$		
准备部	7	去毛滚筒	质量 50kg，$N=0.1$kW		
	8, 11	冷水槽	800mm×600mm×700mm		
	*9	有色金属腐蚀槽	1500mm×800mm×800mm	室温	酸
	10, 14	热水槽	800mm×600mm×700mm	50	
	*12	黑色金属腐蚀槽	1500mm×800mm×800mm	室温	酸
	*13	化学去油槽	1500mm×800mm×800mm	80	碱
溶液配置室	*15	溶液配置槽	800mm×600mm×700mm	不定	酸
	*16	溶液配置槽	600mm×500mm×700mm	不定	碱

（续）

工部名称	设备编号	设备名称	设备规格	溶液温度/℃	溶液性质
电镀部	* 17，23	酸洗槽	1000mm×600mm×800mm	室温	酸
	18，40，32	热水槽	800mm×600mm×700mm	50	
	19，22，24，29，33，37，39	冷水槽	800mm×600mm×700mm		
	* 20，21	电解除油槽	1000mm×600mm×800mm	70	碱
	25	回收槽	800mm×600mm×700mm	室温	酸
	* 26	镀铬槽	1000mm×600mm×800mm	50	酸
	* 27	苏打槽	600mm×500mm×700mm	70	碱
	* 28	磷化槽	1000mm×800mm×800mm	90	酸
	* 30	皂液槽	600mm×500mm×700mm	70	碱
	31	油槽	600mm×500mm×700mm	120	
	* 34	镀镍槽	1000mm×800mm×800mm	室温	酸
	* 35	镀铜槽	1000mm×800mm×800mm	室温	氰
	36	中和槽	800mm×600mm×700mm	室温	碱
	* 38	镀锌槽	1000mm×800mm×800mm	室温	氰
	* 41	镀锡槽	1000mm×800mm×800mm	70	碱

注：表中带 * 号的设备需要设局部排风装置。

② 化学处理：需要化学处理的零件，先在苛性碱溶液中去油，对氧化层很厚的零件，则需在酸液中腐蚀去锈直到锈层消失为止。

2）需要磷化处理的零件，经表面清理后用苏打水去油，在去油后进行磷化处理，处理后再在皂液和油中进行处理，以提高防腐性。

3）零件经过表面处理后，在电镀前还要进行精细的电解去油和用淡的酸溶液去锈，然后进行电镀。

① 镀锌：零件在氰化液槽中挂镀。

② 镀镍：零件在酸性溶液中镀镍，在镀镍前需在氰化液中镀铜。

③ 镀锡：在碱性溶液中镀锡。

④ 镀铬：在铬液中镀铬，镀铬后在回收槽洗去附在镀件上的电解液。

电镀后的零件均在冷水槽和热水槽内清洗，为使镀件光亮，可在抛光机上用布轮对零件进行抛光。电解液的分析、配置和校正，均在溶液配制室内进行。

3. 其他有关数据

1）厂区热源参数：130～70℃热水及工作压力为 3 个大气压的蒸汽，热力管道在北墙外敷设。

2）建筑方位如图 10-1 所示。

3）材料的进出时间，每班不超过 15min。

10.2.3 设计内容

1. 通风系统

（1）除尘系统 在喷砂室和抛光室，为了防止工艺过程产生的粉尘逸散，保证工作车间的可见性，同时为了防止大气污染，凡由喷砂、磨光和抛光等设备排出的含尘空气在排入大气之前应用除尘器加以净化，因此需要设置除尘系统。如果可能，应最大限度地采用最有效的局部排风，在尘源处就地排出有害物。要求结合第 3 章和第 5 章的内容，进行喷砂室和抛光室的除尘系统设计。

（2）有害气体净化系统　电镀行业生产过程中，各个溶液槽、电镀槽会排出铬酸、三酸、氰化物和氟化氢等有害气体，为了防止工艺过程产生的有害气体逸散，保证车间的可见性及防止大气污染，以及最大限度地采用最有效的局部排风，需要在表 10-1 标注 * 号的设备处设置有害气体的局部排风装置。要求结合第 3 章和第 6 章的内容，进行有害气体净化系统设计。

（3）送风系统　送风的目的：一是排风的补风；二是稀释作用：因为槽边排风仅从液面排走有害物才是有效的，它没有能力抽走由槽内拿出零件表面上的排出物（零件在从槽内拿出之后，为了使溶液流回槽内，要在槽的上方停留一段时间，然后才拿到另一个槽中），所以要考虑送风的冲淡作用。要求结合第 2 章的内容，进行车间送风系统设计。

2. 供暖系统

为保证电镀车间的工艺生产和人员作业要求，生产车间的非工作时间内，应使室温保持在 5℃，工作时间各工部室内温度则需满足以下要求：

1）酸洗及电镀工部：16~18℃。

2）喷砂与磨光工部：14℃。

3）发电机库：10℃。

4）化学品库：5~8℃。

5）化验室、办公室：16~18℃。

为此，需要设置供暖系统，供暖方式可以考虑采用散热器供暖、热风供暖或者散热器与热风系统联合供暖。

10.2.4　成果要求

1. 计算说明书

计算说明书包括封面、摘要、目录和正文，正文内容涉及以下部分：

1）题目：_____市电动机厂电镀车间通风与供暖系统设计。

2）原始资料（包含室外气象资料、工艺资料、工作班制、建筑资料和热源参数等）。

3）车间各工部室内计算参数的确定及热负荷计算。

4）车间各工部电动设备、热槽散热量计算。

5）车间各工部机械排风量计算。

6）车间各工部通风与供暖方案的确定。

7）车间各工部散热器散热量计算、型号及数量选择。

8）车间热、风平衡计算及送风系统相关设备的选择计算。

9）校核夏季室内工作温度是否满足要求，如不满足要求说明应采取哪些措施以使夏季室内工作温度满足要求。

10）水力计算。

① 详算一个除尘系统。要求确定系统形式及系统设备、管道的布置、风管截面形状、风管尺寸、除尘设备型号、系统阻力和风机型号。

② 详算一个槽边罩排风系统。要求确定系统形式及系统设备、管道的布置、风管截面形状、风管尺寸、有害气体处理设备型号、系统阻力和风机型号。

③ 详算送风系统。要求确定系统形式及系统设备、管道的布置、风管尺寸、系统阻力和风机型号。

11）设备汇总表。

12）参考文献。

13）小结及致谢。

2. 设计图

绘制供暖通风系统设备平面布置图和送风系统、排风系统图，绘图内容包括：

1）供暖通风系统设备平面布置图：绘制土建及主要工艺设备平面布置，送风与供暖系统、排风系统设备平面布置；平面图上要求标注柱号，房间、门窗等土建主要尺寸，送、排风设备外形尺寸或安装尺寸，及风管尺寸（长度和管径）和定位尺寸，散热器位置及片数/米数，送风机组平面位置及定位尺寸，热力入口标志；平面图上应有图名，设备编号，指北针，通风供暖图例，设计说明，供暖通风设备明细表等内容。

2）送风系统、排风系统图：绘制一个通风除尘系统图，一个槽边罩排风系统图，一个送风系统图；图面上应有图名、设备编号、管道尺寸及标高等；管道可用单线绘制，局部排风罩、除尘器、有害气体处理设备要画出主要外部轮廓。

参 考 文 献

[1] 中华人民共和国住房和城乡建设部. 工业建筑供暖通风与空气调节设计规范：GB 50019—2015［S］. 北京：中国计划出版社，2015.

[2] 中华人民共和国住房和城乡建设部. 通风与空调工程施工质量验收规范：GB 50243—2016［S］. 北京：中国计划出版社，2016.

[3] 中华人民共和国住房和城乡建设部. 暖通空调制图标准：GB/T 50114—2010［S］. 北京：中国建筑工业出版社，2011.

[4] 中华人民共和国住房和城乡建设部. 供暖通风与空气调节术语标准：GB/T 50155—2015［S］. 北京：中国建筑工业出版社，2015.

[5] 中华人民共和国住房和城乡建设部. 工业通风排气罩：08K106［S］. 北京：中国计划出版社，2009.

[6] 孙一坚. 简明通风设计手册［M］. 北京：中国建筑工业出版社，1997.

[7] 陆耀庆. 实用供热空调设计手册［M］. 2版. 北京：中国建筑工业出版社，2008.

[8] 许居鹓，陆哲明，邝子强. 机械工业采暖通风与空调设计手册［M］. 上海：同济大学出版社，2007.

[9] 中国建筑标准设计研究所. 暖通空调设计选用手册：上册［M］. 北京：中国建筑标准设计研究所，1996.

[10] 中国建筑标准设计研究所. 暖通空调设计选用手册：下册［M］. 北京：中国建筑标准设计研究所，1996.

[11] 胡传鼎. 通风除尘设备设计手册［M］. 北京：化学工业出版社，2003.

附　　录

附录 A　工作场所空气中部分化学物质的容许浓度
［摘自《工作场所有害因素职业接触限值　第 1 部分：
化学有害因素》(GB Z.2—2019)］

序号	中 文 名	OELs/(mg/m³)			备　　注
		MAC	PC-TWA	PC-STEL	
1	氨	—	20	30	—
2	苯	—	6	10	皮，G1
3	苯胺	—	3	—	皮
4	苯基醚（二苯醚）	—	7	14	—
5	臭氧	0.3	—	—	—
6	二甲苯（全部异构体）	—	50	100	—
7	二硫化碳	—	5	10	皮
8	二氯二氟甲烷	—	5000	—	—
9	二氯甲烷	—	200	—	G2A
10	二氯乙炔	0.4	—	—	—
11	1,2-二氯乙烷	—	7	15	G2B
12	氮氧化物（一氧化氮和二氧化氮）	—	5	10	—
13	二氧化硫	—	5	10	—
14	二氧化氯	—	0.3	0.8	—
15	二氧化碳	—	9000	18000	—
16	二氧化锡（按 Sn 计）	—	2	—	—
17	酚	—	10	—	皮
18	氟化氢（按 F 计）	2	—	—	皮
19	汞-金属汞（蒸气）	—	0.02	0.04	皮
20	汞-有机汞化合物（按 Hg 计）	—	0.01	0.03	皮，G2B
21	过氧化氢	—	1.5	—	—
22	环己胺	—	10	20	—
23	环己醇	—	100	—	皮
24	环己酮	—	50	—	皮
25	环己烷	—	250	—	—
26	黄磷	—	0.05	0.1	—
27	己二醇	100	—	—	—
28	甲苯	—	50	100	皮

（续）

序号	中 文 名		OELs/（mg/m³）			备 注
			MAC	PC-TWA	PC-STEL	
29	甲醇		—	25	50	皮
30	甲酚（全部异构体）		—	10	—	皮
31	甲醛		0.5	—	—	敏，G1
32	甲酸		—	10	20	
33	磷胺		—	0.02	—	皮
34	磷化氢		0.3	—	—	
35	磷酸		—	1	3	
36	磷酸二丁基苯酯		—	3.5	—	皮
37	硫化氢		10	—	—	
38	氯		1	—	—	
39	氯苯		—	50	—	
40	氯丙酮		4	—	—	皮
41	氯丙烯		—	2	4	
42	氯化氰		0.75	—	—	
43	锰及其无机化合物（按 MnO₂ 计）		—	0.15	—	
44	尿素		—	5	10	
45	金属镍与难溶性镍化合物		—	1	—	G2B（金属和合金）
46	铅尘		—	0.05	—	G2B（铅）、G2A
47	铅烟		—	0.03	—	（铅的无机化合物）
48	松节油		—	300	—	
49	碳酸钠		—	3	6	—
50	铜（按 Cu 计）	铜尘		1	—	—
		铜烟		0.2	—	—
51	硒化氢（按 Se 计）		—	0.15	0.3	—
52	纤维素		—	10	—	—
53	辛烷		—	500	—	—
54	溴		—	0.6	2	—
55	溴化氢		10	—	—	—
56	液化石油气		—	1000	1500	—
57	乙二醇		—	20	40	—
58	乙醛		45	—	—	G2B
59	乙酸		—	10	20	—

注：1. 皮：表示可因皮肤、黏膜和眼睛直接接触蒸气、液体和固体，通过完整的皮肤吸收引起全身效应。

2. 敏：指已有的人或动物资料证实该物质可能有致敏作用，但并不表示确定该物质 PC-TWA 值大小依据的临界不良效应是致敏作用，也不表示致敏作用是制定其 PC-TWA 的唯一依据。

3. G1：对人致癌；G2A：对人可能致癌；G2B：对人可疑致癌。

附录 B 工作场所空气中生物因素的容许浓度
[摘自《工作场所有害因素职业接触限值 第1部分：化学有害因素》（GB Z. 2—2019）]

序号	中文名	OELs			临界不良健康效应	备注
		MAC	PC-TWA	PC-STEL		
1	白僵蚕孢子	6×10^7 孢子数/m³	—	—	—	—
2	枯草杆菌蛋白酶	—	15ng/m³	30ng/m³	—	敏
3	工业酶	—	1.5μg/m³	3.0μg/m³	肺功能下降	敏

附录 C 工作场所空气中部分粉尘的容许浓度
[摘自《工作场所有害因素职业接触限值 第1部分：化学有害因素》（GB Z. 2—2019）]

序号	中 文 名		PC-TWA/（mg/m³）		备注
			总尘	呼尘	
1	茶尘		2	—	—
2	沉淀 SiO_2（白炭黑）		5	—	—
3	大理石粉尘（碳酸钙）		8	4	—
4	电焊烟尘		4	—	G2B
5	二氧化钛粉尘		8	—	G2B
6	沸石粉尘		5	—	G1
7	硅灰石粉尘		5	—	—
8	铝尘	铝金属、铝合金粉尘	3	—	—
		氧化铝粉尘	4	—	—
9	麻尘（游离 SiO_2 含量<10%）	亚麻	1.5	—	—
		黄麻	2	—	—
		苎麻	3	—	—
10	煤尘（游离 SiO_2 含量<10%）		4	2.5	—
11	棉尘		1	—	—
12	木粉尘（硬）		3	—	G1；敏
13	凝聚 SiO_2 粉尘		1.5	0.5	—
14	膨润土粉尘		6	—	—
15	皮毛粉尘		8	—	敏
16	人造矿物纤维绝热棉粉尘（玻璃棉、矿渣棉、岩棉）		5 1f/mL	—	—
17	桑蚕丝尘		8	—	—
18	砂轮磨尘		8	—	—

（续）

序号	中文名		PC-TWA（mg/m³）		备注
			总尘	呼尘	
19	石膏粉尘		8	4	—
20	石灰石粉尘		8	4	—
21	石棉（石棉含量>10%）	粉尘	0.8	—	G1
		纤维	0.8f/mL	—	
22	石墨粉尘		4	2	—
23	水泥粉尘（游离 SiO_2 含量<10%）		4	1.5	—
24	炭黑粉尘		4	—	G2B
25	碳化硅粉尘		8	4	—
26	碳纤维粉尘		3	—	—
27	矽尘	10%≤游离 SiO_2 含量≤50%	1	0.7	G1（结晶型）
		50%<游离 SiO_2 含量≤80%	0.7	0.3	
		游离 SiO_2 含量>80%	0.5	0.2	
28	稀土粉尘（游离 SiO_2 含量<10%）		2.5	—	—
29	洗衣粉混合尘		1	—	敏
30	烟草尘		2	—	—
31	其他粉尘		8	—	—

注：1. "其他粉尘"指不含石棉且游离 SiO_2 含量低于 10%，不含有毒物质，尚未制定专项卫生标准的粉尘。

2. 总粉尘（total dust）简称"总尘"，指用直径为 40mm 滤膜，按标准粉尘测定方法采样得到的粉尘。

3. 呼吸性粉尘（respirable dust）简称"呼尘"，指按呼吸性粉尘标准测定方法所采集的可吸入肺泡的粉尘粒子，其空气动力学直径在 7.07μm 以下，空气动力学直径 5μm 粉尘粒子的采样效率为 50%。

4. f/mL 表示每毫升空气中含呼吸性石棉纤维的根数。

附录 D 现有污染源大气污染物排放限值
［摘自《大气污染物综合排放标准》（GB 16297—1996）］

序号	污染物	最高允许排放浓度 /(mg/m³)	最高允许排放速率/(kg/h)				无组织排放监控浓度限值	
			排气筒高度/m	一级	二级	三级	监控点	浓度 /(mg/m³)
1	二氧化硫	1200（硫、二氧化硫、硫酸和其他含硫化合物生产） 700（硫、二氧化硫、硫酸和其他含硫化合物使用）	15	1.6	3.0	4.1	无组织排放源上风向设参照点，下风向设监控点①	0.50（监控点与参照点浓度差值）
			20	2.6	5.1	7.7		
			30	8.8	17	26		
			40	15	30	45		
			50	23	45	69		
			60	33	64	98		
			70	47	91	140		
			80	63	120	190		
			90	82	160	240		
			100	100	200	310		

（续）

序号	污染物	最高允许排放浓度/(mg/m³)	最高允许排放速率/(kg/h)				无组织排放监控浓度限值	
			排气筒高度/m	一级	二级	三级	监控点	浓度/(mg/m³)
2	氮氧化物	1700（硝酸、氮肥和火炸药生产） 420（硝酸使用和其他）	15	0.47	0.91	1.4	无组织排放源上风向设参照点，下风向设监控点	0.15（监控点与参照点浓度差值）
			20	0.77	1.5	2.3		
			30	2.6	5.1	7.7		
			40	4.6	8.9	14		
			50	7.0	14	21		
			60	9.9	19	29		
			70	14	27	41		
			80	19	37	56		
			90	24	47	72		
			100	31	61	92		
3	颗粒物	22（炭黑尘、染料尘）	15	禁排	0.60	0.87	周界外浓度最高点②	肉眼不可见
			20		1.0	1.5		
			30		4.0	5.9		
			40		6.8	10		
		80③（玻璃棉尘、石英粉尘、矿渣棉尘）	15	禁排	2.2	3.1	无组织排放源上风向设参照点，下风向设监控点	2.0（监控点与参照点浓度差值）
			20		3.7	5.3		
			30		14	21		
			40		25	37		
		150（其他）	15	2.1	4.1	5.9	无组织排放源上风向设参照点，下风向设监控点	5.0（监控点与参照点浓度差值）
			20	3.5	6.9	10		
			30	14	27	40		
			40	24	46	69		
			50	36	70	110		
			60	51	100	150		
4	氟化氢	150	15	禁排	0.30	0.46	周界外浓度最高点	0.25
			20		0.51	0.77		
			30		1.7	2.6		
			40		3.0	4.5		
			50		4.5	6.9		
			60		6.4	9.8		
			70		9.1	14		
			80		12	19		
5	铬酸雾	0.080	15	禁排	0.009	0.014	周界外浓度最高点	0.0075
			20		0.015	0.023		
			30		0.051	0.078		
			40		0.089	0.13		
			50		0.14	0.21		
			60		0.19	0.29		

（续）

序号	污染物	最高允许排放浓度/（mg/m³）	最高允许排放速率/（kg/h）				无组织排放监控浓度限值	
			排气筒高度/m	一级	二级	三级	监控点	浓度/（mg/m³）
6	硫酸雾	1000（火炸药厂） 70（其他）	15 20 30 40 50 60 70 80	禁排	1.8 3.71 10 18 27 39 55 74	2.8 4.6 16 27 41 59 83 110	周界外浓度最高点	1.5
7	氟化物	100（普钙工业） 11（其他）	15 20 30 40 50 60 70 80	禁排	0.12 0.20 0.69 1.2 1.8 2.6 3.6 4.9	0.18 0.31 1.0 1.8 2.7 3.9 5.5 7.5	无组织排放源上风向设参照点，下风向设监控点	20μg/m³（监控点与参照点浓度差值）
8	氯气④	85	25 30 40 50 60 70 80	禁排	0.60 1.0 3.4 5.9 9.1 13 18	0.90 1.5 5.2 9.0 14 20 28	周界外浓度最高点	0.50
9	铅及其化合物	0.90	15 20 30 40 50 60 70 80 90 100	禁排	0.005 0.007 0.031 0.055 0.085 0.12 0.17 0.23 0.31 0.39	0.007 0.011 0.048 0.083 0.13 0.18 0.26 0.35 0.47 0.60	周界外浓度最高点	0.0075
10	汞及其化合物	0.015	15 20 30 40 50 60	禁排	1.8×10^{-3} 3.1×10^{-3} 10×10^{-3} 18×10^{-3} 28×10^{-3} 39×10^{-3}	2.8×10^{-3} 4.6×10^{-3} 16×10^{-3} 27×10^{-3} 41×10^{-3} 59×10^{-3}	周界外浓度最高点	0.0015

（续）

序号	污染物	最高允许排放浓度/（mg/m³）	最高允许排放速率/（kg/h）				无组织排放监控浓度限值	
			排气筒高度/m	一级	二级	三级	监控点	浓度/（mg/m³）
11	镉及其化合物	1.0	15	禁排	0.060	0.090	周界外浓度最高点	0.050
			20		0.10	0.15		
			30		0.34	0.52		
			40		0.59	0.90		
			50		0.91	1.4		
			60		1.3	2.0		
			70		1.8	2.8		
			80		2.5	3.7		
12	铍及其化合物	0.015	15	禁排	1.3×10^{-3}	2.0×10^{-3}	周界外浓度最高点	0.0010
			20		2.2×10^{-3}	3.3×10^{-3}		
			30		7.3×10^{-3}	11×10^{-3}		
			40		13×10^{-3}	19×10^{-3}		
			50		19×10^{-3}	29×10^{-3}		
			60		27×10^{-3}	41×10^{-3}		
			70		39×10^{-3}	58×10^{-3}		
			80		52×10^{-3}	79×10^{-3}		
13	镍及其化合物	5.0	15	禁排	0.18	0.28	周界外浓度最高点	0.050
			20		0.31	0.46		
			30		1.0	1.6		
			40		1.8	2.7		
			50		2.7	4.1		
			60		3.9	5.9		
			70		5.5	8.2		
			80		7.4	11		
14	锡及其化合物	10	15	禁排	0.36	0.55	周界外浓度最高点	0.30
			20		0.61	0.93		
			30		2.1	3.1		
			40		3.5	5.4		
			50		5.4	8.2		
			60		7.7	12		
			70		11	17		
			80		15	22		
15	苯	17	15	禁排	0.60	0.90	周界外浓度最高点	0.50
			20		1.0	1.5		
			30		3.3	5.2		
			40		6.0	9.0		
16	甲苯	60	15	禁排	3.6	5.5	周界外浓度最高点	3.0
			20		6.1	9.3		
			30		21	31		
			40		36	54		

（续）

序号	污染物	最高允许排放浓度/（mg/m³）	最高允许排放速率/（kg/h）				无组织排放监控浓度限值	
			排气筒高度/m	一级	二级	三级	监控点	浓度/（mg/m³）
17	二甲苯	90	15 20 30 40	禁排	1.2 2.0 6.9 12	1.8 3.1 10 18	周界外浓度最高点	1.5
18	酚类	115	15 20 30 40 50 60	禁排	0.12 0.20 0.68 1.2 1.8 2.6	0.18 0.31 1.0 1.8 2.7 3.9	周界外浓度最高点	0.10
19	甲醛	30	15 20 30 40 50 60	禁排	0.30 0.51 1.7 3.0 4.5 6.4	0.46 0.77 2.6 4.5 6.9 9.8	周界外浓度最高点	0.25
20	乙醛	150	15 20 30 40 50 60	禁排	0.060 0.10 0.34 0.59 0.91 1.3	0.090 0.15 0.52 0.90 1.4 2.0	周界外浓度最高点	0.050
21	丙烯腈	26	15 20 30 40 50 60	禁排	0.91 1.5 5.1 8.9 14 19	1.4 2.3 7.8 13 21 29	周界外浓度最高点	0.75
22	丙烯醛	20	15 20 30 40 50 60	禁排	0.61 1.0 3.4 5.9 9.1 13	0.92 1.5 5.2 9.0 14 20	周界外浓度最高点	0.50
23	氰化氢[⑤]	2.3	25 30 40 50 60 70 80	禁排	0.18 0.31 1.0 1.8 2.7 3.9 5.5	0.28 0.46 1.6 2.7 4.1 5.9 8.3	周界外浓度最高点	0.030

（续）

序号	污染物	最高允许排放浓度 /（mg/m³）	最高允许排放速率/（kg/h）				无组织排放监控浓度限值	
			排气筒高度/m	一级	二级	三级	监控点	浓度 /（mg/m³）
24	甲醇	220	15 20 30 40 50 60	禁排	6.1 10 34 59 91 130	9.2 15 52 90 140 200	周界外浓度最高点	15
25	苯胺类	25	15 20 30 40 50 60	禁排	0.61 1.0 3.4 5.9 9.1 13	0.92 1.5 5.2 9.0 14 20	周界外浓度最高点	0.50
26	氯苯类	85	15 20 30 40 50 60 70 80 90 100	禁排	0.67 1.0 2.9 5.0 7.7 11 15 21 27 34	0.92 1.5 4.4 7.6 12 17 23 32 41 52	周界外浓度最高点	0.50
27	硝基苯类	20	15 20 30 40 50 60	禁排	0.060 0.10 0.34 0.59 0.91 1.3	0.090 0.15 0.52 0.90 1.4 2.0	周界外浓度最高点	0.050
28	氯乙烯	65	15 20 30 40 50 60	禁排	0.91 1.5 5.0 8.9 14 19	1.4 2.3 7.8 13 21 29	周界外浓度最高点	0.75

（续）

序号	污染物	最高允许排放浓度/(mg/m³)	排气筒高度/m	最高允许排放速率/(kg/h) 一级	二级	三级	无组织排放监控浓度限值 监控点	浓度/(mg/m³)
29	苯并[a]芘	0.50×10⁻³（沥青、碳素制品生产和加工）	15 20 30 40 50 60	禁排	$0.06×10^{-3}$ $0.10×10^{-3}$ $0.34×10^{-3}$ $0.59×10^{-3}$ $0.90×10^{-3}$ $1.3×10^{-3}$	$0.09×10^{-3}$ $0.15×10^{-3}$ $0.51×10^{-3}$ $0.89×10^{-3}$ $1.4×10^{-3}$ $2.0×10^{-3}$	周界外浓度最高点	0.01μg/m³
30	光气⑥	5.0	25 30 40 50	禁排	0.12 0.20 0.69 1.2	0.18 0.31 1.0 1.8	周界外浓度最高点	0.10
31	沥青烟	280（吹制沥青） 80（熔炼、浸涂） 150（建筑搅拌）	15 20 30 40 50 60 70 80	0.11 0.19 0.82 1.4 2.2 3.0 4.5 6.2	0.22 0.36 1.6 2.8 4.3 5.9 8.7 12	0.34 0.55 2.4 4.2 6.6 9.0 13 18	生产设备不得有明显的无组织排放存在	
32	石棉尘	2 根纤维/cm³ 或 20mg/m³	15 20 30 40 50	禁排	0.65 1.1 4.2 7.2 11	0.98 1.7 6.4 11 17	生产设备不得有明显的无组织排放存在	
33	非甲烷总烃	150（使用溶剂汽油或其他混合烃类物质）	15 20 30 40	6.3 10 35 61	12 20 63 120	18 30 100 170	周界外浓度最高点	5.0

① 一般应于无组织排放源上风向 2~50m 范围内设参照点，排放源下风向 2~50m 范围内设监控点，详见《大气污染物综合排放标准》（GB 16297—1996）附录 C。下同。

② 周界外浓度最高点一般应设于排放源下风向的单位周界外 10m 范围内。如预计无组织排放的最大落地浓度点越出 10m 范围，可将监控点移至该预计浓度最高点，详见《大气污染物综合排放标准》（GB 16297—1996）附录 C。下同。

③ 均指含游离二氧化硅 10% 以上的各种尘。

④ 排放氯气的排气筒不得低于 25m。

⑤ 排放氰化氢的排气筒不得低于 25m。

⑥ 排放光气的排气筒不得低于 25m。

附录 E 新污染源大气污染物排放限值

［摘自《大气污染物综合排放标准》(GB 16297—1996) ］

序号	污染物	最高允许排放浓度 /(mg/m³)	最高允许排放速率/(kg/h)			无组织排放监控浓度限值	
			排气筒高度/m	二级	三级	监控点	浓度 /(mg/m³)
1	二氧化硫	960 （硫、二氧化硫、硫酸和其他含硫化合物生产）	15	2.6	3.5	周界外浓度最高点①	0.40
			20	4.3	6.6		
			30	15	22		
		550 （硫、二氧化硫、硫酸和其他含硫化合物使用）	40	25	38		
			50	39	58		
			60	55	83		
			70	77	120		
			80	110	160		
			90	130	200		
			100	170	270		
2	氮氧化物	1400 （硝酸、氮肥和火炸药生产）	15	0.77	1.2	周界外浓度最高点	0.12
			20	1.3	2.0		
			30	4.4	6.6		
		240 （硝酸使用和其他）	40	7.5	11		
			50	12	18		
			60	16	25		
			70	23	35		
			80	31	47		
			90	40	61		
			100	52	78		
3	颗粒物	18 （炭黑尘、染料尘）	15	0.15	0.74	周界外浓度最高点	肉眼不可见
			20	0.85	1.3		
			30	3.4	5.0		
			40	5.8	8.5		
		60② （玻璃棉尘、石英粉尘、矿渣棉尘）	15	1.9	2.6	周界外浓度最高点	1.0
			20	3.1	4.5		
			30	12	18		
			40	21	31		
		120 （其他）	15	3.5	5.0	周界外浓度最高点	1.0
			20	5.9	8.5		
			30	23	34		
			40	39	59		
			50	60	94		
			60	85	130		

（续）

序号	污染物	最高允许排放浓度 /（mg/m³）	最高允许排放速率/（kg/h）			无组织排放监控浓度限值	
			排气筒高度/m	二级	三级	监控点	浓度 /（mg/m³）
4	氟化氢	100	15	0.26	0.39	周界外浓度最高点	0.20
			20	0.43	0.65		
			30	1.4	2.2		
			40	2.6	3.8		
			50	3.8	5.9		
			60	5.4	8.3		
			70	7.7	12		
			80	10	16		
5	铬酸雾	0.070	15	0.008	0.012	周界外浓度最高点	0.0060
			20	0.013	0.020		
			30	0.043	0.066		
			40	0.076	0.12		
			50	0.12	0.18		
			60	0.16	0.25		
6	硫酸雾	430 （火炸药厂） 45 （其他）	15	1.5	2.4	周界外浓度最高点	1.2
			20	2.6	3.9		
			30	8.8	13		
			40	15	23		
			50	23	35		
			60	33	50		
			70	46	70		
			80	63	95		
7	氟化物	90 （普钙工业） 9.0 （其他）	15	0.10	0.15	周界外浓度最高点	20μg/m³
			20	0.17	0.26		
			30	0.59	0.88		
			40	1.0	1.5		
			50	1.5	2.3		
			60	2.2	3.3		
			70	3.1	4.7		
			80	4.2	6.3		
8	氯气[3]	65	25	0.52	0.78	周界外浓度最高点	0.40
			30	0.87	1.3		
			40	2.9	4.4		
			50	5.0	7.6		
			60	7.7	12		
			70	11	17		
			80	15	23		

（续）

序号	污染物	最高允许排放浓度/(mg/m³)	最高允许排放速率/(kg/h)			无组织排放监控浓度限值	
			排气筒高度/m	二级	三级	监控点	浓度/(mg/m³)
9	铅及其化合物	0.70	15	0.004	0.006	周界外浓度最高点	0.0060
			20	0.006	0.009		
			30	0.027	0.041		
			40	0.047	0.071		
			50	0.072	0.11		
			60	0.10	0.15		
			70	0.15	0.22		
			80	0.20	0.30		
			90	0.26	0.40		
			100	0.33	0.51		
10	汞及其化合物	0.012	15	1.5×10^{-3}	2.4×10^{-3}	周界外浓度最高点	0.0012
			20	2.6×10^{-3}	3.9×10^{-3}		
			30	7.8×10^{-3}	13×10^{-3}		
			40	15×10^{-3}	23×10^{-3}		
			50	23×10^{-3}	35×10^{-3}		
			60	33×10^{-3}	50×10^{-3}		
11	镉及其化合物	0.85	15	0.050	0.080	周界外浓度最高点	0.040
			20	0.090	0.13		
			30	0.29	0.44		
			40	0.50	0.77		
			50	0.77	1.2		
			60	1.1	1.7		
			70	1.5	2.3		
			80	2.1	3.2		
12	铍及其化合物	0.012	15	1.1×10^{-3}	1.7×10^{-3}	周界外浓度最高点	0.0008
			20	1.8×10^{-3}	2.8×10^{-3}		
			30	6.2×10^{-3}	9.4×10^{-3}		
			40	11×10^{-3}	16×10^{-3}		
			50	16×10^{-3}	25×10^{-3}		
			60	23×10^{-3}	35×10^{-3}		
			70	33×10^{-3}	50×10^{-3}		
			80	44×10^{-3}	67×10^{-3}		
13	镍及其化合物	4.3	15	0.15	0.24	周界外浓度最高点	0.040
			20	0.26	0.34		
			30	0.88	1.3		
			40	1.5	2.3		
			50	2.3	3.5		
			60	3.3	5.0		
			70	4.6	7.0		
			80	6.3	10		

（续）

序号	污染物	最高允许排放浓度 /（mg/m³）	最高允许排放速率/（kg/h）			无组织排放监控浓度限值	
			排气筒高度/m	二级	三级	监控点	浓度 /（mg/m³）
14	锡及其化合物	8.5	15	0.31	0.47	周界外浓度最高点	0.24
			20	0.52	0.79		
			30	1.8	2.7		
			40	3.0	4.6		
			50	4.6	7.0		
			60	6.6	10		
			70	9.3	14		
			80	13	19		
15	苯	12	15	0.50	0.80	周界外浓度最高点	0.40
			20	0.90	1.3		
			30	2.9	4.4		
			40	5.6	7.6		
16	甲苯	40	15	3.1	4.7	周界外浓度最高点	2.4
			20	5.2	7.9		
			30	18	27		
			40	30	46		
17	二甲苯	70	15	1.0	1.5	周界外浓度最高点	1.2
			20	1.7	2.6		
			30	5.9	8.8		
			40	10	15		
18	酚类	100	15	0.10	0.15	周界外浓度最高点	0.080
			20	0.17	0.26		
			30	0.58	0.88		
			40	1.0	1.5		
			50	1.5	2.3		
			60	2.2	3.3		
19	甲醛	25	15	0.26	0.39	周界外浓度最高点	0.20
			20	0.43	0.65		
			30	1.4	2.2		
			40	2.6	3.8		
			50	3.8	5.9		
			60	5.4	8.3		
20	乙醛	125	15	0.050	0.080	周界外浓度最高点	0.040
			20	0.090	0.13		
			30	0.29	0.44		
			40	0.50	0.77		
			50	0.77	1.2		
			60	1.1	1.6		

（续）

序号	污染物	最高允许排放浓度 /（mg/m³）	最高允许排放速率/（kg/h）			无组织排放监控浓度限值	
			排气筒高度/m	二级	三级	监控点	浓度 /（mg/m³）
21	丙烯腈	22	15	0.77	1.2	周界外浓度最高点	0.60
			20	1.3	2.0		
			30	4.4	6.6		
			40	7.5	11		
			50	12	18		
			60	16	25		
22	丙烯醛	16	15	0.52	0.78	周界外浓度最高点	0.40
			20	0.87	1.3		
			30	2.9	4.4		
			40	5.0	7.6		
			50	7.7	12		
			60	11	17		
23	氰化氢④	1.9	25	0.15	0.24	周界外浓度最高点	0.024
			30	0.26	0.39		
			40	0.88	1.3		
			50	1.5	2.3		
			60	2.3	3.5		
			70	3.3	5.0		
			80	4.6	7.0		
24	甲醇	190	15	5.1	7.8	周界外浓度最高点	12
			20	8.6	13		
			30	29	44		
			40	50	70		
			50	77	120		
			60	100	170		
25	苯胺类	20	15	0.52	0.78	周界外浓度最高点	0.40
			20	0.87	1.3		
			30	2.9	4.4		
			40	5.0	7.6		
			50	7.7	12		
			60	11	17		
26	氯苯类	60	15	0.52	0.78	周界外浓度最高点	0.40
			20	0.87	1.3		
			30	2.5	3.8		
			40	4.3	6.5		
			50	6.6	9.9		
			60	9.3	14		
			70	13	20		
			80	18	27		
			90	23	35		
			100	29	44		

（续）

序号	污染物	最高允许排放浓度/(mg/m³)	最高允许排放速率/(kg/h)			无组织排放监控浓度限值	
			排气筒高度/m	二级	三级	监控点	浓度/(mg/m³)
27	硝基苯类	16	15	0.050	0.080	周界外浓度最高点	0.040
			20	0.090	0.13		
			30	0.29	0.44		
			40	0.50	0.77		
			50	0.77	1.2		
			60	1.1	1.7		
28	氯乙烯	36	15	0.77	1.2	周界外浓度最高点	0.60
			20	1.3	2.0		
			30	4.4	6.6		
			40	7.5	11		
			50	12	18		
			60	16	25		
29	苯并[a]芘	0.30×10⁻³（沥青及碳素制品生产和加工）	15	$0.050×10^{-3}$	$0.080×10^{-3}$	周界外浓度最高点	$0.008\mu g/m^3$
			20	$0.085×10^{-3}$	$0.13×10^{-3}$		
			30	$0.29×10^{-3}$	$0.43×10^{-3}$		
			40	$0.50×10^{-3}$	$0.76×10^{-3}$		
			50	$0.77×10^{-3}$	$1.2×10^{-3}$		
			60	$1.1×10^{-3}$	$1.7×10^{-3}$		
30	光气[5]	3.0	25	0.10	0.15	周界外浓度最高点	0.080
			30	0.17	0.26		
			40	0.59	0.88		
			50	1.0	1.5		
31	沥青烟	140（吹制沥青） 40（熔炼、浸涂） 75（建筑搅拌）	15	0.18	0.27	生产设备不得有明显的无组织排放存在	
			20	0.30	0.45		
			30	1.3	2.0		
			40	2.3	3.5		
			50	3.6	5.4		
			60	5.6	7.5		
			70	7.4	11		
			80	10	15		
32	石棉尘	1根纤维/cm³或10mg/m³	15	0.55	0.83	生产设备不得有明显的无组织排放存在	
			20	0.93	1.4		
			30	3.6	5.4		
			40	6.2	9.3		
			50	9.4	14		

（续）

序号	污染物	最高允许排放浓度/(mg/m³)	最高允许排放速率/(kg/h)			无组织排放监控浓度限值	
			排气筒高度/m	二级	三级	监控点	浓度/(mg/m³)
33	非甲烷总烃	120（使用溶剂汽油或其他混合烃类物质）	15	10	16	周界外浓度最高点	4.0
			20	17	27		
			30	53	83		
			40	100	150		

① 周界外浓度最高点一般应设置于无组织排放源下风向的单位周界外 10m 范围内，若预计无组织排放的最大落地浓度点越出 10m 范围，可将监控点移至该预计浓度最高点，详见《大气污染物综合排放标准》(GB 16297—1996) 附录 C。下同。

② 均指含游离二氧化硅超过 10% 以上的各种尘。

③ 排放氯气的排气筒不得低于 25m。

④ 排放氰化氢的排气筒不得低于 25m。

⑤ 排放光气的排气筒不得低于 25m。

附录 F　主要工业槽液面控制风速

［国家标准图集《工业通风排气罩》(08K106)］

工艺槽名称	溶液成分		作业规范		产生的主要有害物	控制风速/(m/s)
	名称	质量浓度/(g/L)	溶液温度/℃	电流密度/(A/dm²)		
装饰性镀铬	铬酐	250~360	40~50	10~20	铬酸雾	0.40
	硫酸	2.5~3.5				
镀硬铬	铬酐	180~250	55~60	30~60	铬酸雾	0.50
	硫酸	1.8~2.5				
镀乳白铬	铬酐	230~280	68~74	25~45	铬酸雾	0.50
	硫酸	2.3~2.7				
氰化镀铜	氰化亚铜	50~70	55~65	1.5~3	氰化氢	0.35
	氰化钠	60~90				
	氢氧化钠	15~20				
氰化镀铜	氰化亚铜	8~35	18~50	0.2~20	氰化氢	0.30
	氰化钠	12~54				
	氢氧化钠	2~10				
氰化镀锌	氧化锌	34~45	室温	1~3	氰化氢	0.30
	氰化钠	80~90				
	氢氧化钠	80~95				
碱性镀锌	氧化锌	15~20	10~40	1~3	碱雾	0.25
	氢氧化钠	100~150				
	三乙醇胺	30~35				

（续）

工艺槽名称	溶液成分		作业规范		产生的主要有害物	控制风速/（m/s）
	名称	质量浓度/（g/L）	溶液温度/℃	电流密度/（A/dm²）		
氰化镀镉	硫酸镉	60~80	室温	1~4	氰化氢	0.30
	氰化钠	100~140				
氰化镀银	氰化银	40~50	室温	0.2~0.5	氰化氢	0.25
	氰化钾	60~100				
碱性镀锡	锡酸钠	20~100	70~85	0.5~1.5	碱雾	0.35
	氢氧化钠	10~16				
氰化镀金	金	4~5	室温	0.1	氰化氢	0.25
	氰化钾	18~25				
酸性镀镍	硫酸镍	250~300	40~55	0.5~4	溶液蒸气	0.30
	氰化钠	10~20				
	硼酸	30~45				
化学镀镍	硫酸镍	30~50	90	—	酸雾	0.30
	次亚磷酸钠	15~30				
氰化镀铜锌合金	氧化锌	8~10	25~40	0.3~0.5	氰化氢	0.30
	氰化亚铜	22~27				
	总氰化钠	54				
	流离氰化钠	15~18				
	碳酸钠	30				
氰化镀铜锡合金	氰化亚铜	35~42	55~60	1~1.5	氰化氢	0.35
	锡酸钠	30~40				
	游离氰化钠	20~25				
	氢氧化钠	7~10				
镀铅锡合金	硼氟酸铅	160~200	室温	1~2	氰化氢	0.40
	硼氟酸锡	20~35				
	硼氟酸	60~100				
硼氟酸盐镀铅	硼氟酸铅	200~300	室温	1~3	氰化氢	0.40
	流离硼氟酸	60~120				
酸性镀铜	硫酸铜	200	室温	1~2	酸雾	0.30
	硫酸	50				
退锡	氢氧化钠	80~100	80~100	10	碱雾	0.30
退铬	氢氧化钠	200~300	室温	10~20	碱雾	0.25
钢铁件退镍	铬酐	250~300	20~80	3~7	铬酸雾	0.35
	硼酸	25~30				

（续）

工艺槽名称	溶液成分		作业规范		产生的主要有害物	控制风速/(m/s)
	名称	质量浓度/(g/L)	溶液温度/℃	电流密度/(A/dm²)		
钢铁件退镍	间硝基苯	70~80	70~80	—	氰盐蒸气	0.30
	磺酸钠	—				
	氰化钠	70~80				
铜件退镍	盐酸	60~80	室温	电压12V退至无电流	酸雾	0.25
	氯化铜	20以上				
钢铁件发蓝	氢氧化钠	550~650	135~145	—	碱雾	0.35
	亚硝酸钠	150~200				
钢铁件磷化	磷酸二氢锌	30~40	80~95	—	酸雾	0.30
	硝酸锌	55~65				
铜及铜合金氧化	过硫酸钾	5~15	60~65	—	溶液蒸气	0.30
	氢氧化钠	45~55				
铜及铜合金氧化	碱式硫酸铜	8~120	室温	—	氨气	0.30
	氨水	50~1000/mL/L				
镁合金阳极氧化	氟氢化铵	35~45	60~80	2~3	酸雾	0.35
	铬酐	8~12				
	氢氧化钠	55~65				
镁合金化学氧化	重铬酸钾	40~55	70~80	—	酸雾	0.35
	硝酸	90~120				
	氯化铵	0.75~1.25				
铝合金硫酸阳极氧化	硫酸	100~200	13~26	0.5~2.5	酸雾	0.30
铝合金草酸阳极氧化	草酸	50~70	30±2	1~4.5	酸雾	0.20
铝合金铬酸阳极氧化	铬酐	30~35	40±2	0.2~0.7	酸雾	0.35
化学除油	氢氧化钠	50~100	70~100	—	碱雾	0.30
	碳酸钠	20~60				
	磷酸三钠	15~70				
电化学除油	氢氧化钠	40~60	70~90	1~5	碱雾	0.30
	磷酸钠	15~70				
不锈钢电抛光	磷酸	500	50~70	20~30	酸雾、氢	0.40
	硫酸	300				
	铬酐	30				

（续）

工艺槽名称	溶液成分		作业规范		产生的主要有害物	控制风速/(m/s)
	名称	质量浓度/(g/L)	溶液温度/℃	电流密度/(A/dm²)		
钢铁件电抛光	磷酸	40%~80%	60~80	20~100	酸雾	0.10
	硫酸	0~30%				
	铬酐	5%~20%				
钢铁件化学抛光	硝酸	1%~4%	70~80	—	酸雾	0.40
	硫酸	20%~40%				
	盐酸	7%~30%				
	四氯化钛	0~5.5%				
铜及铜合金电抛光	磷酸	70%~75%	室温	6~50	酸雾	0.35
	铬酐	0~6%				
铜及铜合金化学抛光	硝酸	10%~15%	40~60	40~60	酸雾	0.40
	磷酸	50%~60%				
	醋酸	30%~40%				
镍合金电抛光	硫酸	70%~80%	室温	20~80	酸雾	0.35
	铬酐	3%~5%				
不锈钢着色	硫酸	35~700	70~90	—	酸雾	0.4
	铬酐	200~400				
硫酸浸蚀	硫酸	150~250	40~80	—	酸雾	0.35
盐酸浸蚀	盐酸	150~360	10~50	—	酸雾	0.30
硝酸浸蚀	硝酸	40%~80%	室温	—	酸雾	0.40
磷酸浸蚀	磷酸	80~120	60~80	—	酸雾	0.30
铜及铜合金在硝酸及硫酸中浸蚀	硫酸	40%~60%	室温	—	酸雾	0.40
	硝酸	10%~50%				
铸件浸蚀	硫酸	75%	室温	—	酸雾	0.40
	氢氟酸	25%				
混酸浸蚀	硝酸	50~100	室温	—	酸雾	0.35
	盐酸	150~200				
混酸浸蚀	硝酸	20%	室温	—	酸雾	0.40
	氢氟酸	30%				
铝镁在重铬酸钾溶液中处理	重铬酸钾	100~150	95	—	铬酸、盐雾	0.35
铝合金染色	茜素黄	0.3	75~85	—	水蒸气	0.20
	茜素红	0.5				
磷化膜肥皂溶液封闭	肥皂	20~30	90	—	碱雾	0.25

附录 G　通风管路水力计算常用数据

附录 G.1　经济流速的选取

1）有消声要求的通风与空调系统，其风管内的空气流速宜按表 G-1 取用。

表 G-1　风管内的空气流速　　　　（单位：m/s）

室内允许噪声等级/dB(A)	主管风速	支管风速
25~35	3~4	≤2
35~50	4~7	2~3

注：通风机与消声装置之间的风管，其风速可采用 8~10m/s。

2）一般通风与空调系统内的空气流速宜按表 G-2 取用。

表 G-2　风管内的空气流速（低速风管）

风管分类	住宅/(m/s)	公共建筑/(m/s)
干管	$\frac{3.5~4.5}{6.0}$	$\frac{5.0~6.5}{8.0}$
支管	$\frac{3.0}{5.0}$	$\frac{3.0~4.5}{6.5}$
从支管上接出的风管	$\frac{2.5}{4.0}$	$\frac{3.0~3.5}{6.0}$
通风机入口	$\frac{3.5}{4.5}$	$\frac{4.0}{5.0}$
通风机出口	$\frac{5.0~8.0}{8.5}$	$\frac{6.5~10.0}{11.0}$

注：1. 表列值的分子为推荐流速，分母为最大流速。
　　2. 对消声有要求的系统宜按上表选取风管内的流速。

3）除尘风管的最小风速见表 G-3。

表 G-3　除尘风管的最小风速　　　　（单位：m/s）

粉尘类别	粉尘名称	垂直风管	水平风管
纤维粉尘	干锯末、小刨屑、纺织尘	10	12
	木屑、刨花	12	14
	干燥粗刨花、大块干木屑	14	16
	潮湿粗刨花、大块湿木屑	18	20
	棉絮	8	10
	麻	11	13
	石棉粉尘	12	18

（单位：m/s）

粉尘类别	粉尘名称	垂直风管	水平风管
矿物粉尘	耐火材料粉尘	14	17
	黏土	13	16
	石灰石	14	16
	水泥	12	18
	湿土（含水 2%以下）	15	18
	重矿物粉尘	14	16
	轻矿物粉尘	12	14
	灰土、砂尘	16	18
	干细型砂	17	20
	金刚砂、刚玉粉	15	19
金属粉尘	钢铁粉尘	13	15
	钢铁屑	19	23
	铅尘	20	25
其他粉尘	轻质干粉尘（木工磨床粉尘、烟草灰）	8	10
	煤尘	11	13
	焦炭粉尘	14	18
	谷物粉尘	10	12

除尘器后的风管流速可适当减小。

4）自然通风系统的进排风口空气流速按表 G-4 采用。自然进排风系统的风道空气流速宜按表 G-5 采用。

表 G-4　自然通风系统的进排风口空气流速　　　（单位：m/s）

部位	进风百叶	排风口	地面出风口	顶棚出风口
风速	0.5~1.0	0.5~1.0	0.2~0.5	0.5~1.0

表 G-5　自然进排风系统的风道空气流速　　　（单位：m/s）

部位	进风竖井	水平干管	通风竖井	排风道
风速	1.0~1.2	0.5~1.0	0.5~1.0	1.0~1.5

5）机械进排风口风速宜按表 G-6 选取。

表 G-6　机械进排风口风速　　　（单位：m/s）

部 位		新风入口	风机出口
空气流速	住宅和公共建筑	3.5~4.5	5.0~10.5
	机房、库房	4.5~5.0	8.0~14.0

附录 G.2 通风管道比摩阻（单位长度摩擦阻力）线算图

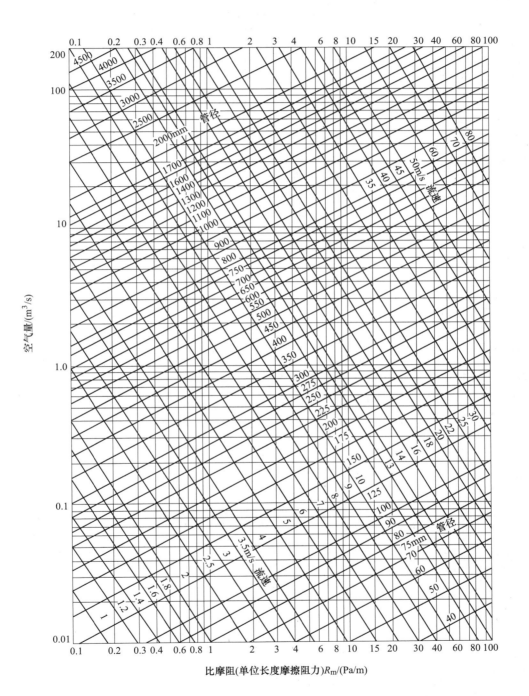

比摩阻(单位长度摩擦阻力)R_m/(Pa/m)

附录 G.3　通风管道统一规格

1）圆形通风管道规格见表 G-7。

表 G-7　圆形通风管道规格

外径 D /mm	钢板制风管		塑料制风管	
	外径允许偏差/mm	壁厚/mm	外径允许偏差/mm	壁厚/mm
100				
120				
140		0.5		3.0
160				
180				
200				
220			±1	
250				
280				
320		0.75		
360				4.0
400				
450				
500	±1			
560				
630				
700				
800		1.0		5.0
900				
1000				
1120			±1.5	
1250				
1400				
1600		1.2~1.5		6.0
1800				
2000				

（续）

外径 *D* /mm	除尘风管		气密性风管	
	外径允许偏差/mm	壁厚/mm	外径允许偏差/mm	壁厚/mm
80				
90				
100				
110				
120				
（130）				
140				
（150）				
160				
（170）				
180				
（190）				
200				
（210）				
220		1.5		2
（240）				
250				
（260）	±1		±1	
280				
（300）				
320				
（340）				
360				
（380）				
400				
（420）				
450				
（480）				
500				
（530）				
560		2		3.0~4.0
（600）				
630				
（670）				
700				

（续）

外径 D /mm	除尘风管		气密性风管	
	外径允许偏差/mm	壁厚/mm	外径允许偏差/mm	壁厚/mm
（750）	±1	2	±1	3.0~4.0
800				
（850）				
900				
（950）				
1000				
（1060）				
1120				
（1180）				
1250				
（1320）				
1400				
（1500）		3		4.0~6.0
1600				
（1700）				
1800				
（1900）				
2000				

2）矩形通风管道规格见表 G-8。

表 G-8　矩形通风管道规格

外边长 （A/mm）× （B/mm）	钢板制风管		塑料制风管	
	外径允许偏差/mm	壁厚/mm	外径允许偏差/mm	壁厚/mm
120×120	−2	0.5	−2	3.0
160×120				
160×160				
220×120				
200×160				
200×200				
250×120		0.75		
250×160				
250×200				
250×250				
320×160				

（续）

外边长（A/mm）×	钢板制风管		塑料制风管	
（B/mm）	外径允许偏差/mm	壁厚/mm	外径允许偏差/mm	壁厚/mm
320×320				3.0
400×200				
400×250				
400×320				
400×400		0.75	−2	4.0
500×200				
500×250				
500×320				
500×400				
500×500				
630×250				
630×320				
630×400				
630×500				5.0
630×630				
800×320				
800×400				
800×500		1		
800×630				
800×800	−2			
1000×320				
1000×400				
1000×500				
1000×630				
1000×800			−3	6.0
1000×1000				
1250×400				
1250×500				
1250×630				
1250×800				
1250×1000				
1600×500				
1600×630		1.2		
1600×800				
1600×1000				8.0
1600×1250				
2000×800				
2000×1000				
2000×1250				